Geschmackswelten

Geschmackswelten

Grundlagen der Lebensmittelsensorik

Herausgeber
Prof. Dr. **Goetz Hildebrandt,** Berlin

Autoren
Prof. Dr. **Herbert J. Buckenhüskes,** Frankfurt am Main
Prof. Dr. **Mechthild Busch-Stockfisch,** Hamburg
Dipl.-Oen. **Mathias Deibel,** Frankfurt am Main
Ass. Prof. Dipl.-Ing. Dr. **Klaus Dürrschmid,** Wien
Prof. Dr. **Goetz Hildebrandt,** Berlin
Privatdozent Dr. **Gunther Hirschfelder,** Bonn
Dipl.-Ing. **Jörg Jacob,** Straelen
Dr. **Hans-Joachim Klare,** Berlin
Prof. Dr. **Jürgen K. Mai,** Düsseldorf
Monika Manthey-Karl, Hamburg
Bernd Matthies, Berlin
Dr. **Wolf-Dietrich Müller,** Kulmbach
Prof. Dr. **Jörg Oehlenschläger,** Hamburg
Claudia Rummel, München
Gabriele Schmitz-Pooyan, Berlin
Prof. Dr. **Wolf-Rüdiger Stenzel,** Berlin
Angelika Weber-Pedrotti, Frankfurt am Main

DLG VERLAG

Bibliographische Information der **Deutschen Bibliothek**

Die Deutsche Bibliothek verzeichnet diese Publikation in der Deutschen Nationalbibliographie; detaillierte bibliographische Daten sind im Internet über http://dnb.ddb.de abrufbar.

Abbildungsverzeichnis

DLG-Pressearchiv: Seite 130, 145, 146, 212, Umschlag

Fotolia: Seite 13, 62, 82, 85, 94, 108, 110, 116, 122, 143, 154, 158, 194, 209, 217, 227, 235, 238, Umschlag

Alle weiteren Abbildungen stammen von den jeweiligen Autoren.

ISBN 978-3-7690-0698-9

Herstellung: Nina Eichberg, DLG-Verlag, Frankfurt am Main
Cover und Layout: Petra Obermeier, München
Druck: Greiserdruck, Rastatt

Printed in Germany

Inhalt

Vom Sinn der Sinne

Goetz Hildebrandt

Nach geltendem deutschem Recht dienen Lebensmittel der Ernährung und dem Genuss. Zugleich stellt ein „nicht unerheblich geminderter" Genusswert einen strafrechtlich zu ahndenden Beanstandungsgrund dar. Damit wird Genießen zwar nicht amtlich verordnet, jedoch als eines von zwei wesentlichen Motiven des Essens sowie Trinkens juristisch anerkannt und geschützt. Aber wird dieses Recht auf Genuss vom Konsumenten auch wahrgenommen? Viel zu oft ertappen wir uns doch selbst, wie wir beim Gespräch oder während des Fernsehens automatisch Snacks in den Mund befördern, ohne uns deren Geschmack oder Textur bewusst werden zu lassen. Andere missachten bei der Auswahl von vornherein das Kriterium der Sinnenfreude, indem sie sich die Lebensmittel einseitig nach Preis, politischer Korrektheit oder Bequemlichkeit aussuchen. Gerade der Verzicht auf selbst zubereitete Speisen in Verbindung mit einer Beschränkung auf wenige Sorten Convenience food lässt die Geschmacks- und Geruchssinne funktionell immer mehr verkümmern.

Lebensmittel sind keine Sterbehilfe – wie derzeit oft suggeriert –, sondern Mittel zum Leben. Wenn schon ein jeder Mensch sich ernähren muss, dann sollte er auch die Chance nutzen, dies mit Genuss zu tun. Mit Sicherheit gewinnt sein Dasein bei steigendem sensorischem Urteilsvermögen an Lust und Kultur. Die Lebensqualität wird sich umso mehr verbessern, je stärker die Sinnes- und Denkorgane geschult werden, so dass Gefühl und Intellekt beim Genießen eine Synthese auf hohem Niveau eingehen können. Allerdings bedarf „Sensorik mit Verstand" auch ein wenig der Begabung.

Das vorliegende Buch wendet sich an alle, die ihren Geschmackssinn bewusst nutzen möchten, und natürlich auch an solche, die es beruflich müssen. Wegen des Anspruchs auf Verständlichkeit soll es kein detailverliebtes, akademisches Lehrbuch sein, denn es geht mehr um das Verstehen als um das Faktenspeichern. So wichtig beispielsweise die Steven'sche Potenz für die Modellierung des Zusammenhangs von Konzentration und Empfindungsstärke bei Kochsalzlösungen von maximal 0,5 Mol/l auch sein mag, zu den Fundamenten der Reizwahrnehmung und -verarbeitung gehört diese Formel sicher nicht. Weit bedeutsamer sind unter anderem Informationen, warum sich der Geruch eines Käses und sein im Mund wahrgenommenes Aroma unterscheiden oder das Trinken von Kaffee beim Verkosten den Geschmack verfälschen kann. Selbst Profis wissen hier oft keine Antwort. Zentrale Bedeutung kommt der Frage zu, ob es überhaupt einen objektiven sensorischen Befund gibt und inwieweit es Sinn macht, den Menschen als biologischen Messapparat zu instrumentalisieren.

Diesem Anspruch folgend erklären im vorliegenden Werk namhafte Fachleute anschaulich und zugleich wissenschaftlich solide alle wesentlichen Prinzipien und Hintergründe der Sinnenprüfung. Nach einer Einführung in die Physiologie und Psychologie der Sinneswahrnehmung wird der Leser an immer komplexere sensorische Fragestellungen herangeführt. Zugleich lernt er die geeigneten Prüfverfahren kennen. Beginnend mit dem Nachweis von geschmacklichen Unterschieden über die Aufstellung von Rangfolgen und die analytische Beschreibungen der Sinneseindrücke bis zur Beurteilung einer kulinarischen Komposition steigern sich die Herausforderungen für den Tester. Weil der Leser überwiegend Funktionsweise und Einsatzmöglichkeiten seiner Sinnesorgane kennen lernen soll, wird der Bereich der „hedonischen" Prüfung, d. h. der Marktforschung, nicht vertieft.

Über die Vermittlung von Theorie und Praxis der Sinnenprüfung hinaus verfolgen die Autoren ein höheres Ziel. Sie würden sich freuen, wenn die Auseinandersetzung mit den Möglichkeiten der Sensorik den bewussten Genuss von Lebensmitteln fördert. Zugleich soll der Leser erkennen, wie sehr seine bisherige Einschätzung der sensorischen Qualität mehr von sachfremden Vorurteilen als durch objektive Befunde geprägt war. Falls wachsende Neugier ihn dazu treibt, bisher unbekannte oder unbeliebte Lebensmittel und deren Zubereitungen nicht mehr subjektiv abzulehnen, sondern sich intensiv mit ihnen zu beschäftigen und vielleicht sogar seine kulinarische Palette zu erweitern, wäre noch mehr erreicht. Und wer diese Stufe bereits erklommen hat, wird als „Profi" auf jeden Fall einen strukturierten Einblick in die Vielfalt der angewandten Sensorik gewinnen und zahlreiche Anregungen erhalten.

1
Sinnesleistungen verstehen

1.1 Die sensorische Wahrnehmung

Klaus Dürrschmid

Lebewesen sind offene, biologische Systeme, die mit ihrer Umwelt in einem dynamischen Fließgleichgewicht Energie und Materie austauschen, um eine innere Ordnung herzustellen. Sie müssen zur Aufrechterhaltung ihrer Lebensfunktionen unter anderem Lebensmittel aufnehmen. Ob und wie viel von einem Lebensmittel gegessen werden kann, sind auch für den Menschen existentielle Fragen. Lebensmittel werden, einmal aufgenommen, zum Teil in unseren Körper integriert. Geeignete Inhaltsstoffe können Wohlbefinden und Gesundheit fördern und ungeeignete Inhaltsstoffe können sie beeinträchtigen, ja unser Leben eventuell gefährden. Die sensorischen Wahrnehmungen liefern uns nun wichtige Hinweise darauf, ob und in welchem Ausmaß dieses Lebensmittel verzehrbar und genusstauglich ist. Die Sinne haben aus dieser Perspektive also die bedeutende Funktion eines Torwächters. Sie helfen – salopp gesagt – zu entscheiden, was rein darf und wie viel. Man könnte auch weniger salopp formulieren, dass die sensorischen Eindrücke eines Lebensmittels uns als Qualitätsindikatoren dienen. Sie zeigen an, welche Eigenschaften wir von dem Lebensmittel erwarten können, wenn wir es verzehren. Zusätzlich geben sie dem Körper Signale, sich auf die Aufnahme von Lebensmitteln vorzubereiten, und leiten damit Verdauungsaktivitäten wie das Absondern von Speichel und Verdauungsenzymen ein.

Die Lebensmittelsensorik untersucht die menschlichen Sinneswahrnehmungen bei Konfrontation mit Lebensmitteln. Die meisten dieser sensorischen Wahrnehmungen sind aber nur sehr schwer mit Worten zu beschreiben und noch schwerer in ihrer Intensität in Zahlen zu fassen. Relativ leicht fällt es uns noch, quantitiv zu urteilen, wenn wir sensorische Standards oder Vergleichsmaterialien haben. Dann können wir relativ zuverlässig sagen, dass diese Probe in einem bestimmten Merkmal intensiver ist als die andere. Zuverlässige Urteile über die absolute Intensität ohne direkte Vergleichsmaterialien sind nur nach langem Training von ausgewählten sensorischen Prüfpersonen möglich. Die Aussage, dass in der Sensorik Menschen als Messinstrumente dienen, ist aus diesen und aus vielen anderen Gründen problematisch. Der Mensch ist zumindest ein sehr ungewöhnliches Messinstrument.

Die chemischen Sinne gelten als die evolutionär ältesten Sinnessysteme. Der Geruchssinn besteht aus mindestens zwei Sinnessystemen und ist für die Wahrnehmung gasförmiger chemischer Substanzen zuständig. Das klassische olfaktorische Riechvermögen über die Riechschleimhaut im Nasendach ist sehr eng mit Gefühlen, Emotionen und Erinnerungen verknüpft. Die Riechwahrnehmungen sind daher meist schwer in Worte zu fassen. Man riecht sowohl die Duftstoffe der Luft, die man durch die Nasenlöcher (orthonasal) einatmet, als auch Gerüche, die beim Zerkauen eines Lebensmittels im Mund entstehen und zur Nasenschleimhaut aufsteigen (retronasal). Ein Ast des Drillingsnervs (Nervus trigeminus) innerviert die Nasenschleimhäute und mit seinen unspezifischen freien Nervenenden werden Reizstoffe (Rauch, Säuren, Ammoniak etc.) sowie Duftstoffe in hohen Konzentrationen wahrgenommen. Das bei Tieren nachgewiesene vomeronasale Sinnessystem zur Wahrnehmung von Sexualduftstoffen ist beim Menschen verkümmert.

Foto 1.1-1

Mit dem Geräusch beim herzhaften Biss in einen grünen Apfel verbindet der Verbraucher Frische.

Mit dem Geschmackssinn nehmen wir wasserlösliche chemische Substanzen wahr. Wir können mindestens fünf Geschmacksrichtungen erkennen: süß, salzig, sauer, bitter und umami, die alle eine bestimmte Bedeutung transportieren. Süß steht für eine leicht verfügbare Energiequelle in Form von Kohlenhydraten. Bitter repräsentiert problematische, eventuell giftige Inhaltsstoffe. Sauer weist auf ein Lebensmittel mit Säure hin, die in der Lage ist, den Speichelfluss zu fördern und damit die Verdauung anzuregen. Salzig steht für Salz, das Bedeutung für den Ionenhaushalt des Körpers besitzt, und umami signalisiert eine proteinreiche Speise. Die Schärfe wird nicht über Sinneszellen in den Papillen wahrgenommen, sondern über freie Nervenenden des Drillingsnervs, die der Wahrnehmung von irritativen Substanzen (Säuren, Pfeffer, Chili, Kohlensäure etc.), aber auch von Hitze dienen.

Die Wahrnehmung wasserlöslicher chemischer Substanzen beginnt bei biochemischen Andockstellen (Rezeptoren) in den Sinneszellen vor allem der Zunge. Diese Sinneszellen sind knospenförmig in Wall-, Pilz- und Blätterpapillen angeordnet. Die weit verbreitete Zungenlandkarte, nach der man süß nur an der Zungenspitze, bitter am Zungengrund und salzig/sauer nur an den Zungenrändern schmecken kann, ist falsch. Tatsächlich schmeckt man im hinteren Teil der Zunge bitter in etwas niedrigeren Konzentrationen als am Rest der Zunge. Ansonsten aber können im gesamten Zungenbereich mit Ausnahme des mittleren Teiles der Zunge alle Geschmacksqualitäten in ähnlicher Weise wahrgenommen werden.

Geräusche, die beim Zubereiten oder Verzehren von Lebensmitteln entstehen, werden mit texturalen und anderen Qualitätsmerkmalen assoziiert. Bei Obst und Gemüse bedeutet großer Zell-Innendruck „vor kurzem geerntet". Diese Lebensmittel bestehen aus Zellen mit hohem Innendruck, wie kleine, zusammengeklebte, wassergefüllte Luftballons. Das Geräusch beim Brechen, Beißen oder Kauen entsteht durch plötzliches Freiwerden dieses Innendrucks, es erfolgt in einer Phase mit einer relativ hohen Frequenz und klingt knackig. Bei gebackenen Produkten dagegen bedeuten harte Zellwände „vor kurzem gebacken". Das Brechen erfolgt in vielen Phasen mit einer relativ niedrigen Frequenz. Kekse, Knäckebrot, Chips usw. sind fest und steif aufgrund ihres niedrigen Wassergehalts, wobei feste Wände kleine luftgefüllte Zellen umgeben. Beim Zerstören dieser Zellen federn die Wände in ihren Ursprungsort zurück und dabei entstehen Schallwellen. Wasser verringert die Elastizität der Zellwände und damit die Wahrscheinlichkeit des Zurückfederns: feuchte Chips machen kein Geräusch.

Das Aussehen von Lebensmitteln beeinflusst unser Ernährungsverhalten maßgeblich. Wir schließen vom Aussehen auf diverse Qualitätsmerkmale. Doch was sehen wir eigentlich? Wir sehen die Gestalt, Größe, Farbe (Farbart, Farbintensität, Helligkeit), die Durchsichtigkeit, Oberflächenbeschaffenheit, den Glanz, die Stumpfheit, Textur, Gleichheit, Unterschiedlichkeit, wir sehen die Verpackung, das Umgebungslicht, die Produktbeschreibung … eine große Menge an Einzelaspekten. Von diesen visuellen Informationen schließen wir auf die Identität und die Beschaffenheit der vorliegenden Lebensmittel. Form, Gestalt und Größe engen die Möglichkeiten der Identität stark ein und die Farben zeigen uns den Reifegrad und den Verderbszustand der Lebensmittel an. Wir schließen davon ausgehend auf ihre Geschmacks-, Geruchs- und Texturmerkmale, somit also auf ihre Genusstauglichkeit. Die assoziative Verknüpfung zwischen Farben und zu erwartendem Flavour (Gesamteindruck aus Geschmack und Geruch) nennt man visuelles Flavour. Gelb und Grün lassen uns saure Produkte erwarten, Rosa hingegen süße.

Wesentlich für den sensorischen Gesamteindruck eines Lebensmittels sind auch seine mechanischen Eigenschaften und seine Temperatur. Rezeptoren, die auf mechanische Reize ansprechen, befinden sich in der ganzen Mundhöhle. Die Rauheit der Zunge z. B. wird hauptsächlich durch Fadenpapillen verursacht, die ausschließlich der Texturprüfung dienen. Mit dem Tastsinn erfühlt man Größe, Gestalt, Oberflächenbeschaffenheit, Konsistenz und Textur von Lebensmitteln. Diese Merkmale werden auch durch viele geometrische Gestaltungsmaßnahmen beeinflusst: Wellen-, Rillenform, Sollbruchstellen, Schichten unterschiedlicher Zusammensetzung, Hüllen, Einbringen von Luftblasen, Schaumbildung etc. Auch der Schmerzsinn ist im Mund lokalisiert und trägt zur Gesamtwahrnehmung von Lebensmitteln bei. Es gibt mehrere Schmerzrezeptorarten. Manche sprechen nur auf mechanische Reize an, andere auf mechanische, chemische und auch auf Hitzereize ab 50 °C.

Der Tiefensinn dagegen führt zu Empfindungen, die durch Rückmeldungen über Bewegungsaktionen (z. B. Kauen) entstehen. Rezeptoren des Tiefensinns befinden sich im Gewebe unter der Haut wie Muskeln, Sehnen und Gelenkskapseln. Der Tiefensinn hat drei Unterfunktionen: den Stellungssinn, den Bewegungssinn und den Kraftsinn (Muskelleistung zur Überwindung eines Widerstands). Auch die Temperaturwahrnehmung bildet einen wesentlichen Aspekt der Lebensmittelbeurteilung. Kaltrezeptoren geben ein Signal, wenn die Temperatur unter Hauttemperatur absinkt und Warmrezeptoren beginnen Signale zu feuern, wenn eine Erwärmung über 30 °C eintritt.

Die folgenden zwei Kapitel wollen als Plädoyer für eine ernsthafte und doch lustvoll-fröhliche Konzentration auf die sinnliche Wahrnehmung aufgefasst werden. Die sprichwörtlichen fünf Sinne, die uns zu Wahrnehmungen verhelfen, sind zwar in „aller Munde", aber aus naturwissenschaftlicher Sicht ein populärwissenschaftliches Klischee. Daher stehen nicht die fünf Sinne des Menschen im Fokus, sondern vielmehr wird unsere sinnliche Wahrnehmungsfähigkeit als Ergebnis eines evolutionär entwickelten Netzwerkes von Sinnessystemen aufgefasst. Dieses Netzwerk ermöglicht es unserem Gehirn, eine virtuelle Simulation der Welt zu generieren, die zu einem sinnvollen Verhalten in der Umwelt, in die wir hineingeboren werden, befähigt. In diesem Zusammenhang bedeutet sinnvoll, einen Beitrag zur Erhaltung des Lebens zu leisten. Tätigkeiten zur Aufrechterhaltung von Leben werden von der Natur mit Lustempfindungen belohnt. Hierzu zählen vor allem die Nahrungsaufnahme und die Sexualität, aber auch die Kommunikation oder die Beschäftigung mit Spielen, Kunst, Rätseln oder der Wissenschaft.

1.2
Was benötigt man für menschliche Sinneswahrnehmungen? Eine Checkliste

Klaus Dürrschmid

1.2.1 Haben Sie Ihre „fünf Sinne" beisammen?

1.2.1.1 Wie viele Sinne hätten Sie denn gerne?

Seit der Antike ist die Vorstellung, der Mensch sei mit fünf Sinnen ausgestattet, in der abendländischen Tradition ebenso verankert wie in der Kultur Indiens und Chinas. Platon äußerte sich nicht darüber, ob es neben den vier oder fünf Sinnen noch weitere geben könnte, aber Aristoteles hielt schon kategorisch an der Fünfzahl der Sinne fest. Er definierte neben den fünf äußeren auch fünf innere Sinne und legte eine klare Hierarchie der Sinne fest. Mit der Fünfzahl waren häufig pythagoreisch-zahlenmystische und religiöse Ideen verknüpft. Entsprechend einem magischen, vorwissenschaftlichen Analogie-Denken war beispielsweise das Pentagramm der griechischen Antike ein Sinnbild für die Harmonie des

Abbildung 1.2-1

Motto:
„Jede Erkenntnis beginnt bei den Sinnen."
Leonardo da Vinci

Kosmos und die Fünfzahl der Sinne des Menschen wurde als ein Beleg dafür gehalten, dass sich die Struktur des Makrokosmos im Mikrokosmos Mensch widerspiegelt. Auch der arabische Überlieferer antiker Traditionen Avicenna vertrat die Ansicht, der Mensch verfügte über fünf äußere und fünf innere Sinne. Da die Fünfzahl in fast allen einflussreichen Religionen eine große Rolle spielte, kam die Vorstellung von fünf Sinnen dem religiösen und dem allgemeinen Denken so sehr entgegen, dass sie lange Zeit als banale Selbstverständlichkeit galt und gelegentlich noch immer gilt. Ab dem 17. Jahrhundert wurde mitunter das sexuelle Empfinden als sechster Sinn bezeichnet, was 1826 noch der berühmte Gastrosoph Jean Anthelme Brillat-Savarin in seiner „Physiologie des Geschmacks" vertrat. Ende des 18. Jahrhunderts sprach man dagegen meist von einem sechsten Sinn, der eine Art außersinnliche Wahrnehmung der Geisterwelt bezeichnete. Eine unglaublich spannende Geschichte der Sinne von der Antike bis zum Cyberspace verfasste der Historiker Robert Jütte, sie kann als weiterführende Lektüre wärmstens empfohlen werden.

Die Anzahl menschlicher Sinne hängt auch bei Anwendung naturwissenschaftlicher Kriterien, wie wir sie heute verstehen, von der Definition des Begriffes „Sinn" ab. Wenn man auf der Ebene der klassischerweise postulierten, mit dem freien Auge erkennbaren Sinnesorgane bleibt, gelangt man wohl zu dem Schluss, dass wir tatsächlich fünf Sinne haben: Nase, Zunge, Auge, Ohr und Haut. Bei dieser Einteilung ergibt sich allerdings eine Reihe von Problemen. Unter anderem zeigt sich bei näherer Betrachtung, dass jedes dieser Organe auf mehrere Reizgruppen anspricht und unterschiedliche Sinnessysteme aufweist. Mit der Zunge beispielsweise nehmen wir nicht nur den Geschmack wahr, sondern auch Wärme, Kälte, Schmerz, die Textur und irritative chemische Stoffe. Auch das Ohr besteht aus zwei verschiedenen Sinnessystemen, dem Hörsinn und dem Gleichgewichtssinn. Mit der Nase nehmen wir nicht nur Duftstoffe wahr, sondern auch Reizstoffe, wie Rauch oder Säuren, die ein eigenes Sinnessystem, das nasal-trigeminale System ansprechen. Der Tastsinn wiederum besteht in Wahrheit aus vielen einzelnen Sinnessystemen, die sich ganz unterschiedlicher Sinneszellen bedienen. Die Einteilung in die klassischen fünf Sinne beschreibt die Sinnesmöglichkeiten des Menschen nicht in geeigneter, widerspruchsfreier Weise und ist daher insgesamt als obsolet zu bezeichnen.

Wenn man die Anzahl der Sinne anhand der Reizarten bestimmt, die wir aufnehmen können, kommen wir zu unterschiedlichen Ergebnissen. Wir hätten vier Sinne, weil wir auf mechanische, chemische, thermische und elektromagnetische Reize reagieren. Oder wir besäßen gar nur zwei Sinne, wenn wir mechanische, thermische, und elektromagnetische Reize zu physikalischen Reizen zusammenfassten. Diese Einteilungen nach Reizart scheinen keinen wirklichen Erkenntnisgewinn zu transportieren und verlagern das Problem mehr auf eine sprachliche Ebene, als dass die physiologische Problemebene gelöst würde.

Wenn wir dagegen auf die Ebene unterscheidbarer Sinneszellen gehen, die auf bestimmte Reize antworten, wird die Problemlage unübersichtlich. Wir verfügen über mehr als 36 Sinne, wenn man eine Schätzung nach dieser Methode durchführt. Die Tabelle 1.2-1 listet für eine konventionelle Schätzweise zehn Sinne, bei akzeptierter Schätzung 21 und bei radikalerer Schätzung 36 Sinne auf.

Eine Gliederung nach aktivierten Bereichen in der Gehirnrinde wäre ebenfalls denkbar, liefert allerdings keine eindeutige Zahl, da die Aktivierungen jeweils sehr komplex sind und keineswegs für einen Reiz nur in einer eng umgrenzten Region stattfinden, wie in Kapitel 1.3 näher geschildert wird. Die Neurowissenschaftler Edelman und Tononi beschreiben menschliche Wahrnehmung in Form eines n-dimensionalen Merkmalsraumes, in dem unterscheidbare sensorische Merkmale zu Sinnessystemen zusammengefasst werden können.

Abbildung 1.2-2

N-dimensionaler Wahrnehmungs-merkmalsraum nach Edelman und Tononi.

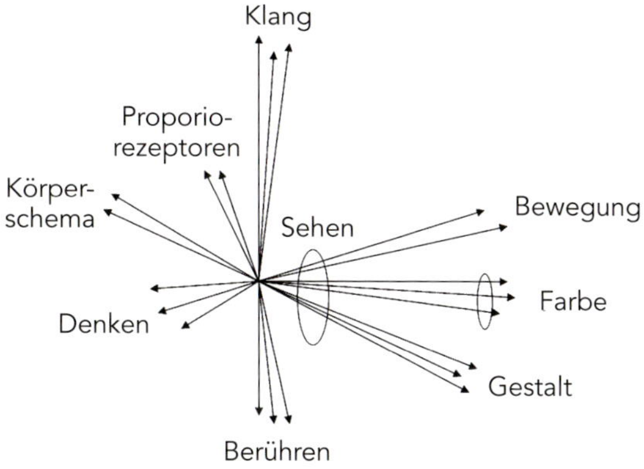

So setzt sich beispielsweise das Sehen unter anderem aus den Elementen Bewegung, Farbe und Gestalt zusammen, die wiederum aus mehreren Komponenten gebildet werden und in der zweidimensionalen Darstellung relativ eng zueinander abgebildet sind (siehe Abb. 1.2-2).

In der Medizin wird pragmatisch in Sinnessysteme mit Exterorezeptoren, Propriorezeptoren und Enterorezeptoren unterschieden. Exterorezeptoren sind nach außen gerichtete Rezeptoren, deren Erregungen bewusst verarbeitet werden können. Dazu zählen der Sehsinn, der Geruchssinn, der Geschmackssinn, das Gehör, die mechanischen Hautsinne, die Temperatursinne für Warm und Kalt sowie der Schmerzsinn. Propriorezeptoren liefern Informationen, die meist nicht bewusst werden. Die Länge und Spannung von Muskeln, die Stellung von Gelenken zueinander, die Art und Weise des zeitlichen Verlaufs einer mechanischen Belastung in Muskeln, Sehnen und Gelenken werden von solchen Sensorzellen erfasst. Die Erregung der Enterorezeptoren wird uns nie bewusst, es handelt sich dabei um Rezeptoren, die beispielsweise bei der Regulation des Blutdrucks, des osmotischen Drucks von Blutplasma oder des Kohlendioxidgehalts im Blut aktiv sind. Insgesamt erscheinen alle Gruppierungsversuche, die nicht auf solche naturwissenschaftlich-physiologische Gegebenheiten Bezug nehmen, als willkürlich.

In gewisser Weise bleibt die Gruppierung der Sinneszellen oder Sinneswahrnehmungen in von einander klar unterscheidbare Sinne immer etwas fragwürdig und stark abhängig von den Gruppierungskriterien. Deutlich wird jedenfalls, wie sehr das populärwissenschaftliche Klischee von den fünf Sinnen nur mehr als sprachliches Bild für die Gesamtheit der menschlichen Fähigkeiten zur Sinneswahrnehmung dienen kann.

1.2.1.2 Von der Hierarchie der Sinne zum Netzwerk der Sinnessysteme

Die hierarchische Bewertung und Ordnung der Sinne besitzt eine lange Tradition. Sie reicht von der Antike bis zu Kant oder Schopenhauer und noch heute finden sich solche Hierarchisierungen. Vor allem die Reihung der Sinne nach Aristoteles (Gesicht, Gehör, Geruch, Geschmack, Gefühl) hat sich lange gehalten. Den Tastsinn bezeichnete man häufig als Sinn, der dem Kognitiv-Rationalem des Menschen am fernsten steht. Er wurde vor allem in Zeiten, in denen das Rationale und das Vernunftmäßige im Vordergrund standen,

Tabelle 1.2-1

Schätzungen der Anzahl menschlicher Sinne

	Konservativ	Akzeptiert	Radikal		Konservativ	Akzeptiert	Radikal
Sehen	✓			**Mechanozeption**	✓		
Helligkeit		✓	✓	Gleichgewicht	✓	✓	
Farbe		✓		Rotationsbeschleunigung			✓
Rot			✓	Lineare Beschleunigung			✓
Grün			✓	Propriozeption		✓	✓
Blau			✓	Kinästhesie		✓	
				Muskeldehnung (Golgi Sehnenorgan)			✓
Hören	✓	✓	✓	Muskeldehnung (Muskelspindeln)			✓
Riechen	✓	✓		**Temperatur**	✓		
350 Rezeptoren			✓	Wärme		✓	✓
N. trigeminus			✓	Kälte		✓	✓
Geschmack	✓						
Süß (2)		✓	✓	**Enterorezeptoren**			
Salzig		✓	✓	Blutdruck	✓	✓	
Sauer		✓	✓	Arterieller Blutdruck			✓
Bitter (> 25)		✓	✓	Venöser Blutdruck			✓
Umami			✓	Bluttemperatur Kopf			✓
Fett			✓	Blutsauerstoffgehalt		✓	✓
Scharf			✓	pH-Wert der Hirnflüssigkeit		✓	✓
				Osmotischer Druck des Plasmas		✓	✓
Berührung	✓	✓		Blutzuckerspiegel		✓	✓
Leichte Berührung			✓	Lungendehnung		✓	✓
Druck			✓	Blasendruck			✓
				Magendehnung			✓
Schmerz	✓	✓					
Haut			✓				
Körper			✓		10	21	> 36
Eingeweide			✓				

als niedrigster der Sinne, als animalischer Sinn eingestuft. Der Sehsinn galt als der abstrakteste und edelste Sinn, unter anderem weil er der räumlich am weitesten ausgreifende Sinn ist, weil er auch die kulturelle Technik des rationalen Menschen schlechthin, das Lesen, ermöglicht, und weil er angeblich objektive, nicht von subjektiven Bewertungen verzerrte Informationen liefert. Dagegen, so wurde argumentiert, sind Tast- und Geschmackssinn niedere, materielle Sinne, die in Kontakt mit der Materie kommen müssen und überaus stark mit Emotionen und Gefühlen beladen sind. Der Geruchssinn wurde meist in die mittlere Position gereiht, weil er nicht so materiell erschien wie der Geschmackssinn, aber gelegentlich wurde er auch als unterster Sinn geführt, weil er als überaus subjektiv galt, damit nichts zu objektiver Erkenntnis beitragen könne und zudem stark mit dem Sexuellen, Triebhaften, Unbewussten und Nicht-Rationalen im Menschen verknüpft sei.

Aus heutiger Sicht sind solche Hierarchisierungskonstrukte unhaltbar. Sie erscheinen als willkürlich und zeugen in erster Linie von der Überschätzung der Wichtigkeit des rationalen Elements im Menschen und der Missachtung des Körperlich-Emotionalen und des Unbewussten. Eine aktuelle Modellvorstellung beschreibt Sinne nicht in Form einer Rangordnung, sondern als ein dichtes Netzwerk von spezialisierten Sinnessystemen, das es unserem zentralen Nervensystem erlaubt, eine mental-virtuelle Parallelwelt zu konstruieren, mit deren Hilfe wir uns in der Umwelt zurechtfinden. Eine Sinneswahrnehmung ist nichts anderes als die Aufnahme, Interpretation, Auswahl und Organisation von sensorischen Informationen zum Zwecke der Anpassung und Verhaltensänderung des Wahrnehmenden an die Umwelt. Jedes Sinnessystem trägt dazu bei, ein möglichst sinnvolles virtuelles Bild unserer Umwelt zu konstruieren, und liefert wesentliche Informationen, ohne die ein zielgerichtetes Handeln und das Überleben insgesamt erschwert oder unmöglich würde. Das Modell eines Netzwerkes von Sinnessystemen bildet auch die Tatsache gut ab, dass die einzelnen Sinneswahrnehmungen einander stark beeinflussen. Farbe und Textur beeinflussen unsere Geschmacks- und Geruchswahrnehmungen. Geschmack und Geruch stehen in intensiver Wechselwirkung miteinander und können auf der Wahrnehmungsebene häufig nur schwer voneinander getrennt werden. Wenn man ein Element des Netzwerkes verändert, beeinflusst man auch die anderen Elemente.

1.2.1.3 Der Weg vom Reiz zur Simulation der Welt

Die Entstehung von Sinneswahrnehmungen und die Ebenen, auf denen sie beeinflusst werden können, sind in Abbildung 1.2-3 dargestellt. Reize werden über einen Reiz leitenden Apparat zu primären oder sekundären Sinneszellen geleitet und bewirken an den Membranen der entsprechenden ableitenden (afferenten) Nervenzellen eine elektrische Potenzialschwankung oder eine Veränderung der spontanen Aktivität der Nervenzellen. In den Sinneszellen wird also ein chemischer oder physikalischer Reiz in die „elektrische Sprache“ unseres Nervensystems übersetzt. Die elektrophysiologischen Aktionspotenziale werden über Nervenfasern abgeleitet und in bestimmten Gehirnzentren verarbeitet, wo sie in einen emotionalen und kognitiven Bedeutungskontext gebracht werden und schlussendlich auch in bewusste, subjektive Wahrnehmungen transformiert werden können. Erst die emotionale Einfärbung der sensorischen Wahrnehmungen in verschiedenen Gehirnbereichen, die man traditionellerweise zum limbischen System zusammenfasst, scheint eine grundlegende und sinnvolle Beurteilung der Welt im Allgemeinen und eines Lebensmittels im Speziellen zu ermöglichen. Dies belegt eine sehr seltene Krankheit namens Capgras-Syndrom, die durch die mangelnde Verknüpfung von visuellen Eindrücken und emotionalen Körper-Reaktionen verursacht ist. Von dieser Krankheit Betroffene sind fest davon überzeugt, dass nahe Lebensgefährten oder Familienmitglieder durch identisch aussehende Doppelgänger ersetzt worden seien. Die fehlende Emotion bei der visuellen Wahrnehmung führt beispielsweise dazu, dass die Patienten ihre Mutter nicht als ihre Mutter wahrnehmen können. „Sie sieht zwar genau so aus, aber sie ist es in Wirklichkeit nicht.“ Das Cotard-Syndrom könnte eine noch extremere Ausprägung dieses Krankheitsprinzips sein.

Abbildung 1.2-3

Entstehung und Modulation von Sinneswahrnehmungen

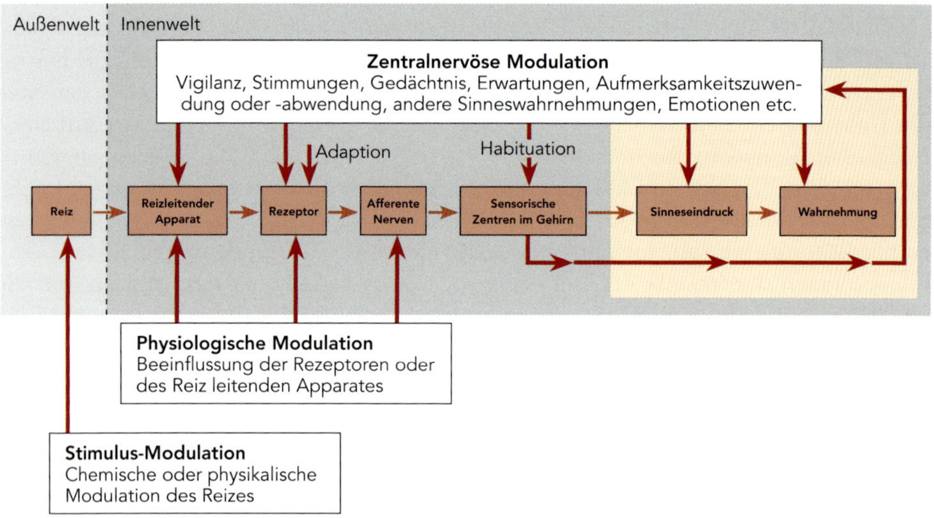

Betroffene Patienten versichern, sie seien tot, und behaupten, ihr eigenes verfaultes Fleisch riechen zu können oder Würmer über ihre Haut kriechen zu sehen. Es wird angenommen, dass bei ihnen das gesamte sensorische System vom limbischen System abgeschnitten ist, was zu einem vollständigen Verlust des emotionalen Kontakts mit der Welt führt.

Eine Sinneswahrnehmung entsteht also erst durch Verkettung mehrerer physiologischer Einheiten und kann als innere, virtuelle Konstruktion eines Aspekts der äußeren Welt aufgefasst werden. Der Geschmackssinn beispielsweise ist ein Knoten in einem Netzwerk von gegenseitig sich beeinflussenden Sinnessystemen, das eine virtuelle Rekonstruktion der Umwelt zum Zweck eines zielgerichteten, evolutionär erfolgreichen Handelns ermöglicht. Konrad Lorenz, Rupert Riedl und Gerhard Vollmer sprechen von ratiomorphen Leistungen unseres Gehirns, das ohne unser Wissen angeborene oder durch Lernprozesse erworbene Annahmen macht und logische Schlüsse über Verhältnisse außerhalb unseres Körpers zieht, die sinnvolles Handeln ermöglichen. Im Fall von Geschmackswahrnehmungen geht es um die Bewertung von Eigenschaften wasserlöslicher chemischer Substanzen in potenziellen Lebensmitteln hinsichtlich ihrer Verzehrbarkeit. Sinneswahrnehmungen sind also immer virtuelle Realität und keine Fenster zur Welt! Während Eigenschaften wie Volumen, Masse oder Temperatur objektive physikalische Eigenschaften darstellen, sind die Farben, die Gerüche, der Geschmack oder die Töne der Musik subjektive Wahrnehmungen. Sie können nicht mit der Wirklichkeit der Dinge der Welt gleichgesetzt werden. Außerhalb eines lebenden, wahrnehmenden Wesens gibt es z. B. keine Farben, sondern nur eine Entsprechung unseres Modells von elektromagnetischen Wellen. Für eine Sinneswahrnehmung muss immer ein lebender Organismus vorhanden sein, der für die entsprechende Reizart adäquate Sinneszellen aufweist. Farben sind im Gehirn entstehende Interpretationen von adäquaten Reizungen von spezifisch empfindlichen Sinneszellen des Auges. Analoges gilt für Geschmack, Geruch oder Geräusche. Ohne biologische Voraussetzungen gibt es keine

Farbe, keine Süße, kein Erdbeeraroma, nicht das herrliche Aroma des Festtagsbratens und kein beglückendes Aroma von Madeleines und Tee. Sinne sind nicht als Fenster zur Welt aufzufassen, durch die man hinausblickend die Welt so betrachten könnte, wie sie wirklich ist, vielmehr dienen sie zur Übertragung spezieller Aspekte der äußeren Welt in die Welt der Wahrnehmung, die man sich als virtuelle, interne Simulation der äußeren Welt vorstellen kann. Unsere überaus stabilen Sinneswahrnehmungen sind keineswegs Ergebnisse von nüchtern und automatisch ablaufenden Wahrnehmungsmechanismen, die die Welt draußen objektiv abbilden, sondern jede Wahrnehmung ist im Gegenteil eine fulminante Leistung der Phantasie und ein hoch aktiver Vorgang der Daten-Analyse und der Schöpfung einer subjektiven mentalen Welt. Der Neurowissenschaftler und Nobelpreisträger Eric Kandel schreibt: „Alle unsere Wahrnehmungen sind analytische Triumphe."

Manche unserer Wahrnehmungen benötigen für ihre Entstehung nicht nur ein Sinnessystem, sondern mehrere. Die Raumwahrnehmung beispielsweise wird aus Daten der Seh-, Geruchs-, Gehör- und taktilen Sinne und des Gleichgewichtssinns konstruiert. Ganz entscheidend für jede bewusste Wahrnehmung ist der Aspekt der Aufmerksamkeit, der Konzentration auf spezifische Sinnesinformationen. Ohne diesen Aufmerksamkeitsfilter, der einige Objekte für die Verarbeitung zur Wahrnehmung auswählt und viele andere ausschließt, würden wir von Sinneseindrücken überschwemmt. Diese Überlegungen machen klar, dass das Gehirn ein unverzichtbares Organ in der Wahrnehmungsentstehungskette ist. Es ist vielleicht das wichtigste und größte, sicher das komplexeste Organ der Sinneswahrnehmung. Ohne Gehirn keine Sinneswahrnehmung. Wir schmecken, riechen, fühlen, hören etc. nicht nur mit den Sinnesorganen, sondern vor allem mit unserem Gehirn. Bei den Sinnesorganen beginnt nur die Aufnahme von Sinnesreizen in das informationsverarbeitende Organ Gehirn. Wahrnehmungen sind Hypothesen unseres Gehirns über die Umwelt und Täuschungen sind falsche Hypothesen. Die Sinne sind die intelligenten Schnittstellen der biologischen Weltsimulationsmaschine Gehirn zum eigenen Körper und zur Umwelt.

1.2.1.4 Ist der Mensch ein Messinstrument?

Häufig hört man, dass in der Lebensmittelsensorik Menschen als Messinstrumente verwendet werden. Diese Aussage, mit der sich verschiedene Kapitel des Buches auseinandersetzen, ist kritisch zu betrachten. Wenn man ihr zustimmen will, muss man jedenfalls hinzufügen, dass der Mensch ein sehr ungewöhnliches Messinstrument ist, das man in keinem konventionellen chemisch-physikalischen Labor gebrauchen könnte. Neben der Tatsache, dass dieses „Instrument" die chemischen oder physikalischen Reize bei der Reizaufnahme und Reizweiterleitung schon bearbeitet und in elektrische Signale transformiert sowie in einem Gehirn auf noch immer weitgehend unverstandene Art und Weise analysiert und interpretiert, hat kein anderes konventionelles Messinstrument etwas, das analog zum menschlichen Bewusstsein zu sehen wäre. Ein weiterer Vergleich ist möglich, indem man Parameter heranzieht, die zur Charakterisierung der Güte eines Messinstrumentes üblicherweise verwendet werden. Selektivität, Empfindlichkeit, Verlässlichkeit, Linearität, keine oder keine unbekannten Fehler, Unabhängigkeit von äußeren Bedingungen sind nur eine Auswahl solcher Parameter. Das „Messinstrument Mensch" hat im Vergleich zu technischen Messgeräten nur eine geringe Selektivität, eine geringe Präzision, eine stark schwankende Verlässlichkeit, es ist stark abhängig von externen Bedingungen und weist

Abbildung 1.2-4

William Blake **Aldous Huxley** **Jim Morrison**

unbekannte systematische Fehler auf. Sinneswahrnehmungen sind nur eine Form der Information über unsere Umwelt und andere Informationen wie z. B. Herkunftsangaben, Mindesthaltbarkeitsdatum oder Angaben über die Zubereitungsart beeinflussen diese Wahrnehmungen mehr oder weniger stark. Vor allem emotional besetzte Informationen haben einen großen Einfluss auf sensorische Wahrnehmungen. Positiv ist zu erwähnen, dass die Empfindlichkeit im Vergleich zu chemisch-physikalischen Messmethoden teilweise sehr hoch ist. Trotz all der ungünstigen Eigenschaften des Messinstruments Mensch ist die subjektive Wahrnehmung von sensorischen Prüfpersonen noch immer die einzige Möglichkeit, um z. B. den Geschmack einer unbekannten Substanz beschreiben zu können. Alle sinnlichen Wahrnehmungen sind subjektive Wahrnehmungen, für die es kein objektives Messinstrument gibt. Mit keinem technischen Messinstrument der Welt kann man z. B. Aussagen über den Geschmack einer Substanz oder eines Lebensmittels machen. Sämtliche Informationen über Art und Intensität eines Geschmacks müssen daher mit Hilfe von sensorischen Prüfpersonen gewonnen werden. Wie man deren Urteile in aussagekräftiger Form gewinnen und auswerten kann, ist Angelegenheit der Sensorik, einer wissenschaftlichen Disziplin der experimentellen Psychologie. Mit der Sensorik kann man all die subjektiven sensorischen Urteile in objektive Analysenergebnisse umwandeln.

1.2.1.5 Doors of Perception – Kann man seine Sinne erweitern?

Der britische Schriftsteller Aldous Huxley (1894–1963) experimentierte in den 50er Jahren mit dem halluzinogenen Kaktus-Alkaloid Meskalin und vertrat in seinem Essay „The Doors of Perception", das den Namen für die Pop-Gruppe „The Doors" um Jim Morrison lieferte, die Ansicht, dass die primäre Aufgabe des Gehirns in der Filterung der sensorischen Eindrücke bestünde und durch Unterdrückung dieser Funktion mithilfe von Drogen mehr und andere sensorische Eindrücke ins Bewusstsein gelangen könnten. Den Titel des Essays wählte Huxley in Anlehnung an eine Formulierung in der Versdichtung „The Marriage of Heaven and Hell" des englischen Künstlers und Mystikers William Blake (1757–1827): „If the doors of perception were cleansed, every thing would appear to man as it is, infinite." – Würden die Pforten der Wahrnehmung gereinigt, erschiene den Menschen alles so, wie es ist: unendlich.

Es käme damit also zu einer Erweiterung der Sinnesmöglichkeiten und einer Erweiterung des Bewusstseins. Diese Ansichten wurden in den 60er Jahren des 20. Jahrhunderts in der psychedelischen Kunst und der Hippie-Bewegung populär (Abb. 1.2-4). Aus heutiger Sicht können Huxleys Ansichten nicht bestätigt werden, vielmehr kommt es bei Drogeneinnahme zu einer weitaus weniger zweckmäßigen Interpretation der Sinnesreize und daher zu verzerrten Sinneswahrnehmungen und veränderten Bewusstseinszuständen. Zur Erweiterung unserer Sinnesmöglichkeiten besser geeignet als bewusstseinsverzerrende Drogen erscheinen aus heutiger Sicht eher elektronische oder biologische Sensorik-Implantate, die bei entsprechender Verknüpfung mit passenden Gehirnregionen verloren gegangene sensorische Leistungen wieder ermöglichen. Bereits realisiert sind beispielsweise Cochlea-Implantate. Eine sehr spekulative, aber reizvolle Zukunftsmusik ist das New Sense Designing. Demnach könnten in Zukunft gänzlich unbekannte Wahrnehmungsbereiche erschlossen werden, indem neue, im üblichen biologischen Rahmen nicht vorhandene Sensoren entwickelt und mit dem Gehirn vernetzt werden.

1.2.2 Der Geruchssinn oder der wortlose Luftikus mit emotionaler Hirnanbindung

1.2.2.1 Was bedeutet Riechen?

Der Mensch kann Tausende unterschiedlicher Geruchsstoffe unterscheiden. Viele Substanzen können noch in sehr niedrigen Konzentrationen wahrgenommen werden, und trotzdem wurde der Geruchssinn lange Zeit zu den niederen Sinnen gezählt, der keine Beachtung verdiente. Vielleicht ist es nur folgerichtig, dass sich in einer Zeit der visuellen und akustischen Überreizung die Aufmerksamkeit wieder stärker auf diesen einflussreichen, häufig über das Unbewusste wirkenden Sinn richtet. Seine Bedeutung für zwischenmenschliche Aspekte wie Sympathie und Antipathie ist sprichwörtlich: „Wir können einander nicht riechen.“, „Es stinkt mir.“

Riechen kommt sprachgeschichtlich betrachtet vom Germanischen „Reuk-a“, das in der Hauptbedeutung „rauchen“ und in der Nebenbedeutung „Geruch ausströmen“ bedeutete. Im Deutschen wurde diese Nebenbedeutung vorherrschend und seit dem Mittelhochdeutschen hat Riechen auch die Bedeutung von „einen Geruch wahrnehmen“.

Riechen besteht naturwissenschaftlich betrachtet in der Wahrnehmung flüchtiger, chemischer Substanzen, die sich in der gasförmigen Phase befinden. Beim Menschen und bei vielen anderen Tieren werden sie über Sinneszellen im Nasenraum aufgenommen. Vermutlich waren ähnliche Sinnessysteme evolutionär schon sehr früh für die Orientierung, zur Nährstoffsuche und zur Gefahrstoffvermeidung im Einsatz. Riechen hat auch heute noch diese drei wesentlichen Funktionen: eine allgemeine Sicherheitsfunktion, eine Ernährungsfunktion und eine soziale Funktion. Die soziale Funktion besteht in der Bewertung der sozialen Umwelt, ob eine Person als sympathisch aufzufassen ist, zu den Freunden und Angehörigen oder Feinden bzw. gar Raubtieren gehört. Bei der Sicherheitsfunktion wird bewertet, ob die Lebensumwelt, in der man sich aktuell befindet, als gefährlich oder als angenehm einzuschätzen ist. Die Ernährungsfunktion besteht im Wesentlichen in der Beurteilung, ob ein Lebensmittel dazu geeignet ist, in den eigenen Organismus aufgenommen zu werden oder nicht. Gerüche haben Signalfunktion und transportieren immer relativ einfache, bewertende und auffordernde Bedeutungen. Unser Riechsystem sagt uns „Mach weiter!" bzw. „Hör auf!", „Das ist gut!", „Das ist schlecht!", „Bleib hier!", „Lauf weg!". Die präzise Analyse von Gerüchen und ihre treffende sprachliche Bezeichnung dagegen haben sich nicht als evolutionärer Vorteil erwiesen.

Gerüche können auch körperliche und psychische Veränderungen bewirken, ohne dass dies bewusst wird. Sie können Emotionen, Gefühle und Befindlichkeiten in uns hervorrufen oder auf die Stimmungslage, die Arbeitsleistung, das Kaufverhalten, die Konzentrationsfähigkeit, das Aggressivitätspotenzial, Angstgefühle und viele andere Parameter unseres Verhaltens und Erlebens wirken. Jasmin soll geistig stimulierend wirken, Lavendel beruhigen, Pfefferminz die Konzentrationsfähigkeit erhöhen, Bergamotteöl dagegen die Konzentrationsfähigkeit vermindern. Zitronenaroma soll die Wachsamkeit erhöhen, Apfelaroma soll Platzangst mildern und Brotaromen dienen im Supermarkt der Verkaufssteigerung. Neben diesen beispielhaften, allgemein gültigen Wirkungen gibt es unendlich viele individuelle Verknüpfungen von Gerüchen und Stimmungen, Emotionen und Gefühlen, die durch persönliche Erfahrungen entstanden sind.

1.2.2.2 Größe ist wichtig. Größe ist unwichtig

Wenn man die Frage stellt: „Womit riechst Du?", erhält man wohl in der Regel die Antwort: „Mit der Nase". Das ist natürlich eine richtige Antwort, aber nur ein Teil der Wahrheit. Abgesehen davon, dass eine Riechwahrnehmung ohne funktionsfähiges Gehirn und entsprechende von Sinneszellen ableitende Nervenfasern grundsätzlich nicht möglich ist, muss geklärt werden, wo denn die Sinneszellen in der Nase überhaupt angeordnet sind, und es sollte auch überprüft werden, ob es neben dem konventionellen Riechsystem alternative Sinnessysteme in unserer Nase gibt. Riechsinneszellen sind nicht etwa gleichmäßig in der Nasenschleimhaut verteilt, sondern sind einem relativ eng umgrenzten Bereich im Nasendach, also im obersten, weit im Schädel liegenden Teil der Nase lokalisiert. Dieser Bereich wird als Riechschleimhaut oder Regio olfactoria bezeichnet, er hat etwa die Oberflächenausdehnung einer 5-Cent-Münze (2 mal je 2 bis 5 cm^2) und ist gelb bis leicht braun gefärbt. In der menschlichen Riechschleimhaut sind etwa 30 000 Sinneszellen/mm^2 eingelagert. Da sie im Nasendach, auf der dritten Nasenmuschel liegt, gelangen bei normaler Atmung nur etwa zwei Prozent der Atemluft zu ihr. Kurzes stoßartiges Schnüffeln fördert durch stärkere Verwirbelung der Atemluft und vermehrte Belegung der Riechschleimhaut mit Duftstoffen der Atemluft die Riechwahrnehmung. Beim Schnüffeln liefert das Kurzzeit-Gedächtnis für Gerüche nach zirka zwölf Sekunden das beste Ergebnis. Der entstehende Geruchseindruck kann vom inhalierenden Nasenloch abhängig sein, denn die Durchlässigkeit der Nasenlöcher verlagert sich im Rhythmus von zirka drei Stunden, sodass man einmal intensiver mit dem einen, einmal intensiver mit dem anderen Nasenloch riechen kann. Die Riechinformationen über die beiden Nasenlöcher werden nicht identisch ausgewertet. Gerüche über die rechte Nasenöffnung beschäftigen stärker die linke Gehirnhälfte, die mehr an Sprache und logischem Denken orientiert ist, und Gerüche über das linke Nasenloch werden stärker in der rechten Gehirnhälfte ausgewertet, die mehr mit räumlichem Vorstellungsvermögen und Emotionen arbeitet.

Die äußere Größe der Nase sagt nichts über die Riechwahrnehmungsfähigkeiten der jeweiligen Person aus, da sie keine Rückschlüsse auf die innere Struktur der Nase und die

Abbildung 1.2-5

Modell der Nase mit gelb markierter Riechschleimhaut und Riechkolben

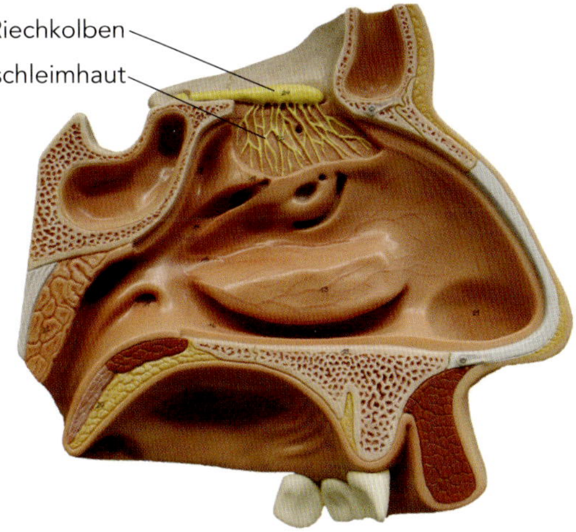

Beschaffenheit der Riechschleimhaut erlaubt. Große Nasen zeigen nur, dass die evolutionären Vorfahren der jeweiligen Person in einem eher trockenen geografischen Gebiet mit niedriger Luftfeuchtigkeit lebten, denn eine große Nase ist besser geeignet, die Atemluft zu befeuchten als eine kleine Nase – eine überaus wichtige Funktion der Nase. Die Vorfahren flachnasiger Menschen stammen wahrscheinlich eher aus Gebieten mit hoher Luftfeuchtigkeit. Von großer Bedeutung für die Riechfähigkeiten ist die innere Beschaffenheit der Nase, wie die Geometrie der Muscheln beschaffen ist, ob diese Geometrie geeignet ist, möglichst viel Luft auf die Riechschleimhaut ins Nasendach zu verwirbeln oder ob Polypen dies gar behindern.

Der Mensch zählt unter den Tieren zu den Mikrosmaten. Er besitzt einen wenig dominanten Geruchssinn, der für sein Überleben immer weniger notwendig zu sein scheint. Der Mensch hat nur zirka 10–50 Millionen Rezeptorzellen, von denen aber jede gleich empfindlich ist wie eine tierische. Viele Tiere dagegen sind Makrosmaten (Säugetiere, Amphibien, Reptilien), sie haben einen scharfen Geruchssinn, der für sie überlebenswichtig ist. Beim Hund nimmt die Riechschleimhaut eine Fläche von zirka 50 cm^2 ein, was zum Teil sein überragendes Riechvermögen erklärt. Er hat zirka eine Milliarde Rezeptorzellen und damit eine 300- bis 10000-fach niedrigere Erkennungsschwelle für bestimmte Geruchsstoffe. Als Weltmeister im Riechen gilt der Seidenschmetterling (Bombyx), der ein einzelnes Molekül eines Sexualduftstoffes namens Bombykol in 1000 Milliarden Einheiten Luft erkennen kann. Es gibt unter den Tieren aber auch Anosmaten wie z. B. die Zahnwale. Sie haben kein oder ein nur mehr rudimentär vorhandenes Riechsystem.

Die Schwellwerte für die Geruchsstoffe sind zwischen den menschlichen Individuen sehr unterschiedlich, aber es gibt auch große Schwankungen bei einer Person von Tag zu Tag und von Situation zu Situation. Generell kann gesagt werden, dass Frauen zumindest ab der Pubertät ein besseres Riechvermögen aufweisen als Männer. Ihre Schwellwerte sind für viele Stoffe niedriger als diejenigen der Männer, sie haben ein besseres Unterscheidungsvermögen, bessere sprachliche Fähigkeiten zur Beschreibung ihrer

Eindrücke, ein besseres Erkennungsvermögen und zudem weist das weibliche Riechsystem auch noch eine langsamere Alterung auf. Schlechte Nachrichten für Männer, die beispielsweise so stolz sind auf ihre Weinkennerfähigkeiten! Sie sollten demütig ihre Frauen befragen.

Raucher riechen in der Regel etwas schlechter als Nicht-Raucher, allerdings wird der Effekt des Rauchens (Nikotin und Reizstoffe im Rauch) von bedeutenderen Einflussgrößen wie dem Alterungsprozess, dem Geschlecht, den allgemeinen Lebensumständen überlagert. Raucher nehmen vor allem Reizstoffe vermindert wahr, da der Nervus trigeminus durch die Rauchinhaltsstoffe permanent gereizt wird und adaptiert. Andere Stoffe wie z. B. Schwefelwasserstoff, Azeton, Ammoniak, Benzin, Kohlenmonoxid, Formaldehyd, Putz- und Lösungsmittel, Blei, Silber, Cadmium schädigen dagegen die Riechschleimhaut direkt und beeinträchtigen die Geruchswahrnehmungsfähigkeiten. Neben solchen Schädigungen tritt auch eine Altersdegeneration des Riechsinns auf, die zu einem Ansteigen der Schwellwerte führt, das Geruchserkennungsvermögen wird im Alter geringer, die Erholungsphasen werden länger, es kommt zu stärkerer Adaptation. Die Ursachen dafür sind vielfältig: Chronische Virusinfektionen, Parkinson, Austrocknen der Schleimhäute, Verkalkung des Siebbeins, geringere Zellneuproduktion, Schrumpfen des Volumens des Geruchsorgans, Rückgang der Nervenzellen in Riechkolben, Schädel-Hirntraumen, Polypen, Degeneration des olfaktorischen Cortex. All diese Ursachen führen dazu, dass zirka die Hälfte der über 50- bis 80-Jährigen und drei Viertel aller über 80-Jährigen zumindest teilweise an Geruchsblindheiten (Anosmien) leiden.

Neben diesen erworbenen Beeinträchtigungen gibt es aber auch genetische Ursachen für Anosmien. Das olfakto-genitale Syndrom (auch hypogonadotroper Hypogonadismus) beispielsweise ist eine genetisch bedingte Entwicklungsstörung des Hypothalamus, der für Entwicklung der Riechkolben sowie der Geschlechtshormone verantwortlich ist. Diese Störung führt zu unterentwickelten männlichen Geschlechtsorganen und weitgehender Anosmie.

1.2.2.3 Zilien, Kolben und Zentren der Emotion

Die Riechsinneszellen der Riechschleimhaut sind primäre Sinneszellen, also in Sinneszellen umgewandelte Nervenzellen. Sie sind die einzigen bekannten Neuronen, die sich teilen können, und haben eine Lebensspanne von zirka 60 Tagen. Jede Sinneszelle hat an der Oberfläche fünf bis 20 fadenförmige Ausstülpungen, so genannte Zilien, welche die chemorezeptive Oberfläche des Epithels stark vergrößern. Die Zilien baden in einer hauchdünnen (60 µm) Schleimschicht, die die Sinneszellen vor dem Austrocknen und vor Mikroorganismen schützt. Durch dieses wässrige Sekret müssen geruchsaktive Substanzen entweder hindurchdiffundieren oder von speziellen Eiweißmolekülen transportiert werden. Wird vermehrt Schleim gebildet, riechen wir schlechter, weil der Weg der Duftstoffe zu den Sinneszellen weiter wird. Ist die Schleimschicht dünner wie z. B. in bestimmten Phasen des Menstruationszyklus, riecht man daher besser.

Eine Riechzelle ist in der Lage, mit Hilfe von Rezeptormolekülen in den Membranen der Zilien auf andockende chemische Substanzen mit einem elektrischen Signal zu reagieren. Linda Buck und Richard Axel entdeckten 1991 beim Menschen mehr als 1000 nur für das Riechen zuständige Gene, von denen jedes die Bauanleitung für ein spezielles Geruchsrezeptorprotein darstellt. Von den 1000 Genen sind allerdings nur zirka 350 intakt, was als Indiz für einen degenerierten Geruchssinn gewertet wird. Trotzdem können wir Menschen bei entsprechendem Training mit dem olfaktorischen Riechsystem bis zu 10 000 Geruchsstoffe wahrnehmen.

Die Signale der Riechzellen werden über Nervenfasern aus dem Nasenraum hinaus durch die feinen Löcher des knöchernen Siebbeines hindurch in die zwei wattestäbchenförmigen Riechkolben (Bulbi olfactorii) geleitet. Hier in dieser Schaltstelle werden die Signale in speziellen Strukturen, die als Glomeruli und Mitralzellen bezeichnet werden, sortiert und aufbereitet, bevor sie über den Tractus olfactorius in das Gehirn weitergeleitet werden. Die Verarbeitung der Riechsignale im zentralen Nervensystem ist sehr komplex. Der Tractus olfactorius endet in verschiedenen Bereichen des Riechhirns, wobei die Geruchsunterscheidung hauptsächlich in der Area praepiriformis stattfindet. Dort entsteht aus der Kombination der Geruchseindrücke das spezifische und immer wieder abzurufende Geruchsmuster. Die Riechinformationen werden dann in das limbische System (z. B. Amygdala und Hippocampus) geleitet, von wo aus sie in den Hirnstamm, den Hypothalamus und die Formatio reticularis des Hirnstammes verteilt werden. Über den Thalamus kommen die Riechinformationen vom Riechhirn auch zum orbitofrontalen Neokortex. Limbisches System und orbitofrontaler Cortex sorgen für die emotionale und hedonische Einfärbung der Riechwahrnehmungen. Die Amygdala, auch Mandelkern genannt, bewertet einen Geruch sehr rasch hinsichtlich seines Gefahrenpotenzials und der Ekelhaftigkeit. Die weit verzweigte Verteilung von Riechinformationen im Gehirn bezeichnet man als olfaktorische Divergenz. Sie macht es möglich, dass Gerüche mit vielen anderen Sinnesempfindungen und Erinnerungen verknüpft werden. Ein Ergebnis der olfaktorischen Divergenz ist das so genannte visuelle Flavour, es beschreibt die Tatsache, dass mit Farben Gerüche, Geschmacksarten und Flavours assoziiert werden. Es erscheint uns selbstverständlich, dass rosa Lebensmittel süß schmecken und süßlich riechen, gelbe Produkte dagegen sauer schmecken und zitronenartig riechen. Von braunen Produkten erwarten wir dagegen eher starkes Aroma und einen bitteren Geschmack.

Abbildung 1.2-6

Gehirnmodell mit weiß markierten Riechkolben

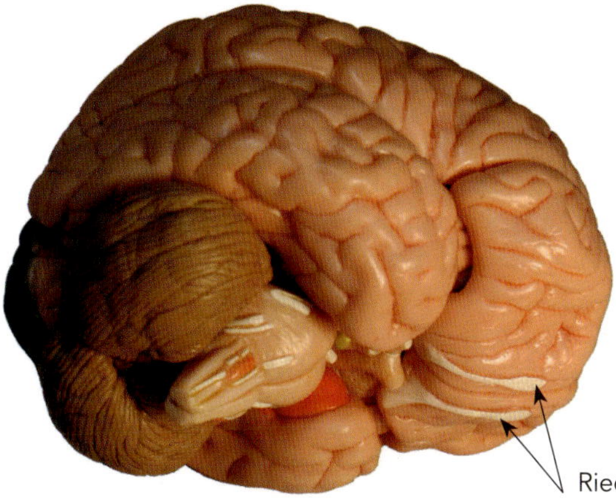

1.2.2.4 *Wozu haben wir zwei Nasenlöcher?*

Die gelegentlich gestellte Frage, wozu wir denn zwei Nasenlöcher hätten, ist nicht abschließend beantwortbar. Der Verdacht liegt nahe, dass mit zwei Nasenlöchern ähnlich wie bei den Augen eine räumliche Komponente in das Riechen gebracht wird, aber das Richtungsriechen konnte experimentell mit üblichen Duft- und Riechstoffen, die die Sinneszellen der Riechschleimhaut ansprechen, nicht nachgewiesen werden. Richtungsriechen funktioniert beim Menschen in begrenztem Ausmaß nur bei den trigeminal vermittelten Reizstoffen (Menthol, Kohlenmonoxid, Rauchinhaltsstoffe etc.). In gewisser Weise macht dieser Befund auch Sinn, denn es ist für das Überleben wichtig, zu wissen, aus welcher Richtung Gefahr bedeutende Gerüche wie z. B. Rauch kommen. Es ist aber für das Überleben relativ belanglos, zu wissen, woher der Geruch einer lieblich duftenden Rose kommt. Eine andere Hypothese lautet, dass die zwei Riechbereiche sich in rhythmischen Abständen in der Riechbelastung abwechseln, sodass eine stärker belastet wird, während die andere sich erholen kann.

1.2.2.5 *Haben wir gar mehr als zwei Nasenlöcher?*

Wir wissen alle, dass es eine Verbindung zwischen Mundraum und Nase geben muss. Erinnern sie sich daran, dass Spaghetti oder andere Speiseteile aus ihrer Nase herausgekommen sind, als sie während des Essens plötzlich lachen oder niesen mussten? Tatsächlich ist diese Verbindung für die Beurteilung des Gesamtaromas von Lebensmitteln außerordentlich wichtig, denn sie ermöglicht eine wichtige Form des Riechens: das retronasale Riechen. Das normale Riechen über die Nasenlöcher der äußeren Nase wird als orthonasales Riechen bezeichnet. Retronasales Riechen – das Riechen von hinten – erfolgt vor allem nach dem Schlucken beim Ausatmen, denn dabei gelangt eine große Menge der Aromastoffe, die der gekaute, eingespeichelte Speisebrei verströmt, über die Verbindung von Mund- und Nasenraum durch den Rachen bis zur Riechschleimhaut. Die Bewertung der Aromastoffe erfolgt beim retronasalen Riechen anders als beim orthonasalen Riechen. Bei retronasalem Riechen gibt es eine geringere Adaptation als bei orthonasaler Reizung und die hedonische Beurteilung des Geruchs ist nicht so streng wie beim orthonasalen Riechen. Zweiteres bezeichnet man als Limburger Cheese-Phänomen: Was über die Nasenlöcher beschnüffelt abstoßend riecht, kann retronasal wahrgenommen als ganz gut empfunden werden – wie angeblich beim Limburger Käse. Eine Ursache für diese unterschiedliche Bewertung ist, dass die wahrzunehmende Aromastoffzusammensetzung durch das Zerbeißen, Einspeicheln und Erwärmen im Mund eine andere ist als beim intakten Lebensmittel außerhalb des Munds. Aber auch die von der anderen Seite her erfolgende und daher unterschiedliche Belegung der Riechzellen der Riechschleimhaut mit den Aromastoffen führt zu einer unterschiedlichen Interpretation der Aromen. Das retronasale Riechen kann durch intensive Mund- und Kaubewegungen (z. B. Weinbeißen) sowie häufiges Schlucken kleiner Mengen signifikant verstärkt werden kann. Die flüchtigen Riechstoffe, die durch die Nahrungsaufnahme aus der Mundhöhle in die Nasenhöhle gelangen, vermitteln so etwas wie einen „gustatorischen Geruch“. Obwohl die Reizung im Riechepithel erfolgt, verorten wir die Wahrnehmung im Mundraum. In Verbindung mit den Grundgeschmacksarten und chemosthetischen Reizen des Nervus trigeminus führen die Nahrungsmitteldüfte zur Flavourwahrnehmung. Es entsteht wahrscheinlich über die retronasale Riechwahrnehmung und die gemeinsame Auswertung von olfaktorischen und gustatorischen Daten im orbitofrontalen Cortex die Illusion, sowohl gustatorische als auch aromatische Komponenten mit Zunge und Gaumen wahrzunehmen.

Das retronasale Riechen kann man leicht experimentell erfahrbar machen. Sie müssen nur ein Lebensmittel mit einem ausgeprägten Aroma, z. B. Vanillezucker oder Menthol-Bonbons, bei verschlossener Nase in den Mund nehmen und lutschen. Erst wenn Sie die Nase freigeben und nach dem Schlucken über die Nase aus- und einatmen, werden Sie das eigentliche Aroma wahrnehmen. Plötzlich nehmen sie das Vanilla-Aroma wahr und spüren das kühlende Menthol in der Nase. Ohne retronasales Riechen wäre das Essen demnach beträchtlich langweiliger.

1.2.2.6 Gerüche sind nachtragend – Das Proust-Phänomen

Es ist seit langem bekannt, dass Gerüche einen nicht unbeträchtlichen Einfluss auf unser Gedächtnis ausüben. Durch Geruchseindrücke kann es zur plötzlichen und unwillkürlichen Rekonstruktion von Erlebnissen kommen, zur Erinnerung an lang zurückliegende Episoden unseres Lebens. Dieses Phänomen wird nach dem großen französischen Schriftsteller und Autor des Romans „Auf der Suche nach der verlorenen Zeit" als Proust-Phänomen bezeichnet. In diesem Romangroßwerk des 20. Jahrhunderts führt der Verzehr von Tee und einer Madeleine – das ist ein muschelförmiges Stück Sandkuchen – im Romanhelden zur unwillkürlichen Erinnerung an seine Kindheit und zu einem Glücksgefühl, dessen Ursache zu erforschen das Ziel des Romans darstellt. Die Glücksursache wird in der Verschmelzung der vergangenen und gegenwärtigen Augenblicke der sensorischen Wahrnehmung gefunden, die als Aufhebung der linearen Zeit empfunden wird. Neurowissenschaftliche Untersuchungen bestätigen, dass Geruchsinformationen tatsächlich sehr eng mit unserem episodischen Gedächtnis, das in der Gehirnstruktur des Hippocampus lokalisiert wird, verknüpft sind. Es lässt sich experimentell zeigen, dass Riechwahrnehmungen deutlich länger im Gedächtnis haften bleiben als z. B. visuelle Wahrnehmungen (siehe Abb. 1.2-7). Proust drückt dies wie folgt aus: *Aber wenn von einer lang zurückliegenden Vergangenheit nichts mehr übrig ist, nach dem Tode der lebendigen Wesen, nach der Zerstörung der Dinge, verweilen ganz alleine, viel fragiler, aber lebenskräftiger, immaterieller, ausdauernder, treuer, der Geruch und der Geschmack noch lange Zeit, wie Seelen, entsinnen sich, warten, hoffen, auf den Ruinen von allem übrigen, und tragen, ohne zu wanken, auf ihren kaum wahrnehmbaren Papillen den ungeheuren Bau der Erinnerung.* Marcel Proust „Auf der Suche nach der verlorenen Zeit" Bd. 1 Teil 1: Combray.

1.2.2.7 Der Riechsinn als Sinn ohne Worte

Der Geruchssinn kann als ein Sinn ohne Worte bezeichnet werden, denn es fällt uns meist sehr schwer, unsere Geruchswahrnehmungen in treffende Worte zu fassen. Wenn man sich vor Augen führt, wie Geruchswahrnehmungen entstehen, wird klar, dass eine solche verbale, analytische Befassung mit Gerüchen evolutionsgeschichtlich nicht nur nicht notwendig, sondern einem Überleben sogar hinderlich gewesen wäre. Riechen ist unmittelbar mit dem Atmen verbunden. Über die Nase gelangen mit der Atemluft die Duftstoffe zu den olfaktorischen Sinneszellen im Nasendach. Nachdem wir 15 000- bis 30 000-mal pro Tag einatmen und damit jedesmal riechen, wäre unser Gehirn heillos überfordert, wenn wir

Abbildung 1.2-7

Erkennungsrate von visuellen und olfaktorischen Eindrücken

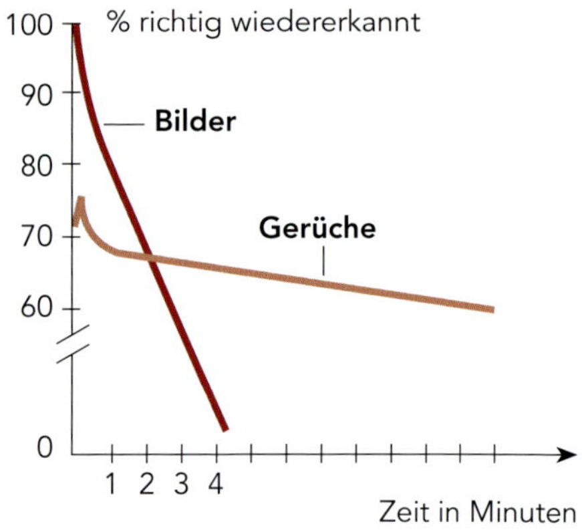

diese Informationen permanent bewusst verarbeiten und verbal beurteilen müssten. Dieser Prozess wäre viel zu langsam und aufwändig. Daher wirken Geruchsinformationen in erster Linie über schnellere und leistungsstärkere unbewusste Verarbeitungsmechanismen auf unser Verhalten ein. Die extrem komplexe und diffuse Verarbeitung von Riechinformationen im Gehirn führt zur Sprachferne und Emotionalität des Riechens. Würden wir ebenso sehen, wie wir riechen, würden wir ein rotes Tuch beschreiben als: „Sieht irgendwie wütend aus" oder „Erinnert mich an Bordeaux-Wein". Alle unsere Wörter für Gerüche stammen von Objekten, die diese Gerüche absondern, oder von assoziativ-unscharfen Metaphern: pilzartig, blumig, harzig, Apotheke etc. Eine Geruchsbeschreibung liegt immer in der impliziten Formulierung „Es riecht wie …" vor.

1.2.2.8 Riechen beim Flirt – Ein Riechsystem für sexuelle Kommunikation?

Es ist schon lange bekannt, dass bei Tieren ein Riechsinnessystem existiert, das der Wahrnehmung von Sexualduftstoffen, den Pheromonen, dient. Pheromone sind chemische Kommunikationsmittel innerhalb einer Spezies, die ein paarungsförderliches stereotypes Verhalten oder eine Änderung des Hormonstatus auslösen. Das entsprechende Riechorgan wurde 1811 von Ludwig Levin Jacobson beschrieben und wird daher neben der Bezeichnung Vomeronasales Organ (VNO) auch Jacobsonsches Organ genannt. Beim Menschen findet man im unteren Teil der Nase nur mehr ein offensichtlich degeneriertes Organrelikt, ein Zellhäufchen oder eine kleine Öffnung in der Nasenhöhle mit 0,2–2 mm Größe, und dieser dünne, blind endende Gang kann keine Sinnesreize mehr ans Gehirn zur Auswertung weiterleiten. Bei Menschen wird das VNO zwischen der 5. und 8. Schwangerschaftswoche gebildet, degeneriert aber ab der 28. Schwangerschaftswoche. Seine Bedeutung für den Menschen ist nicht vollständig geklärt, – transportiert es nicht bewusst werdende Informationen? – aber es gibt nur sehr wenige Autoren, die seine Existenz und Funktionsfähigkeit bestätigen. Lyonell Watson ist der Verfechter der Existenz des menschlichen VNO. Sein Engagement erscheint in einem speziellen Licht, wenn man erfährt, dass er in ein Unternehmen involviert ist, das versucht, Parfüms auf den Markt zu bringen, die menschliche Sexualduftstoffe enthalten und das VNO ansprechen sollen.

Es gibt aber einige Belege für die Existenz von Substanzen, die auch beim Menschen als Sexualduftstoffe wirken. Anfang der 1970er Jahre wurden beispielsweise die berühmten Beobachtungen von McClintock publiziert. Demnach kommt es zu einer Synchronisation des Menstruationszyklus bei Frauen, die eng (z. B. in einer Wohngemeinschaft) miteinander leben. Es konnten Geruchsstoffe aus den Achseln für diesen Effekt verantwortlich gemacht werden. In aktuelleren Untersuchungen wurde festgestellt, dass Eigengeruchsstoffe aus der Achselhöhle zur Differenzierung und Bewertung von Personen verwendet werden. Der körperliche Eigengeruch ist genetisch determiniert und basiert auf dem immunologischen Selbst-Fremd-Erkennungssystem des Körpers. Die Eigengeruchsmuster beeinflussen wahrscheinlich die Inzestschranke und unser Partnerwahlverhalten. Frauen bevorzugen den Geruch von Männern, die ein von ihrem eigenen Eigengeruch abweichendes Geruchsmuster aufweisen. Das könnte ein sinnvolles Verhalten in Hinblick auf etwaige aus einer Beziehung entstehende Kinder sein, die mit sich ergänzenden Aspekten des Immunsystems ausgestattet werden. Zwei mögliche menschliche Pheromon-Kandidaten sind Androstadienon und Östratetraenol. Diese Substanzen können ihre Wirkung aber auch über das konventionelle chemische Wahrnehmungssystem des Menschen entfalten, es ist kein VNO dafür nötig. Dass der Mensch kein spezielles Organ für die Sexualduftstoffe mehr hat, ist ein Indiz dafür, dass er gelernt hat, über zwischenmenschliche Beziehungen und Sexualität auf andere Art und Weise zu kommunizieren als über chemische Stoffe. Hier wäre vor allem die Sprache zu nennen, aber auch ein „Liebesmahl".

1.2.2.9 Riechen mit dem unbekannten Faktotum Nervus trigeminus

Das zweite Sinnessystem, das zur Riechwahrnehmung beiträgt, wird vom Nervus trigeminus, dem Drillingsnerven, gestellt. Der Drillingsnerv innerviert das Gesicht in Form von drei Ästen – daher der Name „trigeminus", der Dreifache. Die Haut von Stirn, Lidern und Nasenrücken, die Schleimhaut der Siebbeinzellen, der Nasenhöhle und der Augenbindehaut werden vom ersten Ast des Trigeminus, dem Nervus ophthalmicus innerviert. Der Nervus maxillaris, innerviert die Haut von Wangen, Oberlippe und Nasenflügeln, die Schleimhaut der Nasenhöhle, der Mundhöhle und des Gaumens sowie Teile der Mundschleimhaut, der Zähne und des Zahnfleisches. Der Nervus mandibularis ist der dritte Ast des Nervus trigeminus. Er innerviert die Schleimhaut der Kaumuskulatur, Mundboden und Wangenschleimhaut, die vorderen zwei Drittel der Zunge, die Zähne des Unterkiefers, das Kiefergelenk, die Mandeln, die Haut von Unterlippe, Wange, Schläfe und äußerem Gehörgang.

Foto 1.2-1

Sexuelle Kommunikation mit Riechstoffen

Abbildung 1.2-8

Nervus trigeminus: Versorgungsgebiet der Äste des N. trigeminus am Gesichtsschädel

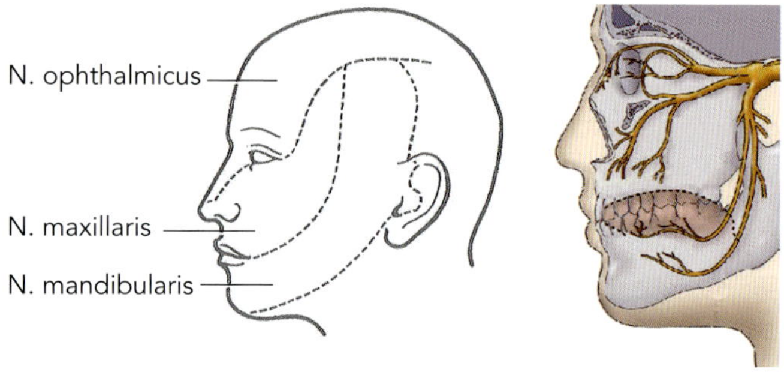

Der Nervus trigeminus ist ein multimodaler Nerv, das heißt, er spricht sowohl auf taktile, thermische und Schmerz-Reize in der Gesichtsregion an als auch auf chemische Reize in flüssiger und gasförmiger Phase. Er ist der Vermittler von Zahnschmerzen, von Druck, von Temperatur. Er ist aktiv, wenn wir beim Zwiebelschneiden zu weinen beginnen, und er ist auch an der Geruchs-, Geschmacks-, Aroma- und Flavourwahrnehmung maßgeblich beteiligt. Im chemischen Bereich ist er hauptsächlich verantwortlich für die Wahrnehmung von Reizstoffen, potenziell schädigenden chemischen Substanzen, die sensorische Wahrnehmungen wie brennend, scharf, adstringierend, prickelnd, beißend, brenzlig, stechend oder kühlend auslösen. Es gibt im Nervus trigeminus keine spezifischen – primären oder sekundären – Sinneszellen. Die Reizaufnahme erfolgt vielmehr in den freien sensiblen Endbereichen des Neurons, die in der Haut bzw. Schleimhaut enden.

Die Nasenschleimhaut und auch die Riechschleimhaut sind vom Nervus trigeminus innerviert und reagieren dort auf chemische Stoffe. In erster Linie wird er von Reizstoffen erregt wie Rauch, Salzsäure, Ammoniak oder Chlor. Bei hohen Konzentrationen von Duftstoffen, die üblicherweise über das olfaktorische System der Riechschleimhaut aufgenommen werden, wird der Nervus trigeminus aber auch aktiv. Es konnte gezeigt werden, dass das nasal-trigeminale Riechsystem bis zu einem Drittel zur Gesamtintensität eines Duftstoffes beitragen kann. Das erklärt, warum Personen, bei denen das olfaktorische Riechsystem ausgefallen ist, immer noch über ein gewisses Riechvermögen verfügen, solange der Nervus trigeminus unbeschädigt ist.

Während das olfaktorische Riechsystem bei längerer Reizung mit einem Duftstoff adaptiert, nimmt die subjektive Intensität eines über den Trigeminus wahrgenommenen Riechstoffes kurzfristig nicht ab, sondern zu. Die Intensität der Irritation flacht ab einer bestimmten Belastung nicht ab, sondern steigt unvermindert an. Es kann zu Sensibilisierungseffekten kommen, also zu einer Sensibilitätssteigerung bei längerer Reizdauer. Tendenziell kumulieren beim Nervus trigeminus die Reizintensitäten über die Zeit hin und es tritt auch das Phänomen der sensorischen Perseveration auf, das heißt, nach der Reizung kommt es zu einer bis zu 15 Minuten anhaltenden Wahrnehmung.

Gut belegt ist, dass bei Rauchern die nasal-trigeminale Wahrnehmungssensibilität verringert ist, kaum oder gar nicht jedoch die olfaktorische Wahrnehmungsfähigkeit. Dies ist wahrscheinlich auf lang anhaltende Gewöhnungseffekte durch die andauernde Reizung des Nervus trigeminus durch die Reizstoffe des Tabakrauches zurückzuführen. Ein Ausfall des olfaktorischen Riechsystems bei Rauchern führt nicht zu einer signifikanten Verminderung des Tabakkonsums. Auch dies deutet darauf hin, dass der Tabakrauch in erster Linie das nasal-trigeminale System und weniger das olfaktorische System anspricht.

Die physiologischen Reaktionen auf chemische Reizstoffe, die der Nervus trigeminus auslöst, sind je nach Ort der Reizung unterschiedlich. Bei Reizung in der Mundhöhle kommt es zu vermehrtem Speichelfluss und Schweißausbrüchen. Bei starker Reizung in der Nase wird weiteres Einatmen verhindert, es kommt zu einer so genannten Apnoe – es bleibt einem die Luft weg. Und bei Reizung des Drillingsnervs im Auge werden reflexartig die Augen verschlossen und Tränen beginnen zu fließen. Der Drillingsnerv hat also offensichtlich eine Schutzfunktion.

1.2.3 Der Geschmackssinn oder der wässrige Chemiker unter den Sinnen

1.2.3.1 Der Mund als Gebärmutter allen Geschmacks

Der Mund ist die erste Station in der Einverleibung und Verdauung von Lebensmitteln und hat daher die Funktion einer Art Wareneingangskontrolle. Diese Kontrolleinrichtung ist hochgerüstet mit verschiedenen Sensoren zur Prüfung der zugeführten Produkte. Mit *dem* chemischen Sinn im Mund, dem Geschmackssinn, werden wasser- bzw. speichellösliche chemische Substanzen wahrgenommen und beurteilt. Alle Geschmacksarten, die wir wahrnehmen können, sind mit einer Bedeutung verknüpft und geben einen Hinweis auf die Genießbarkeit des jeweiligen Produkts. Süß steht für eine leicht verfügbare Kohlenhydratquelle (z. B. Zucker). Bitter steht dagegen für problematische, eventuell giftige Inhaltsstoffe, die man besser meiden sollte. Salzig und Sauer sind Geschmacksarten, die nur in einem bestimmten Intensitätsbereich als angenehm empfunden werden. In diesem Bereich kann salzig als Indiz für eine angemessene Menge des lebenswichtigen Kochsalzes stehen. Sauer ist eine Geschmackswahrnehmung, die auf Säuren im Lebensmittel hinweist. Säure kann auf Unreife von Obst und schwere Verdaubarkeit hinweisen und dem wirkt unser Körper durch erhöhten Speichelfluss bei Konfrontation mit sauren Lebensmitteln entgegen. Umami-Geschmack dagegen ist ein Indiz dafür, dass eine gute Aminosäurenquelle vorliegt. Weil wir nur über eine Hand voll Grundgeschmacksarten verfügten, wird der Geschmackssinn häufig als relativ simpler Sinn bezeichnet, aber bei näherer Betrachtung ist das völlig unzutreffend. Zudem ist noch nicht endgültig geklärt, wie viele Grundgeschmacksarten der Mensch überhaupt wahrnehmen kann.

1.2.3.2 Zunge und Speichel – Wichtige Tools des Schmeckens

Eine wichtige Voraussetzung für ein gutes Funktionieren des Geschmackssinns ist das Vorhandensein von Speichel. Der Speichel ist ein interessantes menschliches Sekret, das in drei großen Speicheldrüsen sowie zahlreichen kleinen Drüsen in der Mundhöhle in einer Menge von ein bis zwei Litern pro Tag produziert wird. Die Speichelbildung kann durch bestimmte Medikamente (v. a. Anthistaminika), Bestrahlung und diverse Krankheiten (z. B. Diabetes, Hyposalivation, Xerostomie) behindert werden, die damit auch das Schmecken beeinträchtigen. Speichel besteht aus Wasser, verschiedenen Ionen, Enzymen (Lysozym, Amylasen, Muzine, Aprotinin etc.), Schleimstoffen und Immunglobulinen. Neben der Lösung von geschmacksaktiven Substanzen hat er die Funktionen, Mundschleimhaut und Zahnschmelz zu schützen, die Mundhöhle zu reinigen, mit der Immunabwehr zu beginnen und last but not least mit der enzymatischen Aufspaltung des Polysaccharids Stärke anzufangen.

Foto 1.2-2

Modell einer Zunge mit Unterkieferteil und Muskulatur

Die Zunge ist bekanntermaßen ein entscheidendes Organ des Geschmackssinns. Geschmackssinneszellen sind zwar im ganzen Mundraum verteilt, aber in weitaus höchster Konzentration auf der Zunge angeordnet. Die Zunge ist ein von Schleimhaut überzogener Muskelkörper, der sich in eine frei bewegliche Zungenspitze, einen Zungenkörper und den Zungengrund gliedern lässt. Die Funktionen der Zunge sind vielfältig. Die sensorische Prüfung von Textur, Geschmack und Temperatur sind in erster Linie zu nennen, aber die Speisen werden mit ihrer Hilfe auch in den Mund aufgenommen, zerkleinert, mit Speichel vermischt und als Speisebrei beim Schluckvorgang in die Speiseröhre abtransportiert. Neben diesen ernährungsbezogenen Aufgaben hat die Zunge auch wesentliche Funktionen bei der Kommunikation. Die Zunge ist unverzichtbares Organ des Sprechens, der Artikulation, aber auch der mimischen Kommunikation (z. B. Zunge zeigen oder Zunge lecken). Die Zunge spielt für viele Menschen auch im sexuellen Kontext eine gewisse Rolle (z. B. Zungenkuss). Die längste weibliche Zunge der Welt soll herausgestreckt und gemessen von den Lippen bis zur Zungenspitze eine Länge von 70 mm aufweisen und die längste männliche Zunge der Welt soll 94 mm haben. Es gibt keine Hinweise darauf, dass Form und Länge der Zunge einen Einfluss auf die Geschmackswahrnehmung haben.

1.2.3.3 Orangenspalten in Knospenform eingebettet in Zungenwärzchen

Wenn man sich vor den Spiegel setzt und seine Zunge möglichst weit herausstreckt, kann man runde, rosafarbene Strukturen auf der Zunge verteilt sehen. Diese Strukturen sind nichts anderes als die Papillen (aus dem Lateinischen *papilla* – Warze) oder Geschmackswärzchen, die in die Schleimhaut der Zunge eingebettet sind (Abb. 1.2-9). In den Papillen liegen die Geschmacksknospen, die ihrerseits wieder aus einzelnen Sinneszellen zusammensetzt sind (Abb. 1.2-10). Kleine Papillen, die als Pilzpapillen bezeichnet werden, findet man mehr oder weniger über die gesamte Oberfläche der Zunge verstreut. Am Zungengrund dagegen bilden acht bis zwölf relativ große Wallpapillen eine V-förmige Anordnung und am hinteren Zungenrand vor dem Wallpapillen-V finden sich dicht hintereinander liegende Falten, die so genannten Blattpapillen. Die Blattpapillen sind bei Erwachsenen weitgehend zurückgebildet, bei Kindern jedoch noch gut entwickelt. In die Schleimhäute der genannten drei Papillenarten eingebettet sind die Geschmacksknospen, die wiederum aus 10 bis 50 orangenförmig angeordneten Geschmackssinneszellen sowie Stütz- und Basalzellen bestehen. Die Wallpapillen und die Blattpapillen enthalten in ihren Seitenwänden zahlreiche, bis zu 80 solcher Geschmacksknospen. Etwa die Hälfte aller Geschmacksknospen

Abbildung 1.2-9

Papillen der Zunge mit ihren Geschmacksknospen
[zusammengesetzt aus Smith/Margolskee „Making Sense of Taste" und Birbaumer Schmidt „Biologische Psychologie" Springer 2006]

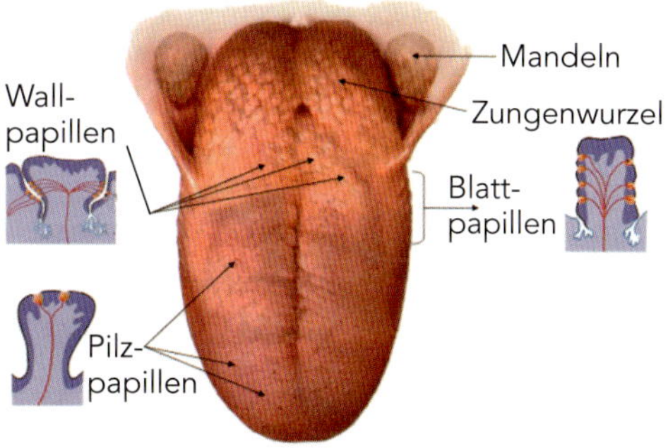

befindet sich in den Wallpapillen. Von den Pilzpapillen tragen zirka 50 % keine und zirka 50 % nur 1–2 Geschmacksknospen. In den Achseln der Wall- und Blattpapillen finden sich Speichelspüldrüsen, die die Aufgabe haben, Speisereste, Mikroorganismen und gelöste geschmacksaktive Substanzen zu verdünnen und wegzuschwemmen. Pilzpapillen haben solche Drüsen nicht, da sich ihre Geschmacksknospen an der Oberfläche des bis zu 1 mm breiten Pilzhutes und nicht an der Seite befinden. Die Fadenpapillen, die auf der ganzen Zunge verteilt sind, besitzen keine geschmacksrezeptiven Eigenschaften. Ihre Spitzen sind zu Hornzapfen verhornt und machen damit die Zunge rau. Sie dienen der Aufnahme mechanischer Reize und tragen auch zur Zerkleinerung der Speisen im Mund bei.

Bei Neugeborenen befinden sich auch im harten Gaumen, in der Zungenmitte und in der Lippen- und Wangenschleimhaut Sinneszellen zur Wahrnehmung chemischer Substanzen. Diese Sinneszellen außerhalb der Zunge sind aber nicht in Form von Knospen angeordnet. Die Anzahl der Geschmacksknospen nimmt mit dem Alter ab von etwa 10 000 im Babyalter bis zu 2000 im Erwachsenenalter. Der Trost für Erwachsene oder ältere Menschen lautet: Die zunehmende Erfahrung mit Geschmackswahrnehmungen gleicht den Sinneszellenverlust etwas aus.

Die Geschmackssinneszellen sind sekundäre Sinneszellen, das heißt, das in ihnen entstehende Signal muss erst an anliegende Nervenzellen über einen synaptischen Spalt mit Hilfe von Botenstoffen weitergegeben werden. Geschmackssinneszellen sind etwa 75 µm lang, haben einen Durchmesser von 5–9 µm und tragen am oberen Ende, das über eine Öffnung (genannt Porus) mit dem Mundraum verbunden ist, haarförmige

Abbildung 1.2-10

Geschmacksknospe
aus Birbaumer Schmidt „Biologische Psychologie" Springer 2006

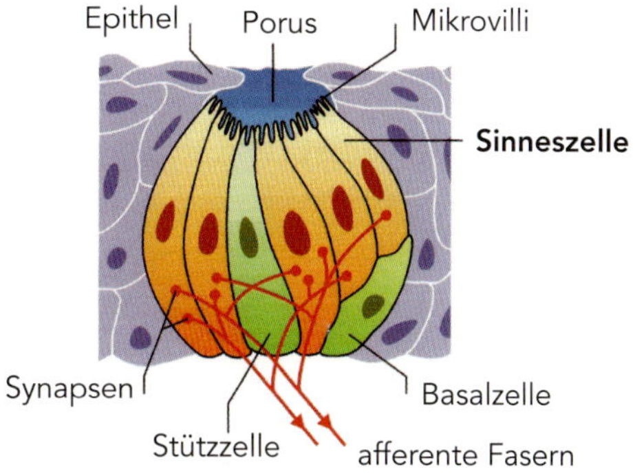

Strukturen, so genannte Mikrovilli. In den äußeren Membranen der Mikrovilli sind die Geschmacksrezeptormoleküle eingebettet. Diese Rezeptormoleküle sind Proteine, die in spezifischer Weise auf chemische Substanzen im vorbeifließenden Speichel reagieren und so die Geschmackswahrnehmungskaskade auslösen. An der Basis der Sinneszellen gibt es dann die Verbindungsstellen zu den Geschmacksnerven, die die Signale der Sinneszellen an das Gehirn weiterleiten.

Die Sinneszellen sind enormen mechanischen und thermischen Belastungen ausgesetzt. Jeder hat sich beispielsweise schon einmal an heißem Tee die Zunge verbrannt und konnte dann nicht mehr gut schmecken. Glücklicherweise hält dieser Zustand nicht lange an, denn um solche Belastungen und die auftretenden Sinneszellenverluste auszugleichen, werden Sinneszellen dauernd regeneriert und auch neue Nervenverbindungsstellen hergestellt. Nach durchschnittlich zehn Tagen wird eine Geschmackssinneszelle aus Abkömmlingen der Stützzellen und Basalzellen erneuert.

Die Sinneszellen der vorderen zwei Drittel der Zunge werden von der Chorda tympani innerviert, einem Ast des Nervus facialis (7. Hirnnerv). Der Zungengrund dagegen wird vom Nervus glossopharyngeus innerviert (9. Hirnnerv). Die Schmecksinneszellen und Geschmacksknospen sind offensichtlich auf diese Innervierung angewiesen, denn durchtrennt man die Nerven, degenerieren sie. Die ableitenden (afferenten) Nervenfasern der

Abbildung 1.2-11

Signalkette in den Geschmackssinneszellen für vier Grundgeschmacksarten nach R. F. Schmidt

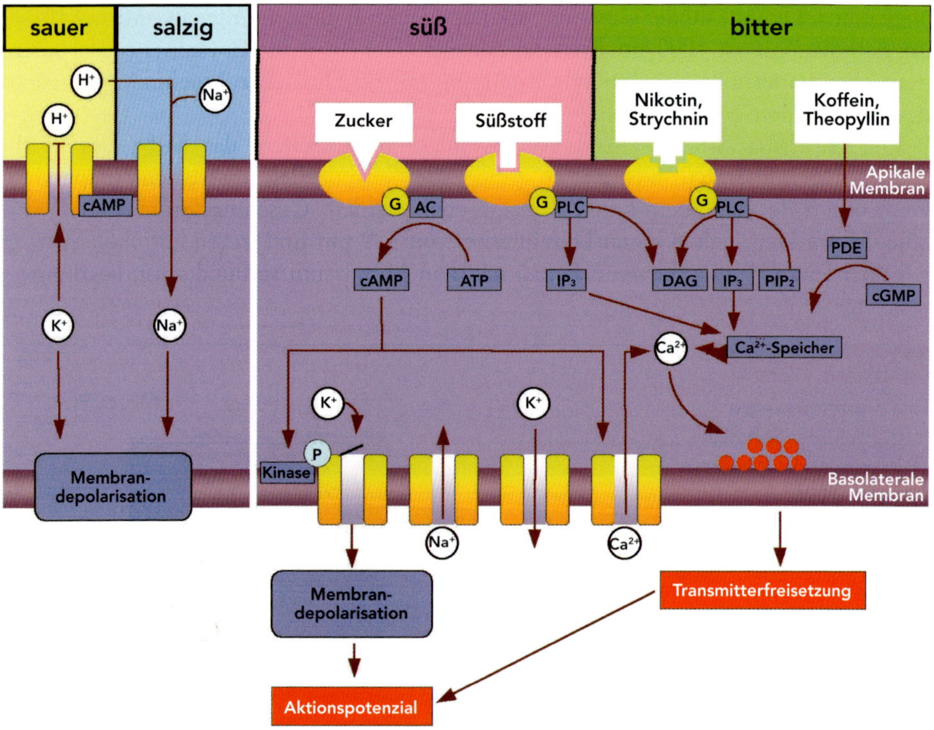

Geschmackssinneszellen sind spontan aktiv. Wenn eine Sinneszelle Neurotransmitter ausstößt, so verändern diese Botenstoffe die Aktionspotenzialfrequenz der Nervenfasern. Sie modulieren also die Spontanfrequenz der ableitenden Nervenzellen.

Es stellt sich die Frage, ob jede Sinneszelle auf jede Geschmacksart ansprechen kann, oder ob jede Sinneszelle auf eine Geschmacksart spezialisiert ist. Darüber hinaus war lange Zeit auch unklar, wie die Signale der Sinneszellen abgeleitet werden: Ist eine Nervenfaser für eine Geschmacksart zuständig oder transportiert jede Faser alle Geschmacksartensignale? Der Physiologe Chandrashekar und Kollegen haben 2006 Belege dafür publiziert, dass in jeder Sinneszelle nur eine Rezeptorart für eine Geschmacksart hergestellt wird und jede ableitende Nervenfaser für eine Geschmacksart zuständig ist. Diese Modellvorstellung wird als das „Labelled-line"-Modell bezeichnet. In Lehrbüchern wird das Modell vertreten, dass es eine abgestufte Selektivität der Sinneszellen gibt. Etwa 25 % aller Schmecksinneszellen reagieren spezifisch auf eine der Grundgeschmacksarten, während die anderen auf mehrere Geschmacksarten reagieren, also nicht nur eine Rezeptormolekülart exprimieren. Die Information über die Geschmacksart und Geschmacksintensität wird demnach in einem Impulsmuster aller beteiligten afferenten Nervenfasern zum Gehirn transportiert. Sie wird über den Nucleus tractus solitarii im verlängerten Mark und den Thalamus in die Geschmacksfelder der Gehirnrinde im Bereich des Gyrus postcentralis transportiert, wo die Analyse der sensorisch-diskriminativen Seite des Geschmacks erfolgt. In einem Gehirnrindenbereich des frontalen Kortex namens Insula beginnt die emotionale Analyse der Geschmacksempfindung, die im präfrontalen Kortex besonders im orbitofrontalen Kortex, also in der Gehirnrinde über dem Augengewölbe, sich fortsetzt. Eine weitere Geschmacksbahn verläuft vom Hirnstamm zum limbischen System, vor allem zur Amygdala und zum Hypothalamus, wo auch Informationen über Gerüche einlaufen. In diesen Bereichen entstehen die affektiven, hedonischen Bewertungen der Geschmackswahrnehmung. In der gemeinsamen Nutzung von Gehirnstrukturen, vor allem des orbitofrontalen Cortex, durch Geschmack und Geruch ist die biologische Grundlage des Flavourkonzepts bzw. unserer schlechten Fähigkeit, zwischen einzelnen chemischen Sinneskanälen zu differenzieren, zu sehen.

1.2.3.4 Eine Kartographie des Geschmacks – Hartnäckige Irrtümer und erstaunliche neue Erkenntnisse

Jahrzehntelang lernte man aus den Schulbüchern vor allem des deutschsprachigen Raums, dass es eine klar gegliederte Zungenlandkarte gäbe. Demnach würde man auf der Zungenspitze süß schmecken, am Zungengrund bitter und an den vorderen Zungenrändern sauer und salzig. Diese Vorstellung ist aber unzutreffend und kann auf eine falsche Interpretation der skizzenhaften Abbildung einer von David Hanig im Jahre 1901 herausgebrachten Veröffentlichung in der Zeitschrift „Philosophische Studien" durch Edwin Boring 1942 zurückgeführt werden. Im angloamerikanischen Raum wurde die falsche Zungenlandkarte bereits 1974 durch die Sensorikerin Virginia Collings korrigiert. Die Unterschiede in den Wahrnehmungschwellwerten von Süß, Sauer und Salzig an unterschiedlichen Orten der Zunge sind klein und nicht signifikant. Bitter-Reize dagegen können am Zungengrund tatsächlich in niedrigeren Konzentrationen wahrgenommen werden als in vorderen Bereichen der Zunge. Jeder kann das für sich selbst untersuchen, indem er Wattestäbchen in Zucker, Salz, Zitronensäure oder Koffeinlösungen taucht, an

Abbildung 1.2-12

Irreführende (A) und korrekte Zungenlandkarten nach Chandrashekar (B) und Schmidt (C)

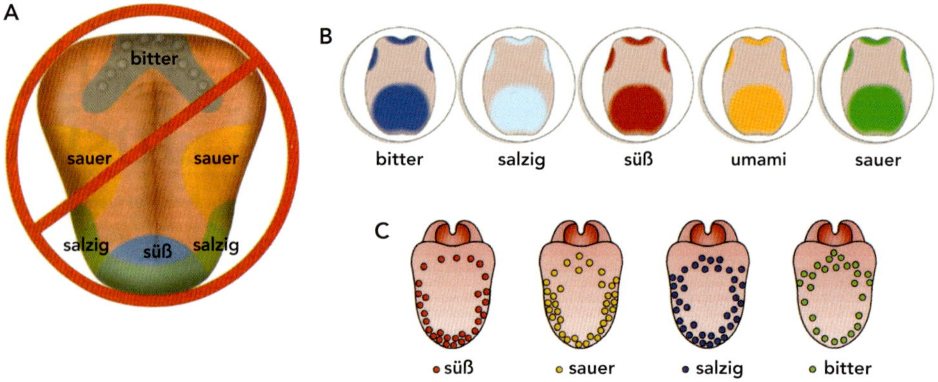

verschiedene Bereiche der Zunge führt und beobachtet, was er wahrnimmt und in welcher Intensität. Vermutlich gibt es Unterschiede zwischen den Individuen. Das Grundprinzip sollte aber sein, dass man über weite Bereiche der Zunge, vor allem an den Zungenrändern, alle Grundgeschmacksarten wahrnehmen kann und bitter im hinteren Bereich der Zunge in niedrigeren Konzentration.

Für eine intensive Diskussion und viele neue Untersuchungsansätze hat die Erkenntnis geführt, dass Geschmacksrezeptoren nicht nur im Mundhöhlenbereich, sondern auch im Verdauungstrakt exprimiert werden. Die Frage, die man seither heftig diskutiert, lautet: Wozu um Himmels willen brauchen wir im Darm Geschmacksrezeptoren? Offenbar führt die Reizung dieser Rezeptorzellen nicht zu einer bewussten Geschmackswahrnehmung. Die plausibelste Hypothese ist, dass diese Rezeptoren Teil eines innerkörperlichen Kommunikations- und Regulationssystems sind. Eventuell entstehen Lebensmittel-Präferenzen und -Aversionen nicht nur durch die sensorischen Wahrnehmungen im nasal-oralen Bereich, sondern auch durch nicht bewusste Bewertungen ausgehend von diesen Rezeptoren im nicht-oralen Verdauungstrakt. Vielleicht sind die Zentren der chemischen Wahrnehmung – Nase und Zunge – evolutionsgeschichtlich später als Spezialisierungen aus den in anderen Körpergeweben verwendeten Rezeptorzellen entstanden. Der Zellphysiologe Hanns Hatt konnte in diesem Sinne zeigen, dass die Spermien von Säugetieren das Riechrezeptormolekül für den Maiglöckchenduft zur Orientierung verwenden. Die Eizelle sendet die entsprechende Maiglöckchen-Substanz aus und das Spermium nimmt sie über seinen Rezeptor im Spermienkopf wahr, so dass es sich in Richtung stärkerer Maiglöckchenduft zur Befruchtung des Eies bewegen kann. Männer, die keinen Maiglöckchenrezeptor exprimieren können, sind daher unfruchtbar.

Die Verarbeitung von Geschmacksinformationen erfolgt in verschiedenen Teilen des Gehirns, wobei beim Gefühl des Wohlgeschmacks der orbitofrontale Cortex, das sind die Gehirnrindenbereiche über den Augenhöhlen, und der Nucleus accumbens, ein wichtiger Bereich des gehirneigenen Belohnungssystems, eine wesentliche Rolle spielen. Auf Grundlage der über die Sinneszellen vermittelten chemischen (Geschmack, Geruch etc.) und physikalischen (Temperatur, Textur, Aussehen, Akustik etc.) Eigenschaften erzeugt unser Gehirn eine interne Nachbildung der Welt außerhalb unseres Körpers. So wie jede andere Sinneswahrnehmung ist also auch die Wahrnehmung von Geschmack eine virtuelle Rekonstruktion von Umweltfaktoren durch unser Gehirn, die in der Realität keine wirkliche Entsprechung hat. Ohne ein Lebewesen, das Süße wahrnimmt, gibt es nichts Süßes. Süße ist keine Eigenschaft eines Lebensmittels, sondern etwas subjektiv Wahrgenommenes, das wir als wahrnehmende Lebewesen dem Lebensmittel erst zuweisen. In der äußeren Realität gibt es „nur" physikalisch-chemische Strukturen, die erst in der Sinneswahrnehmung eine Interpretation zur subjektiv empfundenen Wirklichkeit – in unserem Falle der Süße – erfahren.

1.2.3.5 Was schmecken wir denn eigentlich?

In der Regel wird heute davon ausgegangen, dass der Mensch fünf Grundgeschmacksarten wahrnehmen kann, die als süß, sauer, salzig, bitter und umami bezeichnet werden. Das Modell eines Geschmackskontinuums, das Grundgeschmacksarten als kulturell herangebildete „points of familiarity in a continuous taste-spectrum" betrachtet, findet nur selten Anhänger. Metallischer „Geschmack" ist kein Geschmack im eigentlichen Sinne, und auch scharfe, kühle, prickelnde und ähnliche Wahrnehmungen werden nicht durch die chemischen Sinneszellen in den Geschmacksknospen auf der Zunge wahrgenommen, sondern über multimodale Rezeptormoleküle in den freien Nervenendigungen des Nervus trigeminus.

Süße, bittere und umami Substanzen docken an G-Protein gekoppelte Rezeptormoleküle an, die über Botenstoff(second Messenger)-Kaskaden zur Ausschüttung von Neurotransmittern in den synaptischen Spalt, einer Potenzialschwankung an den Nervenmembranen, also einem Signal und schlussendlich zu einer Geschmackswahrnehmung führen. Die Rezeptormoleküle werden mit den Buchstaben T und R für Taste und Receptor (englisch für Geschmack und Rezeptor) bezeichnet. Für Süß liegen Heterodimere aus T1R2 und T1R3 vor, für Umami Heterodimere aus T1R1 und T1R3. Das heißt, Süß- und Umami-Rezeptoren sind zur Hälfte ident (T1R3). Für Bitter werden schon zirka 30 T2R-Moleküle angeführt. Für Umami werden noch weitere Rezeptoren (taste-mGluR4) diskutiert und darüber hinaus könnte es auch eine Wahrnehmung von Süß und Umami ohne die angesprochenen Rezeptormoleküle geben.

1.2.3.5.1 Das Glück der Süße

Der süße Geschmack nimmt in der menschlichen Wahrnehmung eine Sonderstellung ein, was unschwer an den vielfältigen metaphorischen Verwendungsweisen von „süß" im nicht-geschmacklichen Kontext zu erkennen ist: ein „süßes Mädchen", ein „süßer Kuss", die „Süße der Liebe", „dolce vita" etc. „Süß" wird immer in einem positiven Sinne von *angenehm* oder *betörend* verwendet und auch im Bereich des Geschmacks ist die Bewertung der Süße überaus positiv. Dies wird auch durch Versuche bestätigt, bei denen das Ausmaß des Wohlgeschmacks von Grundgeschmacksarten in Abhängigkeit von der Konzentration des entsprechenden Geschmacksstoffes untersucht wurde (Abb. 1.2-13). Während bittere, salzige und sauere Substanzen nur in relativ engen und niedrigen Konzentrationsbereichen als angenehm schmeckend bewertet werden, wird süß eindeutig sehr positiv empfunden, was sich bei hohen Konzentrationen nur langsam ändert. Diese Ergebnisse müssen selbstverständlich *cum grano salis* betrachtet werden, da die individuellen Präferenzmuster sehr unterschiedlich sind und die Ergebnisse für einzelne, isolierte Geschmackssubstanzen nicht ohne weiteres auf die hedonische Bewertung von komplexen Lebensmitteln angewendet werden können.

Abbildung 1.2-13

Hedonische Bewertung von vier Grundgeschmacksarten in Abhängigkeit von der Reizkonzentration modifiziert nach Engel und Burdach

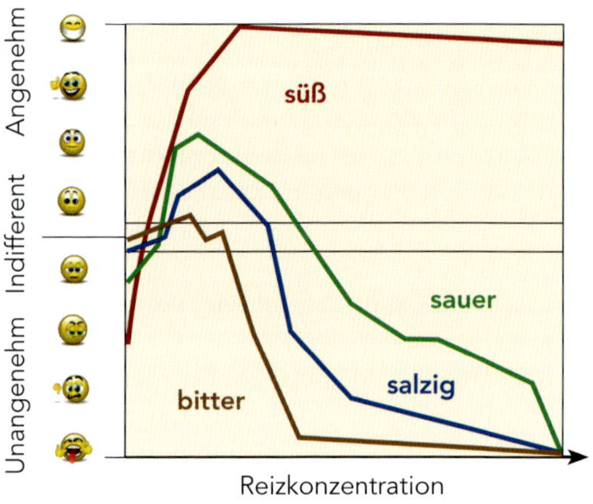

Beispielsweise ist Zucker in der Marinade von Blattsalat für viele Menschen unvorstellbar, während andere Personen ein gewisses Maß an Süße darin sehr schätzen.

Es gibt Indizien dafür, dass die positive Beurteilung von süßen Geschmacksstoffen genetisch bedingt ist. Der berühmte amerikanische Ernährungspsychologe Paul Rozin sieht in der ausschließlich positiven Beurteilung von Süßem eine Art Sicherheitsstrategie der Evolution, welche die Aufnahme von Substanzen, die in der Regel leicht verfügbare Energiequellen – nämlich Kohlenhydrate – darstellen, mit einer angenehmen Empfindung verknüpft.

Ein physiologischer Ansatz zur Erklärung der angenehmen Bewertung von Süßem geht auf die Bildung des Botenstoffs Serotonin aus der Aminosäure Tryptophan im Gehirn zurück. Serotonin hat als ein „Glückshormon" schon nahezu populäre Bekanntheit erlangt und vermittelt im Steuerungsgeschehen von Hunger und Sexualität tatsächlich ein Gefühl der Entspanntheit, der Sattheit und der Befriedigung. Was hat Süßes, was hat Zucker aber mit Serotonin zu tun? Vereinfacht dargestellt, bewirkt die Aufnahme von Zucker im Körper eine Reaktionskette, die zur relativen Anreicherung von Tryptophan im Blut führt, das dann vermehrt ins Gehirn gelangt und dort einen höheren Serotonin-Spiegel und das damit verbundene Wohlgefühl ermöglicht. Wie stark die aus dem Wohlgefühl der Süße resultierende Sehnsucht nach dem süßen Glück unsere Kulturgeschichte geprägt hat, zeigt die Lektüre von „Die süße Macht. Kulturgeschichte des Zuckers" von Sidney Mintz oder von „Süßes Gold" von Christoph Wagner.

Zucker und andere süß schmeckende Stoffe zählen zu den Substanzen, die nicht in die Sinneszelle eintreten können, sondern an Rezeptormoleküle binden und dadurch in der Zelle chemische Reaktionskaskaden auslösen. Beim Menschen sind bisher drei verschiedene Süß-Rezeptoren nachgewiesen worden und Variationen in den Rezeptoren könnten für individuelle Formen der Wahrnehmung von Süß verantwortlich sein. Der Rezeptor für Zucker, auch Gustducin genannt, zerfällt beim Binden des Zuckers in zwei Teile und aktiviert das Enzym Adenylatzyklase, was über verschiedene Zwischenschritte zur Ausbildung eines Aktionspotenzials in den ableitenden Nervenzellen führt. Die Information über die chemische Konfiguration des süßen Stoffes wird somit in ein elektrisches Signal umgewandelt, das im Gehirn verarbeitet, interpretiert und in eine bewusste Wahrnehmung umgewandelt wird.

Es gibt unterschiedliche chemische Verbindungen, die einen süßen Geschmack hervorrufen, die größte Rolle spielen jedoch Zucker, Zuckerderivate, Alkohole und Glykole, also organische Verbindungen, die gut wasserlöslich sind. Nur wenige anorganische Verbindungen, namentlich Blei- und Berylliumsalze, schmecken süß. Die Beziehungen zwischen der Molekülstruktur und dem Süßgeschmack sind nach wie vor nicht vollständig geklärt. Offensichtlich ist die räumliche Anordnung bestimmter chemischer Gruppen im Molekül von entscheidender Bedeutung, denn es fällt auf, dass oft bereits kleine strukturelle Modifikationen darüber entscheiden, ob etwas als süß oder bitter empfunden wird. So schmeckt die Aminosäure D-Phenylalanin beispielsweise süß, während die spiegelbildliche Form das L-Phenylalanin bitter schmeckt. Als gemeinsames Strukturmerkmal aller süß schmeckenden Substanzen wird ein Protonendonator/-acceptor-System angenommen, das definierte räumliche Voraussetzungen erfüllen muss, damit es mit dem komplementären System eines Rezeptormoleküls in Wechselwirkung treten kann. Bei neueren Modellen werden auch hydrophobe Wechselwirkungen mit dem Rezeptor diskutiert.

Die Intensität, mit der verschiedene Substanzen als süß wahrgenommen werden, ist sehr unterschiedlich. Sie wird zumeist auf den wichtigsten süßen Stoff, die Saccharose, bezogen und als Isosüße oder relative Süßkraft bezeichnet. Die relative Süßkraft einer süßen Substanz ist beispielsweise 10, wenn die Lösung dieser Substanz 10-fach verdünnt werden muss, um ebenso süß wie eine definierte Saccharoselösung zu schmecken. Es gibt Süßstoffe mit einer unglaublichen starken Süßkraft. Thaumatin beispielsweise ist ein zugelassener Süßstoff, der aus einer west-afrikanischen Pflanze gewonnen wird und eine Süßkraft von 2000 aufweist. Manche Süßstoffe haben allerdings keinen reinen süßen Geschmack, sondern ein bitteres, adstringierendes oder metallisches Neben-Flavour. Auch ist die zeitliche Entwicklung der Süße oft nicht gleich wie bei Saccharose. Sucralose, ein kalorienfreier Süßstoff, der 2004 in der EU als Zusatzstoff zugelassen worden ist, wäre hier als Beispiel zu nennen. Sucralose ist eine mit Chlor modifizierte Saccharose die 650-fach süßer ist als Saccharose. Aber ihre Süße ist zu Beginn gering, wird dann intensiv und bleibt relativ lange auch als Nachgeschmack wahrnehmbar.

1.2.3.5.2 „Eine" bittere Sache?

Für bittere Substanzen haben unsere Sinneszellen G-Protein gekoppelte Rezeptoren wie bei der Signalentstehung von Süße. Ein abgespalteter Botenstoff bewirkt die Freisetzung von Kalzium-Ionen aus dem intrazellulären Kalzium-Speicher, dem endoplasmatischen Reticulum. Damit depolarisiert die Zellmembran und Neurotransmitter werden ausgestoßen. Die Wahrnehmungen Sauer und Salzig werden von sehr wenigen chemischen Substanzen ausgelöst – Säuren bzw. Kochsalz. Bittere Substanzen dagegen gibt es in großer chemischer Vielfalt. Es zählen dazu Salze von Kalzium-, Magnesium- und Ammonium-Verbindungen und viele organische Substanzen wie Harnstoff, Pikrinsäure, Amide, Aldehyde, Ketone, Ester, Alkaloide (Chinin, Koffein, Kokain, Morphin, Strychnin etc). In genügend hoher Konzentration lösen bittere Stoffe, wenn sie in den Mund eingebracht werden, auch Spei- und Würgereflex aus – ein Schutzmechanismus.

Entsprechend dieser Vielfalt gibt es eine Reihe von Bitterrezeptoren, die jeweils auf eine Bittersubstanzgruppe primär ansprechen. Von den persönlichen Schwellwerten für eine bittere Substanz – das sind die Konzentrationen, ab der eine chemische Substanz bemerkt oder erkannt wird – kann man wahrscheinlich wegen der unterschiedlichen zuständigen Rezeptoren nicht auf die Schwellwerte anderer Bittersubstanzen schließen. Die Empfindlichkeit von Prüfpersonen muss also immer bezüglich der speziellen Substanz getestet werden, für die man sich interessiert. Meistens sind die Schwellwerte innerhalb einer

Personengruppe normal verteilt, gelegentlich jedoch sind sie zweigipfelig verteilt, sodass es zwei Gruppen von Menschen gibt – die Schmecker und die Nicht-Schmecker, Personen, die in der Lage sind, den Bitterstoff bei sehr niedrigen Konzentrationen bereits wahrzunehmen, und solche, die erst bei weit höheren Konzentrationen überhaupt etwas bemerken. Beispiele sind das berühmte PROP (6-n-Propylthiouracil) bzw. Phenylthiocarbamid. Die Fähigkeit, diese Substanz bei niedrigen Konzentrationen wahrzunehmen, scheint genetisch vererbt zu werden. In einer Population gibt es relativ stabile prozentuelle Verhältnisse von Schmeckern und Nicht-Schmeckern und gerüchteweise wurde die PROP-Sensitivität früher als Vaterschaftstest herangezogen. Schmecker und damit auch gegen viele andere Bitterstoffe sensibel zu sein, ist nicht unbedingt angenehm und kann auch dazu führen, dass auf eine Reihe von Lebensmitteln verzichtet wird, die man als ernährungsphysiologisch wertvoll betrachtet wie z. B. Brokkoli und andere Gemüsearten.

Obschon Süß und Bitter wie ein Gegensatzpaar unserer Geschmackswahrnehmung wirken, gibt es durchaus eine gewisse Verwandtschaft zwischen den beiden. Manche Stoffe ändern ihre Geschmacksart, wenn sie nur subtil in ihrer räumlichen Anordnung verändert werden wie z. B. Mannose, das von süßer alpha-D-Mannose zu bitterer beta-D-Mannose wird. Phenolphthalein wiederum erscheint zeitlich zuerst bitter und dann süß. Auch bei vielen Süßstoffen kann ein bitterer Nebengeschmack festgestellt werden. Verwechslungsgefahr besteht zwischen Bitter und Süß natürlich nicht, in Geschmackserkennungstests wird Bitter am häufigsten mit Sauer verwechselt.

Da Bitter vor allem in höherer Intensität eindeutig schlecht schmeckt, sucht man schon längere Zeit nach Möglichkeiten, die Bitterwahrnehmung zu unterdrücken. Neben dem Zusatz von Zucker oder Süßstoffen – denken sie an Kaffee – sind dazu einige Stoffe geeignet, die selbst nur sehr schwach oder gar nicht schmecken. Diese Stoffe blockieren entweder den Bitterrezeptor in den Sinneszellen oder wirken auf einer anderen Ebene des Bitter-Wahrnehmungsprozesses hemmend. Eine dieser Substanzen wurde in den USA bereits patentiert und zur Verwendung zugelassen. Es handelt sich um Adenosinmonophosphat. Andere Substanzen wie Zink-, Natrium- und Lithiumsalze, Capsaicin (Chili-Scharfstoff), Neodiosmin, Santakraut-Inhaltsstoffe oder Pyridinium Betaine sind ebenfalls als Bitter-Modulatoren einsetzbar. Auch Kochsalz (Natriumchlorid) reduziert die Intensität von Bitterwahrnehmungen. Gesalzenes Gemüse schmeckt daher weniger bitter und lässt die Aromen intensiver erscheinen. Einsatzgebiete von Bitterblockern können beispielsweise die Herstellung milderer Kaffee-Sorten, weniger bitteren Grapefruitsafts und besser schmeckender Soja- oder Gemüse-Produkte sein. Gesunde Polyphenole wären mit größerem Vergnügen konsumierbar, aber auch die sprichwörtliche bittere Medizin könnte etwas leichter über die Lippen vor allem von Kindern kommen. Manche kochsalzempfindliche Personen verwenden Kaliumchlorid als Kochsalzersatz, das aber einen bitteren Nebengeschmack aufweist. Diesen könnte man ebenfalls durch Bitterblocker aufheben.

1.2.3.5.3 Vom Salz auf der Zunge

Die Wahrnehmung Salzig ist stark Anionen- und Kationen-selektiv, sie wird am reinsten und intensivsten durch Natriumchlorid ausgelöst. Für Salzig liegen keine Rezeptormoleküle wie bei Süß oder Bitter vor. Es treten vielmehr Natriumionen bei Erhöhung ihrer Konzentration im Speichel nach Aufnahme salzhaltiger Speisen über Ionenkanäle in den Mikrovilli und auch in den Seitenwänden der Sinneszellen direkt in die Zelle ein. Es ist noch ungeklärt, wie viele entsprechende Ionen-Tunnelproteine bzw.

-Proteingruppen beim Menschen existieren. Die eingetretenen Natriumionen bewirken eine Depolarisation der Zelle und eine Ausschüttung von Neurotransmittern in den synaptischen Spalt zur ableitenden Nervenzelle, die das entstehende Signal an das Gehirn ableitet. Anschließend werden die Natriumionen unter Aufwendung von Energie wieder aus der Zelle entfernt.

Wenn man Natrium durch Lithium, Kalium oder Ammonium ersetzt, so erhält man ebenfalls salzig schmeckende Verbindungen, allerdings ist Lithiumchlorid zusätzlich sauer und Kaliumchlorid sowie Ammoniumchlorid sind zusätzlich ziemlich bitter. Ersetzt man das Chlorid durch Bromid, so erhält man auch salzig schmeckende Salze. Jodide sind in erster Linie bitter und Natriumnitrat und Natriumsulfat sind salzig und bitter. Organische Natriumsalze wie Azetat, Glutamat und Zitrat sind deutlich weniger salzig als Kochsalz.

Wichtig für die Intensitätswahrnehmung von Salz ist auch, wie gut das Salz in einem Lebensmittel verfügbar ist. Verteilt sich das Salz sehr gleichmäßig im Lebensmittel, nimmt man eine relativ große Menge Salz auf, ohne es besonders intensiv wahrzunehmen. Weit intensiver wird die gleiche Menge Salz wahrgenommen, wenn sie in leicht verfügbarer Form konzentriert an der Oberfläche des Produkts vorliegt. So kann man sich vor allem als natriumsensitiver Mensch, der auf zu viel Salz mit Bluthochdruck reagiert, einiges an Salz und damit gesundheitlicher Belastung ersparen, ohne sensorische Einbußen hinnehmen zu müssen.

1.2.3.5.4 Die Säure im Tunnel

Auch bei saurer Geschmackswahrnehmung löst eine chemische Substanz die Wahrnehmungskaskade aus, nämlich die Protonen H^+ von Säuren. Sie blockieren in der Membran der Sinneszellen tunnelartige Kaliumionenkanäle, sodass sich positiv geladene Ionen im Zellinneren anreichern. Die Zelle depolarisiert und schüttet Neurotransmitter aus, die zu einem Signal im ableitenden Nerven führen.

Saurer Geschmack wird also – wenig überraschend – durch Säuren hervorgerufen, allerdings ist die Intensität der Wahrnehmung nicht immer proportional zum pH-Wert der Säure, der ein Maß für die Konzentration an Protonen darstellt. Beispielsweise wird Essigsäure saurer als Salzsäure des gleichen pH-Werts wahrgenommen. Protonen scheinen also nicht alleine die Sauer-Wahrnehmung zu bestimmen, andere chemische Gruppen dürften modulierend wirken.

1.2.3.5.5 Der Wohlgeschmack Asiens oder darf es nach mehr schmecken?

In Europa hat man sich lange Zeit gegen die Ansicht der Japaner gewehrt, es gäbe eine weitere Grundgeschmacksart neben süß, sauer, bitter und salzig, die als umami bezeichnet und vom Salz der Glutaminsäure, dem Glutamat, ausgelöst wird. Auch früher sprach schon vieles für die Existenz dieses Grundgeschmacks. Glutamat verursacht eindeutig eine von den klassischen vier Grundgeschmacksarten unterschiedliche Geschmacksqualität. Die Umami-Empfindung kann nicht durch Mischung der anderen vier Grundgeschmacksarten erzeugt werden und Glutamat beeinflusst auch nicht die vier anderen Grundgeschmacksarten. Doch der unumstößliche Beleg für die Existenz der fünften Grundgeschmacksart Umami ist mit der Identifikation der Rezeptormoleküle in den Geschmackssinneszellen im Jahr 2000 bzw. 2004 erbracht worden. Für Umami-Substanzen liegt also ein anderes Rezeptormolekül vor als für die vier klassischen Grundgeschmacksarten. Dieses Rezeptormolekül besteht aus zwei Teilen und wird als T1R1+3 bezeichnet. Ein Teil ist identisch mit einem der zwei Teile des Rezeptormoleküls der Süßwahrnehmung.

Es wird behauptet, dass Europäer nicht in der Lage waren, Umami als Grundgeschmacksart durch die eigene kulinarische Praxis zu identifizieren, weil die europäischen Speisen von Haus aus sehr reich an Glutamat sind. Glutamat befindet sich in großen Mengen beispielsweise in Fleisch, Fisch, Hartkäse (Parmesan), Pilzen und Tomaten. Der Umami-Geschmack ist ein Hinweis auf ein proteinreiches Lebensmittel. Und weil ihre Papillen im Gegensatz zu den Japanern, die lange Zeit eine weitaus proteinärmere Kost hatten, dauernd in Glutamat badeten, haben die Europäer nicht erkannt, dass hier eine eigenständige Geschmacksart vorliegt. Man sagt auch, der Erfolg der italienischen Küche sei darauf zurückzuführen, dass in ihr viele sehr glutamatreiche Rohstoffe eingesetzt werden.

Bereits im Jahr 1908 wurde vom Japaner Kikunae Ikeda aus Braunalgen Glutamat isoliert, das Salz der Glutaminsäure, dessen Geschmack als „umami" bezeichnet wurde. Umami bedeutet nichts anderes als „wohlschmeckend". Seit 1909 wird Glutamat vermarktet und 1958 wurde es von der amerikanischen Lebensmittelbehörde als sicher eingestuft. 1991 bestätigte die entsprechende Behörde der Europäischen Union die Sicherheit von Glutamat. Die Angabe eines ADI-Werts (akzeptable tägliche Aufnahmemenge) wurde als nicht nötig befunden, aber die Zugabe von Glutamat zu fertigen Lebensmitteln auf 1 % beschränkt. Die Weltproduktion von Glutamat beträgt inzwischen bereits 1 500 000 Tonnen pro Jahr.

Natriumglutamat zeichnet sich durch starke synergistische Effekte mit Nukleotiden aus, chemischen Stoffen, die vor allem in zellkernreichen Geweben wie Fleisch zu finden sind. Daher rührt seine Verwendung als „Geschmacksverstärker" in Suppen und Fleischgerichten. Natriumglutamat führt vor allem zu einer Intensivierung des Flavours würziger Speisen. In dieser Eigenschaft kann es durchaus missbräuchlich verwendet werden, etwa wenn eine höhere sensorische Qualität vorgetäuscht werden soll, als tatsächlich im Produkt vorhanden ist. Positiv zu bewerten ist, dass Natriumglutamat zu einer Reduktion von Kochsalz beitragen kann, denn die Speisen wirken würziger und bedürfen nicht so großer Salzmengen. Das hedonische Optimum von Natriumglutamat ist rasch überschritten, ab einer Konzentration von 0,4 % werden Natriumglutamatlösungen als nicht mehr wohlschmeckend bewertet. Nachdem entdeckt worden war, dass Glutamat ein Neurotransmitter ist, setzte man in den 1950er Jahren Glutamat als Mittel ein, um vermeintlich die Intelligenz von Kindern zu erhöhen. Diese Versuche, bei denen täglich sehr große Mengen an Glutamat verabreicht wurden, führten bei den Kinder zu Kopfschmerzen, Schläfendruck, Nackensteifheit und einem Taubheitsgefühl im Mund, alles Befindlichkeitsstörungen, die man später unter das Schlagwort „China-Restaurant-Syndrom" zusammengefasst hat. Die Intelligenz der Kinder konnte mit dem Glutamat nicht verbessert werden. Gesundheitsschädliche Wirkungen von Natriumglutamat werden trotz der relativ eindeutigen Befunde der Wissenschaft immer wieder öffentlich debattiert. Zuletzt wurde diskutiert, ob Natriumglutamat langfristig konsumiert die Augen schädigen könnte. Diese Diskussion basiert auf der Beobachtung, dass Ratten unter Laborfütterung mit extrem hohen Glutamatdosen Augenschäden erleiden. Glutamat könnte demnach Zellen in der Netzhaut angreifen. Als stützendes Indiz wird auch angeführt, dass in Ost-Asien eine besondere Variante des grünen Stars häufig vorkommt und diese Krankheit wird mit dem dort üblichen übermäßigen Verzehr von Natriumglutamat in Verbindung gebracht.

1.2.3.5.6 Schmeckt Fett echt fett?

Die chemische Wahrnehmung von Fettsäuren ist bei Ratten nachgewiesen worden. Diese Nager haben in den Sinneszellen ein Rezeptormolekül namens CD36, mit dessen Hilfe sie Fettsäuren chemisch wahrnehmen können. Ob auch Menschen solche Rezeptormoleküle aufweisen, ist noch nicht entschieden, manches scheint aber darauf hinzuweisen.

1.2.3.6 Scharf schmeckt nicht!

Der Mensch ist das einzige Tier, das scharfe Früchte und Speisen wahrnimmt und trotzdem isst. Nachdem Früchte generell der Verbreitung von Samen durch Verzehr und Ausscheiden durch Tier und Mensch dienen, stellt sich die Frage: Warum sollten Pflanzen Früchte mit scharfen Inhaltsstoffen entwickeln, die kein Tier zu sich nehmen mag? Die Antwort liegt in der Beobachtung, dass Chili-Früchte in der Natur durch Vögel verzehrt werden, die den scharfen Inhaltsstoff von Chili, Capsaicin, nicht wahrnehmen. Und das gibt der Pflanze den evolutionären Vorteil, die Samen durch ein Tier verbreiten zu lassen, das einen weitaus größeren Bewegungsradius als andere Tiere hat.

Auf die Frage, warum Menschen scharf essen, gibt es eine Reihe von Antwortversuchen. Die eine Antwort wird als Hypothese des begrenzten Risikos bezeichnet. Sie beschreibt den Chili-Verzehr als ein objektiv nicht gefährliches Ereignis – analog zu beispielsweise Hochschaubahn-Fahren oder das Anschauen haarsträubender Thriller-Kinofilme. Und Ereignisse dieser Art haben eine Steigerung des allgemeinen Aktivitätsniveaus durch körperlichen Alarm zur Folge, die als angenehm empfunden wird. Die populäre Hypothese, dass zur Linderung des Schmerzes die Produktion von körpereigenen Opiaten, den Endorphinen, angeregt wird, die auch bei Lust- und Genuss-Empfindungen ausgeschüttet werden, konnte in einer Schweizer Studie experimentell nicht belegt werden. Eine andere Hypothese spricht vom „Masochismus des Alltags". Demnach empfinden es viele Menschen als angenehm, wenn ein kleiner, kontrollierter Schmerz wie z. B. die Hitze des heißen Fußbads oder das Brennen des Aftershaves nachlässt. Ein weiterer Erklärungsversuch geht von der Beobachtung aus, dass scharfe Substanzen überwiegend in heißen Gebieten verwendet werden. Gerade dort wäre der Einsatz von Capsaicin sinnvoll durch seine leicht mikrobizide Wirkung. Auch die physiologische Reaktion auf scharfe Inhaltsstoffe könnte eine Erklärung liefern. Es ist allseits bekannt, dass scharfe Speisen zur gleichen Reaktion führen wie Hitze: man beginnt zu schwitzen. Obwohl sich die Körpertemperatur objektiv nicht erhöht, wird Schweiß abgesondert und das führt zum Absenken der Temperatur der Hautoberfläche. Und genau das ist das Angenehme dieses Effekts: Chili könnte in heißen Ländern beliebt sein, weil es das Kühlungssystem des Körpers anregt.

1.2.3.7 Wer vermittelt heiße orale Sensationen?

Wie aber nimmt man scharfe Substanzen wahr? Werden die Geschmackspapillen damit beschäftigt? Nein: die Geschmackspapillen haben nichts mit der Wahrnehmung von Chili- oder Pfeffer-Schärfe zu tun. Wie schon weiter oben ausgeführt, werden irritierende Reizstoffe mit Hilfe des Nervus trigeminus wahrgenommen. Er dient in erster Linie der chemischen Wahrnehmung von Eigenschaften wie brennend, scharf, adstringierend, prickelnd, beißend, brenzlig, stechend oder kühlend. Typische Lebens- und Genussmittel, die den oralen Nervus trigeminus ansprechen, sind Pfefferminz, Kren/Meerrettich, Senf, Kohlensäure,

Sekt, Pfeffer, Chili, Alkohol, Säuren und Salze. Wärme- und Kälteempfindungen sind über den Nervus trigeminus auch durch chemische Reizung auslösbar, es handelt sich hier um Temperaturillusionen. Der Drillingsnerv hat keine Sinneszellen wie andere Sinnessysteme, sondern es befinden sich in den freien Nervenendigungen, die in den Schleimhäuten von Nase, Mund und Auge enden, die entsprechenden Rezeptormoleküle. In den Pilzpapillen bestehen interessanterweise dreimal mehr Verbindungen zum Nervus trigeminus als zum entsprechenden Nerven des Geschmackssystems (Chorda tympani). Das Rezeptormolekül für Vanilloid-Substanzen, zu denen Capsaicin gehört, heißt Vanilloid-Rezeptor TRPV1. Durch Anbinden von Capsaicin an den Rezeptor wird ein Ionenkanal geöffnet, es strömen Natrium- und Kalziumionen ein, die Nervenzelle depolarisiert und ein Impuls geht zum Gehirn. Schmerzhafte Temperaturen (> 60 °C) haben dieselbe Wirkungsweise und daher ist die physiologische Reaktion auf scharfe Substanzen und Hitze ähnlich – Schweißausbruch.

Es ist bekannt, dass bei dauernder Einnahme von Capsaicin die Schwellwerte für derartige Reizstoffe stark ansteigen, dass also die Dosis erhöht werden muss, um ähnliche Effekte wie vor der Gewöhnung zu erzielen. Der Nervus trigeminus birgt regelrecht ein gewisses Suchtpotenzial, wie auch beim Rauchen von Tabakprodukten zu erkennen ist. Kurzfristig allerdings tritt Adaptation nicht ein, sondern jeder neu hinzutretende Reiz führt zu einer größer werdenden Intensität des Schmerzes. Dem Schmerz von Capsaicin kann man überaus effektiv mit einer chemischen Substanz namens Capsazepin entgegenwirken. Sie ist ein potenter Blocker der Capsaicin-Schärfe und hemmt unmittelbar und vollständig die Chili-Schärfe, indem es Capsaicin vom Rezeptormolekül verdrängt.

1.2.3.8 Ein cooler Geschmack?

Die sensorischen Endigungen der Kaltsensoren reagieren nicht nur auf Temperaturänderungen, sondern auch auf chemische Stimulation. Menthol, der Hauptbestandteil des Pfefferminzöls, bringt Kaltsensoren zum Feuern und erzeugt dadurch eine Kälteempfindung. Als entsprechender Rezeptor wurde der Ionenkanal TRPM8 identifiziert, der sowohl durch Abkühlung als auch durch Menthol geöffnet wird. TRPM8-Kanäle werden in den sensorischen Endigungen der Kaltrezeptoren exprimiert und bei Abkühlung der Haut geöffnet. Sie leiten dann Kationen in die Nervenfaser, depolarisieren die Membran und lösen Aktionspotenziale aus.

1.2.3.9 Metall in Mund und Nase

Metallischer Geschmack ist in Wahrheit kein Geschmack, sondern die retronasale Geruchswahrnehmung von Fettoxidationsprodukten. Die Endprodukte der Lipidoxidation wie trans-4,5-Epoxydecenal entstehen im Mund durch katalytische Wirkung von Metallionen, sie vermitteln die typisch metallische Empfindung. Eisensulfat-Lösungen lösen solche retronasal-olfaktorische metallische Sensationen aus, indem die Lipide, die sich im Speichel befinden, oxidiert werden. Es konnte gezeigt werden, dass man retronasal weitaus geringere Schwellwerte für solche Abbauprodukte aufweist als orthonasal.

1.2.3.10 Flavour und Geschmacksmodulationen: Nichts ist einfach – Gott sei Dank

Das Flavour ist definiert als eine gesamtheitliche Wahrnehmung von Geschmack und Aroma eines Lebensmittels und meist inkludiert es auch die texturalen Merkmale des Mundgefühls. Eine Flavour-Wahrnehmung umfasst alle Sinneswahrnehmungen, die im Mund- und Nasenraum während des Essens auftreten, und auch wenn Flavour-Bestandteile in den Rezeptoren der Nase aufgenommen werden, lokalisiert das Gehirn sie im Mundbereich. Die Flavour-Illusion ist multimodal, weil mehrere Sinnessysteme in ihre Entstehung involviert sind, und crossmodal, weil ein Sinnessystem mit anderen wechselwirken und die Wahrnehmung modifizieren kann. Vor allem zwischen Aroma und Geschmack gibt es eine Reihe von interessanten Wechselwirkungen. Der Aromastoff Maltol beispielsweise wird Schokoladen und anderen Süßwaren zugesetzt und hilft dort, 5–15 % Saccharose einzusparen, indem es uns die Süße intensiver wahrnehmen lässt. Maltol verbessert auch das Mundgefühl fettreduzierter Lebensmittel. Eine andere gut dokumentierte Wechselwirkung ist die zwischen Erdbeer-Aroma und dem süßen Geschmack. Erdbeeraroma verstärkt die Süßintensität. Wie und warum diese stabilen, aber nicht allzu großen Effekte auftreten, ist noch weitgehend ungeklärt. In diesem Zusammenhang werden vor allem kulturell herangebildete Verknüpfungen von Gerüchen mit Geschmäckern diskutiert. Man spricht von einer gelernten Synästhesie, also einer erlernten, unwillkürlichen Verknüpfung einer Sinnesmodalität mit einer anderen. Es könnte aber auch das Konzept der zweifachen Kodierungstheorie einiges erklären, nach der sich Informationen besser einprägen und zuverlässiger erkannt werden können, wenn sie doppelt, nämlich in den Codes zweier Sinnessysteme verankert werden. Dies alles stützt die Auffassung von der Wahrnehmung als eines höchst aktiven, auf Hypothesenprüfung basierenden Prozesses der Interpretation von Sinnesreizen, bei dem die aufgenommenen Reize mit persönlich erworbenen oder angeborenen, internen Interpretationsmustern verglichen werden.

Die Modulation von Geschmackswahrnehmungen mit Hilfe chemischer Substanzen ist ein Forschungsbereich, dessen Ergebnisse schon in naher Zukunft Eingriff in unsere Geschmackswahrnehmungen nehmen könnten. So hat die US-amerikanische Firma Linguagen Adenosinmonophosphat (AMP) als „Bitter-Blocker" patentieren lassen. AMP dämpft den bitteren Nebengeschmack von Süßstoffen, Lebensmitteln (z. B. Kaffee oder Grapefruitsaft) sowie von Arzneimitteln (z. B. Hustensäfte für Kinder), so dass süße Geschmackskomponenten reiner oder intensiver hervortreten. Da diese Substanz zwischenzeitlich den GRAS-Status erhalten hat (generally recognized as safe), dürfte die Zulassung und Anwendung auch in Europa nur noch eine Frage der Zeit sein. Interessante Anwendungen sind auch für *Gymnema sylvestre* zu erwarten, einer indischen Schlingpflanze, deren Inhaltsstoffe in der Lage sind, die Geschmackswahrnehmung von Süß vollständig zu blockieren. Die Pflanze wird unter anderem zur Gewichtsreduktion und in Indien als Volksheilmittel gegen Diabetes verwendet.

Auch wenn Albert Einsteins Diktum „Die Zukunft ist einer empirischen Analyse nicht zugänglich" zutrifft, darf trotzdem die Prognose gewagt werden, dass die Beschäftigung mit der Geschmackswahrnehmung in Zukunft spannend bleiben wird.

1.2.4 Der Sehsinn oder der visionäre Konstrukteur der Ferne

1.2.4.1 Objektiv betrachtet viele optische Täuschungen

Der Sehsinn gilt als der Fernsinn schlechthin und er wird irrtümlicherweise häufig als der Sinn bezeichnet, der uns die „objektivsten" Informationen über unsere Umwelt vermittelt. Es konnte gezeigt werden, dass über das Auge tatsächlich fast zehnmal mehr an Informationen (zirka 10 Millionen bit/sec) einlaufen als über Haut (1 Million bit/sec), Ohr (100 000 bit/sec), Nase (100 000 bit/sec) und Zunge (1000 bit/sec) zusammen. Nachdem die Datenbandbreite unseres Bewusstseins auf nur 10–40 bit/sec geschätzt wird, müssen vor allem die Daten des visuellen Systems einer drastischen Reduktion unterworfen werden, damit sie bewusst werden können. Und in diesem Datenaufbereitungsprozess fließen viele nicht bewusst steuerbare, angeborene Grundannahmen und andere vorliegende Informationen ein, die dazu führen, dass unser visuelles System sehr leicht in die Irre zu führen ist und optische Täuschungen entstehen. Wie der Sehsinn trotz der Vielzahl an Täuschungsmöglichkeiten historisch so lange als der edelste, rationalste und objektivste Sinn gelten konnte, bleibt rätselhaft.

Doch was sehen wir eigentlich? Wir sehen klarerweise Farben. Wir sehen Flächen, Räume, Formen, Gestalt und Größe, die Oberflächenbeschaffenheit und auch Bewegungen. Wir nehmen darüber hinaus visuelle Gleichheit wahr ebenso wie Durchsichtigkeit, Glanz oder Stumpfheit. Allein für die Wahrnehmung der Gestalt gibt es eine Vielzahl von Kriterien wie Kontinuität, Nähe, Ähnlichkeit, gemeinsames Schicksal, Geschlossenheit oder gute Fortsetzung, die zu einer Gestaltswahrnehmung integriert werden müssen. Auch Symmetrie ist ein solches Gestaltselement. Es fällt uns deutlich leichter, symmetrische Elemente wahrzunehmen als nicht symmetrische. Vielleicht ist das die Grundlage dafür, dass wir symmetrische Gesichter schöner finden als asymmetrische. Sie sind einfach müheloser zu erkennen. Wie all die unterschiedlichen Kriterien des Sehens zu einer zusammenhängenden, sinnvollen visuellen Wahrnehmung integriert werden, ist nach wie vor ungeklärt.

1.2.4.2 Formen, Farben und Emotionen – Das visuelle Flavour

Alle visuellen Informationen sind eng mit Emotionen und Gefühlen verknüpft. Für die meisten Menschen ist es beispielsweise eine überaus Ekel erregende Vorstellung, von einem Kuchen zu kosten, der die Form eines Kothaufens aufweist. Auch Produkte, wie sie in erotischen Bäckereien angeboten werden, sprechen direkt emotionale Ebenen in uns an. Häufig sind die Reaktionen auf visuelle Reize durch persönliche Erfahrungen oder durch kulturelle Traditionen erlernt. Gelegentlich aber basieren sie auf angeborenen Reaktionsmechanismen, wie die Ablehnung von allen Aspekten der Verwesung und der körperlichen Ausscheidungen.

Bei Lebensmitteln schließen wir von allen visuellen Informationen auf dahinter liegende Eigenschaften des Produkts und so nutzen wir auch Farben als Signalträger zur besseren Steuerbarkeit unseres Verhaltens. Stärker noch als Form und Gestalt sind Farben mit Emotionen und Erwartungen verknüpft. Die Farbe eines Lebensmittels informiert uns über seinen Reifestatus, den Geschmack, sein Aroma oder Flavour, den Garzustand, den Verderbszustand, den Nährstoffgehalt usw. Farben sind für uns Indikatoren für die allgemeine Qualität eines Lebensmittels, und wir verknüpfen Farben intuitiv mit weiteren sen-

Abbildung 1.2-14

Farben und Emotionen – Farben und sensorische Erwartungen nach Eva Heller

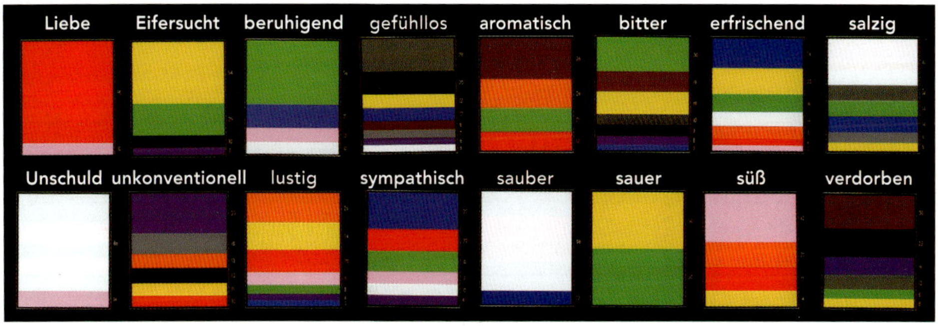

sorischen Eigenschaften. Diese intuitive Verknüpfung nennt man visuelles Flavour (siehe Abbildung 1.2-14). Die grüne Erdbeere und die grüne Tomate erscheinen uns unreif, wir erwarten einen sauren adstringierenden Geschmack. Die rosafarbene Creme muss wohl süß schmecken, das gelbgrüne Getränk sauer und das braune Getränk aromatisch.

Was aber ist Farbe eigentlich? Die Deutsche Industrie Norm definiert „Farbe als diejenige Gesichtsempfindung eines dem Auge strukturlos erscheinenden Teiles des Gesichtsfeldes, durch die sich dieser Teil bei einäugiger Beobachtung mit unbewegtem Auge von einem gleichzeitig gesehenen, ebenfalls strukturlosen angrenzenden Bezirk allein unterscheiden kann." Diese Definition hinterlässt viele etwas ratlos. Klar aber ist, dass Farben subjektive Empfindungen oder Wahrnehmungen sind, die erst durch Verarbeitung optischer Daten in einem wahrnehmungsfähigen Lebewesen entstehen. Außerhalb sehender Menschen oder Tiere gibt es keine Farben, sondern nur elektromagnetische Strahlung unterschiedlicher Intensität und Wellenlängenzusammensetzung. Die Welt ist nicht farbig, nur unsere Vorstellung von ihr ist bunt. Wozu aber kreiert unser Wahrnehmungssystem die Vorstellung von Farben? Wir nehmen elektromagnetische Wellenlängen wahr, weil sie es uns ermöglichen, Objekte, die aufgrund ihrer Textur (unregelmäßigen Helligkeitsverteilung) schwer zu unterscheiden sind, besser unterscheiden zu können. Dafür können wir etwa 150–200 Spektralfarben unterscheiden, die wir wieder in etwa 26 Farbintensitätsstufen und 500 Helligkeitsstufen differenzieren können. Während wir sehr viele Farbschattierungen im direkten Vergleich unterscheiden können, ist unser Farbgedächtnis dagegen sehr schlecht. Darum sollte man beispielsweise beim Einkaufen von Möbeln immer den dazugehörigen Teppich mit haben, um sich ein Urteil bilden zu können, ob die Farbtöne von Möbeln und Teppich zueinander passen. Man ist ziemlich unfähig im absoluten Bewerten von Farben und merkt sich Farbnuancen einfach zu schlecht.

1.2.4.3 Kleiner Ausschnitt, große Wirkung

Die für uns Menschen sichtbare Strahlung ist die elektromagnetische Strahlung im Wellenlängenbereich von 380 bis 780 nm (siehe Abbildung 1.2-15). Die Fähigkeit, elektromagnetische Strahlung zu sehen, hat sich effizienterweise genau in dem spektralen Bereich entwickelt, der in kontinuierlicher Weise in ungefähr gleicher Intensität auf der

Abbildung 1.2-15

Sichtbarer Ausschnitt des elektromagnetischen Spektrums

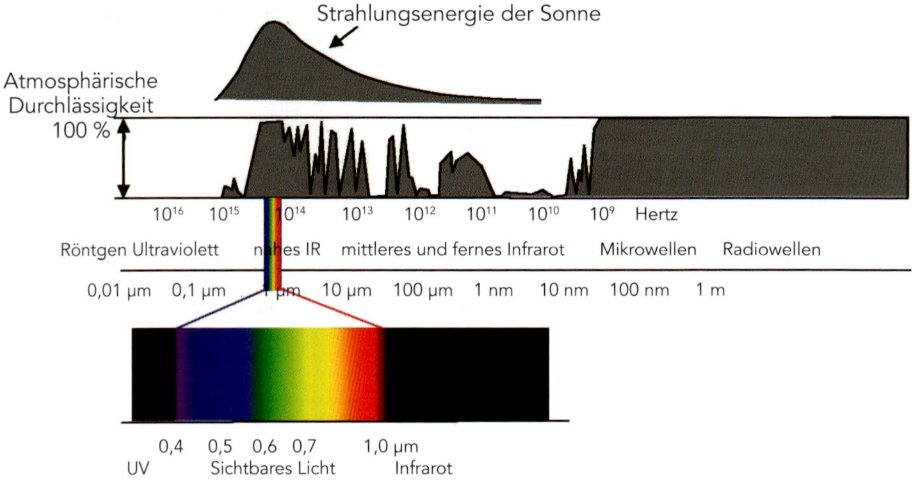

Erdoberfläche auftrifft. Kleinere und größere Wellenlängen werden von der Sonne weniger ausgestrahlt oder in der Erdatmosphäre mehr oder weniger absorbiert.

Rot, Grün und Blau sind die primären Spektralfarben. Gelb ist eine physiologische Grundfarbe, die subtraktiv eine Grundfarbe ist und additiv aus rotem und grünem Licht erzeugbar ist. Schwarz ist das Fehlen jeglicher Farbe und Weiß ist eine unbunte Tertiärfarbe, die aus Lichtmischung aus gleichen Anteilen von Komplementärfarben entsteht. Wo aber sind Gold, Silber, Braun und all die anderen Farben? Einerseits entstehen diese Farben durch Mischungen der Primärfarben und andererseits ist auch die Oberflächenbeschaffenheit sehr wichtig. Orange ist eine sekundäre Spektralfarbe, die durch subtraktive Mischung von Rot und Gelb oder durch additive Mischung der Lichtfarben Rot und Grün bei Rot im Überschuss entsteht. Braun ist gar eine Tertiärfarbe, die durch Mischung der Sekundärfarbe Orange und Schwarz entsteht, es hat die gleiche Wellenlängenzusammensetzung wie Orange nur mit geringerer Helligkeit. Alle metallisch wirkenden Farben wie Gold und Silber sind Farben mit Oberflächenspiegelung. Der Metallglanz entsteht immer dann, wenn parallel einfallendes Licht nicht in alle Richtungen reflektiert wird, sondern entsprechend dem Reflexionsgesetz (Einfallswinkel = Ausfallswinkel). Gold ist Gelb mit Oberflächenspiegelung, bei dem zusätzlich ein blauvioletter Anteil absorbiert wird, und Silber und Platin sind – fast enttäuschend – nichts anderes als Grautöne plus Oberflächenspiegelung.

1.2.4.4 Sehen beginnt im Auge

Wir sehen nicht mit den Augen allein, vielmehr beginnt das Sehen erst mit den Augen. Es dringt elektromagnetische Strahlung, die von Objekten reflektiert oder ausgesendet worden ist, durch die Hornhaut des Auges, das Kammerwasser, die Pupille und die Linse und durchquert den Glaskörper. Im Kammerwasser wird das Licht am stärksten gebrochen, stärker als in der flexiblen Linse, die dazu dient, auf verschiedene Entfernungen scharfzustel-

Abbildung 1.2-16

Verlauf der visuellen Informationen im Gehirn

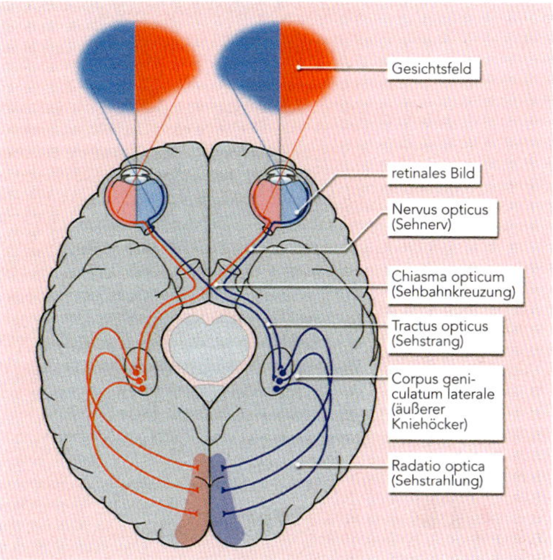

len. Die Iris bildet die Pupille, die der Regulation der durchgelassenen Lichtmenge dient. Wenn der Glaskörper gequert ist, muss das Licht erst noch das neuronale Geflecht und das Adernsystems der Netzhaut passieren, bevor die verbleibende Strahlung auf die Zellkörper der eigentlichen Sehzellen trifft – der reinste Hindernislauf. Durch das Auftreffen des verbleibenden Lichts auf die Fotopigmente der Sehzellen kommt es aber schlussendlich zu einer Änderung der Aktivität der Sehzellen. Photorezeptoren sind interessanterweise im Dunkeln aktiv, indem sie den Neurotransmitter Glutamat freisetzen, und werden durch Licht inaktiv. Diese Modulierung der Rezeptorzellen-Aktivität durch Licht führt zur visuellen Wahrnehmung. Über die Ganglienzellen und den Sehnerv werden diese elektrischen Signale zur Sehbahnkreuzung geleitet, bei der die Bildinformationen der jeweils rechten und linken Bildhälften der beiden Augen zusammengeführt werden. Die so geordneten Signale werden über den Sehstrang, den Äußeren Kniehöcker (Corpus geniculatum laterale) in die Sehrinde des Großhirns, das ist der primäre und sekundäre Kortex im Hinterkopf, abgeleitet und ausgewertet (siehe Abbildung 1.2-16).

1.2.4.5 Alles verkehrt – distaler und proximaler Reiz

Es ist klar, dass der äußere Reiz anders gestaltet ist als der Reiz, der schlussendlich auf die Sinneszellen in der Netzhaut trifft. Den ursprünglichen Reiz bezeichnet man als distalen Reiz, den Reiz, der bei den Sinneszellen anlagt, als proximalen Reiz. Der distale visuelle Reiz ist von der Geometrie her anders, er ist z.B. größer und ist auch keine gewölbte Ebene wie die Abbildung auf der Netzhaut. Auch ist die Abbildung auf der Netzhaut, also der proximale visuelle Reiz durch die Brechung in Kammerwasser, Linse und Glaskörper um 180° gedreht, steht also auf dem Kopf. Wir sehen die Welt eigentlich verkehrt. Sie erscheint uns aber ganz normal, nämlich nicht verkehrt. Offensichtlich gibt es eine entsprechende Korrektur der visuellen Daten. 1604 schon beschrieb der berühmte Physiker Johannes Kepler, wie das verkehrte Bild auf der Netzhaut entsteht. Um zu überprüfen, ob unser

Gehirn in der Lage ist, eine Umkehrung des Bildes zu korrigieren, machte George Stratton 1896 folgenden Versuch. Er konstruierte eine Maske mit vier Linsen, die alle Bilder spiegelverkehrt in die Augen leitete, trug diese tagsüber und nachts eine Augenbinde. Nur sehr langsam erfolgte eine Anpassung. Erst am fünften Tag war Stratton in gewohnter Umgebung wieder bewegungsfähig. Die Umstellung der Wahrnehmung des eigenen Körpers war nicht möglich und der Eindruck einer normalen Welt war auch nach langer Zeit nur kurz und mit großer Konzentration möglich. Nach Abnahme der Maske hingegen normalisierte sich Strattons Wahrnehmung innerhalb eines Tages. Es gibt also eine hartnäckige Disposition zur natürlichen Wahrnehmungsweise und obwohl unser Gehirn sehr flexibel und lernfähig ist, scheint es mit dieser experimentellen Situation überfordert zu sein.

Distale und proximale Reize existieren nicht nur im visuellen Wahrnehmungssystem. Beim Geschmack ist der distale Reiz die Konzentration der zugeführten Geschmacksstofflösung und der proximale Reiz entsteht durch Verdünnung dieser Lösung im Speichel und etwaige chemische Reaktionen des Geschmacksstoffes mit anderen gelösten Substanzen des Speichels.

1.2.4.6 Interpretationen, Interpolationen, Ergänzungen, Zusammenfassungen und Weglassungen

Das ins Auge fallende Licht muss das Nerven- und das Aderngeflecht erst durchdringen, bevor es auf die Sinneszellen fällt, und daher liegt dieses Geflecht auch permanent als Reiz auf den visuellen Sinneszellen. Alfred Maelicke stellte beeindruckend grafisch dar, wie Teile des proximalen Reizes auf der Netzhaut aussehen und welche Informationen die Sehzellen zur Auswertung liefern. Scharf abgebildet ist nur ein sehr kleiner Bereich des Gesamtbildes, Farbinformationen werden nur im Mittenbereich geliefert. Auch unsere Nase müssten wir permanent sehen, wenn es nicht Auswertealgorithmen gäbe, die solche Informationen ausblendeten. In dem Bereich der Netzhaut, wo der Sehnerv ansetzt, sind keine Sinneszellen vorhanden. An diesem Punkt sollte man eigentlich erwarten, gar nichts sehen zu können. Wie jeder weiß, sehen wir aber sehr wohl etwas. Es ist dies eine Leistung des Gehirns, das all die fragmentarischen Informationen durch sinnvoll erscheinende visuelle Daten ergänzt oder unwesentlich Informationen ausblendet. Das Gehirn ist aber nicht die einzige Bearbeitungsstelle, denn es denkt gewissermaßen das Auge bereits mit, und es kommt schon in der Retina zu einer ersten Verarbeitung der eintreffenden visuellen Daten. Es wird das Rot-Grün-Blau-Schema der Zapfen in ein Helligkeitsmaß und das Gegenfarben-Schema Rot-Grün, Blau-Gelb umgerechnet. Die Daten werden reduziert, indem sechs Millionen Zapfen und 120 Millionen Stäbchen auf zirka eine Million Nervenfasern im Sehnerv umgeschaltet werden. Es kommt in der Retina auch zu einer Kontrastverstärkung durch laterale Inhibition. Stark erregte Rezeptoren hemmen dabei weniger stark erregte Nachbarn, sodass es zu einer Betonung von Rändern und Kanten kommt. Die retinale „Intelligenz" wurde verständlicher, als man entdeckte, dass die Retina in der Embryonalentwicklung durch Ausstülpung des Zwischenhirnbodens entsteht. Die Netzhaut ist quasi eine Außenstation des Gehirns und kann daher dermaßen komplexe Datenverarbeitungsschritte vornehmen. Das optische System des Auges ist im Vergleich zu technischer Optik von Fotoapparaten durchaus als schlecht zu bewerten, der Erfolg unseres Sehsystems liegt in der genialen Verarbeitung der Signale von Zapfen und Stäbchen in der Retina und im Gehirn.

1.2.4.7 Stäbchen & Zapfen, Zittern & Sprünge

Wir haben zwei Arten von Sinneszellen in der Netzhaut, die beide primäre Sinneszellen, also zu Sinneszellen umgewandelte Neuronen darstellen: Stäbchen und Zapfen. Die relativ großen Stäbchen brauchen nur geringe Lichtintensitäten, sie sind für das Dämmerungssehen zuständig. Sie haben einen hohen Gehalt am Photopigment Rhodopsin und einen hoch verstärkenden Signaltransduktionsmechanismus, der Reaktionen auf Lichtintensitäten von nur wenigen Photonen pro Sekunde möglich macht. Mit Hilfe der Stäbchen kann man aber keine Farben sehen, weil es nur *eine* Stäbchenart mit *einer* bestimmten spektralen Empfindlichkeit gibt. Das Photopigment Rhodopsin befindet sich in scheibenförmigen Membranen in den Außensegmenten der Rezeptoren. Es besteht aus dem Protein Opsin und dem Chromophor Retinal. Das Absorptionsmaximum des Stäbchenpigments liegt bei 500 nm. Die kleineren Zapfen dagegen sind wesentlich unempfindlichere Photorezeptoren, sie benötigen eine etwa 30-fach höhere Lichtintensität, um anzusprechen. Die Zapfen ermöglichen das Farbsehen und durch besonders schnelle Signaltransduktion das Bewegungssehen bei Tage. Der Mensch hat drei Arten von Zapfen mit unterschiedlicher spektraler Empfindlichkeit. Die drei Zapfentypen L-, M- und S-Zapfen weisen unterschiedliche Opsine auf. Das L-System (long-wavelength sensitivity cones) hat sein Empfindlichkeitsmaximum im roten Bereich bei 590 nm Wellenlänge, das M-System (middle-wavelength sensitivity cones) im grünen Farbbereich bei 540 nm und das S-System (short-wavelength sensitivity cones) bei 440 nm im blauen Bereich. Das Mengenverhältnis der Zapfenarten zueinander beträgt zirka: L:M:S $\approx$ 40:20:1. S-Rezeptoren sind nicht in der Mitte der Fovea centralis vertreten, aber insgesamt ist die Rezeptordichte in dieser Mitte besonders hoch.

Da die Sinneszellen des Auges bei gleichmäßiger Reizbelastung rasch adaptieren, hat die Natur den Augentremor entwickelt, der dafür sorgt, dass der optische Reiz rasch wechselt. Das Auge zittert mit einer Frequenz von 20 bis 150 mal / Sekunde. Dieses andauernde Zittern ist unerlässlich für das Sehen unbewegter Objekte, es käme sonst rasch zur Adaption der Sinneszellen und das Bild würde langsam verblassen. Neben diesem Zittern des Auges macht unser Blick auch Sakkadensprünge. Es sind dies Blicksprünge über ein betrachtetes Objekt zur Fixierung von Details, nachdem man sich einen Überblick verschafft hat. Diese Sprünge sind mit technischen Anlagen, so genannten Eye-Tracking-Stationen, verfolgbar. Mit ihnen kann man herausfinden, worauf Prüfpersonen ihren Blick hauptsächlich lenken und welchen Aspekten eines Produktes sie ihre visuelle Aufmerksamkeit nicht schenken.

1.2.4.8 Unvorstellbare tierische Wahrnehmungswelten

Nicht-menschliche Wahrnehmungswelten üben eine große Faszination aus, sind aber für Menschen nicht vorstellbar. Das visuelle System des Adlers beispielsweise hat eine drei- bis fünfmal so hohe Auflösung wie das menschliche Sehsystem. Dies wird durch eine größere Rezeptormenge und eine höhere Rezeptordichte erreicht. Der Adler hat in seinem Auge außerdem zwei Sehgruben statt einer wie der Mensch und ist damit in der Lage, kleine Objekte auf große Distanzen zu erkennen sowie praktisch über das ganze Gesichtsfeld scharf zu sehen. Ganz anders der Frosch, dessen Augen keinen Tremor aufweisen, und daher nur in der Lage ist, sich bewegende Objekte zu erkennen. Das reicht für die Identifikation von schmackhaften Fliegen ja auch völlig aus. Als Weltmeister des Farbsehens kann dagegen der prunkvolle Fangschreckenkrebs (Neogondodactylus oerostedii) bezeichnet werden.

Er ist ein Dodekachromat, das heißt, er besitzt zwölf Stäbchenarten – acht im menschlichen visuellen Wellenlängenbereich und weitere vier für den ultravioletten Bereich. Es ist unvorstellbar, welche Farben dieser Krebs wahrnehmen kann.

1.2.5 Das Gehör oder der Nano-Tanz der Schneckenhaare

1.2.5.1 Geräusche als Qualitätsindikatoren

Das Hören spielt beim Essen und Trinken eine größere Rolle als gemeinhin angenommen wird. Schon bei der Zubereitung von Speisen nehmen wir eine Reihe von Geräuschen wahr, die unsere Aufmerksamkeit auf das Essen lenken und damit erste Vorbereitungen auf die Verdauung, wie das Absondern von Speichel im Mund, einleiten. Akustische Eindrücke beim Verzehr der Lebensmittel vermitteln uns eine Reihe wichtiger Informationen über ihren Qualitätszustand.

Lebensmittel, die in einem einzigen, prägnanten akustischen Ereignis brechen, machen Knack-Geräusche. Gemüse oder Obst sind aus Zellen aufgebaut, die prall mit Wasser gefüllt sind wie kleine, zusammengeklebte, wassergefüllte Luftballons. Wenn sie frisch geerntet sind, platzen diese Zellen mit hohem Innendruck und machen beim Brechen, Beißen oder Kauen ein Knack-Geräusch durch plötzliches Freiwerden dieses Innendrucks. Auch andere Lebensmittel mit hoher mechanischer Festigkeit (Schokolade), mit sehr hohem oder sehr niedrigem Wassergehalt (Kekse) oder mit hohem inneren Druck (Wiener Würstchen) knacken. Die Würstchen haben vor allem in gekochter Form einen hohen Innendruck, denn das Brät im Darm dehnt sich bei Erwärmung aus, sodass eine höhere Spannung entsteht, die bei Reißen des Darms plötzlich abgebaut wird – das Würstchen knackt.

Knusprige Lebensmittel (Knäckebrot, Toast etc.) dagegen brechen in vielen kleinen akustisch wahrnehmbaren Ereignissen. Es handelt sich meist um poröse Produkte, die getrocknet worden sind. Je knuspriger desto frischer ist das Produkt. Die luftgefüllten kleinen Höhlen und Zellen sind von festen Wänden umgeben und das Zerstören der Wände durch Brechen oder Beißen führt zu einem Vibrieren der Wandreste und damit zu Schallwellen. Wasser ist

Abbildung 1.2-17

Zellgewebe von Obst oder Gemüse mit hohem und niedrigem inneren Druck

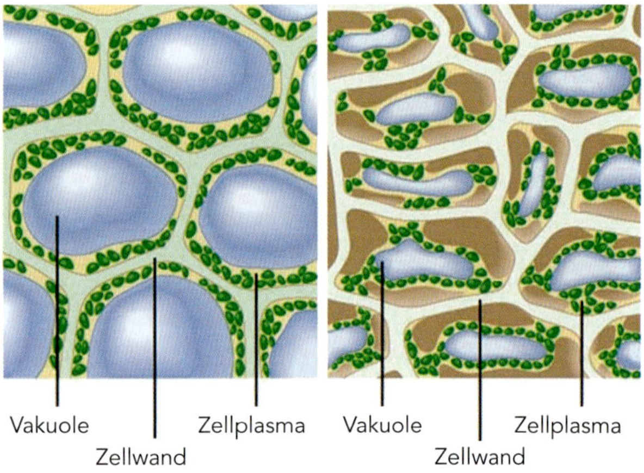

für biogene Makromoleküle wie dem Kohlenhydrat Stärke ein Weichmacher, es verringert die Elastizität der Zellwände und daher die Wahrscheinlichkeit des Zurückfederns – das Produkt ist zäh geworden.

Ob ein Lebensmittelprodukt knackt oder knuspert hängt auch von der Art der Belastung ab. Rasche mechanische Belastungen mit Schneide-, Knick- oder Schervorrichtungen wie Schneidezähnen führen eher zu Knackgeräuschen und Belastungen mit stumpfen Prüfkörpern wie Backen- und Mahlzähnen führen vermehrt zu Knuspergeräuschen. Kekse beispielsweise oder auch Stangensellerie können sowohl Knacken als Knuspern. Sie Knacken, wenn man sie mit der Hand rasch bricht, und sie knuspern, wenn man sie mit den Backenzähnen zermalmt.

Der Frequenzbereich knackiger Geräusche liegt zwischen 1,25 bis 2 kHz, knusprige Geräusche gehen bis zu 5 kHz. Die Knackigkeit ist schlechter von außen bei anderen Personen und besser bei sich selbst zu beurteilen, da niederfrequente Geräusche bestens durch Kiefer und Schädelknochen ins Gehör geleitet werden. Bissgeräusche werden durch die beißende Person als tiefer wahrgenommen als durch andere Personen.

Im Grunde nehmen wir das akustische Erscheinungsbild von Lebensmitteln als Maß für die Veränderung der Textur bei mechanischer Belastung wie dem Kauen oder Brechen. Die Textur eines Lebensmittels ist die Summe seiner mechanischen Eigenschaften und jeder Mensch geht anders mit ihr um. Die Motivforscherin Helene Karmasin formulierte gar eine „Psychologie der texturalen Bewältigung". Sie klassifizierte Konsumenten bezüglich ihres bevorzugten Verzehrverhaltens in Schlabberer (bzw. Lutscher) und Beißer. Diese Verzehrsweisen übermitteln ganz unterschiedliche Botschaften. Lutscher und Schlabberer saugen cremige, weiche und feuchte Lebensmittel passiv in sich auf. Sie nehmen die Position eines Babys oder Kleinkinds ein und die Bedeutung der Nahrung ist daher Liebe, Trost, Verwöhnen und narzisstische Selbstversunkenheit. Diese Verzehrsweise wird angeblich häufiger bei Frauen als bei Männern angetroffen. Beißer dagegen brechen und zerstören feste und harte Lebensmittel aktiv mit Energie und Kraft. Sie nehmen die Position aggressiver Erwachsener ein. Die Bedeutung der Nahrung ist daher Aktivität, Kraft, Erwachsener, Erobern und Männlichkeit.

1.2.5.2 Töne, Klänge und Geräusche

Beim Hören nehmen wir Druckschwankungen in der Luft (Schall) und in den körpereigenen Knochen von Kiefer und Schädel wahr. Man kann damit das Hören zu den mechanischen Sinnen zählen. Schallwellen sind nichts anderes als ein Muster von Hoch- und Tiefdruckregionen, die sich mit 340 m/s durch die Luft und mit 1500 m/s durch Wasser bewegen. Diese Druckschwankungen werden durch Schwingungen von Objekten ausgelöst. Sie werden in den Sinneszellen der Hörschnecke im Innenohr in elektrophysiologische Signale umgesetzt und an das auditive Zentrum im Gehirn geleitet.

Wir hören Töne, Klänge und Geräusche. Töne sind Schallwellen mit einer einheitlichen Frequenz, wohingegen bei Klängen der Grundton durch Obertöne überlagert ist. Geräusche dagegen enthalten unendlich viele Töne. Wir sind in der Lage, Tonhöhen in Frequenzen zwischen 16 und 20 000 Hertz wahrzunehmen. Der Lautstärkebereich des menschlichen Gehörs reicht von 4 bis 140 Phon, wobei bei 130 Phon bereits die Schmerzgrenze erreicht ist. Ein Ton wird etwa doppelt so laut empfunden, wenn der Lautstärkepegel um 10 Phon angehoben wird, vierfach so laut bei Zunahme um 20 Phon usw. Der Zusammenhang zwi-

Abbildung 1.2-18

Akustischer Wahrnehmungsbereich des Menschen

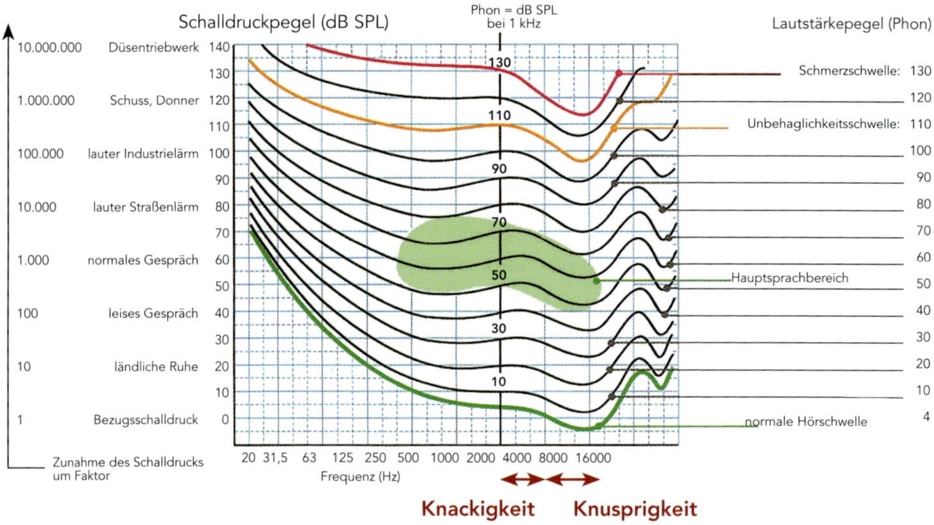

schen empfundener Lautstärke und dem physikalischen folgt also einer Potenzfunktion mit einem Exponenten von 0,6, was zu einem sehr großen Wahrnehmungsbereich führt.

Wir sind auch gut in der Lage, Schallquellen zu lokalisieren. Über die Richtung des Schalls wird aufgrund von Zeit- und Intensitätsunterschieden des Hörens der beiden Ohren entschieden. Die Klangfärbung, die durch Resonanzen und Reflektionen an Kopf und Ohrmuscheln erfolgt, gibt Informationen über die Entfernungsweite der Schallquelle und dem Ort vor oder hinter dem Kopf.

1.2.5.3 Die empfindlichen Haare in der Schnecke

Schall kommt an das äußere Ohr und wird über die Ohrmuschel zum Trommelfell gelenkt, das im Mittelohr mit den Gehörknöchelchen Hammer, Amboss und Steigbügel verbunden ist. Diese Knöchelchen geben das mechanische Signal über die Fußplatte des Steigbügel-Knöchelchens sehr effektiv an das ovale Fenster weiter, an dem der Übergang des mechanischen Reizes von der Luft ins wässrige Milieu der Schnecke (Cochlea) stattfindet. Ohne Knöchelchen würde die Schallenergie um zirka 98 % reduziert werden. Mit Knöchelchen gibt es nur eine Reduktion um 35 %. Das Hammer-Amboss-Steigbügel-Konstrukt wirkt wie eine Schallbrücke, die die Schallwellen zusätzlich stark bündelt, weil das Trommelfell eine etwa 35-mal so große Fläche wie das ovale Fenster hat. An den Gehörknöchelchen Hammer und Amboss setzen auch Muskeln an, die bei Kontraktion die Schallübertragung verschlechtern. Bei lauten Schallreizen kontrahieren diese Muskeln reflexartig und schützen so das Innenohr vor Schäden.

Das Innenohr besteht aus zwei Sinnesorganen, die beide in den Schädelknochen eingebettet sind, dem Gleichgewichtsorgan und der Schnecke bzw. Cochlea. Die Schnecke ist das eigentliche Hörorgan mit den Hörsinneszellen. Sie hat etwa zweieinhalb Windungen, einen Durchmesser von etwa 1 cm, eine Höhe von zirka 5 mm und ausgerollt beträgt ihre Länge etwa 3,5 cm. Die Schnecke ist in drei Etagen gegliedert und mit der wässrigen Innenohrflüssigkeit gefüllt. In der mittleren Etage sind die eigentlichen Hörsinneszellen in Form des Corti-Organs auf der Basilarmenbran angeordnet. Im Corti-Organ befinden sich die Haarzellen mit haarförmigen Fortsätzen, den Stereovilli oder Stereozilien, die durch dünne Fäden miteinander verbunden sind. Es gibt drei äußere Reihen mit zirka 12 000 und eine innere Reihe mit etwa 3500 Haarzellen. Diese Haarzellen sind sekundäre Sinneszellen, sie sind also keine Neuronen, sondern haben über Synapsen Kontakt mit afferenten Nervenzellen, die über den Nervus acusticus mit dem Gehirn verbunden sind. Die Aufnahme von Hörreizen kann in drei Phasen gegliedert werden. In Phase eins überträgt die Bewegung des Steigbügels die Schallwellen aus dem Mittelohr auf die Membranen der Cochlea und die Innenohrflüssigkeit, was zu einer wellenförmigen Bewegung entlang der Basilarmembran (Wanderwelle) in der Schnecke führt, ähnlich einem horizontal gehaltenen Seil, das an einem Ende auf und ab bewegt wird. Je nach Schallfrequenz kommt es an definierten Orten der Schnecke durch abnehmende Steifigkeit der Basilarmembran zur Ausbildung eines Amplitudenmaximums dieser Wellen, sodass die Frequenzkomponenten des Schallreizes entlang der Basilarmembran räumlich aufgetrennt werden. Sehr hohe Frequenzen haben ihr Maximum am Beginn der Schnecke, das Maximum tiefer Frequenzen liegt tief in der Schnecke bis ins Innere der zweieinhalb Windungen. In der zweiten Phase werden die Stereovilli der äußeren Haarzellen maximal abgebogen, was die bestehende Wanderwelle verstärkt und dadurch auch die inneren Haarzellen auslenkt. Die Auslenkung der Zilien ist minimal. Sie beträgt bei der Hörschwelle 0,3 Nanometer und das entspricht etwa dem Durchmesser eines Wasserstoffatoms. Umgelegt auf einen 150 Meter hohen Wolkenkratzer bedeutet das eine Auslenkung am Dach um unmerkliche 5 cm. Die Empfindlichkeit dieser Sinneszellen ist also außerordentlich hoch. Das Ohr gilt gar als das empfindlichste Sinnesorgan des Menschen. Wenn die inneren Haarzellen ausgelenkt werden, entstehen Rezeptorpotenziale, die zu einer Ausschüttung des Neurotransmitters Glutamat führen und damit im ableitenden Hörnerv ein Aktionspotenzial entstehen lassen, das an die primäre und die sekundäre Hörrinde des auditorischen Cortex abgeleitet wird. Dieser Gehirnbereich liegt beidseitig oberhalb des Ohrs und weist eine streifenförmige Organisation nach Frequenzen von 16 bis 20 000 Hertz auf. Hier wird die Aktivität des Hörnervs in mehreren Aspekten analysiert und interpretiert. Es wird eine Schallmusteranalyse zur Erkennung von Sprache, Tönen und Geräuschen durchgeführt, die Lokalisation der Schallquelle wird errechnet und es werden auch Stör- und Nebengeräusche unterdrückt.

1.2.6 Der Tastsinn oder das Mechaniker-Team der Wahrnehmung

1.2.6.1 Mitglieder des Teams

Mithilfe des Tastsinns können die mechanischen Eigenschaften von Lebensmitteln wahrgenommen werden. Diese Wahrnehmungen sind entscheidend für den sensorischen Gesamteindruck, sie beeinflussen Geschmacks-, Geruchs- und trigeminale Wahrnehmungen sehr stark. Die Wahrnehmung von Textur und Temperatur in der Mundhöhle besteht aus mindestens fünf Einzelfunktionen: dem Tastsinn (Mechanozeption), der Schmerzempfindung (Nozizeption), der Wärmewahrnehmung (Thermozeption), der Kältewahrnehmung (Thermozeption) und der Tiefensensibilität (Kinästhesie). Der Tastsinn im engeren Sinne verfügt über eine Reihe unterschiedlicher Sinneszellen, die jeweils für bestimmte Messaufgaben optimiert sind und sich in vier verschiedene Gruppen von Mechanorezeptoren zusammenfassen lassen.

Intensitätsrezeptoren sprechen auf Druck und Dehnung an (Merkel-Zellen), Geschwindigkeitsrezeptoren registrieren die Änderungen von mechanischen Belastungen (Meißner-Körperchen, Haarfollikelrezeptoren), Beschleunigungsrezeptoren nehmen Vibrationen zwischen 60 und 600 Hz (Vater-Pacini-Körperchen) auf und Richtungsdetektoren (Ruffini-Körperchen) ermöglichen es, die Richtungen mechanischer Einflüsse wahrzunehmen.

Haarfollikel-Sensoren sind eine besondere Art schnell adaptierender Sensoren. Ihre Entladungsfrequenz ändert sich proportional zur Geschwindigkeit der Reizbewegung. Je schneller ein Objekt auf die Haut gedrückt wird, desto höher ist die Frequenz der Aktionspotenziale. Nach dem Ende der Bewegung passen sich auch die Haarfollikel-Sensoren der Situation an und hören auf zu feuern.

Krause-Körperchen oder Endkolben sind kolbenförmige Mechanorezeptoren mit knäuelartig verschlungenen Axonen, die von einer Kapsel umgeben sind. Sie sind im oberen Bereich der Lederhaut zu finden und treten vor allem in der Mund- und Zungenschleimhaut auf. Das Krause-Körperchen reagiert auf niedrige Temperaturen und ist deshalb auch für die Wahrnehmung von Kälte verantwortlich. Die Merkel-Tastscheiben sind langsam adaptierende Druckdetektoren. Das Ruffini-Körperchen kommt in der Lederhaut und in der Unterhaut vor und ist aus langgestreckten, 0,25–1,5 mm langen Geflechten markloser Nervenfasern zusammengesetzt. Man hält es für einen Dehnungsrezeptor, aber es reagiert auch auf Temperaturanstieg, hat also auch die Aufgabe, Wärme wahrzunehmen. Normalerweise ist das Ruffini-Körperchen nicht so häufig in der Haut vertreten wie das Krause-Körperchen. Deshalb empfinden die meisten Menschen Wärme nicht so schnell wie Kälte.

Die Meißnerschen Tastkörperchen sind lang-ovale, zapfenförmige Rezeptoren für Berührungsempfindungen. Sie liegen unter der Epidermis in den Papillen der unbehaarten Haut und bestehen aus quer aufgeschichteten, keilförmigen Sinneszellen sowie schraubig verlaufenden, marklosen Nervenfasern. Die Meißnerschen Tastkörperchen signalisieren das Eindrücken der Haut, passen sich aber der neuen, tieferen Position des eindringenden Objekts an und feuern nicht weiter. Sie sind besonders zahlreich in den Fingerkuppen und in der Zungenspitze lokalisiert. Man kann damit die Oberfläche und die Ausdehnung von Gegenständen wahrnehmen.

Neben all diesen speziellen Sensoren, Rezeptoren und Körperchen gibt es in der Haut auch sensible Nervenendigungen ohne Hilfsstruktur, die Wärme-, Kälte-, Schmerz-, Berührungs- sowie Druckempfindungen auslösen.

Druck- und Zweipunktschwellen sind ein Maß für die Dichte von mechanischen Rezeptoren in der Haut. Auf den Fingerkuppen und den Lippen sind diese sehr klein, am Rücken sehr groß. Es konnte gezeigt werden, dass im Bereich von Tätowierungen eine deutliche Vergrößerung der Zweipunktschwellen vorliegt, was nichts anderes bedeutet, als dass die Hautbereiche, auf denen sich Tattoos befinden, signifikant unempfindlicher gegen mechanische Reize sind. Man vermutet, dass bei der Prozedur des Tätowierens viele mechanische Rezeptoren zerstört werden.

1.2.6.2 Das Gefühl im Mund

Die mechanischen Wahrnehmungsfähigkeiten über die Sensoren im Mund sind außerordentlich hoch entwickelt. Kleinste Strukturen werden wahrgenommen und subtilste Änderungen in der Textur eines Lebensmittels registriert. Texturempfindungen im Mund entstehen durch den dynamischen Prozess der Zerkleinerung und Einspeichelung des Lebensmittels. In der ersten Phase wird das Lebensmittel, z. B. ein Apfel, an den Mund geführt. Der Apfel erreicht zuerst die Lippen und wird dort schon in vielen Eigenschaften wie z. B. Temperatur und Oberflächenbeschaffenheit (trocken, nass, feucht, schleimig, hart) bewertet. Dann entstehen beim Abbeißen auf der Wurzelhaut der Schneidezähne und in den Rezeptoren von Kiefermuskulatur und Kiefergelenk Empfindungen. Der Bewegungssinn misst die Geschwindigkeit des Abbeißens und der Kraftsinn erfasst den erforderlichen Kraftaufwand, sodass ein summarisches Maß für die Knackigkeit des Apfels entsteht. In der nächsten Phase wird der Bissen mit Hilfe der Zunge ins Innere der Mundhöhle gebracht und mit den Backenzähnen zerkleinert. Rezeptoren in den Zahnhäuten vermitteln Informationen über den dafür nötigen Kraftaufwand. Die Größe des Bissens wird durch den Stellungssinn, den Winkel zwischen Ober- und Unterkiefer und durch die taktilen Wahrnehmungen der Zunge (Fadenpapillen) und des Gaumens ermittelt. Die Fadenpapillen sind verhornte zapfenförmige Strukturen auf der Zungenoberfläche, die die Rauheit der Zunge ausmachen. Sie dienen einerseits der Aufnahme mechanischer Reize, aber auch der Zerkleinerung von Lebensmitteln. Vor allem Fleischfresser wie z. B. Katzen haben eine raue Zunge, damit sie das Fleisch von den Knochen regelrecht herunterraspeln können.

Berührungsrezeptoren von Gaumen und Zunge melden Informationen über die Saftigkeit des Apfels, d. h. wie viele Safttropfen gegen die Schleimhäute geschleudert werden. Die Vibrationsrezeptoren nehmen die Druckschwankungen auf, die sich aus der zellulären Struktur des Apfels ergeben. In der dritten Phase schließlich wird der zerkaute Bissen in den Rachen transportiert und es entsteht ein weiterer Eindruck über die Konsistenz des Nahrungsbreis. Auch beim Transport durch die Speiseröhre kann noch ein texturaler Eindruck entstehen.

Foto 1.2-3

Fadenpapillen auf der Zunge

Abbildung 1.2-19

Aktivität von Kalt- und Warmrezeptoren

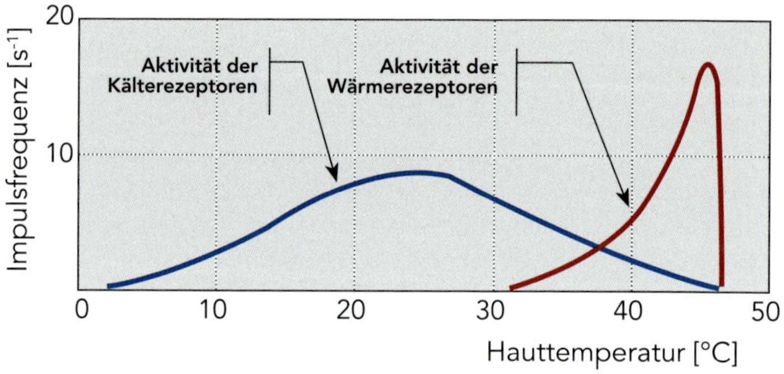

1.2.6.3 Das gibt uns Warm-Kalt

Zur Wahrnehmung von Wärme und Kälte haben wir zwei unterschiedliche Rezeptorarten. Die Kaltrezeptoren reagieren bei Abkühlung unter die Hauttemperatur mit einer Frequenzzunahme, sie adaptieren aber rasch. Die Warmrezeptoren reagieren auf Erwärmung über 30 °C mit einer Impulserzeugung und senden bei Abkühlung keine Impulse mehr aus. Hitze- und Kälteempfindungen können, wie im Kapitel über den Geschmack dargelegt, auch chemisch z. B. durch Chili oder Minze ausgelöst werden.

Der vordere Teil der Mundhöhle ist etwas temperaturempfindlicher als die hinteren Regionen des Rachens. Eventuell ist dies eine Ursache für die unterschiedlichen Sensibilitätsmaxima der vier Grundgeschmacksarten, bei denen die Empfindlichkeit für Grundgeschmacksreize am höchsten ist. Saccharose nimmt man zwischen 35 und 50 °C, Kochsalz von 18 bis 35 °C und bittere Geschmacksstoffe bei 10 °C am intensivsten wahr.

Bei Temperaturen über 50 °C werden die Schmerzrezeptoren aktiv. Es gibt Mechanonozizeptoren, die auf mechanische Reize ansprechen und polymodale Nozizeptoren, die chemisch, mechanisch oder durch Hitze erregt werden. Spezielle Nozizeptoren vermitteln den ersten, spitzen und kurzen Schmerz und andere Nozizeptoren sind für den zweiten, lange andauernden, brennenden Schmerz zuständig. Bei nicht schädigender Reizung kommt es zu einer langsamen Adaptation, der Schmerz nimmt in seiner Intensität ab. Bei mehrmaliger Reizung kann es zu einer Sensibilisierung kommen, der Schmerz wird bei gleicher Reizung intensiver. Juckempfindungen werden übrigens ebenfalls durch die Nozizeptoren vermittelt.

1.2.6.4 Der sensorische Homunkulus

Für die motorische Steuerung und die Auswertung einlangender mechanischer sensorischer Daten werden unterschiedlich große Kapazitäten des Gehirns je nach Körperbereich beansprucht. Eine Darstellung dieser Zusammenhänge führt zum so genannten motorischen oder sensorischen Homunkulus. In dieser Darstellung wird klar, wie groß die Bedeutung der mechanischen Wahrnehmung im Mundbereich ist. Lippen und Zunge sowie die Hände benötigen weitaus größere Rechenleistungen als etwa der Unterschenkel oder der Rücken.

1.2.7 Vom Homunkulus zum Homo sapiens sapiens

Stellen Sie sich einen Computer vor, der weder Maus, Touchpad, Tastatur, Bildschirm oder Drucker aufweist, einen Computer also, der nicht über an die Umwelt angepasste Schnittstellen mit der Außenwelt in Verbindung treten kann. So ein Gerät erscheint völlig nutz- und sinnlos. Es kann nur ewig autistische Berechnungen für sich selbst vornehmen, von denen niemand erfährt und die nichts bewirken. Analoges gilt für uns Menschen und unsere Schnittstellen. Die Sinne erst ermöglichen es jedem Individuum, sich zu dem zu entwickeln, was wir sind: der Homo sapiens sapiens. Wenn Sie im Latein-Lexikon nachschlagen, was sapiens bedeutet, werden Sie finden, dass sapiens nicht nur verständig und klug, sondern auch Feinschmecker bedeutet – es leitet sich von sapor, saporis dem Geschmack ab. Ich denke, dies beschreibt die existentielle Situation des Menschen sehr gut. Ohne unsere Schnittstellen, ohne unsere sinnesphysiologischen Grundlagen der Wahrnehmung sind wir keine Menschen. Es gibt wenig Beklemmenderes als die Bilder von Anthony Aziz, denn sie stellen die Horrorvision des völlig entsinnlichten Menschen ohne Sinnesöffnungen dar (Abb. 1.2-20). Wir werden zu klugen und verständigen Menschen erst, wenn wir in der Lage sind, unsere sensorischen Eindrücke, unsere Wahrnehmungen der Welt und der Lebensmittel richtig zu beurteilen, sozusagen Feinschmecker der Wahrnehmung zu werden. Ich denke, diese kritische Bewertung der eigenen Wahrnehmungen steht ganz im Dienste der alten Philosophen-Forderung: Erkenne dich selbst.

Abbildung 1.2-20

Anthony Aziz – Chris und Lynn, 1994

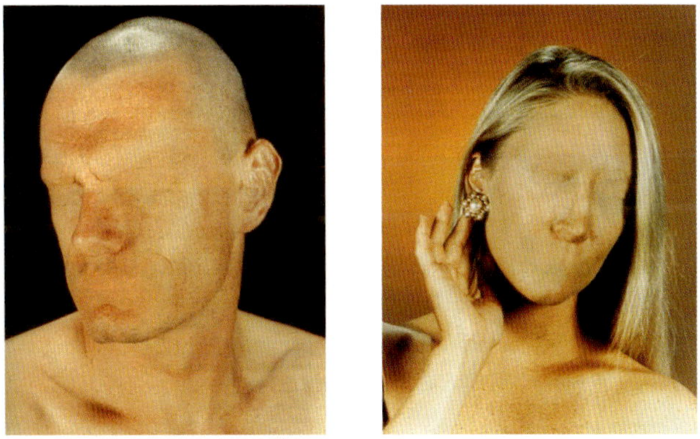

1.3 Genuss entsteht im Kopf

Jürgen K. Mai

1.3.1 „Geschmack" ist Ouvertüre – Genuss der Event

Jeder weiß, dass die im vorhergehenden Beitrag beschriebenen Sinnesqualitäten (Geschmack und Geruch, Tastgefühl sowie Seh- und Hörerlebnisse) nicht allein für das vergnügliche oder missratene Genusserleben maßgeblich sind. Es wäre unvollkommen, wenn nicht weitere Aspekte hinzuträten. Man braucht nur an Krankheiten denken, wenn selbst die Lieblingsspeise nicht schmeckt, oder wenn Schmetterlinge im Bauch flattern und das simpelste Mahl zu einem Zauber gerät. Gefühle, Stimmungslagen und Vorstellungen, Gewohnheiten und Erwartungen, aber auch soziale Umstände und die Begleitung sind ausschlaggebend für das Genusserleben. Was wir landläufig als „Geschmack" bezeichnen, ist also ein Gemeinschaftssinn, eine Population von Teilsinnen, wobei alle genannten Elemente zu einer einzigen komplexen emotionalen und sehr subjektiven Wirkung verschmelzen. Ihr Maßstab ist die sinnliche Fülle. Sie verdanken wir allein unserem Kopf, auch wenn unsere Erfahrungen dagegensprechen.

Warum wir uns mit dieser Vorstellung schwer tun und Geruch, Geschmack und Mundgefühl nicht in unserem Kopf beheimaten wollen, liegt auf der Hand. Im sprichwörtlichen Sinn muss etwas in uns Eingang finden, d. h. auf die Zunge gebracht und in die Nase aufgenommen werden. Die entsprechenden Empfindungen werden subjektiv dorthin projiziert, weil wir uns nur

Foto 1.3-1

Im Kopf entsteht Genuss.

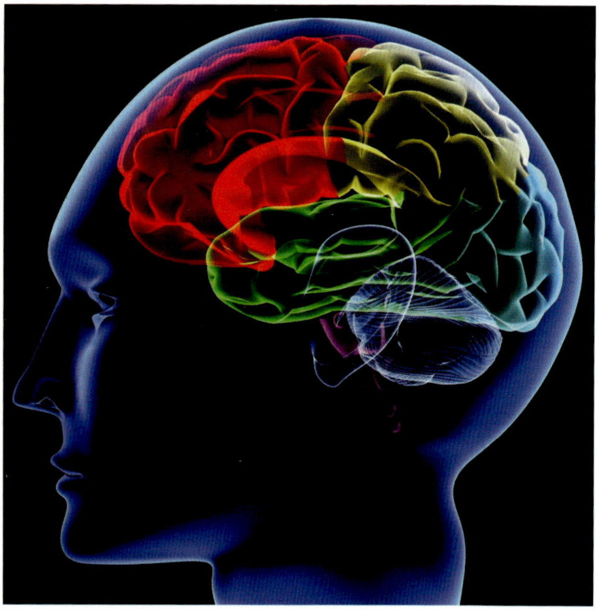

in diesem Szenario rational und gefühlsbetroffen zu bewegen meinen und durch das Gefühl auch eine örtliche Wirkung verspüren. Dass aber entgegen dieser vordergründigen Erfahrung, die sich in vielen umgangssprachlichen Formulierungen äußert, der Geschmackskarneval nicht auf der Zunge und in der Nase, sondern in unserem Kopf (Gehirn) stattfindet, ergibt sich allein aus der Tatsache, dass sich die vielen beteiligten Facetten erst im Gehirn begegnen. Wir haben es also mit zwei Bühnen zu tun: eine, auf der wir uns gewohnheitsmäßig und gekonnt bewegen können, und eine andere, abgeschirmte, auf der das eigentliche Geschehen abläuft und gesteuert wird. Vielleicht ist dies auch gewollt, denn wenn der Kopf sich meldet, dann gewöhnlich nach einem missratenen Genuss mit Kater und quälenden Schmerzen oder noch viel schlimmer, wenn im Konzertsaal der Seele der Melodienstrom versiegt, wie im Fall von psychischen Erkrankungen. Heute gelingt es, den trennenden Vorhang aufzureißen, die tragende Rolle des Gehirns zu erleben und kenntnisreich mit gesteigertem Genuss zu verfolgen, denn wir verfügen über Möglichkeiten, die Vorgänge in unserem Gehirn auch ohne schädigende oder schmerzliche Eingriffe beim gesunden Menschen zu studieren. Ergänzende Informationen zu den folgenden Ausführungen sind in den beiden Büchern Mai, J. K. und Mallebrein, B. (eds.): „Sensi DiVini. Die Weinprobe findet im Kopf statt" sowie Rolls, E. T.: „Emotion Explained" zu finden.

1.3.2 Die Mitspieler

Bedenkt man, dass „Geschmack" ein Gemeinschaftssinn ist, dann überrascht, dass die aus den verschiedenen Sinnesorganen gespeisten Leitungsbahnen auch im Gehirn über getrennte Strecken laufen und dort voneinander getrennte Repräsentationsbereiche besitzen. In diesen (so genannten primären) Rindenbereichen findet die Dekodierung des Sinnessignals statt, d. h. die Wahrnehmung der Qualität und Intensität des entsprechenden Reizes. Damit sich die Einzelwahrnehmungen zur Empfindung des „Geschmacks" (Flavour) kombinieren, ist eine ausgewogene Abstimmung zwischen den Einzelelementen Voraussetzung. Da diesbezüglich erhebliche Unterschiede selbst zwischen gesunden Menschen bestehen, ergibt sich, dass sich deren „Geschmackseindrücke" und damit notgedrungen auch die entsprechenden Präferenzen unterscheiden. Gleichermaßen können durch kulturelle Einflüsse einzelne Elemente akzentuiert werden. Schließlich erlaubt die Kenntnis der peripheren Organisation, des Verlaufs und der Wirkungsweise der einzelnen Sinnessysteme das Genusserlebnis effektvoll zu beeinflussen. Daher sollen die Hauptbeteiligten nochmals kurz vorgestellt werden.

1.3.3 Geschmack

1.3.3.1 Die Geschmackszentren

Der wichtigste Anstoß (Motivation) zu essen und zu trinken sind Hunger und Durst. Daher besteht die vornehmliche Aufgabe des Geschmacksinns in der Bereitstellung sicheren Nahrungsgutes, d. h. dem Abbau von Stress. Die Natur hat sehr effiziente Einrichtungen geschaffen, eine rasche und verlässliche Überprüfung des Nahrungsangebots hinsichtlich Qualität, Genießbarkeit und Nährwert vorzunehmen, indem sie Nahrungsakzeptanz und -ablehnung reflexartig, d. h. spontan und unwillkürlich steuert. Die Entlastung von Stress führt dank stabil geregelter Beziehungen zum Hypothalamus und seinen metabolischen

Regulatoren von Hunger und Sattheit zu leicht erkauftem Wohlbehagen. Dank intakter hygienischer Verhältnisse und genormtem leicht verfügbarem Angebot, das keiner qualitativen Evaluation bedarf, sind daher Bekömmlichkeit und Stressfreiheit wohlfeil zu erhalten. Folglich erschöpft sich das Ess- und Trinkverhalten weiter Kreise der Bevölkerung in der Anspruchslosigkeit, die diese reflektorisch bediente Ess-Tretmühle auszeichnet. Für das Genusserlebnis (den Genießer) sind diese Aspekte jedoch von untergeordneter Bedeutung und werden nicht weiter erörtert.

Die (bewusste) Wahrnehmung der Geschmacksqualität (süß, sauer etc.) und ihrer Intensität erfolgt erst im primären „Geschmackszentrum" in der Hirnrinde. Es liegt, der direkten Sicht entzogen, in einem tiefer gelegenen Rindengebiet, der Insel. Die mit dem Geschmack bewusst erlebten Gefühle entstehen an einer anderen Stelle, die wir als sekundären Geschmackskortex bezeichnen. Er liegt vor der Inselregion, genauer: hinter der Stirn (Frons) direkt über den Augenhöhlen (Orbita) und wird daher als orbitofrontaler Kortex bezeichnet. Wir stellen hier also eine Trennung von Analyse und Interpretation der Geschmacksstoffe fest.

Hinter dieser Organisation steckt ein wichtiges Prinzip: Qualität und Intensität eines Geschmackes sind an einem anderen Ort repräsentiert als das damit verbundene Lust- oder Unlustgefühl. Studien an Versuchstieren und inzwischen auch Studien, die mit bildgebenden Verfahren (fMRT) am Menschen durchgeführt wurden, zeigen, dass wir im *primären* Geschmackskortex einzelne Geschmacksqualitäten wahrnehmen, unterscheiden und ihre Intensität registrieren können. Diese Unterscheidung gelingt unbeeinflusst davon, ob wir hungrig oder übersättigt sind. Die Aktivität der auf Geschmack reagierenden Neurone im *sekundären* Geschmackskortex hängt hingegen von der Attraktivität ab, die ihrerseits mit dem Ausmaß von Hunger oder Sattheit, der Intensität der Lust-/Unlustempfindungen (Stress, Ablenkung), und der Situation (Neugier, Gier) zusammenhängt. Dies erklärt, warum Nahrung dann als besonders schmackhaft empfunden wird, wenn man hungrig ist, aber als hedonistisch neutral oder sogar abstoßend, wenn man bereits gesättigt ist.

1.3.3.2 Geschmackspezifische Sättigung verleitet zum Schlemmen

Dieses Prinzip gilt aber nur für diejenige Speise, die wir bis zur Übersättigung zu uns genommen haben. Andere Nahrungsmittel dagegen, die noch nicht gegessen wurden, werden weiterhin als angenehm (attraktiv) empfunden und trotz bestehender Sattheit genussvoll verspeist. Wir kennen dieses Prinzip der „geschmackspezifischen Sättigung" aus eigener Erfahrung; wenn etwa der Appetit auf Deftiges gestillt ist, aber noch Lust auf Süßes besteht, oder wenn uns nach dem exquisiten Menü noch die Lust auf eine Currywurst oder einen Absacker überkommt. Evolutionsbiologisch ist dieses Verhalten sinnvoll, denn es hilft einen monotonen Speiseplan mit einseitiger Ernährung zu verhindern.

1.3.4 Geruch

1.3.4.1 Das Nasenhirn

Die Kontaktstelle für Duftstoffe in der Nase ist eine Exklave des Gehirns; ein Außenposten mit Nervenzellen, die sich in direktem, also auch gefährdetem Kontakt mit der Umwelt befinden. Ihre Erregungen laufen aus der Nase quasi über einen kurzen „heißen Draht" direkt in das Gehirn (genauer, über einen Auswuchs an der Basis des Gehirns, dem Riechkolben, zum primären Riechkortex, der primären Verarbeitungszone der Geruchswahrnehmung). Die direkte Anbindung an den Kortex unterscheidet den Geruchssinn von allen anderen Sinnesmodalitäten, die eine Kontrollstelle passieren müssen.

Eine deutliche Trennung zwischen der Wahrnehmung der Intensität und Qualität im primären Riechkortex einerseits und der emotionalen Wirkung im sekundären Riechkortex – ähnlich den Verhältnissen bei der Wahrnehmung von Geschmack – gibt es hier allerdings nicht. Dies entspricht unserer Erfahrung, dass wir Gerüchen erbarmungslos ausgeliefert sind und uns ihren Wirkungen nicht entziehen können. Riechwahrnehmungen treffen uns unvermittelt. „Gerüche gehen tiefer ins Herz als Töne und Bilder" (R. Kipling). Sie wecken Stimmungen und Emotionen, deren Spektrum vom Rauschhaften bis zum Ekel reicht. Sie rufen uns „Umstände selbst aus der fernsten Vergangenheit in uns zurück" (A. Schopenhauer) und erlauben mit ihnen gemein zu werden. Der Grund hierfür ist in der archaischen Beziehung zwischen Riechzellen und dem (Riech-)Hirn zu suchen.

Den Forschern war schon lange aufgefallen, dass der Endigungsort der Riechfasern einen wesentlich einfacheren Aufbau zeigt als der für die übrigen Sinnessysteme. Diese einfache Strickart ist ein Hinweis auf sein hohes phylogenetisches Alter, das in die Anfänge der Entwicklung unseres Großhirns reicht. Damals entstand das Riech- bzw. „Nasen"-Hirn als Grundlage der Hemisphären (aus dem sich später das Großhirn entwickelte). Es erhält seine Eingänge aus dem Riechkolben und umfasst das „eigentliche" Verarbeitungssystem für Geruchswahrnehmungen. Dieser evolutionsbiologische Hintergrund ist für das unvermittelte Geruchserlebnis relevant.

Abbildung 1.3-1

Stationen der Geschmacksbahn.

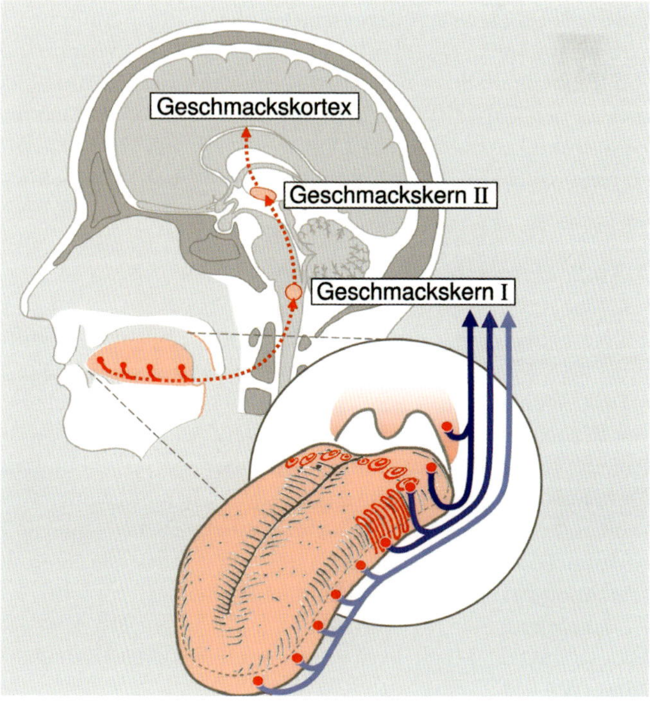

Während der weiteren Entwicklung wird der funktionelle Ausbau vorangetrieben, denn außer dem Riechhirn, das direkte Verbindungen mit dem Riechkolben unterhält, entwickelt sich sekundär ein Kortex, der ebenfalls noch von Riechafferenzen beeinflusst wird. Damit ist ein Koordinationsgebiet höherer Ordnung entstanden, das als limbisches System emotionale Prozesse steuert und sich mit der Speicherung und dem Abruf von Erinnerungen befasst. Es emanzipiert sich damit zunehmend von der alleinigen Abhängigkeit des Riechsystems. Aus der unmittelbaren Anbindung an das limbische System (Nachbarregionen) erklärt sich die häufig mit der Erinnerung assoziierte Empfindung und die Erfahrung, dass sich Riecheindrücke so schwer von ihrer emotionalen Wirkung trennen lassen. Es fällt uns leicht, Geruchseindrücke mit „gut" oder „schlecht" zu bewerten; wir tun uns aber sehr schwer, objektive Beschreibungen zu finden.

1.3.4.2 Das Duftalphabet

„Riechen ist wie eine Fremdsprache: Je öfter man es praktiziert, desto besser wird man darin" (P. Bourdon). Der Vergleich mit der Sprache wird gerne gewählt, wenn es um die Schwierigkeit geht, mit dem Duftalphabet umzugehen, aber auch um die Art und Weise zu beschreiben, wie die Wahrnehmung zustande kommt. Wie verschiedene Gruppierungen von Buchstaben unterschiedliche Wortbildungen ermöglichen, so trägt jeder einzelne Rezeptor dazu bei, unterschiedliche Gerüche zu charakterisieren (Abb. 1.3-2). Bleibt man bei diesem Beispiel, dann sind mit den etwa 350 Duftrezeptoren unendlich viele Kombinationen bzw. Aktivierungsmuster als Grundlage virtueller „Geruchsbilder" vorstellbar. Dieses kombinatorische Erregungsmuster wird stereotyp und präzise an ihre Partner im Riechkolben weitergeleitet und bildet dort in ihrer Gesamtanordnung eine Kartografie, welche die chemischen Eigenschaften der wahrgenommenen Duftmoleküle wiedergibt.

Vom primären Riechkortex erreichen die Geruchsinformationen den davor gelegenen Rindenabschnitt, den sekundären Riechkortex (= orbitofrontaler Kortex). Ihn haben wir bereits als den Ort kennen gelernt, an dem das mit dem Geschmack verbundene Lust- oder Unlustgefühl repräsentiert ist. Dort überlagern sich Geschmacks- und Geruchsempfindungen zu einer Mischempfindung, die allgemein als Aroma bezeichnet wird.

1.3.4.3 Unterschiedliche Nasen

Die Fähigkeit, Gerüche wahrzunehmen und subtile Duftnoten zu unterscheiden, ist unter den Menschen sehr unterschiedlich ausgeprägt. Die Hauptursachen hierfür sind neben Altersunterschieden und neurologischen Erkrankungen genetische Variationen der Rezeptorausstattung. Wenn nur die Zahl der Rezeptoren vermindert ist, scheint allein die Empfindungsschwelle, nicht aber das wahrnehmbare Spektrum der Düfte, der Duftraum, betroffen. Da der Leidensdruck bei reduzierter Riechwahrnehmung gering ist, werden derartige Einschränkungen erst bei gezielter Untersuchung erkannt. Für besondere Aufmerksamkeit sorgte hierbei der Befund, dass bei neurodegenerativen Erkrankungen (Parkinson-Erkrankung und Morbus Alzheimer) und bei schweren Depressionen eine Einschränkung der Riechfunktion der klinischen Diagnose lange (4–6 Jahre) vorausgeht. Dies eröffnet die Möglichkeit zur Entwicklung eines Frühtests, um eventuell präventiv tätig zu werden.

Abbildung 1.3-2

Die Kodierung der Gerüche erfolgt über ungefähr 350 Varianten hochspezifischer Rezeptoren der Riechzellen, von denen jeder einzelne mit einem bestimmten Teil eines Duftmoleküls reagiert. Unterschiedliche Duftmoleküle, wie sie beispielsweise dem fruchtigen Geruch einer Kirsche zugrunde liegen, reagieren entsprechend mit verschiedenen Kombinationen von Riechrezeptoren. Dies bedeutet, dass beispielsweise Kirschduft nicht über einen einzigen speziellen Rezeptor, sondern über die Aktivierung einer charakteristischen Gruppe von Rezeptoren repräsentiert wird. Ungeachtet ihrer komplexen chemischen Natur lässt sich der Duft einer reifen Kirsche durch die beiden Silben (Merkmale) „kir" und „sche" symbolisieren. Wenn beide Komponenten mit den passenden Rezeptoren der Riechzellen reagieren, wird die Erregung nicht wahllos an das Gehirn (Riechkolben) weitergeleitet. Vielmehr besitzen alle Riechzellen mit demselben Duftrezeptor ein Mandat, das sie verpflichtend an korrespondierende Zielzellen bindet. Wegen der sehr präzisen Verschaltung zwischen den Fortsätzen der Riechzellen und ihren Partnern im Riechkolben des Gehirns kommt es zur analogen „Abbildung" des Duftraumes in der Peripherie. Die Merkmale „kir" und „sche" konvergieren im primären Riechkortex (I°) und werden dort dechiffriert und wie Buchstaben/Silben in eine sinnvolle Anordnung gebracht. Störende Einflüsse („bla-bla") werden durch die Adaptierung des Rezeptors und insbesondere durch die Hemmung der Nachbarkanäle unterbunden. Damit schafft sich das Gehirn Ordnung im peripheren Duftchaos. Moduliert und akzentuiert wird die augenblicklich privilegierte Merkmalskombination „kir" und „sche" durch rückläufige Verbindungen vom Riechkortex zum Riechkolben und durch Einflüsse aus anderen Hirnarealen (*) auf die Neurone im sekundären Riechkortex (II°).

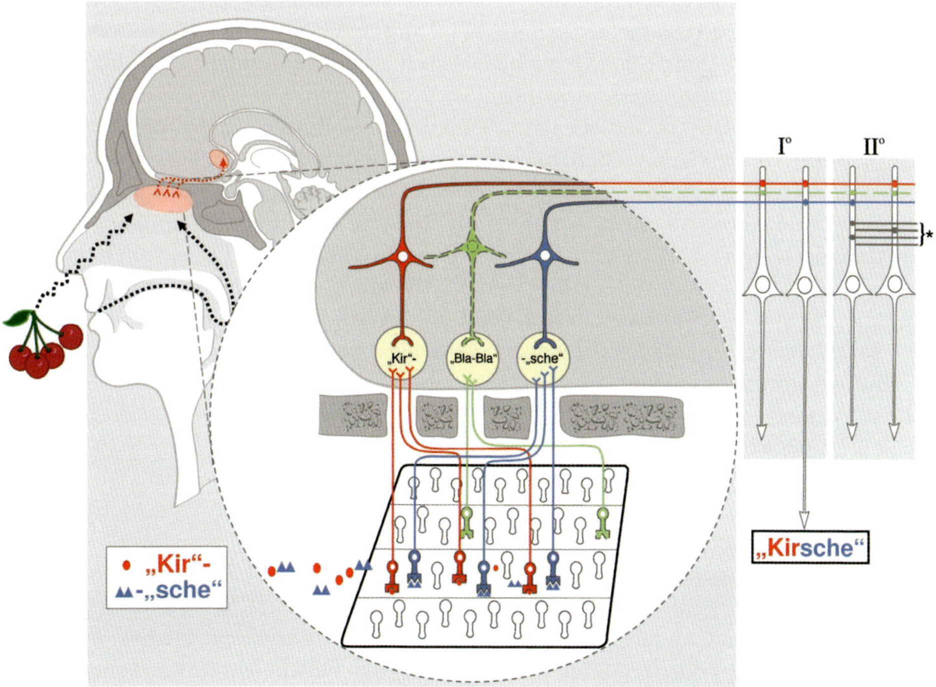

Unabhängig vom Niveau, das durch die biologischen Gegebenheiten bedingt ist, hängt die Fähigkeit, Düfte zu benennen, d. h. qualitative Bestimmungen durchzuführen zu können, von Trainingsleistungen ab. Darauf weisen die Erfolge bei der Ausbildung von Schweißhunden hin; aber auch Menschen sind zu ungeahnten Schnüffelleistungen trainierbar (N. Sobel). Ob die Unterschiede zwischen Durchschnittspersonen und gut trainierten Personen auch neurologisch nachweisbar sind, wurde erstmals in dem Rehabilitationszentrum Santa Lucia in Rom untersucht. Hierbei wurde die Hirnaktivität von Laien und Spezialisten, in diesem Fall von ungeübten Weintrinkern und Sommeliers, mit der fMRT-Methode verglichen. Es fanden sich erhebliche Unterschiede zwischen beiden Gruppen in jenen Arealen, die für die Lösung analytisch-rationaler Aufgaben wichtig sind, sowie im Erinnerungsfeld.

Die Ergebnisse schließen nicht aus, dass die Leistung von Sommeliers auf einer Sonderbegabung beruht. Die Literatur bietet zahlreiche Beispiele für Personen, bei denen die besondere Befähigung zu Riechen aus dem Zustand des Unverbildeten, d. h. dem Natürlichen oder Krankhaften entsteht. Thematisiert wird diese Vorstellung etwa durch folgende Bücher: P. Süskind, Das Parfum – Die Geschichte eines Mörders (1985). O. Sacks, The Man who mistook his Wife for a Hat. Simon & Schuster (1985); deutsche Übersetzung: Der Mann, der seine Frau mit einem Hut verwechselte (1989). C. Palahniuk, Das Kainsmal (2007).

Die Aktivierung in einem Areal, das für die Lösung analytisch-rationaler Aufgaben wichtig ist, spiegelt aber eher eine durch fortwährendes Training erlangte Vollkommenheit wider und liefert damit einen Hinweis darauf, dass wir bis zu einem gewissen Grad von Trainingsprogrammen profitieren können.

Leider reicht die Auflösung der fMRT-Methode nicht aus, um eventuelle Unterschiede im Bereich der primären Verarbeitungsbereiche für Geruch zu erkennen. Es scheint aber nicht ausgeschlossen, dass die Kartografie der Duftmuster auf dieser Ebene erhalten ist und das Gehirn prinzipiell die Möglichkeit hat, die Extraktion dieser (sprach-analogen) Information zu bewerkstelligen. Eine mögliche Ursache für das Unvermögen, die Sprache der Gerüche zu entziffern, besteht darin, dass der „Geschmack“ wegen des Mangels an objektivierten Verständigungsmöglichkeiten nicht mitteilbar ist und außerdem durch subjektiv emotionale Aspekte beeinflusst wird. Wenn es gelingt, ausgewählte Düfte objektiv zu beschreiben und diese Parameter zur „Eichung“ der eigenen Sinneserfahrung im Rahmen von Trainingskursen zu verwenden, könnte die o. g. Einschränkung überwunden und eine Dimension im Geruchssystem etabliert werden. Die Vorstellung einer derartigen Test- und Trainingssituation ist keineswegs absurd, denn sowohl die Charakterisierung der für die ca. 350 Riechrezeptoren relevanten Liganden als auch die Technologie für die entsprechende Bestückung einer „künstlichen Nase“ mit den entsprechenden Rezeptorzellen als Sensoren schreitet schnell voran. Eine Riechorgel, bei der die tonangebenden Nuancen, die beispielsweise im Aromarad (A. Noble) berücksichtigt sind, ist daher in Zukunft als Normierungs- und Trainingsgerät für den Aufbau einer Gefühlskartei im Gehirn vorstellbar.

1.3.5 Gefühl

In Mund- und Nasenhöhle nehmen wir nicht nur Geschmack und Geruch wahr. Alle Schleimhäute werden durch sensible Nerven versorgt, die Druck, Berührung, Schmerz und Temperatur registrieren. Subjektiv äußern sich derartige Empfindungen als Mundgefühl oder „Biss“, aber auch in der Nase mit Effekten, die als prickelnd, adstringierend, irritierend oder schmerzend empfunden werden, dem beißenden und scharfen „Geschmack“, mit der Wahrnehmung der physikalischen Beschaffenheit (Konsistenz, Textur, Viskosität) und schließlich der Kühle und Wärme. Die Konzentrierung der sensiblen Nervenendigungen um die Geschmacks- und Geruchsrezeptoren sowie ihre potenzielle Erregung durch Duft- und Geschmacksstoffe sprechen dafür, dass ihre Wirkung über die genannten Effekte hinausgeht. Die Empfindungen werden vorwiegend über den Drillingsnerv (N. trigeminus) vermittelt und an das Kortexgebiet weitergeleitet, in dem alle sensiblen Erregungen unseres Körpers wahrgenommen werden. Dieser Endigungsort ist also von dem der Geschmacksfasern getrennt.

1.3.6 Weitere Mitspieler

Neben Geruch, Geschmack sowie dem Mund- und Nasen-„Gefühl" werden weitere Empfindungen diskutiert, die potenziell wahrgenommen werden und auf Emotion und Verhalten wirken. Sie sollen über das Vomeronasalorgan, das Masera-Organ, den Nervus terminalis und durch Rezeptoren des Immunsystems an den Riechzellen zustande kommen. Dass ihnen die nach den Regeln der klassischen Neurologie notwendigen strukturellen Anbindungen an das Gehirn fehlen und bislang kein funktionell aktiver Rezeptor nachgewiesen wurde, schließt ihre Wirkung nicht aus. Zumindest für das Vomeronasalorgan gilt, dass biologische Wirkungen nachgewiesen sind und Hirnareale beschrieben wurden, die entsprechende Informationen verarbeiten (Bettkern der Stria terminalis, medialer praeoptischer Kern). Die Wirkung derartiger Substanzen wird wahrscheinlich nicht über neuronale, sondern über humorale Mechanismen an das Gehirn vermittelt. Völlig unklar ist gegenwärtig, wie der Effekt von Neuromodulatoren wie Dopamin, Oxytozin oder Melatonin zustande kommt, die per Nasenspray appliziert, gut charakterisierbare und reproduzierbare intrazerebrale Veränderungen bewirken.

So dürftig die Datenlage bezüglich der genannten „Mitspieler" derzeit noch ist, so sehr ist abzusehen, dass in Zukunft auch nicht-neuronale Phänomene, die im Bereich der Nasenhöhle getriggert werden, bei der Beschreibung von Genusserlebnissen berücksichtigt werden müssen.

1.3.7 Wo kommt die Integration (Synthese) der einzelnen Facetten zustande?

Umzeichnet man die Bezirke im Gehirn, in denen die für den „Geschmack" relevanten Einflüsse repräsentiert sind, so erhält man ein Flickwerk, das keinerlei sinnvolles Beziehungsgeflecht erkennen lässt (Abb. 1.3-3). Die weit über das Gehirn verstreuten Aktivitäten müssen aber irgendwo sinnvoll gebündelt werden, damit daraus eine ganzheitliche Vorstellung entstehen kann. Diese multisensorische Verknüpfung wird als Bindung bezeichnet.

Die Frage, wo die Einheit des bewussten Erlebens entsteht, richtet sich damit implizit an die Örtlichkeit der Bindung. Diese Frage ist keinesfalls neu, sondern durchzieht unsere gesamte Geistesgeschichte. Die meisten Erklärungsversuche gehen von der Vorstellung aus, dass die Synthese, die aus diesen verschiedenen Sinnesempfindungen das eine, das „medium uniens", macht, dort erfolgt, wo alle Stränge zusammenlaufen.

Nach der spekulativen Vorstellung der Antike und des Mittelalters treffen die aus den Sinnesempfindungen (sensus communis) stammenden Bilder im Ventrikelraum des Gehirns

Abbildung 1.3-3

Darstellung des menschlichen Gehirns mit schematisierter Eintragung der Bearbeitungsbereiche für die Sinnesinformationen.

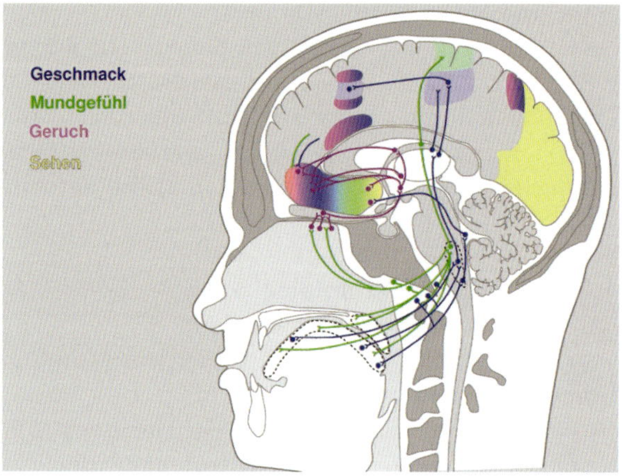

zusammen. Sie treten dort mit der Vorstellungskraft (fantasia) in Wechselbeziehung und werden dann in der dritten Zelle durch die Seelenkräfte in Einbildungskraft (vis imaginativa), vernünftiges Denken (vis cogitativa) und Gedächtnis (vis memorativa) verarbeitet und zu vorausschauendem Handeln genutzt. Diese Vorstellung findet sich trotz zunehmender Kenntnisse der Hirnstruktur in verschiedenen Ausformungen bis ins 18. Jahrhundert.

Die eigentümlich anmutende Ansicht von R. Descartes, dass die Zirbeldrüse als Sitz der Seele diene, ist darauf zurückzuführen, dass diese (unpaare) Struktur sich als Ort anbot, an dem die Informationen aus der Umwelt ungeteilt repräsentiert sind; wo sich beispielsweise die Bilder aus den beiden Augen vereinigen können, bevor sie zur Seele gelangen, damit sie dieser nicht zwei, sondern nur ein Objekt darbieten. Entsprechendes galt dem Geruchssinn, Tastsinn usw.

Noch um das angehende 19. Jahrhundert betrachtete der bedeutendste Anatom seiner Zeit, Th. Soemmering, die Ventrikelflüssigkeit als Sitz der Seele. Er propagierte diese Meinung, weil nach seinen Erkenntnissen die Ursprünge und Endigungen aller Hirnnerven mit der Ventrikelwand in Verbindung standen und in ihrer Gesamtheit ausschließlich von Kammerflüssigkeit umspült werden. Sie bildet folglich das „medium uniens", weil sie zugleich als Rezeptor der afferenten und Donator der efferenten Hirnnervenimpulse in Frage kommt.

Wir sind versucht, derartige Einschätzungen dem mangelnden Wissen und der Naivität unserer Vorfahren zuzuschreiben – aber sachte: Mit dem Aufkommen der bildgebenden Verfahren und der erneuten Zuwendung an die Strukturelemente des menschlichen Gehirns hat dieses Denken einen beachtlichen Aktualisierungsgrad erreicht und die Suche nach dem Sitz der Seele, die heutzutage als Bewusstsein umschrieben wird, ist neu entflammt. In völliger Übereinstimmung mit dem Konzept des „medium uniens" suchen die modernen Lokalisationisten oder neuen Phrenologen (W. R. Uttal) nach dem Ort, an dem alle Stränge zusammenlaufen, und nach dem neuronalen Bindeglied, das aus der Fülle der Empfindungen eine Ganzheit formt (F. Crick).

Ausgedehnte Tierversuche und die mit bildgebenden Verfahren (fMRT) beim Menschen gewonnenen Ergebnisse haben diesen Ort inzwischen recht gut eingegrenzt. Alle Erfahrungen sprechen dafür, dass er im orbitofrontalen Kortex zu suchen ist. Hier treffen nicht nur die Riech-, Geschmacks- und Gefühlsinformationen aus dem Mund- und Nasenraum zusammen; hier gesellen sich auch Einflüsse aus dem Seh- und Hörsystem sowie Signale aus den Eingeweiden hinzu. Inzwischen konnten auch weite Bereiche des assoziierten Netzwerks beschrieben werden.

Man weiß aus Tierversuchen, dass einzelne Zellen im orbitofrontalen Kortex auf Reize aus unterschiedlichen Quellen reagieren können. Es ist daher vorstellbar, dass sich die Wirkung dieser Reize überlagert, wie dies bei „Synästhetikern" oder bei „Savants" der Fall ist. Es ist derzeit aber völlig unklar, wie aus der Fülle der Sinnesempfindungen und weiterer interner Impulse eine ganzheitliche Vorstellung des Wahrgenommenen entsteht. Es wurde vorgeschlagen, dass die Bindung dadurch zustande kommt, dass die Entladung der betroffenen Zellverbände zeitlich synchronisiert ist (von der Malsburg). Nach diesem Modell sind nur diejenigen Neurone synchron aktiv, die auf denselben Reiz oder dieselbe Reizpaarung reagieren und damit eine Repräsentation der wahrgenommenen Stimuli im orbitofrontalen Kortex aufbauen, die in Wechselbeziehung zu der emotionalen Verfassung des betroffenen Individuums steht.

Dies ist Spekulation. Die tatsächlichen Vorgänge sind das noch verbleibende große Rätsel, denn seine Auflösung würde bedeuten, dass wir wissen, wie Bewusstsein entsteht.

1.3.8 Wo und wie entstehen die emotionalen Register unserer sinnlichen Erfahrung?

Nachdem der Bindungsort und die lokalen Beziehungsgeflechte zunehmend charakterisiert sind, ist es auch möglich, gezielt nach weiterreichenden Beziehungen zu suchen. Vorrangig ist dabei, nach den Orten Ausschau zu halten, wo als Schatten dieser Ganzheit die emotionalen Geister unserer bewussten Wahrnehmung auftauchen.

Begabung und die durch Schulungserfolge verbesserte Befähigung zur Analyse von Duftkomponenten verraten zwar Kennerschaft und vermitteln intellektuelle Befriedigung. Sie lassen uns aber kalt, denn die objektive Beschreibung eines Gerichts oder eines Getränkes, wie etwa dem Wein, lockt keine Stimmung, weckt keine Neugier und macht keine Lust, das Angebotene zu probieren; kurz: sie ist keine „Quelle der Inspiration und Lebensfreude". Sie stellt daher nur eine Seite des Genusses dar. Die andere ist der Emotion und Vorstellung geschuldet. Sie ist in hohem Maße subjektiv und wird konsequenterweise als vergnüglich oder verdrießlich empfunden.

1.3.9 Hedonistische Landkarte

Auf die strukturelle Anbindung der Riechzentren mit dem orbitofrontalen Kortex und dem limbischen System wurde bereits früher hingewiesen. In jüngster Zeit gelang es, die Verbindungen auch beim Menschen genauer zu beschreiben. Dadurch bietet sich nun die Möglichkeit, den Charakter dieses Netzwerks zu studieren, bereits bekannte experimentelle und pharmakochemische Befunde einzuordnen und ihren Beitrag für die Emotionalität zu charakterisieren. Experimentelle Befunde kommen aus Selbstreizungsexperimenten, bei denen Versuchstiere zwischen Futter und gezielter Hirnstimulation wählen konnten (P. M. Milner). In den Zielpunkten, die als „Hotspots" für die Entstehung von Lust- und Unlustgefühlen gelten können, wurden mit neurochemischen Verfahren diverse

Substanzen und Mediatoren gefunden, die dabei eine Rolle spielen. Hierzu gehören neben Neurotransmittern (z. B. Dopamin und Serotonin) auch Neuropeptide (z.B. Enkephalin und Neuropeptid-Y) sowie Transkriptionsfaktoren wie CART, die auch beim Menschen das Genusserlebnis wesentlich beeinflussen. Dank der funktionellen und molekularen Bildgebung lassen sich nun nicht nur die an Lust- und Unlustgefühlen beteiligten Regionen lokalisieren, sondern auch deren qualitativer Beitrag. So konnte man mit der fMRT-Methode nachweisen, dass im orbitofrontalen Kortex angenehme und unangenehme Gefühle unterschiedlich repräsentiert sind. Konfrontiert man beispielsweise Versuchspersonen mit derartigen Düften, dann lassen sich erhöhte Aktivierungsmuster für angenehme Düfte mittseitig, unangenehme dagegen seitlich nachweisen (E. Rolls). Auf solchen Ergebnissen beruht das Konzept der hedonistischen Hirnkarte und der daraus abgeleiteten wirtschaftlichen Nutzanwendung, dem so genannten Neuromarketing oder Neurobranding, weil die Kaufleute natürlich sofort erkannt haben, dass man die emotionale Wirkung verschiedenster Produkte mit diesem Verfahren „objektivieren“ kann.

Wie so oft in der Hirnforschung lernte man am meisten aus den Erfahrungen, die am geschädigten Gehirn gewonnen wurden. Denn was uns so viel Genussfreude (Hedonismus) bereitet, hält natürlich auch seine Schattenseiten bereit: die Anhedonie. Der Begriff bezeichnet den Verlust der Lebensfreude, der Begierden und ihrer Befriedigung und beschreibt damit einen seelischen Zustand, der dadurch gekennzeichnet ist, dass in Situationen, die normalerweise Vergnügen bereiten, keines empfunden werden kann. Klinisch gilt sie als Symptom der Melancholie, der Depression, des Zwangs und der Abhängigkeit. So ist es konsequent, dass seit allerjüngster Zeit versucht wird, aus der Gefühlsbalance geworfene Menschen (mit schwersten psychischen Erkrankungen) mit Hilfe der Tiefenhirnstimulation von der Anhedonie zu befreien. Als Zielpunkt wird dabei meist ein Areal ausgesucht, dem positive Aspekte des Genussempfindens zugeschrieben werden, der „Nucleus (Ncl.) accumbens“.

Der Kern ist innig mit dem Endigungsbereich von Riechfasern verwoben und mit dem Mandelkern hauptverantwortlich für das Genussempfinden. Grobschlächtig kann man beide Strukturen als Yin und Yang des Genussempfindens beschreiben: den Mandelkern für die Empfindung von Furcht, Angst und Abscheu; den Ncl. accumbens für positive Empfindungen. Die alleinige Kennzeichnung des Ncl. accumbens als Belohnungszentrum oder als „Freudenbringer“ des Gehirns wird aber seiner Funktion nicht gerecht, denn der Kern reagiert maximal nicht wenn wir belohnt werden, sondern wenn wir uns auf das Erlebnis eines besonderen Kitzels konzentrieren und diese Spannung positiv gelöst wird. Bei der Charakterisierung des Ncl. accumbens dürfen daher Begriffe wie Vorstellung und Erwartung, aber auch Zielstrebigkeit und Neugier nicht fehlen.

1.3.10 Erwartungshaltung und Erwartungsfehler

Mit den Sinnen lässt sich spielen. Dadurch, dass man das auf die Wahrnehmung anwendet, was man über das wahrgenommene Objekt weiß, entstehen Erwartungsfehler. Geschmacks- und Geruchsnoten werden durch geschickte Paarung von Geschmacksproben und Speisedüften verändert oder verdrängt; das Gefühl durch Kontraste bei Temperaturen und Strukturen irritiert; der Seheindruck durch Farbwahl, Formen, optische Täuschung etc. verfälscht. Dadurch wird das Spiel mit den Sinnen zu einem wichtigen Element im kulinarischen Schaffen und Genießen. Aber es erschwert auch eine messinstrumentartige Wahrnehmung von Sinnesreizen durch den Menschen und deren wertfreie Beschreibung.

Da Geschmacks- und Geruchseingänge dieselben Neurone stimulieren, die von Emotionen betroffen sind, ist es nicht verwunderlich, dass lust- oder unlust-betonte Gefühle in starker Abhängigkeit von emotionsbefördernden und hemmenden Mustern stehen. Diese sind weitgehend genetisch begründet und deutlich von der Entwicklung geprägt. Seit Pawlows Versuchen mit dressierten Hunden, denen der Sabber bereits beim Klingelton lief, weiß man um die Bedeutung der Konditionierung. Der Pegel der Lust- oder Unlustempfindung wird ebenso durch Erinnerung, Reflexion und sinnliche Erfahrung reguliert. Kulturelle Einflüsse, wie die Verbindung mit dem eigenen geografischen („Terroir") und kulturellen Kontext, spielen eine Rolle (siehe auch Kapitel 1.3.3.1). Zum Arrangement eines gelungenen Mahls gehört die Serviceleistung, eine „passende" Umgebung, in der das Ambiente nicht irritierend, die Dekoration in ihrer Farbigkeit nicht aggressiv und der Geräuschpegel nicht belastend sind. Die Erwartungsfehler lassen sich leicht nachweisen, indem man etwa den Wein in einem Schwarzglas oder in einem wechselbaren Farbraum verkostet oder Speisen und Getränke durch Lebensmittelfarben „verfälscht". Umgangssprachlich heißt das: „Die Nase riecht, was das Auge sieht". Die Kollision von Vorstellung / Erwartung und dem tatsächlichen Sinneseindruck wird in der experimentellen Küche meist sehr vorteilhaft eingesetzt und bestimmt auch das Muster der Weinansprache.

Die Wahrnehmung wird aber keineswegs nur durch aktuelle äußere Reizgegebenheiten beeinflusst, sondern maßgeblich auch durch Erfahrung und Erinnerung. fMRT-Studien belegen darüber hinaus, dass unser Gehirn imstande ist, bestimmte Geruchsnuancen und Geschmacksmuster virtuell aufzubauen. Dadurch schafft es eine Erwartung, in der sich Neugier und Ansprüche, Aufmerksamkeit und Kenntnis verbinden. Der Abgleich von Erwartung und Wirklichkeit bestimmt das Ausmaß der Belohnung („Satisfaction") und damit die Fülle (Zauber) des Genießens. Der orbitofrontale Cortex repräsentiert damit den Ort, wo der hedonistische Aspekt von Speisen und Getränken im Gehirn zum Tragen kommt.

1.3.11 Griff in die Trickkiste – Kunstgerüche

In völligem Unterschied zur selbst gewählten Situation, die sich mit Neugier auf Überraschungen und Irritationen vorbereitet, steht die Anreicherung des Raums mit Düften zwecks Kaschierung von Fehldüften und gezielter Beeinflussung der Stimmungslage. Während die Illusion aus dem Flakon der Steigerung unserer Empfindung in einer mehr oder weniger bewusst erlebten, zumindest sinnlich analysierbaren Situation dient, stellt die Irreführung durch industriell verstäubte Düfte eine subtile und infame Form des Angriffs auf unser Gehirn, alias Psyche, dar. Wenn sich Menschen aus sozialen Gründen an Orten zusammenfinden, wo sie gezwungen werden, den Verlust der natürlichen, gewohnten Signale hinzunehmen, impliziert dies die Negierung der sozialen Konstruktion olfaktorischer Wahrnehmung. B. M. Pause hat in mehreren Arbeiten auf die Rolle von unbewusst registrierten Sozialdüften für das Verhalten hingewiesen. Die Applikation von Fremddüften, deren Quelle dem Gehirn „unverständlich" ist und die den Dialog der „natürlichen" Düfte stört, pervertiert die Aufgabe des Riechsystems, Signale der Umwelt hinsichtlich ihrer Relevanz für das eigene Wohlergehen und für die zwischenmenschliche Kommunikation zu analysieren und emotional zu beantworten. Um beim Beispiel der Fremdsprache zu bleiben – die Texte, die vom Gehirn ausgelesen werden, werden angefressen und sind wie eine defekte Festplatte nicht mehr verwertbar.

1.3.12 Adaptation und Habituierung

Auch der stärkste Reiz für Gaumen und Nase wird flach. Die Vertrautheit mit einem beständigen Duftnebel führt ebenso zu Desinteresse wie ein Kaugummi, den man länger im Mund behält. Schließlich wird der Reiz vollständig ignoriert. Die Abschwächung der Reaktion bei lang andauernder monotoner oder wiederholter Darbietung desselben Reizes beruht auf der Rezeptoreigenschaft (Adaptation) und auf der Beeinflussung der Informationsweitergabe im Bereich der zentral gelegenen synaptischen Verschaltungen (Habituation). Im Riechsystem ist der Einfluss zentraler Impulse auf alle Ebenen der Riechbahn sehr ausgeprägt. Adaptation und Habituation erklären das bekannte Phänomen, dass man meist nur dann riecht, wenn man die Umgebung (das Milieu) wechselt. Der Duft, den man sich selbst aufgesprüht hat, verschwindet, während die Umgebung dadurch genervt sein mag. In diesem Fall liegt die Ursache im Eingriff rückläufiger hemmender Signale aus dem Gehirn in den Impulsstrom aus der Peripherie.

1.3.13 Der Genuss, die Lust und der Rausch

Es wurde bereits erwähnt, dass für die Aktivierung des Ncl. accumbens Zielstrebigkeit und Neugier besonders wichtig sind. Es ist zu vermuten, dass dies ein Grund für die ständige Suche nach Abwechslung und für das Interesse an neuen Trends (molekulare Küche) und neuen Nervenkitzeln ist. Küchenchefs machen sich diese aufgeregte Haltung des Gehirns zunutze, indem sie durch vielfältigste Kreationen die Eigenschaften der Produkte verändern, durch Überraschungseffekte die Sinne stimulieren und die Neugier befriedigen.

Die Kehrseite dieser außerordentlichen Rolle der Erwartungshaltung / Neugier durch das Gehirn liegt auf der Hand. Es liegt im Wesen des Genusses, dass er nicht von Dauer ist, sondern durch Gewöhnung abstumpft. Um einen neuen Wonneschwall zu erreichen, werden neue Anstrengungen unternommen, die über die Anhöhe des früher verspürten Genusslevels hinausgehen. Es folgt die Suche nach Verstärkung der belohnenden Wirkung von „natürlichen" Botenstoffen (Dopamin, Endocannabinoide etc.), um Euphorie und Lust zu steigern und diese zu perpetuieren. Die Vereinnahmung des Menschen auf der Suche nach unaufhörlichem Genuss äußert sich schließlich eventuell in Maßlosigkeit, Gier und Rausch.

1.3.14 Deprivation

Es gehört zu den Besonderheiten des Riechsystems, dass der Endigungsbereich der Riechfasern nicht auf ein umschriebenes Areal begrenzt ist. Vielmehr sind strukturell unterschiedliche Areale betroffen, über deren Funktion beim Menschen im Einzelfall wenig Klarheit herrscht. Sicher ist, dass nicht alle Endigungsbereiche im Dienst der Riechwahrnehmung stehen, sondern unspezifische Effekte auslösen. Es gibt eine andere Region im Gehirn, die als Beispiel gelten kann, die Formatio reticularis im Hirnstamm. Dort laufen Abzweige von Nervenfasern aus allen Sinnessystemen zusammen. Sie führen hier zu einer Erhöhung des Tonus, der seinerseits das gesamte Gehirn in einem Zustand der Wachsamkeit hält. Diese Aktivierung liefert dem Verhalten die notwendige

Energie, *ohne* ihm eine bestimmte Richtung zu geben. Erst im Kortex wird die erhöhte Leistungsbereitschaft in eine bestimmte Richtung gelenkt.

Erinnert man sich daran, dass die Riecheingänge und ihr Verarbeitungsbereich der Ausgangspunkt der Entwicklung der Großhirnhemisphären waren, so drängt sich die Vermutung auf, dass Teile der Riechfasern eine Aufgabe übernehmen, die der Formatio reticularis insofern ähnelt, als sie eine erhöhte Aktivierung des Vorderhirns bewirkt. Durch die unspezifische Aktivität des frontalen Kortex werden indirekt die Stimmungslage und Aufmerksamkeitshaltung sowie kognitive Prozesse beeinflusst. Im Hinblick auf die Änderung des globalen Funktionsumfanges – mit metabolischen und physiologischen Indikatoren messbar – könnte man von diesem Effekt des Riecheingangs als einem Motor oder einer Batterie für Vorderhirnprozesse sprechen.

Wenn man sich dieser Spekulation anschließen kann, muss man eine wichtige Konsequenz beachten, die aus dem mangelnden Gebrauch unseres Geruchssystems und der daraus folgenden unausgewogene Balance unserer Sinne resultiert. Während durch die modernen Seh- und Hörgewohnheiten die betroffenen Sinne überstimuliert sind, leisten wir durch die Sterilisierung unserer eigenen Umwelt, durch die Entfremdung des Geschmackserlebnisses durch Künstlichkeit und durch die Vernachlässigung des subtilen Gebrauchs unserer chemischen Sinne der Deprivation Vorschub.

Wir wissen inzwischen, dass nicht nur der Verlust von Sinneseingängen, sondern bereits die Einschränkung der Seh- oder Tastfunktion Reorganisationsvorgänge im Kortex auslöst. Daher ist zu vermuten, dass auch der Verzicht auf die bewusste Nutzung der chemischen Sinne zu Deprivationsfolgen führen kann, die zu einer Imbalance der Hirnfunktion führen. Hinweise darauf gibt es bisher nur aus den Beobachtungen nach akutem Verlust der Riechfunktion. Die zunehmenden Beschreibungen von Verhaltensstörungen bei Riechstörungen und umgekehrt sollten genauer beobachtet werden.

Diesem Mangelsymptom, dem drohenden Deprivationsprozess, vorzubeugen, ist einfach. Es genügt, sich Zeit für „Geschmack“ zu nehmen, auf Aromen zu verzichten, die uns den „Geschmack“ der natürlichen Produkte verlernen lassen und schließlich, ihn durch Training wach zu halten. Auf der anderen Seite sollten wir nicht gezwungen sein, uns durch künstliche Düfte in unserer Umgebung zum Narren halten zu lassen und durch das erzwungene Ausblenden von Düften diesen Einfluss noch mehr aus unserem Bewusstsein zu verdrängen. Indem wir besser über das Bescheid wissen, was beim Geschmackskarneval abläuft, können wir Strategien und Programme entwickeln, die uns helfen, das kulinarische Empfinden zu kultivieren und vielleicht sogar unser Gehirn fit halten.

2
Professionelles Testen

2.1 Die Fragestellung macht's

Goetz Hildebrandt

Wenn das erste der folgenden Kapitel zur sensorischen Analytik den Titel „Über Geschmack lässt sich nicht streiten“ trägt, ist zunächst die übliche Interpretation dieses Satzes gemeint, wonach sensorische Empfindungen derart individuell und subjektiv geprägt sind, dass sie sich durch rationale Argumente kaum beeinflussen lassen. Das Statement kann aber auch etwas anders verstanden werden: Basis einer jeden Diskussion über den Genusswert eines Lebensmittels ist nämlich, dass eine gemeinsame Sprache in Form einer für jederman verständlichen und verbindlichen Wortwahl gefunden wird. Falls die Disputanten die gleiche Eigenschaft mit unterschiedlichen Attributen belegen oder verschiedene Merkmale mit einem identischen Begriff bezeichnen oder sich nicht einmal artikulieren können, brauchen sie erst gar keinen Streit vom Zaun zu brechen. Anders ausgedrückt: Die Sensorik als Wissenschaft vom Einsatz menschlicher Sinnesorgane zu Prüf- und Messzwecken bedarf einer wissenschaftlichen – hier im Sinne von eindeutigen – Nomenklatur. Keine spezifischen Fachausdrücke erfordern allein die Unterschiedstests mit ihrer Fragestellung, ob Probe X anders als Probe Y schmeckt. Damit erschöpft sich jedoch der Informationsgehalt dieses Verfahrens, und der Ratsuchende bleibt ratlos zurück, wenn er – wie meist der Fall – eine differenzierte Aussage benötigt und sich deshalb anderer Tests bedienen sollte.

Eine verlässliche sensorische Analyse verlangt jedoch nicht nur eine verständliche Beschreibung der Sinneseindrücke. Um eine Eigenschaft richtig benennen zu können, muss die Prüfperson sie zuvor auch richtig erkennen. Dem Ideal einer objektiven sensorischen Untersuchung kommen Testanordnungen am nächsten, bei denen Menschen wie Analysenautomaten fungieren und die Intensität vorgegebener Merkmalseigenschaften exakt messen. Aus diesem Grunde bilden die Auswahl motivierter Prüferpersonen mit hinreichender sensorischer Begabung und ihre intensive Ausbildung die Grundvoraussetzung für einen reproduzierbaren Sinnenbefund. Sollen die Prüfer nicht nur ein Lebensmittel untersuchen und beschreiben, sondern auch eine Beurteilung der sensorischen Qualität vornehmen, müssen sie darüber hinaus produktspezifische Kenntnisse und Erfahrungen besitzen. Diese Personen werden als Sachverständige oder Experten bezeichnet.

Von sämtlichen Prüfern wird auch verlangt, dass sie ihre Fähigkeiten und Fertigkeiten regelmäßig kontrollieren lassen. Eine Ausnahme bilden lediglich die hedonischen Tests. Da hier die spontane, individuell-subjektive Reaktion des „Normalverbrauchers“ auf ein Lebensmittel erfasst werden soll, erfordern solche Beliebtheits-Studien die Befragung von Laien, das heißt von ungeschulten Probanden.

Ob Laien, Prüfer oder Experten eingesetzt werden, hängt von der Aufgabenstellung ab. Die Bandbreite sensorischer Fragen reicht von dem Produktvergleich, der Markterhebung und den Qualitätswettbewerben über die Charakterisierung des Produktstandards, das Identifizieren von Produkteinflussfaktoren und die Produktentwicklung bis hin zur Prüferschulung. Für jedes dieser Probleme kann unter verschiedenen, oftmals standardisierten Prüfverfahren die geeignete Variante ausgewählt werden. Auch für einen Laien machen Einblicke in die Methodenvielfalt durchaus Sinn, da sie ihm helfen, bei der eigenen Urteilsfindung systematischer vorzugehen. Darüber hinaus wird er dann schnell erkennen, wie emotional, unsachlich und dilettantisch manche Lebensmittel-Tests durchgeführt werden.

Konkret beginnt der Abschnitt über sensorische Prüfverfahren mit einem Methodenüberblick. Nach einer Schilderung relativ einfacher Techniken wird besonderes Gewicht auf die „hohe Schule" der Sensorik gelegt, mithin die Präzisierung der Konsumentenerwartung und daraus abgeleitet die Entwicklung eines marktgerechten Produktes.

Im Anschluss an diese Übersicht beschäftigen sich die nächsten drei Kapitel mit den wichtigsten Kategorien sensorischer Verfahren. Die Unterschieds- oder Diskriminierungstests gehören zu den einfachen, für den Prüfer jedoch anspruchsvollen Methoden. Es kann sowohl untersucht werden, ob zwischen den Proben ein irgendwie gearteter Unterschied besteht, oder ob sie sich gleichen. Mit diesen Tests lässt sich das nicht auszurottende Vorurteil, dass alle Sensorik subjektiv sei, eindeutig widerlegen. Wenn eine repräsentative Zahl an Prüfern einen sensorischen Unterschied feststellt, dann ist er logischerweise existent und kann auch von anderen Personen wahrgenommen werden, unabhängig davon, ob sich diese Diagnose mit instrumentellen Analysenverfahren bestätigen lässt. Selbst elektronische Nasen oder Zungen können den Menschen bei der Sinnenprüfung nicht ersetzen, vielmehr bleibt sein authentischer Befund entscheidend.

Der Vorgehensweise des Verbrauchers kommt die „einfach beschreibende" Prüfung, der sich das zweite Kapitel widmet, am nächsten. Abgesehen von den bereits angesprochenen Problemen beim Etablieren einer allgemein verständlichen sensorischen Sprache entsteht hier eine kritische Situation, wenn aus dem deskriptiven Befund eine Produktbewertung abgeleitet werden soll. Die entscheidende Rolle spielt dann ein möglichst objektiver und hinreichend definierter Bezugsstandard. Mit ihm wird die Probe verglichen und gemäß der Übereinstimmung von Ist und Soll bewertet. Werden Beschreibung und Beurteilung von ein und derselben Person vorgenommen, spricht man vom Expertengutachten, wobei hohe Anforderungen an die Neutralität und die Produktkenntnisse, d. h. den „inneren" Standard, der Sachverständigen zu stellen sind.

Im dritten Kapitel wird dargelegt, wie sich Menschen als „sensometrische" Instrumente in Form eines deskriptiven Panels einsetzen lassen. Die Prüfer suchen zunächst die zur Charakterisierung eines Produktes geeigneten Merkmale aus und ordnen ihnen Attribute zu. Für diese ermitteln sie bei der eigentlichen Prüfung des Lebensmittels die Intensitäten der Merkmalseigenschaften. Das Ergebnis liegt dann in Form eines sensorischen Profils vor, weshalb dieses Verfahren auch unter der Bezeichnung Profilanalyse bekannt ist. Auswertung und Interpretation der Resultate erfolgen am Ende durch eine unabhängige Person, um maximale Objektivität zu erzielen.

Foto 2.1-1

Experten bei der Prüfung von Tiefkühlerdbeeren.

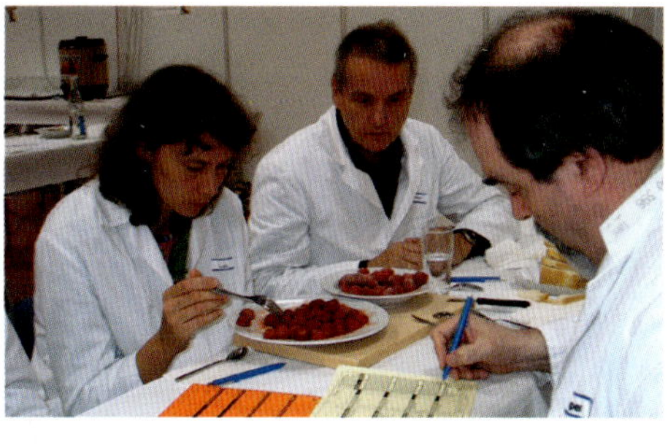

2.2
Über Geschmack lässt sich nicht streiten – Sensorische Analytik im Überblick

Mechthild Busch-Stockfisch

2.2.1 Was kann Sensorik?

Essen und Trinken sind für den Menschen nicht nur Basis zur Erhaltung des Lebens oder Mittel zur Zufuhr lebensnotwendiger Nährstoffe, sondern immer auch mit Genuss und Lebensfreude verbunden. Deren vorrangige Bedeutung ist in der Vergangenheit von der Ernährungswissenschaft häufig verkannt worden. Der Mensch wählt aus, was ihm schmeckt, und ein Verbraucher wird nur Produkte wiederkaufen, deren Aussehen, Geruch, Geschmack und Textur ihm gefallen. Der Erfolg von Lebensmitteln am Markt hängt also sehr stark von den sensorischen Eigenschaften ab, inwieweit sie die Verbrauchererwartungen treffen oder den sich heute schnell ändernden Erwartungen angepasst werden müssen.

Aussehen, Geruch, Geschmack und Textur eines Lebensmittels sind Basis des Genusses und Essvergnügens, wie sie durch den Verzehr entstehen, und diese Merkmale haben nichts mit dem Nährstoffgehalt zu tun. Eine ausgewogene Ernährung wird aber immer nur dann akzeptiert, wenn auch die sensorischen Parameter stimmen. Lebensmittel mit schlechten sensorischen Eigenschaften werden auch von hungrigen Menschen abgelehnt. Der richtige Einsatz und die richtige Kombination von Zutaten und Zusatzstoffen bilden eine Voraussetzung für die Kunst, akzeptierte Produkte auf dem Markt zu platzieren. Nur die Überprüfung durch Sensoriker und Verbraucher sichert den Erfolg ab.

Sensorische Analysen haben in den letzten 20 Jahren zunehmend an Bedeutung gewonnen, sowohl im Bereich der Lebensmittelwissenschaft als auch der Verbraucherforschung. Anwendungsgebiete findet man bei allen Lebensmitteln, Lebensmittelzusatzstoffen und -zutaten, aber auch anderen Konsumartikeln wie Kosmetika, Reinigungsmitteln, Tabakwaren, Autos, Handys, Verpackungen, Gebrauchsgegenständen und vielem mehr. Innerhalb dieser Warengattungen wird Sensorik eingesetzt bei der Entwicklung neuer Produkte, Auswahl von Erzeugnissen, Wareneingangskontrolle, Produkt-, Zutaten- und Prozessoptimierung, Untersuchung der Haltbarkeit oder von Umwelteinflüssen, Kostenreduzierung, in der Grundlagenforschung und Untersuchung der Verbraucherakzeptanz. Im Zuge der Verkürzung von Produktentwicklungszeiten werden Ergebnisse aus sensorischen Verbraucherbefragungen durch Profilprüfungen, die von hochspezialisierten und hervorragend ausgebildeten Prüfern durchgeführt werden, für Produktentwickler und Marketingfachleute übersetzt, so dass die Verbrauchermeinung direkt in Produktentwicklungen oder -veränderungen umgesetzt werden kann.

Die Anzahl der Testmethoden zur Untersuchung von Produkten wird in Durchführung und statistischer Auswertung zunehmend komplexer. Planung und Auswertung der sensorischen Untersuchungen werden durch professionelle Computerprogramme unterstützt.

Moderne Sensorik hat heute nichts mehr mit dem einfachen Verkosten in Küchen und Besprechungszimmern zu tun, auch nichts mehr mit der berühmten Chef-Sensorik, bei der nur die Meinung eines Einzelnen Gültigkeit besitzt, oder der althergebrachten Sachverständigen-Sensorik, bei der man nur Produktfehler sucht und daraus ein Qualitätsurteil fällt bzw. gleichzeitig dabei eine „Bewertung“ im Kopf hat. Moderne Sensorik nutzt mehr oder weniger aufwändige analytische und/oder marktforscherische Methoden, die statistisch ausgewertet werden und somit eine Argumentation mit abgesicherten Ergebnissen möglich machen.

Messinstrument und damit Grundlage aller Untersuchungen ist und bleibt bisher der Mensch

- ausgewählt, mit mindestens durchschnittlichen sensorischen Fähigkeiten,
- ausgebildet und vertraut mit den üblichen oder speziellen sensorischen Testverfahren.

Bisher ist es nicht gelungen, die vielfältigen Wahrnehmungsmöglichkeiten durch instrumentelle Messmethoden zu ersetzen und es erscheint auch wenig wahrscheinlich, dass sich das in nächster Zukunft erreichen lässt.

Man kann davon ausgehen, dass die Sensorik ein zunehmend wichtigeres Instrument wird in der Beurteilung, der Entwicklung und dem Markterfolg von Produkten.

Statistische Auswertungen sind nicht mehr ohne spezielle Software zu bewältigen. Sensorik entwickelt sich zunehmend zu einem Gebiet interdisziplinärer Zusammenarbeit von Personen aus den Bereichen der Ernährungs- und Lebensmittelwissenschaft, Marketing, Marktforschung, Statistik, Physiologie und Psychologie.

2.2.2 Was nimmt der Mensch wahr? Super-Taster vs. Non-Taster

Jeder Mensch besitzt Vorlieben und Abneigungen. Jeder Mensch hat unterschiedliche Fähigkeiten, bestimmte Dinge wahrzunehmen. Wie hängen diese Fähigkeiten zusammen? Man weiß, dass die Wahrnehmung von Geschmacksintensitäten genetisch bedingt ist, insbesondere die Reizaufnahme des Bittergeschmacks. Hierzu wurde eine Vielzahl von Untersuchungen mit Phenylthiocarbamid (PTC) und 6-n-Propylthiouracil (PROP) durchgeführt. In diesen Studien ließ sich feststellen, dass es Menschen gibt, die derartige bittere Substanzen kaum oder gar nicht zu registrieren vermögen, und solche Personen, die bereits in geringen Dosierungen eine Bitternis feststellen können. Diese PTC/PROP-Schmecker

Abbildung 2.2-1

Einfluss PROP-Status und Ernährung

(Quelle: Trepper, 2004)

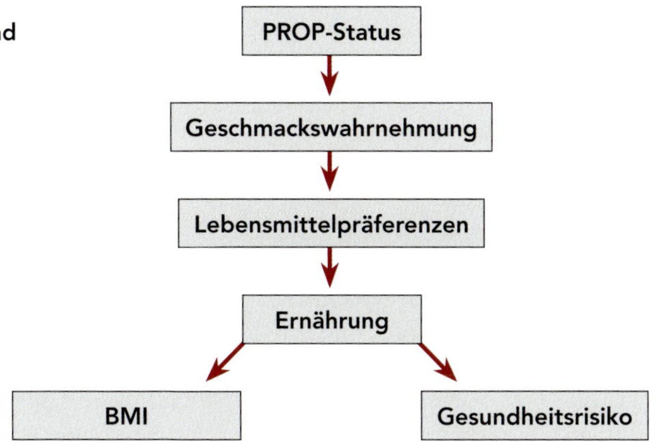

Foto 2.2-1

Bitterstoffe werden von Menschen unterschiedlich stark wahrgenommen.

kann man in zwei Gruppen einteilen. Man spricht hier von Medium- und Super-Tastern. Die Taster und Super-Taster empfinden auch andere bittere Substanzen intensiver als Non-Taster. Die Fähigkeiten, diese Substanzen wahrzunehmen, hängt von der Zahl der Geschmackspapillen auf der Zunge ab. Super-Taster haben eine signifikant höhere Dichte an Geschmacksknospen und -papillen auf der Zunge als Non-Taster. Dieses ist einerseits individuell genetisch beeinflusst, jedoch scheint es auch so zu sein, dass Frauen häufiger Taster sind als Männer. Eine australische Studie findet unter Asiaten einen größeren Prozentsatz an Non- und Super-Tastern als in anderen ethnischen Gruppen.

An dieser Stelle stellt sich die Frage, ob die Fähigkeit zu schmecken einen Einfluss auf die Lebensmittelauswahl, das Rauchverhalten, den Kaffeeverzehr, d. h. auf das gesamte Ernährungsverhalten und die Gesundheit, nimmt.

Trepper in den USA hat dazu die Hypothesen aufgestellt, dass die Ergebnisse der bisherigen Studien keine eindeutigen Beziehungen aufzeigen, sondern ein multifaktorielles Modell vorliegt. Übergewicht und Diabetes beispielsweise sind zu vielschichtig, um derart einfache Beziehungen herstellen zu dürfen. Weiterhin fand er bei Non-Taster-Kindern und -Erwachsenen eine Präferenz für Lebensmittel, die süßer waren und einen höheren Fettgehalt aufwiesen. Es könnte also sein, dass der PROP-Status schon sehr früh das Ernährungsverhalten beeinflusst. Man fand aber eher bei Männern einen höheren BMI. Es konnte aber keine Beziehung zu extremem Übergewicht festgestellt werden. Eine gesicherte Beziehung zu cardiovaskulären Erkrankungen oder Diabetes ließ sich gleichfalls nicht nachweisen.

In weiteren Schritten wurden Alkoholkonsum und Nikotin untersucht. Auch beim Alkohol fand man in einigen Studien die Beziehung, dass Non-Taster mehr Alkohol trinken, was andere Erhebungen aber nicht bestätigten. Anders war es jedoch beim Rauchen. Starke Raucher gehörten vermehrt zu den Non-Tastern.

Weiterhin fand Trepper heraus, dass Non-Taster häufiger ein Abenteuer im Probieren neuer Lebensmittel suchten als Taster. Sie verzehrten auch mit größerer Präferenz Gemüse, Pampelmusen, alkoholische Getränke, scharfe Soßen und Gewürze. Auch Drewnowski ermittelte bei Non-Tastern eine stärkere Bevorzugung von Kohlarten und Kaffee, grünem Gemüse, Rhabarber, Sauerkraut und intensiv riechendem Käse. Es konnte jedoch nicht bewiesen werden, dass Non-Taster eine höhere Energieaufnahme oder mehr Übergewicht hatten als Taster oder Super-Taster. Allerdings stecken diese Untersuchungen noch in den Kinderschuhen, versprechen aber für die Zukunft interessante Aspekte.

Abbildung 2.2-2

Sensorik Bindeglied zwischen Verbraucher und Produkt (ASAP modif.)

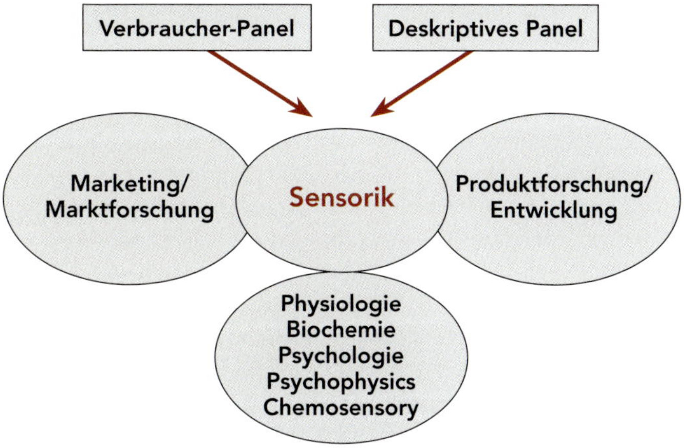

2.2.3 Sensorik ein interdisziplinäres Instrument

Sensorik heute verbindet Wissen über physiologische, psychologische und biochemische Fragestellungen und verknüpft es mit Problemen von und Lösungen für Marketing und Marktforschung sowie Produktforschung und -entwicklung. Sie betrachtet sowohl intrinsische wie extrinsische Faktoren von Lebensmitteln.

In ihrer Funktion als Bindeglied verbessert Sensorik Entscheidungen und sichert sie ab sowohl im Hinblick auf Markterfolg (Reduzierung der Floprate) als auch Qualitätsverbesserung. Letztere bedeutet aktuell größere Treffsicherheit und Stabilität bei der Erfüllung von Kundenwünschen. Sensorik produziert Partnerschaft zwischen Produktforschung und Marketing. Hier lässt sich über Geschmack nicht streiten, denn nur was der Verbraucher akzeptiert, ist akzeptierte Qualität. Berücksichtigt werden müssen dabei aber auch stetige Änderungen der Verbrauchermeinungen und Imageverschiebungen. Zudem werden die Produktzyklen immer kürzer.

Abb. 2.2-2 zeigt die verschiedenen Verknüpfungen, wie sie sehr frühzeitig in den USA erkannt wurden, als man nämlich merkte, dass nur Soldaten, die gut ernährt und zufrieden mit der Versorgung waren, sich auch als einsatzwillig und einsatzbereit erwiesen. Es kam zu den ersten Akzeptanzuntersuchungen, aus deren Erkenntnissen sich die heutige Form sensorischer Wahrnehmungsanalysen entwickelt hat.

2.2.4 Was kann das Messinstrument Mensch? Deskriptives Panel versus Konsumentenpanel

2.2.4.1 Trainierte Prüfer

Eigentlich ist der Mensch nicht ohne weiteres geeignet, mit seinen Sinnen zu messen. Es sind dazu ein sehr großer zeitlicher und materieller Aufwand, Schulung und Ausbildung notwendig, um aus ihm ein Messinstrument zu machen. Andererseits ist es aber auch mit keinem Messinstrument möglich, die Wahrnehmungen des Menschen nachzuvollziehen.

Weder chemische noch physikalische Untersuchungen geben die gleichen Informationen wie sensorische Profile oder Diskriminierungen von Attributen in Produkten.

Als Prüfer setzt man Personen ein, die ausreichend empfindlich schmecken können und soweit geschult sind, dass sie in Individualmessungen eine große Genauigkeit erreichen sowie reproduzierbar analysieren können. Sie sind keine naiven Schmecker mehr, sondern werden zu trainierten Prüfern, Experten, Sensorikern. Sie sind in der Lage, kleine Unterschiede zu messen, Eigenschaften (Attribute) zu erarbeiten und in ihrer Intensität zu analysieren. Ist ein Mensch so weit ausgebildet worden, kann er nie wieder ein pauschales affektives Urteil abgeben wie z. B.: „schmeckt mir oder schmeckt mir nicht". Je besser ein Panelist ausgebildet ist, umso weiter entfernt er sich vom Konsumenten.

So genannte „Experten" sind zu dieser Genauigkeit in der Regel nicht befähigt. Sie besitzen Produktkenntnis, sind aber nicht in der Lage, reproduzierbare Messergebnisse zu erzielen, es sei denn, sie haben die gleiche Schulung absolviert wie die Panelisten.

Trainierte Prüfer produzieren verlässliche Messergebnisse, welche die Meinung des Verbrauchers erst „lebendig" machen und die Gründe für die Beliebtheit eines Produktes, d. h. die so genannten Preference Driving Factors, erarbeiten und erfassen. Durch statistische Verknüpfung der Datensätze der geschulten Prüfer und der Konsumenten entsteht eine Preference map, aus der wie in einer Landkarte die Gründe für Bevorzugung oder Ablehnung von Produkten ablesbar sind und wieder in die Produkte zurück übertragen werden können.

Um eine statistisch abgesicherte sensorische Prüfung durchzuführen, benötigt man wenigstens 8–10 Prüfer und sollte mindestens die doppelte Anzahl schulen.

2.2.4.2 Konsument

Ein Konsument ist der mögliche Verbraucher eines Produktes. Er muss und soll ausschließlich affektiv handeln und als Individuum eine Antwort auf die Frage geben, wie gerne er das Produkt mag bzw. was er an dem Produkt mag. Letzteres kann manchen Verbraucher schon überfordern und muss mit viel Sorgfalt überlegt werden. Der Konsument nimmt das Produkt ganzheitlich wahr und kann sich in der Regel lediglich zum Grad der Beliebtheit eines Produktes äußern. Darüber hinaus gehende Informationen zu Attributen und Interpretationen sind nie ausreichend verlässlich, weshalb Fragen an den Konsumenten zu bestimmten Attributen sehr sorgfältig ausgewählt sowie einfach, deutlich und verständlich formuliert sein müssen.

Konsumenten können nach verschiedenen Prinzipien ausgewählt werden: Geschlecht, Alter, Herkunft, Bildungsstand, Einkommen, Vertrautheit mit dem Produkt, Häufigkeit des Verzehrs. Konsumententests sollten mit mindestens 60 Personen durchgeführt werden. Die statistische Sicherheit wird größer, wenn die Anzahl der befragten Personen auf 80, 100 oder 200 erhöht wird. Will man die befragte Gruppe unterteilen, sollte jedes Cluster aus mindestens 60 Personen bestehen (60 Frauen, 60 Männern etc.).

Bei einigen Testmethoden können auch semigeschulte Prüfpersonen eingesetzt werden, die z. B. in der Lage sind, zu beschreiben, jedoch nicht reproduzierbar Intensitäten angeben (messen) können. Solche Konsumenten setzt man beim Free Choice Profiling, Flash Profiling oder Repertory Grid ein.

Als Quintessenz ergibt sich: Um ein vollständiges Bild von sensorischer Beschaffenheit und der Eignung eines Produkts zu bekommen, ist neben dem geschulten Sensorikpanel

Foto 2.2-2

Die Vorlieben der Verbraucher sind unterschiedlich.

immer ein Kosumentenpanel wichtig, damit man aussagekräftige Informationen unter anderem über Lebensmittel, aber auch andere Produkte erhält. Ein entsprechendes Anwendungsbeispiel aus der Tiefkühl-Industrie findet sich in Kapitel 2.6.1.

2.2.5 Analytische Tests versus affektive Tests: die analytischen Prüfungen

2.2.5.1 Erkennungs- und Schwellenprüfungen

Mit diesen Prüfverfahren wird die Empfindlichkeit der Sinnesorgane festgestellt. Untersucht werden kann die Empfindlichkeit von Sehen, Geruch, Geschmack oder Texturempfinden mittels Prüfprobenreihen. Die Schwellenprüfungen umfassen die Ermittlung der Reiz-, Erkennungs-, Unterschieds- und Sättigungsschwelle (DIN 10959, 10961). Sie dienen der Prüferselektion und -Schulung.

2.2.5.2 Produktvergleiche – Diskriminierungsprüfungen

Unterschiedsprüfungen werden im nächsten Kapitel 2.3 „Das schmeckt ja alles gleich“ ausführlich beschrieben. Sie werden deshalb hier nur insoweit abgehandelt, wie es zum Verständnis der Struktur und Hierarchie sensorischer Testsysteme notwendig erscheint.

2.2.5.2.1 Allgemeine Unterschiedsprüfungen

Mit den allgemeinen Unterschiedsprüfungen untersucht man, ob Unterschiede oder Ähnlichkeiten zwischen Produkten statistisch signifikant festgestellt werden können. Die Fragestellungen bei allgemeinem, unspezifischem Unterschied wären:
- Gibt es zwischen zwei oder mehreren Produkten einen Unterschied?
- Welche ist die Probe „A“, welche ist „nicht A“?
- Weicht die Probe vom Standard ab?

Generell erfolgt die Beantwortung der Fragen mit der Forced-Choice-Technik, d. h., auch wenn der Prüfer keinen Unterschied empfindet, muss er die Antwort raten, da nur dann auch mit einer zufälligen Verteilung der Antworten zu rechnen ist. Alle Proben werden mit 3-stelligen Zufallszahlen kodiert. Derartige Diskriminierungsprüfungen werden generell nur bei kleinen Unterschieden angewendet, und die Prüfungen können nur von ausgebildeten und trainierten Prüfern durchgeführt werden.

Beispielsweise können untersucht werden: Lagerveränderungen, das MHD, Einfluss des Austauschs von Zutaten in einer Rezeptur, Änderungen im Produktionsprozess u. a.

Genormte Diskriminierungsprüfungen über alles (d. h. „Besteht ein prinzipieller, irgendwie gearteter Unterschied?") sind

- DIN/ISO 4120 Dreiecksprüfung
- DIN/ISO 10399 Duo-Trio-Prüfung
- DIN 10972 „A" – „nicht A" Prüfung
- DIN 10973 In-/Out-Prüfung – Unterschied von Kontrolle-Test Sequentialanalyse

Eine nicht genormte Diskriminierungsprüfung über alles ist die Zwei-aus-Fünf-Prüfung. Sie wird selten angewendet und ist in ihrer Aussage mit der Duo-Trio- oder „A" – „nicht A" Prüfung vergleichbar.

2.2.5.2.2 Unterschiedsprüfungen mit Attributen

Eine andere Form der Diskriminierungsprüfungen ordnet Produkte nach der Wahrnehmung der Intensität einer charakteristischen Eigenschaft ein. Es ist mit diesen Tests demnach nur die Untersuchung einer einzigen Dimension möglich, d. h., der Unterschied im Hinblick auf ein Attribut soll überprüft werden. Immer dann, wenn nur ein oder wenige Attribute Relevanz für ein Produkt besitzen, sind sie die Methoden der Wahl. Ergänzend zum Unterschied kann noch nach dem Grad des Unterschieds gefragt werde, so z. B. „Welche Probe schmeckt süßer?" und wie groß wird der Unterschied empfunden: sehr gering, gering, mittel groß, sehr groß?

Auch diese Tests sind nur mit ausgebildeten Prüfern durchführbar, soweit die Fragestellung analytisch ist. Unterschiedsprüfungen mit Attributen können jedoch auch von Verbrauchern durchgeführt werden mit affektiven, hedonischen Fragestellungen: „Welche Probe schmeckt besser?"

Zu den Diskriminierungsprüfungen über ein Attribut zählen:

- DIN/ ISO 5495 Paarweise Vergleichsprüfung
- DIN 10963 / ISO 8587 Rangordnungsprüfung

2.2.5.2.3 Prüfung auf Unterschied versus Prüfung auf Ähnlichkeit

Nach der Durchführung einer Diskriminierungsprüfung erhält man entweder die Antwort, dass der Unterschied signifikant ist, oder das Resultat lautet, dass es keinen signifikanten Unterschied gibt. Aus dem Ergebnis, es gibt keinen signifikanten Unterschied, darf aber nicht abgeleitet werden, dass die Produkte ähnlich, gleich oder identisch seien. Es ist lediglich die Aussage: „der Unterschied ist nicht signifikant" möglich.

Will man wissen, ob sich die Produkte ähneln, muss die gleiche sensorische Prüfung, jedoch mit einem Vielfachen an Prüfern – je nach statistischer Absicherung mit 30, 60, 100 oder mehr Probanden –, geplant werden, und sie wird damit natürlich deutlich teurer.

Übersicht 2.2-1

Anforderungen an Begriffe zur sensorischen Beschreibung

unterscheidende	**sehr wichtig**
keine überflüssigen	↑
Verbindung zur Verbraucher-Akzeptanz/Ablehnung	
Verbindung zu instrumentellen bzw. physikalischen/chemischen Messwerten	
einzigartig	
genau und zuverlässig	
Konsens über Begriffsinhalt	
unzweideutig	
gut mit Referenz vergleichbar	
kommunizierbar (erklärbar)	
Verbindung zur Wirklichkeit	**weniger wichtig**

Prüfungen auf Ähnlichkeit werden eher selten und nur durchgeführt, wenn es wichtig ist, dass nicht nur „kein signifikanter Produktunterschied" vorliegen darf, sondern bewiesen ist, dass die Ähnlichkeit statistisch abgesichert ist. Beispiele hierfür wären „Me-Too"-Produkte, hohe Anzahl von Reklamationen und dringend notwendige Rezepturänderungen, die vom Verbraucher nicht wahrgenommen werden sollen.

2.2.5.3 Beschreibende Prüfungen

2.2.5.3.1 Einfach beschreibende Prüfung

Die einfach beschreibende Prüfung ist die Basis aller Profilprüfungen und der qualitative Aspekt in der Beurteilung von Lebensmitteln. Beschreibende Prüfungen dienen dazu, die Merkmalseigenschaften eines Lebensmittels im Detail zu beschreiben. In der Regel gliedert man die Beschreibungen nach Merkmalsbereichen bzw. Merkmalen, wozu Farbe, Form, Geruch, Geschmack und Textur zählen. Die Prüfer müssen generell lernen, Produkte detailliert zu beschreiben. Zur verwendeten Terminologie gehören keine hedonischen Begriffe wie angenehm, harmonisch etc. oder unspezifische Begriffe wie arttypisch, arteigen. Prüfer müssen ihre eigene wissenschaftliche Sprache zur Charakterisierung von Produkten entwickeln können. Bereits aus der Wahl der Worte lässt sich einschätzen, wie ein Produkt eingestuft wird. Es ist wichtig, dass alle möglichen positiven und negativen charakterisierenden Begriffe vorkommen und definiert werden, damit es zu keiner Fehlinterpretation durch die Prüfer kommt (DIN 10964; siehe auch Kapitel 2.5).

Nach Lawless und Heymann sollten bei der Auswahl der Begriffe folgende Kriterien beachtet werden, geordnet von sehr wichtig bis weniger bedeutend (s. Übersicht 2.2-1).

2.2.5.3.2 Profilprüfungen

Neben dem qualitativen Bereich der Beschreibung gehört zur Profilprüfung noch die quantitative Beschreibung der Intensitäten.

Abbildung 2.2-3

Untersuchung der TK-Lagerstabilität von Rosenkohl

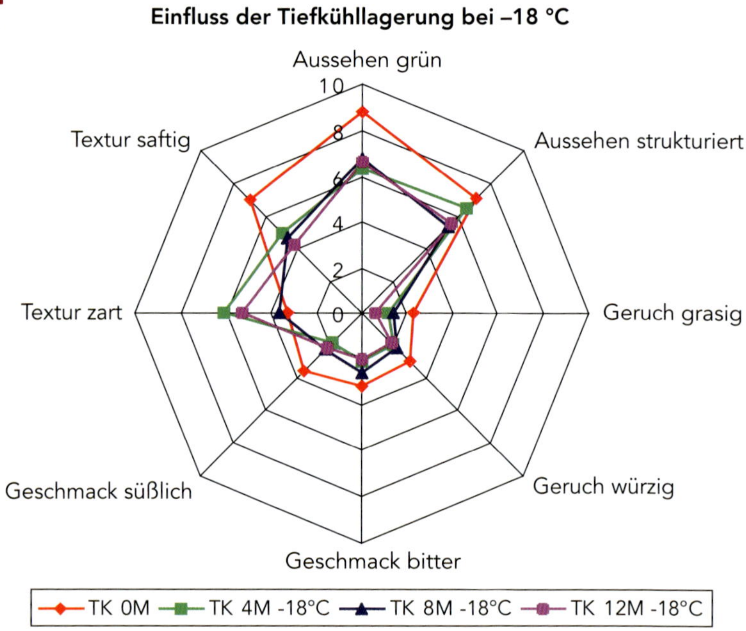

In dieser zweiten Phase müssen die Prüfer lernen, die gefundenen Begriffe in ihrer Intensität zu erfassen. Zwei Produkte können die gleichen qualitativen Begriffe enthalten, unterscheiden sich aber in der Intensität dieser Merkmale und lassen sich auf diese Weise unterschiedlich charakterisieren. Zur Quantifizierung der Begriffe kann man verschiedene Skalentypen verwenden: Linienskalen (Intervallskalen), Kategorieskalen.

Es sind neben der einfach beschreibenden Prüfung, bei der ausschließlich für ein Produkt Attribute gesucht werden, verschiedene Formen beschreibender Prüfungen bekannt, die aus den beiden o. a. Phasen bestehen:

- Konventionelles Profil (DIN 10967-1): Quantitativ Deskriptive Analyse; Spektrummethode
- Konsensprofil DIN (DIN 10967-20)
- Free Choice Profiling (DIN 10967-3)
- Time Intensity Profil (DIN 10970)
- Texturprofil (ISO 11036)
- Beschreibende Prüfung mit anschließender Qualitätsbewertung (DIN 10969)

Die Profilprüfungen zählen zu den wichtigsten sensorischen Techniken. Mit diesen Prüfungen lassen sich umfassende Produktinformationen erarbeiten, statistisch auswerten und später wiederum mit den Konsumentendaten verknüpfen. Die bekannteste graphische Darstellung ist das Spinnennetz oder Polygonprofil (s. Abb. 2.2-3). Die Abbildung zeigt die geringen Veränderungen von Rosenkohl während der insgesamt zwölfmonatigen Tiefkühllagerung .

Das Free Choice Profiling ist eine Methode, die keinen hohen Trainingsbedarf erfordert und nach einer kurzen Einführung von ausgewählten Konsumenten, die in der Lage sind,

Abbildung 2.2-4

Free Choice Profiling von frischem und tiefgekühltem Rosenkohl

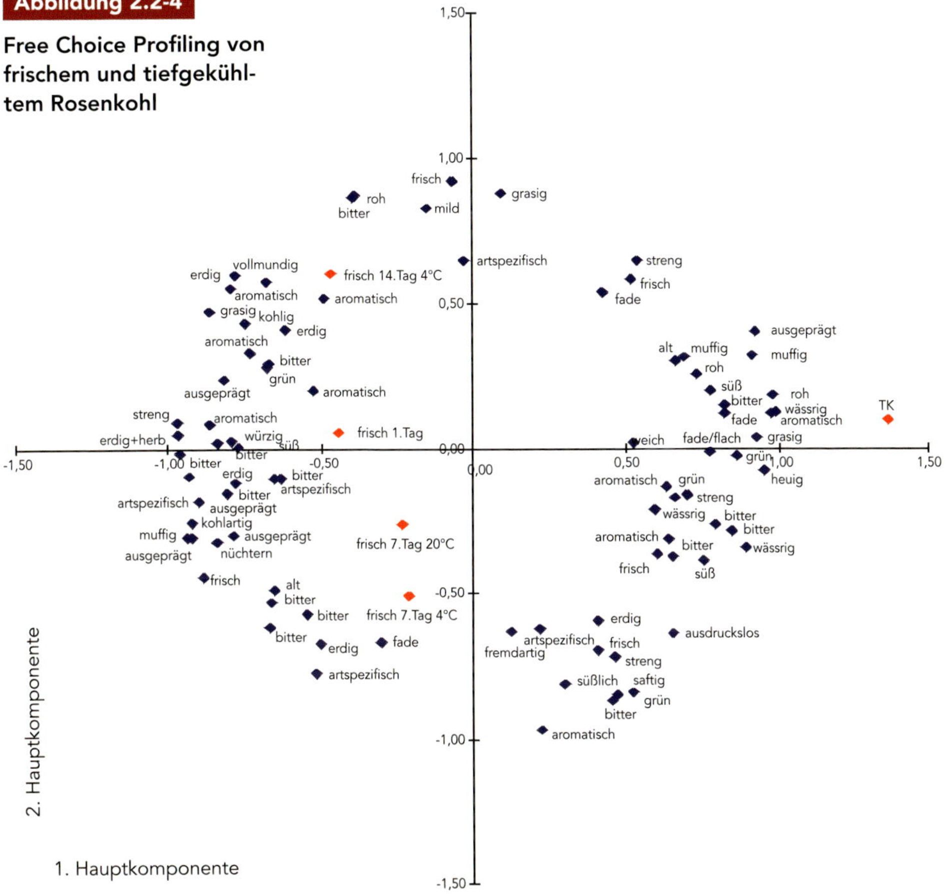

Wahrnehmungen in Worte zu fassen, durchführbar. Dieses Verfahren gibt zwar keine konkreten Informationen über Attributintensitäten, zeigt jedoch, wie ähnlich oder unterschiedlich Produkte sind und welche Beschreibungen ihnen zugeordnet werden können.

Abbildung 2.2-4 zeigt eine so erarbeitete Grafik, aus der ersichtlich ist, dass sich tiefgekühlter Rosenkohl signifikant von frischem unterscheidet, da er in der o. a. Abbildung genau auf der anderen Seite des Koordinatensystems liegt wie das nicht gefrorene Gemüse nach der Zubereitung. Deutlich weniger differieren die bei unterschiedlichen Temperaturen und Zeiten im ursprünglichen Zustand unter Supermarktbedingungen gelagerten unbehandelten Produkte. Der Unterschied zwischen diesen unbehandelten Produkten ist weniger groß als zu dem tiefgekühlten. Die um die Produkte liegenden Attribute beschreiben die vom Verbraucher wahrgenommenen zugehörigen Eigenschaften. Es hat sich hier gezeigt, dass auch ein Verbraucher in der Lage ist, sensorische Unterschiede festzustellen.

Neben diesen genormten Varianten der Profilprüfungen gibt es noch neuere Methoden, die man in der Sensorik anwendet und die z. B. aus der Psychologie oder anderen Bereichen abgewandelt und angepasst wurden:

- Flash Profiling
- Repertory grid

Insbesondere das Flash Profiling zeigt sich als einfach anzuwendende Methode, die mit Konsumenten oder geschulten Prüfern durchgeführt werden kann. Man erarbeitet wenige Attribute (7–10), in denen sich die Produkte sehr gut unterscheiden. Mit jedem Attribut bildet man eine Rangfolge nach der Intensität in den zu beurteilenden Produkten. Mittels Procrustes Analyse und abgebildet in einer Hauptkomponentenanalyse kann man Produktunterschiede finden mit geringerem Aufwand und einer geringeren Datenmenge als beim Free Choice Profiling.

2.2.6 Analytische versus affektive Tests: Hedonische oder affektive Prüfungen

Die hedonischen oder affektiven Prüfungen stellen subjektive Prüfungen dar. Die Prüfpersonen sind ungeschulte Konsumenten und haben die Aufgabe, ihre persönliche Einstellung und Meinung zu Prüfproben bzw. Attributen abzugeben. Bei diesen Prüfungen steht die Prüfperson mit ihren Vorlieben und Bedürfnissen im Vordergrund. Es werden nicht die Charakteristika des Lebensmittels gemessen, sondern die Einstellung des Verbrauchers zu dem Produkt. Die Eigenschaften des Lebensmittels bilden den Auslöser für die Beurteilung der Prüfpersonen, können aber selbst innerhalb dieses Tests nicht quantifiziert oder charakterisiert werden, da der Verbraucher bzw. ungeschulte Prüfer dazu nicht oder nur begrenzt in der Lage ist. Die Anzahl der Prüfpersonen muss deutlich höher liegen als bei analytischen Prüfungen. In der Literatur findet man Angaben von mindestens 30 oder 50. Die Marktforschung und auch eine neue DIN-Norm fordern mindestens 60, besser 100 oder mehr Prüfpersonen. Je größer die Zahl der Testpersonen ist, umso statistisch aussagekräftiger ist der Test. Die Auswahlkriterien für die Prüfpersonen können je nach Untersuchungsziel Alter, Beruf, soziologische Kriterien, Religion, Geschlecht etc. sein. Für jede Gruppe dieser Auswahlkriterien sind mindestens 60 Prüfer zu rekrutieren.

Die Tests können zu Hause (Home-use-Tests) oder in speziellen Testlabors unter standardisierten Bedingungen (CLT, Central-Location-Tests) durchgeführt werden. Gleichzeitig sollten nicht mehr als 4–6 Produkte (je nach Geschmacksintensität) auf einmal angeboten werden. In einer Stunde sollten nicht mehr als 12 Produkte verkostet werden. Spontane Tests dürfen nicht länger als eine viertel Stunde dauern. Je intensiver, schärfer bzw. adstringierender Proben schmecken, umso geringer muss deren Zahl sein.

Hedonische Prüfungen sollten immer durch Profilprüfungen unterstützt werden, da man erst auf diese Weise die Informationen erhält, die der affektiv handelnde Verbraucher nicht formulieren kann (s. o.).

Hedonische Prüfungen gibt es als:

- Präferenzprüfungen: Mit Hilfe von Präferenzprüfungen wird ermittelt, welches von 2 bis maximal 6 Produkten von den Konsumenten bevorzugt wird.
- Akzeptanzprüfungen: Diese Methode gibt Auskunft, wie sehr das Produkt vom Verbraucher bzw. Prüfer akzeptiert wird, d. h., es wird der Grad des Gefallens mittels einer Skale untersucht. Diese Skalen können 1–9 oder 1–7 hedonische Beschreibungen umfassen. Die 1 bedeutet „mag ich gar nicht“ und die 7 bzw. 9 stehen für „gefällt mir sehr“ oder „außerordentlich“.
- Just-About-Right-Tests:
  Dieses Verfahren zählt zu den Attribut-Diagnostik-Tests, was bedeutet, dass man den Verbraucher die Richtigkeit eines Attributs im Produkt einschätzen lässt.
  Die Fragestellung sieht folgendermaßen aus:

- Wie empfinden Sie die Süße?
- Viel zu süß
- Etwas zu süß
- Gerade richtig
- Etwas zu wenig süß
- Viel zu wenig süß

Dieser Test birgt in sich mehrere Unabwägbarkeiten. Der Verbraucher kann die Attribute falsch verstehen oder eventuell nichts damit anfangen. Bei der Auswahl der Diagnostik-Attribute muss also sichergestellt sein, dass sie eindeutig sind und vom Konsumenten richtig interpretiert werden. Diese Attribute müssen so gewählt werden, dass bei Vergleichen von Produkt zu Produkt deutliche Unterschiede genau in diesem Attribut vorkommen, oder anders ausgedrückt, diese Attribute müssen in den Produkten in deutlich unterschiedlicher Intensität auftreten. Weiterhin dürfen die Attribute beim Verbraucher keine besonders negative oder positive Assoziationen hervorrufen, die zu Fehlinterpretationen führen können. Nur so ergibt diese Methode interessante, verwertbare Ergebnisse, und man kann mit Hilfe eines speziellen statistischen Auswertungsverfahrens, der Penalty-Analyse, feststellen, inwieweit diese Attribute die Beliebtheit des Produktes beeinflussen (bestrafen). Es lässt sich herausfinden, wie „richtig" die Konzentration des Attributs vom Verbraucher empfunden wird. In Kombination mit der Profilprüfung können dann zielgerichtete Änderungen am Lebensmittel vorgenommen werden, insbesondere wenn zusätzlich die Informationen der folgenden Methode zur Verfügung stehen.

2.2.7 Preference Mapping

Das Preference Mapping ist eine Sammlung multivariater statistischer Methoden, welche die Verbraucherakzeptanz alleine abbildet oder mit analytisch-sensorischen oder auch instrumentellen Daten verknüpft und in Grafiken sichtbar macht. Es ist eine klare Darstellung der Beziehung der Produkte zueinander und der individuellen Unterschiede der einzelnen Konsumenten in ihrer Einstellung zu den Produkten.

Man unterscheidet das Internal Preference Mapping einerseits, bei dem lediglich die Akzeptanzdaten der Verbraucher betrachtet werden im Hinblick auf den Abstand der Produkte zueinander. Andererseits werden beim External Preference Mapping die Produktunterschiede aus den chemischen oder physikalischen Analysen oder der sensorischen Profilierung herangezogen, in die dann die Präferenzdaten der Verbraucher projiziert werden. Die Ergebnisse z. B. der Profilanalyse zeigen die Preference driving factors wie z. B. in Abb. 2.2-5 bei den frischen und tiefgekühlten Erbsen: die zarte Textur, der süße Geschmack, der aromatische und grasige Geruch und die grüne Farbe. Auf der gegenüberliegenden Seite sind die Faktoren zu finden, die die Akzeptanz beeinträchtigen.

Nicht in jedem Fall gibt das Preference Mapping ein so klares Bild und sind Produktunterschiede so eindeutig zu sehen. Man kann mit dieser Methode jedoch darstellen, wie Produkteigenschaften die Verbraucherakzeptanz beeinflussen.

Da hier analytische Daten vorliegen, können diese in das Produkt übersetzt werden und entsprechende Verbesserungen vorgenommen werden

Die vielfältigen Möglichkeiten der sensorischen Produktuntersuchung und Produktverbesserung sind im vorliegenden Kapitel nur ausschnittsweise dargestellt worden. Eine

Abbildung 2.2-5

External Preference Mapping von frischen und tiefgekühlten Erbsen

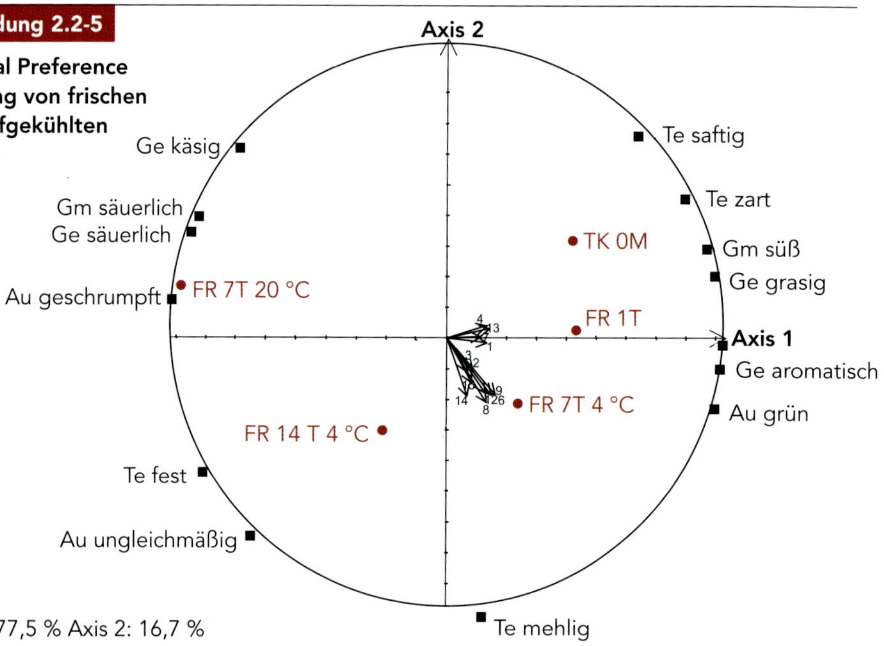

Axis 1: 77,5 % Axis 2: 16,7 %

Vielzahl weiterer Methoden, die teilweise aus anderen Disziplinen adaptiert werden, ermöglichen es, Produkte tiefer und umfangreicher zu untersuchen. Sensorik beschränkt sich aber nicht nur auf Lebensmittel, sondern sie stellt bei fast allen Produkten des täglichen Gebrauchs eine wichtige Methode zur Produktoptimierung dar.

2.3 Das schmeckt ja alles gleich

Monika Manthey-Karl und Jörg Oehlenschläger

2.3.1 Einleitung

Das schmeckt ja alles gleich – eine häufig gehörte Klage, wenn es um Lebensmittel geht, aber was steckt dahinter, warum ist das so oder ist das gar nicht so?

Das schmeckt ja alles gleich! Warum auch nicht? Das kann durchaus so gewollt sein. Wenn der Verbraucher „sein“ bevorzugtes Produkt gefunden hat, erwartet er eine zuverlässige Standardisierung. Mit dem erneuten Kauf verknüpft er bestimmte Erwartungen daran: es soll immer gleich aussehen, schmecken, riechen oder sich anfühlen – kurzum – nichts soll sich ändern, es soll immer so sein, wie er es mag und kennt.

Der Hersteller folgt vielfach dem Verhaltensmuster des Verbrauchers, dessen Wunsch nach Konstanz der wichtigen qualitätsbestimmenden Eigenschaften des von ihm bevorzugten Lebensmittels. Er kontrolliert regelmäßig seine Erzeugnisse, um ihre gleich bleibende sensorische Beschaffenheit zu gewährleisten. Neben dem Einsatz in der Qualitätssicherung lassen sich mit geeigneten sensorischen Prüfmethoden aber auch andere Ziele verfolgen. So kann das Interesse darin bestehen, festzustellen, wie sich ein geänderter Herstellungsprozess auf das Produkt auswirkt oder wie bei der Rohwarenauswahl Geld eingespart werden kann, ohne dass der Verbraucher es im Enderzeugnis bemerkt.

Weitere Beispiele, bei denen sensorische Prüfungen auf Gleichheit ein sinnvolles und auch unter wirtschaftlichen Gesichtspunkten nützliches Instrument bilden, sind:

- Änderung der Rezeptur: Hier können kleine Änderungen bei den Zutaten oder Zusatzstoffen deutliche Folgen haben. Es ist durchaus möglich, dass der Austausch eines Bestandteils den Geschmackseindruck des Produkts insgesamt beeinflusst. Führt die Modifizierung zu merklichen (akzeptierbaren oder unakzeptierbaren) Qualitätsveränderungen? Ab wann wird der Unterschied deutlich erkennbar? Ein typisches Beispiel, dass sich solche Modifikationen weiter reichend auf das Gesamtprodukt auswirken können, ist die Zugabe von Zucker zu Fruchtsäften, die neben der zusätzlichen Süßkomponente dadurch insgesamt fruchtiger und ausgewogener schmecken können.
- Rezepturanpassung: Auch eingeführte traditionelle Rezepturen unterliegen der jeweiligen Gesetzgebung. Das plötzliche Verbot eines bislang zugelassenen Inhaltsstoffes kann dazu führen, dass die Zubereitung verändert werden muss. Solche notwendige Anpassung sollte aber für den Verbraucher möglichst nicht zu erkennen sein. Dazu müssen sensorische Prüfungen mit klar formuliertem Ziel durchgeführt werden. Wie sicher soll die Aussage letztendlich sein? Wie muss der Hersteller seine Tests konzipieren, wenn er in Kauf nehmen will, dass einige wenige Verbraucher die Veränderung doch erkennen werden.
- Austausch einer Zutat: Eine Rezepturkomponente ist nicht mehr erhältlich oder hat sich auf dem Weltmarkt wegen Verknappung zu stark verteuert und muss ersetzt werden. Aber nicht nur die Verfügbarkeit, auch handfeste andere wirtschaftliche Gründe können für

den Austausch sprechen. Wenn die Alternative billiger angeboten wird, lohnt es sich zu testen, ob sich der Wechsel der Zutat oder auch des Lieferanten rechnet und ob sich der Austausch dann tatsächlich im Produkt erkennen lässt. Ebenfalls im Zusammenhang mit den Rohstoffen kann die Frage von Interesse sein, inwieweit es einen Unterschied zwischen verschiedenen Chargen in Abhängigkeit von Saison oder Herkunftsgebiet bei ansonsten gleich gebliebenen Herstellungs- und Produktionsbedingungen gibt.

- Fabrikation eines Produktes auf verschiedenen Produktionsanlagen: In diesem Falle muss erfragt werden, ob es einen erkennbaren Unterschied gibt, der in den unterschiedlichen Anlagen begründet ist.
- Geänderte Herstellungstechnologie: Unter modifizierten Produktionsbedingungen können sich erkennbare Abweichungen vom eingeführten Produkt ergeben. Auch der Wechsel vom Pilotmaßstab auf die reguläre Fabrikation kann sich auf das Enderzeugnis auswirken. Ebenso können kleinere Neuerungen und Veränderungen wie ein Wechsel der Verpackung, bei der ein anderes Format oder Material gewählt wurde, von Bedeutung sein.
- Überprüfung der Haltbarkeitsangaben oder Lagerbedingungen: Hier könnte die Frage lauten, ob sich das gelagerte Produkt im Vergleich zum frisch hergestellten verändert hat. Wenn dies möglich oder zu vermuten ist, geht es darum, inwieweit die Änderungen sensorisch auffällig und überhaupt feststellbar sind oder in ihrer Ausprägung so gering ausfallen, dass sie keinerlei Bedeutung besitzen. Ein Lebensmittel kann mikrobiologisch einwandfrei und bei einer qualitativen Beurteilung mit lebensmittelchemischen Analysenmethoden ohne erkennbare Abweichung sein, dennoch stellen die menschlichen Sinne bereits Abweichungen von der Norm oder gar Mängel fest. Erste Anzeichen von Tranigkeit, eine geringfügig verminderte Knusprigkeit oder ein leichtes Abflachen des Aromas kann eine Labormethode kaum erfassen, wohingegen die menschlichen Sinne schon Alarm schlagen. In der Erfassung solcher gerade eben sich minimal ändernder Parameter liegen die Vorteile der sensorischen Prüfungen.

Foto 2.3-1

„Alles ein Brei“: Oft unterscheiden sich die Lebensmittel geschmacklich kaum voneinander.

Natürlich kann man neben den Aspekten der Produktqualität während der Herstellung auch andere Fragestellungen bearbeiten. Dazu gehört die Entwicklung neuer oder verbesserter Rezepturen. Die Ziele, die damit verfolgt werden, müssen allerdings nicht zwangsläufig innovativ sein. Für die Marketingabteilung eines Unternehmens kann auch die Einführung einer gelungenen Kopie des erfolgreichen Produktes eines Mitbewerbers ein lohnendes Projekt bilden. Solche Nachahmungen oder so genannte „Me-Too"-Produkte bereits etablierter Erzeugnisse machen für den Hersteller durchaus Sinn. Auf dem Markt lässt sich eine große Zahl von Anbietern finden, die den Erfolg des Original-Produktes abgewartet haben, um dann mit geringeren Entwicklungskosten und reduziertem Vermarktungsrisiko ähnliche Produkte – häufig preiswerter – in die Geschäfte und an den Mann/die Frau zu bringen. In solchen Fällen soll die Sensorik dann Auskunft geben, wie gut sich die Kopie dem Testziel (dem Original) angenähert hat.

Alle diese Beispiele stehen für Fragestellungen, bei denen sensorisch erfassbare Veränderungen erkannt werden sollen. Ab wann wird ein Unterschied merkbar, wie deutlich ist er zu erkennen? Für die Lösung dieser Fragen sind Unterschiedsprüfungen die geeigneten Methoden. Diese auch Diskriminierungsprüfungen genannten Tests gehören zu den grundlegenden sensorischen Prüfverfahren.

Als weiterführende Literatur dazu können die beiden Bücher von Herbert Stone und Joel L. Sidel (1993) „Sensory evaluation practices" und von Harry T. Lawless und Hildegarde Heymann (1998) „Sensory evaluation of food – principles and practices" empfohlen werden.

2.3.2 Was leisten Diskriminierungsprüfungen?

Bei den Diskriminierungsprüfungen werden zwei oder mehrere Produkte miteinander verglichen. Es liegt nahe, dass Diskriminierungsprüfungen nur dann Sinn machen, wenn die Abweichungen zwischen den Proben nicht offensichtlich sind. Aus diesem Grunde werden prinzipiell nur sehr ähnliche Produkte beurteilt. Bezogen auf das Testdesign sehen Diskriminierungsprüfungen sehr einfach aus. Das sollte aber nicht dazu führen, sie als nicht besonders anspruchsvoll zu bewerten. Vorausgesetzt man wählt den am besten geeigneten Test aus, stellt die richtige Frage und verfügt über ein Panel, das in der Lage ist, nach genauen Vorgaben zu prüfen, erhält man relativ schnell aussagekräftige und belastbare Ergebnisse.

Bei einigen wichtigen Diskriminierungstests muss zwischen Prüfpaaren entschieden werden. Dieses Design stellt zwar größere Anforderungen an die Fähigkeiten der Prüfer, dennoch ist die Aussage im Endeffekt sehr eingeschränkt und hilft dem Auftraggeber oder Prüfgruppenleiter nicht immer weiter, um sein Ziel zu erreichen oder sein Problem zu lösen.

Müssen mehrere Proben voneinander unterschieden und in eine Reihenfolge gebracht werden, können Rangordnungsprüfungen zum Erfolg führen. Beim Test einer neuen Rezeptur könnte es beispielsweise wichtig sein zu wissen, wie sich veränderte Salzzugaben auswirken. Die Frage „Ordnen Sie die Proben nach der Salzigkeit (Rangordnung)" ist hier natürlich hilfreicher als die Frage „Welche Probe ist salziger?".

2.3.3 Welches Ergebnis erhält man mit Diskriminierungsprüfungen?

Wie der Name schon sagt, ist es Ziel der Fragestellung, herauszufinden, ob ein irgendwie gearteter Unterschied zwischen den Proben besteht. Das muss natürlich nicht zwangläufig so sein. Nicht immer ist ein im Test erkannter Unterschied auch gewollt. Forschung und Entwicklung können durchaus darauf ausgerichtet sein, dass eine Austauschbarkeit von Produkten ohne Beeinflussung der komplexen Produktcharakteristik am Ende der Bemühungen steht. Und um auf das bereits oben genannte Beispiel von Original und Kopie zurückzukommen, wäre dies sogar das Wunschergebnis und die Bestätigung guter Arbeit.

Vor diesem Hintergrund wird klar, dass Diskriminierungstests nicht nur durchgeführt werden, um einen Unterschied zwischen Produkten nachzuweisen. Die Fragestellung kann auch lauten, ob die Proben genügend Übereinstimmung haben, um als (noch) austauschbar angesehen zu werden. Beide Fragestellungen, die nach dem Unterschied oder die nach der Gleichheit, sind natürlich möglich und können in Tests ermittelt werden. Dazu müssen allerdings die mindestens notwendige Prüferzahl und die anschließende statistische Auswertung entsprechend dem Testansatz und der gewählten Sicherheitsmarge gewählt werden.

> Fragestellung der Unterschiedsprüfungen
> Ziel der Fragestellung ist es herauszufinden, ob ein
> **Unterschied zwischen einem Produkt oder mehreren Produkten**
> besteht.

Welche Antworten kann man auf die Frage, gibt es einen Unterschied, erhalten?
- **Ja**, die statistische Auswertung hat ergeben, dass der Unterschied besteht und statistisch signifikant ist.
- **Nein**, der Unterschied ist statistisch nicht signifikant.

Was heißt dieses „Nein“? Es bedeutet nur, dass die Proben unter den standardisierten Bedingungen als nicht unterschiedlich beurteilt worden sind. Für ein Produkt kann das bedeuten, dass es die gleiche Akzeptanz beim Kunden haben wird, ungeachtet irgendwelcher erfolgten Veränderungen. Der Käufer wird sie nicht merken.

Natürlich liegt jetzt der Umkehrschluss nahe, zu sagen: Wenn sie nicht unterschiedlich sind, dann sind sie folglich also gleich. Ein solches Fazit ist jedoch nicht zulässig. Aus einem Unterschiedstest kann man nicht ohne weiteres einen Gleichheitstest machen. Möchte man in einem weiteren Schritt festzustellen, ob die Testobjekte tatsächlich als gleich beurteilt werden, muss man, wie bereits erwähnt, von vornherein die Prüfung dahingehend planen. Tests auf Gleichheit erfordern mehr Prüfer und eine entsprechend umfangreichere Statistik für die Auswertung.

Diskriminierungsprüfungen sind zwar verhältnismäßig einfach durchzuführen, sie sind aber anspruchsvoll in der Vorbereitung. Wenn die sensorische Analyse verlässliche Daten liefern soll, muss das Testziel vorab eindeutig formuliert sein. Der Prüfer sollte genau darüber instruiert werden, worauf er zu achten hat, und es ist unbedingt erforderlich, dass er genau weiß, welches Merkmal er vergleichen soll, da nur so eine sinnvolle statistische Auswertung möglich ist.

Das Ergebnis einer Diskriminierungsprüfung besagt nichts über die Qualität der Prüfgegenstände. Für Aussagen darüber und für die Beurteilung größerer und ggf. komplexer Unterschiede eignen sich andere sensorische Methoden besser, so z. B. die in Kapitel 2.5 geschilderte Profilanalyse.

Die Tests werden als so genannte „Forced-choice"- Prüfungen durchgeführt (Wahlzwang). Der Prüfer muss sich immer entscheiden. Auch wenn er keine Antwort weiß und sensorisch für sich keinen Unterschied feststellen kann, muss er sich festlegen. Bei der Auswertung geht man dann davon aus, dass sich im Endeffekt die individuelle Unsicherheit gleichmäßig verteilt und das Ergebnis nicht signifikant verändert wird.

Der große Vorteil der Diskriminierungstests ist, dass die Kenntnis von sensorisch merkbaren Unterschieden bei Produkten die Verantwortlichen in die Lage versetzt, den Testaufwand zu minimieren, wenn sich die Produktentwicklung noch in einem frühen Stadium befindet. Auch können Anzeichen auf Unterschiedlichkeit aus Diskriminierungstests dann später durch beschreibende Testverfahren weiter ausgelotet werden. In diesem Sinne sind Diskriminierungstests auch ideale sensorische Tests, die komplexeren Profilprüfungen vorausgehen und diese ggf. im Umfang einschränken können.

2.3.4 Welche Diskriminierungsprüfungen gibt es?

Es gibt verschiedene Methoden, Unterschiede zwischen Produkten festzustellen. Grundsätzlich gliedert man in zwei Testformen: Zum einen sind es die „Diskriminierungsprüfungen über alles" (engl. overall difference test), wobei die allgemeine Frage, ob es einen prinzipiellen Unterschied gibt, das Testziel ist. Das hilft nicht in jedem Fall weiter, weil man als Ergebnis nur eine pauschale Antwort ohne weitere Details erhält.

Zum anderen gibt es die „Diskriminierungsprüfung für ein Attribut" (engl. attribute difference test). Man fragt tatsächlich nur nach einer Eigenschaft, einem Merkmal, das genau definiert ist. Die Prüfer müssen alle anderen Attribute ausblenden, was nicht immer einfach ist, insbesondere, wenn es außer dem zu prüfenden noch weitere Unterschiede bei den Testproben gibt.

Die wichtigsten Diskriminierungsprüfungen werden im Folgenden näher beschrieben (Übersicht 2.3-1). Dies geschieht in der Reihenfolge ihrer praktischen Bedeutung und Häufigkeit der Anwendung. In Lehrbüchern wird meist aus didaktischen Gründen eine andere Reihenfolge gewählt.

Übersicht 2.3-1

Übersicht über häufig angewandte Diskriminierungsprüfungen oder Unterschiedsprüfungen

Diskriminierungsprüfungen über alles	Diskriminierungsprüfungen über ein Attribut
Frage: Gibt es einen sensorischen Unterschied zwischen den Proben?	*Frage: Unterscheiden sich die Proben hinsichtlich eines Attributes X ?*
Dreiecksprüfung (Triangeltest)	Paarvergleich (2-AFC[a]-Prüfung)
Duo-Trio-Prüfung	Rangordnungsprüfung
„A" nicht „A"- Prüfung (Einprobentest)	
2 aus 5 Prüfung	

[a]Alternative Forced Choice

2.3.4.1 *Diskriminierungsprüfungen über alles*

Diese Prüfungen werden gerne bei nicht näher bekannten oder nicht definierbaren Unterschieden eingesetzt. Voraussetzung ist, dass die Abweichungen zwischen den Proben nur gering sind. Als Ergebnis erhält man lediglich die generelle Information, ob ein nachweisbarer Unterschied besteht oder nicht.

2.3.4.1.1 *Dreiecksprüfung (Triangeltest)*

Die Dreiecksprüfung ist ein sehr beliebtes und häufig verwendetes Verfahren, weil es sich relativ einfach und schnell durchführen lässt. Der Nachteil ist, dass man nicht allzu viel über das Testobjekt erfährt.

Triangeltests eignen sich zur Beantwortung von Fragestellungen zu Auswirkungen einer veränderten Rezeptur und Herstellung oder zu Unterschieden zwischen verschiedenen Produktionschargen bei gleichen Herstellungsbedingungen.

Darüber hinaus ist es auch ein leicht durchzuführender und gut geeigneter Test, um Prüfpersonen zu beurteilen. Daher wird er gern bei Sensorikschulungen eingesetzt.

Wie schon gesagt, müssen auch die vermeintlich einfachen Prüfungen gut geplant und durchgeführt werden, damit das Ergebnis aussagekräftig und robust ist. Die Prüfer und ihre Anzahl müssen sorgfältig gewählt werden.

Natürlich hat dieser Test sehr offensichtliche Grenzen. Er scheitert, wenn die Unterschiede bereits optisch auszumachen sind und auch nicht durch Beleuchtung, Falschlicht o. Ä. auszuschalten sind. Es sei denn, die Kontrolle der Farbe ist das Ziel der Beurteilung. Und natürlich dürfen bei Prüfungen, bei denen nur kleine Unterschiede erfasst werden sollen, keine stark gewürzten oder lang im Rachenraum verbleibende Geschmackskomponenten im Produkt anwesend sein, weil dann die feineren Sinnesleistungen nach der ersten Probe ausgelastet bis überlastet und vorübergehend nicht nutzbar sind.

Bei einer Dreiecks-Prüfung soll festgestellt werden, ob sich zwei Proben voneinander unterscheiden. Der Prüfer erhält dazu gleichzeitig drei verschlüsselte Proben aus zwei Probenkontingenten A und B, wobei A meist die Kontrollcharge und B die Versuchscharge repräsentiert. Da A und B mindestens einmal vertreten sein müssen, ergeben sich folgende 6 Möglichkeiten der Probenkombination:

AAB	ABA	BAA	BBA	BAB	ABB

Besteht das Panel aus 18 Prüfern, erhalten jeweils 3 Personen die gleiche Probenfolge auf den Positionen 1, 2 und 3.

Die Testfrage lautet: Welches ist die abweichende Probe?
Die richtigen Antworten der Prüfer werden addiert und statistisch ausgewertet.

Bei der Durchführung der Dreiecks-Prüfung ist es sehr wichtig, für gleich bleibende Versuchsbedingungen zu sorgen. Der Aussagewert des Tests hängt in erheblichem Maße von der Präsentation der Proben ab. Alles, was Rückschlüsse zulässt und zu „richtigen" Antworten hinführt, muss vermieden werden. Sei es auch nur unbewusst, möchten die Prüfer auf jeden Fall mögliche Unterschiede aufspüren, und da sie im Gegensatz zu Messinstrumenten intelligent sind, können sie auch andere Kriterien als die eigentlich gefragten in ihre Entscheidung mit einbeziehen. Also müssen die Proben in genau gleicher Weise vorgestellt werden. Die Unterschiede zwischen den Prüfmustern müssen so gering wie möglich sein. Wenn die Farbe nicht das geprüfte Attribut ist, dem Prüfer aber weiterhelfen könnte, aus seiner Sicht alles richtig zu machen, ist es entscheidend, dass optische Unterschiede maskiert werden. Das kann z. B. über die Beleuchtung des Sensorikraumes mit Farbfiltern oder durch farbige Behältnisse erreicht werden. Wichtig für die Präsentation ist auch, dass von den Proben gleiche Mengen von gleicher Temperatur in identische Gefäße abgefüllt werden.

Nicht zu unterschätzen ist auch die Qualität der Durchführung. Der Prüfgruppenleiter muss dafür sorgen, dass die Proben optimal präsentiert dort stehen, wo sie hingehören, und die Sitzung reibungslos und ohne Störungen verläuft. Bei neuen Fragestellungen bietet sich ein Testlauf in kleinem Kreis an, um gegebenenfalls die Probendarbietung zu verbessern.

Jede Probengruppe im Dreieckstest besteht aus 3 Proben, die mit dreistelligen Zufallszahlen verschlüsselt werden. Die möglichen Probenkombinationen (AAB ABA BAA BBA BAB BBA) müssen in gleicher Zahl vorbereitet werden.

Auch wenn die Prüfung ihren Namen von der möglichen Aufstellung der Proben im Dreieck erhalten hat, ist es üblich, die Gefäße in einer Reihe anzuordnen.

Die Anzahl der benötigten Prüfer kann man aus Tabellen entnehmen. Ihre Zahl wird von der Sicherheit bestimmt, mit der die Entscheidung getroffen werden soll. Für die Ermittlung eines Unterschieds sollten 24 bis 30 Personen zur Verfügung stehen. Falls das nicht möglich ist, können dieselben Prüfer mehrere Probenbewertungen durchführen, wobei jeder dieselbe Anzahl von Triaden erhalten muss. Diese Vorgehensweise ist allerdings nicht ideal und sollte möglichst vermieden werden.

Rückkosten innerhalb einer Probenreihe ist erlaubt, führt aber nicht zwangsläufig zu einem besseren Ergebnis, da sich die Ermüdungserscheinungen schneller auswirken. Außerdem ist es auch bei sensorischen Tests so wie im wirklichen Leben: der erste Eindruck ist meist der richtige.

Beispiel: Die Kräutermischung eines Frühlingsquarks wurde geändert. Wirkt sich das im Produkt erkennbar aus?

Triangeltest-Frühlingsquark

Name: ______________________ Datum: ______________

Sie erhalten drei Proben, von denen zwei identisch und eine abweichend ist. Bitte markieren Sie die abweichende Probe mit einem Kreis. Wenn Sie keinen Unterschied erkennen, raten Sie. Rücktesten ist erlaubt. Geben Sie an, wenn Sie nur geraten haben.

347 815 268

Bemerkungen: ______________________

Frühlingsquark A und Frühlingsquark B enthalten verschiedene Kräutermischungen – gibt es einen Unterschied?

Welches Ergebnis kann man erhalten?

- Es gibt einen signifikanten Unterschied. Es lassen sich aber keine Informationen ableiten, ob es am Geruch, Geschmack, Mundgefühl etc. liegt.
- Es gibt keinen signifikanten Unterschied. Die Proben können von den Prüfpersonen nicht unterschieden werden. Der Schluss, dass absolut kein Unterschied existiert, ist aber nicht zulässig.

Für das Beispiel Frühlingsquark könnte das Ergebnis folgendermaßen aussehen:

Es gab 24 Prüfer. Da nach dem Unterschied gefragt wird, muss man festlegen, wie sicher die Aussage sein soll bzw. umgekehrt, welche Irrtumwahrscheinlichkeit α, d. h. welche Anzahl von Fehlentscheidungen für den Test zugelassen wird.

Mindestzahl richtiger Antworten für die Feststellung eines wahrnehmbaren Unterschiedes bei n = 24 für folgende Signifikanzniveaus:

$\alpha = 0.05 = 5\ \%$ → 13 (signifikanter Unterschied)
$\alpha = 0.01 = 1\ \%$ → 15 (hoch signifikanter Unterschied)
$\alpha = 0.001 = 0{,}1\ \%$ → 16 (sehr hoch signifikanter Unterschied)
unter 13: kein signifikanter Unterschied erkennbar

Wenn man eine Irrtumswahrscheinlichkeit von 5 % ($\alpha = 0.05$) akzeptiert, müssen mindestens 13 richtige Antworten vorliegen, um sagen zu können, dass zwischen den beiden Sorten Frühlingsquark ein Unterschied festzustellen ist. Sind es weniger, muss diese Hypothese abgelehnt werden. Bei einer Irrtumswahrscheinlichkeit von nur 0,1 % ($\alpha = 0.001$) müssen mindestens 16 richtige Antworten vorliegen. Dies ist dann aber eine schon sehr „sichere" Feststellung des Unterschiedes zwischen den beiden Frühlingsquarksorten.

Was heißt „sicher" in diesem Zusammenhang? Die Prüfer müssen immer eine Antwort geben, unabhängig davon, ob sie eine Abweichung erkennen oder nicht. Möglicherweise ist zwischen der Kontrolle und der Versuchscharge gar kein Unterschied vorhanden, oder er ist so wenig ausgeprägt, dass die Prüfer keine bewusste Entscheidung treffen können. Die Wahrscheinlichkeit, dass sie unter diesen Voraussetzungen durch Raten und damit zufällig zum richtigen Ergebnis kommen, liegt beim Triangeltest für eine Testreihe statistisch bei 1/3. Es sind nämlich 2 der 6 Kombinationen richtig, egal ob A oder B auf der abweichenden Position sitzen. Mit jedem zusätzlichen Prüfer oder auch jeder weiteren Prüfung sinkt die Wahrscheinlichkeit, diese Einzelprobe rein zufällig zu wählen, von 1/3 auf 1/9, auf 1/27 usw. ab. Bei 5 Prüfern liegt die Wahrscheinlichkeit, dass alle richtig raten – obwohl kein Unterschied besteht – bei 1/243 und damit bereits deutlich unter 1 %. Das wiederum bedeutet, dass in diesem Fall das Restrisiko für ein falsches Ergebnis (d. h. Probe A und Probe B unterscheiden sich in der Bewertung der Prüfer, obwohl sie eigentlich gleich sind) einen verschwindend kleinen Wert annimmt. Wesentlich ist nun der Umkehrschluss: Wenn so viele richtige Zuordnungen vorliegen, dass sie nur ausnahmsweise auf Zufall basieren können, muss ein systematischer Einfluss vorhanden sein. Das wiederum heißt: Falls die Prüfer einen Unterschied herausfinden, ist er auch vorhanden. Bei hohen Prüferzahlen ist der Unterschied auch nachgewiesen, wenn nicht alle Ergebnisse zutreffen, solange mehr als durch den Zufall erklärbare richtige Entscheidungen vorliegen.

Es ist wichtig zu wissen, dass für die statistische Auswertung sensorischer Prüfungen die Rechenmethoden der mathematischen Wahrscheinlichkeitstheorie angewandt werden, mit denen das tatsächliche Risiko abgeschätzt wird, dass die durch einen Test erstellte Diagnose wirklich zutrifft. Dieser Gedanke soll durch ein Wahrscheinlichkeitsexperiment aus einem anderen Bereich illustriert werden. Ein bekanntes Glücksspiel heißt „Stein-Schere-Papier“, bei dem zwei Personen gegeneinander knobeln, wobei gilt: Schere schlägt Papier, Stein schlägt Schere, Papier schlägt Stein. Auch hier beträgt die Wahrscheinlichkeit zu gewinnen, zu verlieren oder eine Pattsituation zu haben jeweils 1/3. Demzufolge ist es bei 5 Versuchen (ohne systematischen Einfluss) so gut wie ausgeschlossen, dass eine Person fünfmal hintereinander ihren Gegner besiegt, es sei denn, sie verfügt über eine besondere Reaktionsschnelligkeit oder eine andere für dieses Spiel hilfreiche Fähigkeit, welche sie die Wahl ihres Gegenübers vorhersehen lässt. Aber dann handelt es sich erwiesenermaßen nicht mehr um ein Glücksspiel.

Diese Überlegungen zeigen, dass sensorische Ergebnisse nichts mit Kaffeesatzleserei zu tun haben und dass man mit der statistischen Auswertung das Vorliegen eines sensorisch merkbaren Unterschieds beweisen kann. Es bedarf keines zusätzlichen Nachweises mit anderen, z. B. chemisch-analytischen Methoden.

Üblicherweise wird der Triangeltest nicht mit weitergehenden Fragestellungen verknüpft. Unter gewissen Umständen kann jedoch die Information darüber, ob die Prüfer die abweichende Probe als Kontrolle oder Versuchscharge identifizieren können, von Interesse sein. Eine mögliche Frage wäre, bei einem Zusatz künstlichen Erdbeeraromas nicht nur die abweichende Probe herauszufinden, sondern auch zu beantworten, ob diese zur Kontrolle A mit natürlichen Geschmacksstoffen oder zu Versuch B mit synthetischem Aroma gehört. Durch eine solche zusätzliche Entscheidung verringert sich die Ratewahrscheinlichkeit auf 1/6, denn nur eine der möglichen sechs Kombinationen ist richtig. Deshalb kann auch das Panel bzw. die Anzahl der Prüfungen verringert werden. Bereits bei vier Prüfern liegt die Wahrscheinlichkeit, dass alle das richtige Ergebnis raten, bei einem von 1296 Fällen (1/1296, d. h. $< 0{,}1\%$). Für die Auswertung des erweiterten Tests gibt es entsprechende Tabellen.

2.3.4.1.2 Duo-Trio-Prüfung

Dieser Test stellt ein Mittelding zwischen dem Dreieckstest und dem Paarweisen Vergleich dar. Der Prüfer erhält ähnlich wie beim Dreieckstest 3 Proben. In diesem Fall kennt er aber die so genannte Kontrollprobe und vergleicht sie mit einem Probenpaar, in dem die Kontrollprobe ebenfalls einmal vorkommt. Diese Duo-Trio-Prüfung ist für Fragen geeignet wie: Führt die neue Verpackung zu Unterschieden in der Haltbarkeit oder der Farbe, ist die neue Gewürzmischung geschmacklich zu erkennen oder hat sich die Textur der Soße nach Einsatz des neuen Dickungsmittels verändert? Die Kontrollprobe ist in diesem Falle das „alte“ und dem Panel bekannte Produkt.

Es gibt natürlich auch andere Testansätze. Beispiel: Es gibt ein Produkt des Herstellers X, das auf dem Markt sehr erfolgreich ist. Für die Marketingabteilung des Konkurrenten Y kann es interessant sein, es als Referenzprodukt näher unter die Lupe zu nehmen und es mit dem eigenen Produkt zu vergleichen, um dieses gegebenenfalls dann verbessern oder modifizieren zu können (Benchmarking).

Die Duo-Trio-Prüfung hat sich bewährt, wenn sich die Referenzprobe und die Testproben nur gering unterscheiden. Wie bei der Dreiecksprüfung ist sie nicht gut geeignet, wenn die Produkte einen intensiven und anhaltenden Geruch oder Geschmack aufweisen. Dazu gehören auch Prüfgüter mit scharfem Geschmack, wie er z. B. bei Currymischungen oder Pfeffer typisch ist, oder bittere Proben, wie das z. B. bei Bier der Fall ist.

Weiterführende Erkenntnisse aus den Antworten sind wie beim Triangeltest nicht zu erwarten, das heißt, es resultieren keine näheren Informationen über die Natur der Unterschiede oder zu bestimmten Attributen der Produkte.

Bei seiner praktischen Durchführung wird der Duo-Trio-Test überwiegend mit der gleichen Kontrollprobe (engl. constant reference) durchgeführt. Daneben gibt es auch die Möglichkeit, die Proben A oder B abwechselnd als Kontrollprobe einzusetzen (engl. balanced reference).

Da die Prüfer die Kontrollprobe unmittelbar kennen, ist der Test leichter als der Triangeltest. Auch die Erfolgsquote, beim Raten richtig zu liegen, ist natürlich besser, denn wenn nur zwei Proben miteinander verglichen werden, beläuft sich die Wahrscheinlichkeit, ein richtiges Ergebnis zu erraten, auf 50 % oder $p = \frac{1}{2}$.

Die Duo-Trio-Prüfung ist ebenfalls eine Prüfung zum Erkennen eines Unterschiedes. Als Ergebnis erhält man die Antwort auf die Frage „Gibt es einen signifikanten Unterschied?“.

Bei der Durchführung mit konstanter Kontrollprobe müssen die Probenunterschiede klein gehalten werden. Die drei Testproben werden gleichzeitig gereicht. Die Prüfer müssen die Referenzprobe gut kennen.

Die Prüfer erhalten eine Kontroll- oder Referenzprobe, die als solche auch gekennzeichnet ist. Dann werden zwei weitere Proben verkostet, von denen wiederum eine die Kontrollprobe ist.

Somit sind folgende Probenanordnungen möglich:

K (Kontrollprobe) [K] → [A=K] [B] oder [K] → [B] [A=K]

Beispiel: Eine Brühwurst wird mir einem neuen Kutter hergestellt, der effektiver zerkleinert. Es ist zu prüfen, ob die mit der neuen Technologie hergestellten Brühwurstscheiben sich von denen mit dem bisherigen Verfahren produzierten unterscheiden.

Sie prüfen Scheiben von Brühwurst. Kontrollprobe K ist die Ihnen bekannte Brühwurst unserer Firma.

Prüfer: ______________________ Datum: ______________

Produkt: ______________________________________

Prüfen Sie von links nach rechts: testen Sie zuerst die Kontrollprobe K und vergleichen Sie sie mit den beiden unbekannten Proben. Kreuzen Sie die Probe an, die Ihrer Meinung nach mit der Kontrollprobe übereinstimmt. Falls Sie keinen Unterschied feststellen, raten Sie und notieren Sie das bitte. Rückverkosten ist erlaubt.

K (Referenz) Probe 327 ○ Probe 952 ○

Kommentar: ______________________________________

Zur Auswertung der Duo-Trio-Prüfung werden die richtigen Antworten gezählt und mit einer entsprechenden Tabelle verglichen. Wenn die Zahl der zutreffenden Urteile für den gewählten Sicherheitslevel (Irrtumswahrscheinlichkeit) größer oder gleich dem Tabellenwert ist, wird die Hypothese „es gibt einen Unterschied“ angenommen. Wird das gewünschte Signifikanzniveau wegen einer zu geringen Anzahl nicht erreicht, muss diese Annahme abgelehnt werden. Das bedeutet nur, dass der Unterschied nicht signifikant ist. Auch hier ergibt sich wieder das gleiche Dilemma wie beim Dreieckstest, man kann aus der Tatsache, dass es bei einem bestimmten Signifikanzniveau keinen Unterschied gibt, nämlich nicht folgern, dass die Proben damit ähnlich oder gar gleich sind. Grundsätzlich werden zwei zu vergleichende Gesamtheiten wahrscheinlich nie absolut identisch sein. Wenn man nämlich ganz genau hinschaut – sei es mit analytischen Methoden oder aufwandreichen komplexen Sensorikverfahren –, wird es im Endeffekt immer irgendwelche Unterschiede geben, wie winzig und unbedeutend sie auch sein mögen. Diese kleinen und kleinsten Unterschiede sind so irrelevant, dass man sie nicht erfassen muss, weil sie kaum jemand erkennt und nachweisen kann. Zu ihrer Identifizierung wären auch irreale Mengen von Probenzahlen und Prüfpersonen erforderlich. Hier würde der Aufwand dem Ergebnis in keiner Weise gerecht werden.

2.3.4.1.3 Einprobentest (A- not A-Prüfung)

Der Test bietet sich an, wenn der Duo-Trio- oder der Triangel-Test nicht das geeignete Verfahren darstellen. Dazu gehört die Untersuchung von Produkten mit starken und/oder anhaltenden Geruchs- und Geschmackskomponenten oder mit leichten optischen Unterschieden.

Bei der Durchführung erhält das Testpanel zuerst eine Standardprobe A zur Prüfung und Verkostung, die sozusagen das Trainingsobjekt bildet, auf welches die Prüfer eingestimmt werden. Sie müssen die Sinneseindrücke, die diese Probe bei ihnen hervorruft, abspeichern. Dieses Vermögen der Prüfer, sich Sinneseindrücke so merken zu können, dass sie sich nach kurzer Zeit wieder verlässlich abrufen lassen, bildet die entscheidende Voraussetzung, denn nur mit dieser Fähigkeit ist der anschließende Test möglich. Daher wird beim Einprobentest in der Regel mit sensorisch geschulten Personen gearbeitet. Nach dieser Übungsphase werden den Prüfern unbekannte Proben vorgestellt, die sie mit Hilfe ihres intern gespeicherten Standards als „A" (kein Unterschied zur Standardprobe) oder „Nicht-A" (Unterschied zur Standardprobe) bestimmen müssen. Ein Rückprüfen ist bei diesem Test natürlich nicht möglich.

Beispiel: A- not A-Test mit Himbeerjoghurt

Vor Ihnen steht die Kontrollprobe A, die Sie als Erstes verkosten. Danach geben Sie sie zurück und testen die vor Ihnen stehenden Probenpaare der Reihenfolge nach. Ordnen Sie jede Probe durch Ankreuzen A oder Nicht-A zu.

	A	**Nicht-A**
364	○	○
865	○	○
532	○	○
461	○	○

Für die Auswertung dieser Prüfung muss die entsprechende Fachliteratur zu Rate gezogen werden.

2.3.4.1.4 Der 2-aus-5-Test (Two-out-of-Five-Test)

Dem Namen 2-aus-5-Test folgend werden 5 Proben beurteilt, von denen jeweils zwei (A) und drei (B) gleich sind. Damit ergeben sich 10 Kombinationsmöglichkeiten für die Probenanordnung. Aus dieser großen Anzahl lässt sich ohne weiteres erkennen, dass die Prüfer mit Raten schwerlich erfolgreich sein können, denn die Wahrscheinlichkeit, dabei richtig zu liegen, beträgt dem Design entsprechend nur 10 %. Das macht den Test sehr effizient.

Andererseits stellt der damit verbundene Umfang auch einen Nachteil dar. Ermüdungserscheinungen und Memory-Effekte können sich nachteilig auf die Urteilsfähigkeit der Prüfer auswirken. Der Test eignet sich daher nur bei Proben, die keinen intensiven, nachhaltigen oder scharfen Geruch und Geschmack besitzen. Aber auch bei Testobjekten ohne solche Eigenschaften ist die ungünstige Wirkung auf die Reizwahrnehmung so erheblich, dass diese Prüfung für Verkostungen nur selten angewandt und hauptsächlich bei der Beurteilung optischer oder taktiler Merkmale eingesetzt wird.

Bei der 2-aus-5-Prüfung werden gleichzeitig 5 codierte Proben gereicht. Die Prüfer müssen die zwei gleichen Produkte erkennen. Wenn sie dieses Ziel erreicht haben, ergibt sich automatisch, dass die anderen 3 Proben ebenfalls übereinstimmen, aber anderer Art sind. Dieser Test sollte nur mit trainierten Personen durchgeführt werden.

Folgende Kombinationen von 5 Proben (je 2+3 gleiche) sind möglich:

AAABB	AABAB	ABAAB	BAAAB	AABBA
ABABA	BAABA	ABBAA	BABAA	BBAAA
BBBAA	BBABA	BABBA	ABBBA	BBAAB
BABAB	ABBAB	BAABB	ABABB	AABBB

Beispiel: In der Rezeptur einer Handcreme wurde ein Emulgator ausgetauscht. Mit der Testreihe soll nun geprüft werden, ob sich die Konsistenz im Vergleich zum bisherigen auf dem Markt erfolgreichen Produkt geändert hat.

2-aus-5-Test: Handcreme

Prüfer: ______________________ Datum: ______________

Vor Ihnen stehen 5 Dosen mit Handcremes, von denen zwei den gleichen Inhalt und die drei anderen gleiche Proben einer abgeänderten Creme enthalten. Testen Sie von links nach rechts. Kreuzen Sie die 2 zusammengehörenden Proben an. Wenn Sie keinen Unterschied erkennen können, müssen Sie raten.

	Links				Rechts
Test 1	862	245	458	396	522
Test 2	498	298	665	743	228
Test 3	161	782	926	543	132

Es werden die richtigen Antworten gezählt und mit den Werten einer entsprechenden Tabelle verglichen.

2.3.4.2 Diskriminierungsprüfungen über ein Attribut

2.3.4.2.1 Paarweise Vergleichsprüfung (Merkmalsbezogener Paarvergleich)

Mit dieser auch 2-AFC-Test (engl. Alternative Forced Choice Test) genannten Technik lassen sich merkmalsbezogene Produktunterschiede erfassen. Wie der Name schon erkennen lässt, werden hier Probenpaare geprüft. Dadurch ist die Durchführung einfach und auch für weniger gut geschulte Prüfer gut verständlich. Diese handfesten Vorteile machen den Test sehr beliebt, zumal er bei richtiger Fragestellung zu aussagekräftigen Ergebnissen führt. Für eine erfolgreiche Durchführung müssen die Prüfer in der Lage sein, ihre Konzentration auf das gefragte Attribut zu fokussieren.

Die Paarweise Vergleichsprüfung gehört zu den sensorischen Tests, mit denen man Näheres über ein Attribut oder auch mehrere erfahren kann. Diese Entscheidung muss im Vorfeld vom Prüfgruppenleiter getroffen werden. Der Test nach einem Attribut (einseitige Fragestellung) ist sehr spezifisch, blendet aber alle weiteren Informationen aus. Dennoch kommt man in der Regel zu aussagekräftigeren Ergebnissen als bei der Frage nach mehreren Attributen (zweiseitiger Test). Das liegt daran, dass man bei der statistischen Auswertung auf Grund der unterschiedlichen Prüfsituation verschiedene Antworten erhält. Ist der Test einseitig konzipiert, wird der Unterschied anhand eines genau definierten Merkmals geprüft. Bei der zweiseitigen Variante wird der generelle Unterschied der beiden Proben begutachtet, der auf mannigfaltigen Attributen beruhen kann. Hierzu sind allerdings erheblich mehr Prüfer notwendig.

Bei der Durchführung der Paarweisen Vergleichsprüfung (einseitiger Test) erhalten die Prüfer zwei codierte Proben. Die möglichen Kombinationen sind

A B	B A

Die Wahrscheinlichkeit, richtig zu raten, liegt bei 50 %, daher ist eine große Anzahl von Prüfungen notwendig, um ein statistisch aussagekräftiges Ergebnis zu erhalten. Andererseits ist die Prüfung an sich so einfach, dass man keine besonders geschulten Personen dafür braucht.

Beispiel: Paarweise Vergleichsprüfung mit Tomatensaft

Paarweise Vergleichsprüfung

Prüfer: ______________________ Datum: ______________

Sie erhalten zwei Tomatensäfte. Bitte beantworten Sie die Frage:
Welche Probe ist süßer?
Sie müssen sich entscheiden. Falls Sie das Ergebnis geraten haben, vermerken Sie es bitte.

		Diese Probe ist süßer:	Bemerkung:
156	228	______________	______________
299	447	______________	______________
675	719	______________	______________

Die Auswertung erfolgt wieder mit Hilfe entsprechender Tabellen, die man danach auswählen muss, ob man einen einseitigen Test (Fragen nach bekannten Unterschieden) oder einen zweiseitigen Test (Fragen nach nicht bekannten Unterschieden oder Bevorzugung) durchgeführt hat. Für das Beispiel Tomatensaft ist die Fragestellung einseitig, denn der Zuckerzusatz als Prüfattribut ist bekannt, und es gibt nur richtige und falsche Antworten. Will man für das gewählte Beispiel z. B. eine Sicherheit von 99 % ($\alpha = 0.01$) haben, müssten von 20 Prüfurteilen mindestens 17 korrekt sein.

2.3.4.2.2 Rangordnungsprüfungen

Bei den meisten Diskriminierungstests werden zwei Proben miteinander verglichen. Eine solche Fragestellung ist jedoch nicht für alle Prüfsituationen geeignet. Oft stellt sich in der Praxis auch die Frage, wie eine Reihe von Produkten zueinander steht, z. B. bei verschiedenen Zuckerzusätzen (Frage nach der Intensität) oder beim Vergleich mehrerer Qualitäten. Hier bieten Rangordnungsprüfungen die Lösung, da mit ihnen mehr als zwei Proben miteinander verglichen werden und eine Klassifizierung nach Art und Intensität von Merkmalen oder Merkmalseigenschaften erfolgt. Auch Fragen zur Beliebtheit sind möglich.

Leider gibt es auch Nachteile. Sind die Unterschiede nur gering, ist die Reihung mit starken Schwankungen verbunden, denn ein Irrtum bedingt zwangsweise auch einen weiteren. In derartigen Fällen sollten ergänzende Prüfungen wie der Triangel- oder Duo-Trio-Test durchgeführt werden. Weiterhin gibt das Ergebnis keine Informationen über das Ausmaß der Unterschiede.

Die Vorgehensweise bei der Rangordnungsprüfung ist einfach. Die Proben werden nach dem Zufallsprinzip nebeneinander aufgestellt und entsprechend der Fragestellung von den Prüfern in eine Reihung gebracht. Die Frage nach der Süße, Salzigkeit oder einem anderen Attribut führt zu einer Aufstellung der Proben entsprechend der Ausprägung. Wie bereits erwähnt wurde, ist der Schwachpunkt bei der Interpretation der Ergebnisse, dass man auch bei dieser Prüfung wieder nicht weiß, wie groß die Unterschiede zwischen den Proben eigentlich sind.

Beispiel: Rangordnungsprüfung mit Frischkäse unterschiedlichen Salzgehalts

Rangordnungsprüfung

Prüfer: ______________________ Datum: ______________

Sie erhalten fünf Proben Frischkäse mit unterschiedlichem Salzgehalt, die Sie bitte nach steigender Salzintensität anordnen. Rückverkosten ist erlaubt.

Rangfolge:

Schwächster Salzgehalt ⟶ Stärkster Salzgehalt

_______ _______ _______ _______ _______

Rangordnungsprüfungen eignen sich gut als Tests für die Sensibilität von Prüfern. Das beinhaltet auch das Vermögen zwischen Farbnuancen zu unterscheiden. Festigkeitsprüfungen können ebenfalls so durchgeführt werden.

Nicht immer fallen Rangordnungsprüfungen eindeutig aus. Streuen die Ergebnisse zu stark für eine zuverlässige Aussage, kommt eine Reihe von Gründen in Betracht. Eine Erklärung kann sein, dass die Proben einfach zu ähnlich sind. Während gerade die geringen Attributsunterschiede als Grundvoraussetzung bei den bisher beschriebenen Diskriminierungsprüfungen wie dem Dreieckstest und dem Duo-Trio-Test gelten, sind sie bei der Erkennung von Rangfolgen sehr ungünstig. Die Prüfer sind dann überfordert bzw. am Ende ihrer sensorischen Sensibilität und Leistungsfähigkeit angelangt und zumeist frustriert. Um ihre Aufgabe dennoch lösen zu können, verkosten sie mehr und mehr vor und zurück, was dann wieder zu Ermüdungserscheinungen und Verwirrung führt und letztlich schmeckt dann tatsächlich alles gleich.

2.4
Experten ade?

Goetz Hildebrandt

2.4.1 Einfach beschreiben ist nicht so einfach

Wenn der Suppen-Kaspar mit den Worten: „Ich esse meine Suppe nicht! Nein, meine Suppe ess' ich nicht!“ konsequenten Konsumverzicht bis zum Hungertod übt, hinterlässt er den sensorisch engagierten Leser ziemlich ratlos. Trotz der zentralen Bedeutung des Tellergerichts in dieser Moritat, fehlen nämlich zwei fundamentale Informationen, um den selbstmörderischen Akt verstehen zu können. Zum einen bleibt unklar, wie das diskriminierte Lebensmittel eigentlich schmeckte. Es wird mithin dem Leser eine nachvollziehbare Beschreibung von Aussehen, Konsistenz, Geruch und Geschmack vorenthalten. Andererseits gibt es auch keinen Anhaltspunkt, welche Art von Suppe dem Wunschbild des Hungerstreikenden entspricht. Ohne Gegenüberstellung von realer Lebensmittelbeschaffenheit einerseits und individueller Verbrauchererwartung andererseits, d. h. ohne ausführlichen Vergleich von Ist und Soll, verliert das Gedicht von Dr. Heinrich Hoffmann jeden Anspruch auf Transparenz und Objektivität. Es verhindert auf diese Weise eine gerechte Bewertung des jungen Kaspar und seines Verhaltens. Denn wie bemitleidenswert erschiene mit einmal das Kind, falls wir erführen, dass die Suppe intensiv gepfeffert war oder eine Einlage aus bleichen Bregenklößchen enthielt!

Foto 2.4-1

Ob dem Kaspar diese Suppe geschmeckt hätte?

Weit besser wäre der Struwwelpeter-Fan informiert, wenn das Gedicht z. B. folgende Informationen – aus Mangel an eigener poetischer Potenz wird auf die Versform verzichtet – enthalten würde: „Dem Probanden Kaspar wurde eine lauwarme, dünnflüssige, klare Bouillon, die einen leicht gelblichen Farbstich aufwies und auf der vereinzelt Fettaugen schwammen, gereicht. Neben einigen schwarzgrünen Blattgewürzen enthielt sie in geringer Menge weiße Sternchennudeln von 5 mm Durchmesser und 2 mm Dicke, die eine glitschig-weiche Konsistenz aufwiesen. Geruch und Geschmack der Suppe waren mild nach Rindfleisch und Majoran, die Teigware besaß keinen merklichen Eigengeschmack."

In der Terminologie der Profi-Sensoriker wird eine solche Schilderung als „einfach beschreibende Prüfung" bezeichnet. Sie soll ein objektives Bild der sensorischen Qualität geben und eine eigene Bewertung erlauben. Wie sich aus dem gewählten Suppen-Beispiel ableiten lässt, sind jedoch selbst bei dieser simplen Form sensorischer Befunderhebung einige Regeln zu beachten. Auf jeden Fall vermieden werden muss eine hedonisch-affektive Nomenklatur. Damit sind Worte wie „lecker", „wohlschmeckend" oder „edel" einerseits ebenso unzulässig wie „schrecklich", „grauenhaft", „ungenießbar" oder „zum Erbrechen" andererseits, denn solche Begriffe enthalten als einzige Information das subjektive und zugleich undifferenzierte Empfinden des Verkostenden. Andere Personen können aus dieser Botschaft kaum Nutzen ziehen und würden oftmals ganz anders urteilen.

Problematisch gestaltet sich auch der Umgang mit den Attributen „typisch", „charakteristisch" und „spezifisch", die zwar neutral und präzise wirken, aber deren zutreffende Verwendung von der Produktkenntnis und dem inneren Standard des Prüfenden abhängt. Und was hilft die Aussage eines „sortentypischen Aromas" bei einem Golden Delicious, falls der Verbraucher gar keine Erfahrung mit diesem Apfel besitzt? Dennoch flüchten auch Fachleute gern in diese scheinbare Objektivität, am liebsten, wenn eine treffende Beschreibung von Geruch und Geschmack schwer fällt, mithin „die Worte fehlen". Leider kann der Mensch mehr unterschiedliche Reize aufnehmen, als er mit konkreten Begriffen zu charakterisieren vermag. Schnell werden die Grenzen des Ausdrucks und der Ausdrucksmittel erreicht. Ein Beispiel aus jüngster Zeit stellt der intensiv mechanisch behandelte („getumbelte") magere Kochschinkenaufschnitt dar. Im Gegensatz zur klassischen Ware besitzt er meist keine wahrnehmbare Muskelfaserstruktur mehr, sondern weist eine „produkttypisch" homogene, feste, manchmal fast spröde Konsistenz auf. Einige Prüfergruppen nennen diese Beschaffenheit „glasig", andere bevorzugen in Bezug auf die Textur roher Champignons das Adjektiv „pilzig". Richtig glücklich mit diesen zwei Begriffen, die immer noch besser als die Angabe „charakteristisch" sind, wird aber niemand. „Glasig" wird darüber hinaus bei Soßen und Kuchenteigen anders verstanden, nämlich als optisches Merkmal. Generell müssen bei der Suche nach einer passenden Terminologie bekannte Begriffe „umgewidmet" werden. Hierbei besteht immer die Gefahr, dass es zu einer sich nicht selbst erklärenden Bedeutungsverschiebung oder gar -änderung kommt. Wie viele Interpretationen z. B. das Wort „frisch" erlaubt, wird in Kapitel 3.6 dargestellt.

Um optimal über den Genusswert zu informieren, müssen Beschreibungen demnach objektiv, neutral und präzise sein. Bei dem bereits erwähnten Golden Delicious würde z. B. die Aussage „süßaromatischer Geschmack mit feiner Säure" diese Vorgabe erfüllen, weil sie die Produkteigenschaften richtig identifiziert, nachvollziehbar schildert und eine Unterscheidung von anderen Sorten gestattet. So werden im Gegensatz dazu Cox Orange als „süßsäuerlich, würzig und hocharomatisch" oder Idared als „schwach fein-säuerlich" beschrieben. Allerdings gibt es hier fließende Übergänge zur Unverbindlichkeit. In der Sensorik gebräuchliche Begriffe wie „delikat", „würzig" oder „ausdruckslos" bewegen sich schon aus Mangel an Präzision im Graubereich zur Subjektivität.

Foto 2.4-2

Bei feinstzerkleinerter Leberwurst ist der Fettanteil nur durch die entsprechende chemische Analyse festzustellen, auch wenn sie „fettig" aussieht.

Prinzipiell ist bei Verwendung neutraler Attribute die Umwandlung in bewertende Begriffe zu vermeiden. „Überwürzt" oder „versalzen" spiegeln bereits die Auffassung der Prüfperson wider. Dagegen suggerieren „intensiv gewürzt" oder „salzscharf" keine Bewertung, diese ergibt sich erst aus dem Bezug zu einem Produkt. Während Salzschärfe bei Sardellenpaste durchaus die Erwartungen erfüllt, wird der gleiche Sinneneindruck bei einem Matjeshering nicht toleriert.

Theoretisch wird zwischen positiven und negativen Merkmalen unterschieden. Sie sind keineswegs mit einer individuellen Bewertung durch den Prüfer verbunden, sondern ihr Auftreten steht für üblicherweise positiv oder negativ bewertete Produkteigenschaften. Statt der Vorlieben und Abneigungen des Einzelnen bilden die von der Mehrheit akzeptierten Qualitätsstandards, juristisch „allgemeine Verkehrsauffassung" genannt, das entscheidende Kriterium. So besteht kein Zweifel, dass glänzende, kräftig rote Farbe, pralle und glatte Form, schnittfeste und saftige Konsistenz sowie fruchtig-säuerlicher Geschmack bei Tomaten zu den erwünschten Eigenschaften gehören. Negative Merkmale, deren Auftreten als Qualitätsmangel oder Produktfehler angesehen wird, wären u. a. blassrotes oder marmoriertes Aussehen, ungleichmäßige Form, wässerige oder mehlige Konsistenz sowie fader Geschmack. Wie leicht zu erkennen, sind die hier gewählten Begriffe als solche wertneutral, denn eine pralle und glatte Form entspricht zwar bei frischen Tomaten den Anforderungen, bei getrockneten Früchten würde der gleiche Befund jedoch eine unerwünschte Normabweichung anzeigen.

Hinsichtlich der praktischen Durchführung („Wording") besteht die Möglichkeit, dass ein Prüferpanel die zu verwendenden Begriffe frei wählt, wie in Kapitel 2.5 ausführlich dargestellt wird. Auf diese Weise lässt sich eine Nomenklatur mit hoher Aussagekraft erarbeiten. Andererseits zeigt sich bei weniger trainierten Prüfergruppen, dass die frei gewählten Attribute manchmal nicht sachgerecht oder gar unsinnig sind und deshalb zu Missverständnissen führen. So stellt für Kalbsleberwurst das Merkmal „unklares Schnittbild", das im Rahmen der Prüferschulung von einigen Personen zur Beschreibung herangezogen wurde, einen Nonsens-Deskriptor dar. Bei dieser feinstzerkleinerten Ware entsteht immer eine homogene Masse und kein Fachmann vermag sich deshalb unter dem Merkmal „unklares Schnittbild" etwas vorzustellen. Der optische Befund „fettreich", der gleichfalls ausgewählt wurde, erscheint dagegen zunächst plausibel. Der Deskriptor kann aber nicht durch Betrachten des Anschnitts erhoben werden, hier wäre vielmehr eine chemische Analyse der Kalbsleberwurst notwendig. Im Gegensatz dazu bilden Vorhandensein und Ausmaß eines Fettabsatzes ein wesentliches, sensorisch erfassbares Kriterium. Auch der Geschmack „fettig" gehört zu den sachgerechten Charakterisierungen.

Weiterhin kann es geschehen, dass Prüfer zunächst verschiedene Beschreibungen für den gleichen Sinnesreiz wählen. Der Geruch nach „Honig", „Pferdeschweiß" oder „Zigarrenrauch" geht jeweils auf den Gehalt an Phenylessigsäure zurück. Ein Konsumentenpanel wird diesen Zusammenhang aber kaum kennen und daher nicht die wirklich zutreffende Beschreibung der Fehlereigenschaft bei der freien Wahl von Begriffen finden. Man wird sich also beim Wording auf eine der drei genannten Geruchsträger als Referenz einigen müssen oder die chemische Substanz, mit der sich für den Außenstehenden jedoch selten eine konkrete Vorstellung verbindet, direkt angeben.

Liegt eine breite Produktpalette vor oder werden Erzeugnisse von verschiedenen Prüfergruppen häufig sensorisch untersucht, bietet sich eine Normierung der beschreibenden Nomenklatur an. Dazu werden die für ein Lebensmittel relevanten Merkmalseigenschaften in Listen zusammengestellt. Oftmals entstehen standardisierte Prüfprotokolle, die entweder die charakteristischen oder die Vielzahl aller möglichen negativen bzw. positiven Deskriptoren enthalten. Solche einheitlichen und verbindlichen Terminologien verbessern die Transparenz und Nachvollziehbarkeit der beschreibenden Prüfung, manchmal jedoch auf Kosten spezifischer Merkmalsansprachen. Gelegentlich enthalten sogar Rechtsnormen einfache sensorische Beschreibungen und prägen auf diese Weise die Formulierung der Befunde. Beispielsweise wird in Anlage 1A der Käseverordnung die Teigkonsistenz der Standard-Käsesorte Tilsiter mit „geschmeidig, jedoch nicht kurz oder bröckelig" angegeben. Für Geruch und Geschmack gilt: „Leicht herb bis pikant, auch leicht säuerlich, jedoch nicht sauer".

Welche intensive Auseinandersetzung mit der Materie die Erstellung sachgerechter Merkmalslisten erfordert, mögen die spezifischen Mängelansprachen für die wichtigsten Fehltöne beim Wein illustrieren. Als charakteristisch haben sich Beschreibungen wie „Böckser/Geruch nach Faulstoffen", „stechend, lösungsmittelähnlicher Esterton", „mottenkugelartige Alterungsnote", „oxidativer, brotig-luftiger Altgeschmack", „erdig-dumpfer Muffton", „modrig-schimmeliger Korkgeruch", „bitter, gerbiger Phenolnachgeschmack" oder „grün, vegetabil-unreifer Geschmack" herauskristallisiert. Aber gerade in der Weinsprache zeigt sich, dass neben spezifisch-konkreten („referentiellen") auch sinnbildhafte, das Geschmacksgleichgewicht charakterisierende („metaphorische") Beschreibungen ihren Platz haben können, wie in Kapitel 3.2 näher ausgeführt wird.

Selbst wenn die Merkmalseigenschaften schriftlich vorgegeben sind, setzt ihre zutreffende Anwendung eine Prüferschulung voraus. Dass alle unter dem gleichen Attribut das Gleiche verstehen und somit „Gleichsprachigkeit" herrscht, ist durchaus nicht selbstverständlich. Ohne Produkt- und Produktionskenntnisse würde der Tester einer Leberwurst schwerlich zwischen den gelisteten Eigenschaften „Leberaroma zu stark" (Lebergeschmack dominiert das Geschmacksprofil, sodass kein ausgewogenes Aroma entsteht), „Leber bitter" (Verwendung von Gefrierleber bzw. unzureichendes Säubern der Gallengänge) oder „bitter" (Geschmacksbeeinflussung durch nicht aus der Leber stammende Bitterstoffe) unterscheiden können. Eine exakte Fehleransprache liegt auch im Interesse des Leberwurstproduzenten, denn nur so kann er die erkannten Mängel gezielt beheben.

Der Wunschtraum eines jeden Prüfers stellt die „Einheitsliste" aller sensorischen Attribute dar. Trotz einiger Ansätze ist es jedoch bisher nicht gelungen, eine produktunabhängige

Universalterminologie zu schaffen, bei der gleiche Worte unabhängig vom Lebensmittel stets das Gleiche bedeuten. Allein der Aufwand, sämtliche sensorischen Begriffe zusammenzutragen und auf Vergleichbarkeit zu überprüfen, bildet ein schier unüberwindliches Hindernis. Noch unwahrscheinlicher ist, dass es gelingt, bestimmte Worte ganz bestimmten Sinnesorganen zuzuweisen, z. B. „fettig" nur für den Geschmack und nicht auch noch für die Konsistenz zu benutzen. Merkmalslisten für Attribute werden wohl immer nach den Empfindungen geordnet und gruppiert werden müssen, und Doppelnennungen eher die Regel bilden – zumindest bei Geruch und Geschmack. Den Versuch einer solchen Systematik enthält die Übersicht 2.4-1, wobei sich die Erklärungen der einzelnen Empfindungseigenschaften in Kapitel 1.2 nachlesen lassen.

2.4.2 Vier Punkte für „salzig"

Dem Kaspar muss seine Suppe nicht nur schlecht geschmeckt haben, sondern sie muss ihm sogar außerordentlich schlecht gemundet haben. Falls wirklich ein Produktfehler vorlag, wäre also zu fragen, welches Ausmaß die Normabweichung angenommen hatte. Oftmals reicht es nicht aus, die ermittelten Merkmale wie „süß", „sauer", „pfefferig", „pastös" oder „knackig" aufzuführen, um den Genusswert eines Lebensmittels umfassend zu beschreiben, sondern diese Eigenschaften sollten zusätzlich in ihrer Intensität erfasst werden. Erst dann lässt sich beurteilen, ob die Suppe extrem versalzen war oder es sich bei dem Kostverächter um einen jugendlichen Querulanten handelte, dem auch mit einer gut abgeschmeckten Zubereitung nicht zu helfen war.

Die Abhängigkeit des sensorischen Reizes von der Dosis mag die Zugabe von Essig in die Gallertmasse einer Sülze illustrieren. Mit steigender Menge wird sich die entsprechende Sinneswahrnehmung von „geringe Säure/ausdruckslos" über „pikant/gut abgestimmte Säure" bis zu „kräftig sauer" oder gar „sauer-adstringierend" steigern. Eine solche Kombination sensorischer Merkmale mit abstufenden Attributen wie „gering", „mäßig", „durchschnittlich", „deutlich", „stark" oder „intensiv" stellt die einfachste Weise einer Beschreibung der Intensität dar.

Für viele Anwendungsformen der sensorischen Prüfung genügen verbale Intensitätsangaben durchaus den Ansprüchen. Insbesondere Vergleiche von Erzeugnissen untereinander oder mit einem Produktstandard erfordern jedoch ein besser objektivierbares, „analytisches" Vorgehen, möglichst mit einer Art quantitativer Messdaten. Angesichts dieser Vorgabe bietet es sich an, den Merkmalsausprägungen die Zahlenwerte einer Skale zuzuweisen. Unter Ausprägung ist die Intensität von Merkmalseigenschaften zu verstehen, unabhängig davon, ob sie bei einer sensorischen Produktbewertung zu einem positiven oder einem negativen Urteil führt. Solche Zahlenwerte bieten auch den Vorteil, dass sie sich mathematisch verrechnen und statistisch auswerten lassen. Zur Klassifizierung hat sich eine dreigeteilte Skale bewährt. Die Zahlen 1 bis 3 lassen sich dann den Bereichen „durchschnittlich" sowie „unter-" und „überdurchschnittlich" zuordnen. Für differenziertere Angaben werden diese Skalen in Dreier-Schritten weiter untergliedert, so dass ein 6- oder 9-Punkte-Schema entsteht. Letzteres überfordert aber meist das sensorische Differenzierungsvermögen der Prüfer. Die weit verbreitete 5-Punkte-Skale scheint dem Prinzip „x mal 3" zu widersprechen. Meist handelt es sich aber um eine „verkappte" 6-Punkte-Skale", weil neben den Noten 1 bis 5 auch die Null für völlig misslungene oder verdorbene Produkte vergeben werden kann. Es sei aber nicht verschwiegen, dass auch Skalen mit 20er- oder 100er-Einteilung in Gebrauch sind.

Übersicht 2.4-1

Systematik der Sinneseindrücke

Empfindung	Merkmale	Zusammengefasste Empfindungen		
visuell	Helligkeit/Dunkelheit Farbe, Form			
olfaktorisch (nasal und retronasal)	Gerüche (Anfangs-, Haupt- und Nachgeruch)	Aroma		Flavor
gustatorisch	Geschmacksstoffe (Anfangs-, Haupt- und Nachgeschmack)			
schmerzbedingt	elektrische, mechanische, chemische und thermische schädigende Einwirkungen		Mund- gefühl	
temperaturbedingt	Wärme, Kälte			
mechanisch (u. a. haptisch)	taktile Berührungseindrücke	Konsis- tenz		
kinästhetisch	Bewegungseindrücke, Kraftempfindung		Textur*	
auditiv	Geräusche, Töne			

* plus strukturbetreffende visuelle Merkmale

Die hier beschriebenen Skalen stellen absolute Werte innerhalb eines vorgegebenen Intervalls dar. Unabhängig von anderen Prüfmustern werden diese Noten für die sensorischen Merkmale jeder Probe als solche vergeben. Sollen zwei Lebensmittelvarianten – wie z. B. Kontrolle (= Standard) und Versuch – miteinander verglichen werden, kann man sich auch auf eine relative Aussage beschränken in der Art „K schmeckt saurer als V". Dieses Verfahren ist zwar für bestimmte Konzeptionen der Profilanalyse angemessen (vergleiche Kapitel 2.5), bei der üblichen beschreibenden Sensorik reicht eine solche Reduktion aber nicht aus. Wenn Drops K saurer als Drops V schmeckt, fehlt nicht nur die Information, wie viel saurer er schmeckt, sondern auch der wesentliche Hinweis, ob sich beide Bonbons gustatorisch im sehr sauren oder eher milden Bereich bewegen.

Führen mehrere Personen eine deskriptive Prüfung mit Intensitätsangabe an einer Lebensmittelprobe durch, so werden sie die Beschreibung möglichst getrennt vornehmen, um die Befunde erst am Ende zusammenzuführen und ggf. zu harmonisieren. Bei komplexen Lebensmitteln oder Gerichten aus mehreren Komponenten, wie Fertigmahlzeiten aus Fleisch, Soße, Gemüse und Sättigungsbeilage, können die Einzelbefunde jedoch extrem differieren. Hier ist es legitim, dass die Prüfer von Anfang an zusammenarbeiten. Eine gemeinschaftlich erarbeitete Beschreibung nennt sich Konsens-Profil.

Sofern die „beschreibende Prüfung mit Skale" bei der industriellen Qualitätssicherung oder im Rahmen von Produktvergleichen eingesetzt wird, kommen meist Listen mit Fehlermerkmalen zur Anwendung. Solche Zusammenstellungen können eine zunächst verwirrende Menge an Begriffen aufweisen. Jeweils mehr als 80 Positionen enthalten die gängigen Mängellisten für Süßwaren, Getreidenährmittel, Brot, feine Backwaren, Milchprodukte und Fleischerzeugnisse. Der Prüfauftrag lautet dann, die Lebensmittelprobe daraufhin zu untersuchen, ob eine oder mehrere der aufgeführten Normabweichungen – oder auch weitere Mängel – vorliegen. Nachgewiesene Fehler werden nicht nur vermerkt, sondern es erfolgt auch ein nach der Ausprägung gewichteter Punktabzug. Vom Idealwert Fünf werden üblicherweise bei geringfügiger Abweichung in einer Merkmalseigenschaft ein Punkt, bei merklicher Abweichung zwei Punkte, bei einem deutlichen Fehler drei Punkte, bei einem starken Fehler vier Punkte und bei Bewertungsausschluss alle fünf Punkte abgezogen. Auf das bereits erwähnte Beispiel der Konsistenz von Tilsiter Käse übertragen, würde ein geschmeidiger, jedoch nicht kurzer oder bröckeliger Teig die Erwartungen voll erfüllen und keinen Abzug von den fünf Punkten rechtfertigen. Treten die Fehlermerkmale „pappig", „kurz", „zäh", „zu fest" oder „zu weich" auf, werden je nach Intensität ein bis vier Punkte subtrahiert, in Ausnahmefällen sogar alle fünf Punkte. „Kreidig", „randweich" und „schwammig" gelten als derart gravierende Mängel, dass mindestens um zwei Punkte heruntergestuft werden muss.

An dem Prüfschema für die Konsistenz von Tilsiter Käse zeigt sich auch, dass für bestimmte Merkmalseigenschaften nicht die gesamte Skale von fünf bis null vorgesehen ist. Kreidige Textur stellt – wie bereits dargelegt – mindestens eine merkliche Abweichung dar, d. h., weniger als zwei Punkte dürfen nicht abgezogen werden. Andere Fehler, wie ungleichmäßige Farbe, können kein erhebliches Ausmaß annehmen und demgemäß auch keine vollständige Abwertung bedingen. Dass in den Prüfbögen bei vielen Mängelansprachen nicht der gesamte Punktzahlbereich zur Verfügung steht, sondern mehr oder weniger breite Intervalle einzuhalten sind, mag auf den ersten Blick befremden. Dieses Vorgehen bezweckt aber eine individuelle Wichtung jeder einzelnen Merkmalseigenschaft und macht somit durchaus Sinn. Der „säuerliche" Geschmack eines Wiener Würstchens kann nur als geringfügige Abweichung eingestuft werden, während eine „saure" Komponente bei dem gleichen Produkt mindestens eine merkliche Abweichung, wenn nicht gar einen deutlichen Fehler bedeutet. Im Fall der äußeren Herrichtung von Mortadella beeinträchtigen „Hohlräume unter der Hülle" das optische Erscheinungsbild nur wenig, sie müssen aber als Abweichung registriert und in ihrer Intensität bewertet werden. Eine „nicht abziehbare Hülle" dagegen mag gleichfalls die Grenze der Unerheblichkeit nicht überschreiten, kann aber andererseits die Qualität deutlich herabsetzen. Und dass die Verarbeitung von ranzigem Speck mindestens einen starken Fehler bildet, wenn nicht gar zum Prüfungsausschluss führt, versteht sich von selbst.

Hinter dem System des Punktabzuges für Fehler steht der Gedanke, dass ein perfektes Produkt mit einem fehlerfreien Produkt gleichzusetzen ist. Gelegentlich gibt es Kritik an dieser alleinigen Ausrichtung auf den Nachweis von Negativmerkmalen. Um positive Impulse zu setzen, wird die Aufnahme einer Top-Qualität in das Prüfschema verlangt. Sie soll Proben mit dem „gewissen Etwas" vorbehalten bleiben. Erfahrungsgemäß gelingt es jedoch bei gängigen Lebensmitteln höchst selten, nicht nur Fehlerfreiheit zu erlangen, sondern auch alle Erwartungen zu übertreffen. Was kann ein Tilsiter Käse mehr aufweisen als einen pikant-herben Geschmack und einen geschmeidigen Teig? Für Weine werden allerdings solche „Extra"-Auszeichnungen bereits vergeben.

Unabhängig von der Art des Lebensmittels lassen sich Fehlereigenschaften bestimmten Merkmalskomplexen zuordnen. Den Grundtypen der Sinnesempfindung folgend lauten die üblichen Kategorien „Aussehen", „Konsistenz" sowie „Geruch" und „Geschmack". Weil diese Gruppen in unterschiedlichem Maß zur Gesamtqualität beitragen, werden die einzelnen Fehlerpunkte mit Gewichtungsfaktoren verrechnet. Bei den von der Deutschen Landwirtschafts-Gesellschaft entwickelten Prüfprotokollen für Fleischerzeugnisse beträgt der Multiplikator für „Äußere Beschaffenheit" 1, für „Inneres Aussehen (im Anschnitt)" 3, für „Konsistenz" 2, für „Geruch" 1 und für „Geschmack" 3. Die fünf Teilnoten werden dann in einer Gesamtnote vereinigt. Derart ermittelte Punktzahlen besitzen eine große Ähnlichkeit mit (Schul-)Zensuren. Diese Assoziation mag sogar gewollt sein, aber sie sprengt den Rahmen eines beschreibenden Verfahrens. Gerade durch die Zusammenfassung von Merkmalsintensitäten zu einer einzigen, die Probe charakterisierenden Punktzahl wird die Schwelle vom beschreibenden zum beschreibend-bewertenden Test überschritten. Wenn ein Prüfer aus dem deskriptiven Befund selbst die Beurteilung ableiten kann und vielfach auch soll, kommt es zur bewussten Verarbeitung und Bewertung von Sinnesreizen. Die Person fungiert dann als denkendes Wesen und nicht nur als biologisches Messinstrument. Daher kann schnell der Vorwurf mangelnder Transparenz und Neutralität erhoben werden, wenn Untersuchung und Bewertung in einer Hand liegen. Diesem zentralen Problem einer objektiven Auswertung sensorischer Befunde widmet sich der folgende Abschnitt.

2.4.3 Das müsste auch anderen schmecken

In den meisten Fällen interessiert es einen Genießer nur, ob ihm ein Gericht zusagt oder nicht. Sensorische Kenntnisse benötigt er lediglich, falls er nach dem Motto „Genuss entsteht durch Wissen" seine eigenen biologischen Reaktionen besser verstehen möchte. Auf die Frage „Schmeckt's?" kann er spontan nach eigenem Empfinden antworten. Wird er jedoch als anerkannter Gourmet um die zusätzlich Auskunft: „Können Sie das weiterempfehlen?" gebeten, entsteht eine ganz andere Situation. Nunmehr muss er aus seiner persönlichen Wahrnehmung, die er sicherlich auch gut zu beschreiben vermag, eine objektive, für andere nachvollziehbare Beurteilung ableiten. Die Konzeption an der Schnittstelle zwischen Befunderhebung und -bewertung entscheidet über die Glaubwürdigkeit der Sensorik als eine objektive Wissenschaft.

Weil die moderne sensorische Analytik auf eine strikte Trennung zwischen Befunderhebungung und -interpretation setzt, sind Messgeräte wünschenswert, die jeden einzelnen Sinnesreiz, den ein Lebensmittel bei seiner Verkostung auslöst, apparatetechnisch erfassen und in einen Zahlenwert überführen. Leider steht die Entwicklung hier erst am Anfang. Während sich zur Charakterisierung der Farbe und z. T. auch der Konsistenz typische Messgrößen festlegen und mit entsprechenden Geräten auch bestimmen lassen, gibt es noch immer kein Instrument, das die Vielfalt der Flavourkomponenten eines Lebensmittels in ihrem Gesamtprofil ermittelt. Und selbst wenn es gelänge, müsste jeder der erfassten chemischen Verbindungen eine entsprechende sensorische Reizqualität zugeordnet werden, was bisher zu selten gelingt. Nicht einmal elektronische Nasen bieten hier eine Lösung. Sie nehmen zwar das Signalmuster flüchtiger Substanzen auf, doch registrieren sie diese mehr oder weniger unspezifisch und unabhängig von ihrer Geruchsaktivität für den Menschen, der selbst Tausende von Düften zu differenzieren vermag. Somit liefern elektronische Nasen nur einen Fingerabdruck der Geruchsstoffe. Wie beim Personalausweis lassen sich damit zwar Individuen erkennen und voneinander unterscheiden, aber die Fingerprints erlauben keinerlei Rückschluss auf die Eigenschaften der zugehörigen Person. Entsprechendes gilt für das Erfassen löslicher Stoffe durch elektronische Zungen.

Wer der Neutralität des Untersuchungsbefundes und der daraus abgeleiteten Bewertung höchste Priorität einräumt, muss aus Mangel an geeigneten Analysegeräten den Menschen in ein Messinstrument überführen. Homo sapiens fungiert demnach als Apparateersatz.

Foto 2.4-3

Die Konsistenz von Garnelen liegt zwischen „saftig", „zart", „leimig", „musig", „mehlig", „krümelig", „talgig", „trocken" und „faserig".

Benötigt werden Prüfpersonen mit der Fähigkeit, definierte Merkmalseigenschaften wiederzuerkennen, sich auf mehrere Merkmalseigenschaften zu konzentrieren und deren Ausprägung nach einer vorgegebenen Intensitätsskale zu erfassen. Vor dieser eigentlichen „Sensometrie" muss der Versuch organisiert und danach ausgewertet werden. Im Amtsdeutsch hört sich der Vorgang, der im Folgenden „bewertende Profilanalyse" genannt werden soll, wie folgt an:

- Erstellung eines Katalogs von Merkmalseigenschaften
- Ermittlung der Intensitäten eines Merkmals und/oder einer Merkmalseigenschaft wie zur Ermittlung von Produktprofilen (Quantitatives Profil)
- Überführung von Qualitätsangaben in Bewertungen mit Hilfe zuvor festgelegter Bewertungskriterien

Um Objektivität zu gewährleisten, darf der Schritt zwei, d. h., die sensometrische Ermittlung der Intensitäten, nicht von denjenigen Personen durchgeführt werden, die den Test konzipiert haben und am Ende seine Messresultate beurteilen.

Obgleich die bewertende Profilanalyse in erster Linie zur Überprüfung der Marktfähigkeit industrieller Produkte entwickelt wurde, propagieren einige Wissenschaftler dieses Verfahren mit seiner Trennung von Befunderhebung und -interpretation als Universallösung für alle Fragestellungen, bei denen eine Beurteilung sensorischer Befunde verlangt wird. Dass dieser Monopolanspruch nicht sachgerecht sein kann, mag ein – zugegebenermaßen überspitztes – Beispiel vor Augen führen, das zugleich die Arbeitsweise der bewertenden Profilanalyse verdeutlichen und einen Gegenentwurf anklingen lassen soll: Der eingangs erwähnte Gourmet hat sich bereit erklärt, dem Besitzer des „Restaurante Bacalao" ein objektives Sachverständigenurteil über die Qualität dessen Paella marinera zu erstellen. Hält er sich an die geschilderten Vorgaben, kann der Genießer sich nicht einfach zu Tisch setzen, sondern er muss einen Test organisieren und dabei als Versuchsleiter fungieren. Da es sich bei Paella um ein Gericht aus mehreren Komponenten handelt, sind der gewürzte Reis, die Riesengarnelen, Kaisergranate, Tintenfischringe und gekochten Muscheln sowohl für sich als auch in ihrer Gesamtheit zu beurteilen. Für alle diese Ingredienzien erstellt er aus seiner Erfahrung heraus ein eigenes Merkmalsprofil, jeweils getrennt nach Aussehen, Textur, Geruch und Geschmack. So könnte er bei der Konsistenz der Riesengarnelen (und wohl auch der Kaisergranate) die Deskriptoren mit „saftig", „zart", „leimig", „musig", „mehlig", „krümelig", „talgig", „trocken" und „faserig" definieren. Weil dem Versuchsleiter kein Standard für eine optimale Paella marinera zur Verfügung steht, fällt ihm darüber hinaus die Aufgabe zu, für sämtliche ausgewählten Merkmalseigenschaften selbst die Bewertungskriterien zu fixieren, nach denen die Beurteilung als dritter Schritt erfolgt. Das heißt nichts anderes, als dass für jedes erfasste Merkmal eine Intensität, an der sich die Qualitätserwartung vollständig erfüllt, in Form eines Skalenwertes oder eines Skalenbereichs festzulegen ist. Damit hat der Organisator seine Hauptarbeit erledigt, denn auch als ausgewiesener Feinschmecker darf er nicht selber an der Prüfung teilnehmen. Er muss in seiner Versuchsleiterfunktion vielmehr sechs Personen finden, die möglichst in der Verkostung von Paella geübt sind und als biologisches Messinstrument für sensorische Reize dienen. Jedem dieser geschulten Prüfer setzt er eine neutralisierte Probe vor, um von ihm die Intensitäten der aufgelisteten Merkmalseigenschaften in der vorgegebenen Reihenfolge ermitteln und die Ergebnisse in das Prüfprotokoll eintragen zu lassen. In einem eher formalen Akt vergleicht der Versuchsleiter abschließend die festgestellten mit den gemäß Standard erwarteten Intensitäten für sämtliche erhobenen Merkmale. Decken sich Ist und Soll vollständig, liegt ein optimales Produkt vor, während Abweichungen vom Sortenstandard bei einer oder mehreren Merkmalseigenschaften auf ein fehlerhaftes Erzeugnis hinweisen. Weil Art und Ausmaß der Divergenz exakt benannt werden, kann der Küchenchef des Restaurants das Ausgangsmaterial, die Zusammensetzung oder die Zubereitung der Paella entsprechend modifizieren. Falsche Bewertungen entstehen, wenn der Gourmet in seiner Rolle als Versuchsleiter ein ungeeignetes Prüferpanel zusammengestellt oder einen der Verbrauchererwartung widersprechenden Produktstandard geschrieben hat.

In Anbetracht des erheblichen Aufwandes, der sich mit Organisation und Durchführung einer bewertenden Profilanalyse verbindet, muss kritisch gefragt werden, ob der Anspruch auf maximale Transparenz das einzige Kriterium bei der Methodenauswahl bilden darf. Soll wirklich jede bewertende Prüfung in das Korsett dieses Verfahrens gezwängt werden, anstatt für unterschiedliche Konstellationen jeweils die geeignete analytische Lösung zu suchen? Zwar steht die Führungsposition der bewertenden Profilanalyse in Marktforschung und Qualitätsmanagement keineswegs zur Disposition, doch bei hohem Probenaufkommen, komplexen Merkmalsstrukturen oder fehlender Normierung der Beurteilung wird die Kapazität der Methode schnell erreicht. Demnach wäre z. B. für beschreibend-bewertende Prüfungen im Rahmen der Gastronomiekritik, der organisierten Produktwettbewerbe, der amtlichen Überwachung des Genusswertes und der innerbetrieblichen Routinekontrolle nach alternativen Ansätzen zu suchen.

Die Gegenposition zur bewertenden Profilanalyse markiert noch immer der zeitlose, von modernen Sensorikern gelegentlich belächelte „Experte". Bei ihm vereinigen sich Untersuchung und Beurteilung in einer geeigneten Person. Die zwei Vorgänge des Beschreibens und Bewertens werden also miteinander integrativ verzahnt, statt die Interpretation vom deskriptiven Befund abzukoppeln. Um dennoch ein möglichst objektives Urteil zu erhalten, muss der Experte eine geübte Prüfperson mit Kenntnissen der sensorischen Theorie und Praxis sein. Vom menschlichen Analysenautomaten unterscheidet ihn insbesondere die produktbezogene Sachkunde, d. h., der Experte muss zusätzlich ein profundes Wissen über die Herstellung, Eigenschaften und Marktfähigkeit der getesteten Erzeugnisse einbringen. Hieraus soll sich „ein – überwiegend durch Berufserfahrung,

Schulung und Weiterbildung erworbener – repräsentativer und aktueller, verinnerlichter Standard hinsichtlich der allgemeinen Verkehrsauffassung der sensorischen Qualität der durch ihn zu prüfenden Lebensmittel" entwickelt haben, der dem Experten einen objektiven Vergleich zwischen Qualitätsanspruch und dessen Realisation ermöglicht. In ihrer Ganzheitlichkeit ähnelt die Verknüpfung von Beschreibung und Bewertung dem Verhalten des Normalverbrauchers, jedoch auf einer objektiv-rationalen statt einer intuitiv-affektiven Ebene. Gerade die Übereinstimmung mit der Wahrnehmungsweise des Konsumenten macht die Authentizität des Experten-Gutachtens aus. Messdaten mögen zwar glaubwürdiger als Worte wirken, doch bleibt ihre Bedeutung dem Laien oft unklar. Die Angabe „salzscharf" kann sofort eingeordnet werden, während sich der sensometrische Befund „salzig: vier Punkte" oder das völlig personenunabhängige chemische Resultat „1,2 % NaCl" nicht unmittelbar erschließen.

Wie wenig auch in Zeiten einer Perfektionierung der bewertenden Profilanalyse auf den Experten verzichtet werden kann, zeigt die neue DIN-Norm 19795 für die amtliche Überwachung der Verkehrsfähigkeit von Lebensmitteln, welche die sensorische Prüfung eben diesen Experten zuschreibt. Wie dies geschieht, wird in Kapitel 3.3 dargestellt.

Den fundamentalen Unterschied zwischen deskriptiven sensorischen Techniken mit anschließender oder mit integrierter Qualitätsbewertung soll Abb. 2.4-1 verdeutlichen. Den zwei Verfahren ist gemeinsam, dass sie nicht von Laien durchgeführt werden können. Zwar steht am Ausgangspunkt beider Methoden stets der Konsument, es muss sich jedoch um einen bewusst verzehrenden und motivierten Menschen mit guten sensorischen Fähigkeiten handeln, der sich zu den verschiedenen Varianten einer Prüfperson (Prüfer, Sensoriker, Sachverständiger, Experte) ausbilden lässt.

2.4.4 Reizmessgerät oder Fehlersuchmaschine?

Aus abstrakt analytischer Sicht spricht einiges für das Prinzip, zur Charakterisierung einer Matrix bestimmte sensorische Merkmale vorzugeben, diese sukzessiv zu vermessen und aus den Zahlenwerten für die Reizintensität letztlich eine Beurteilung abzuleiten. Dagegen arbeitet der Experte nach einem ganzheitlichen Verfahren, indem er sämtliche optischen, mechanischen, geschmacklichen, geruchlichen und trigeminalen Sinneseindrücke simultan aufnimmt, um daraus die wesentlichen Informationen zu selektieren. So subjektiv-hedonisch ein solches Vorgehen zunächst erscheinen mag, repräsentiert es jedoch im Bereich der Sinnesphysiologie oftmals die beste, weil biologisch adäquate Lösung. Bereits zu Beginn des 20. Jahrhunderts haben sich deutsche Gestaltspsychologen mit der ganzheitlichen, integrativen Erfassung unter dem Motto „das Ganze ist mehr als die Summe seiner Teile" auseinandergesetzt. Dass man im Bereich der Sinnesprüfung eine Gesamtheit zur Diagnose von Normabweichungen nicht in Einzelteile zu zerlegen braucht, bildet eine ganz wesentliche Erkenntnis und soll daher an einigen Beispielen verdeutlicht werden:

- Menschen mit „geschultem Gehör" sind in der Lage, bei einem Konzert (= Verlaufsgestalt) einen falschen Ton – und sei es nur von einem Instrument – zuverlässig herauszuhören. Analog zur Musik können Lebensmittel „kulinarischen Kompositionen" gleichgesetzt werden, bei deren Verzehr Disharmonien sofort auffallen.
- Vor sechzig Jahren wurden Bestimmungstafeln für die feldornithologische Literatur entwickelt, in denen Pfeile ein oder zwei optisch auffällige Unterscheidungsmerkmale innerhalb verwandter Arten markierten. Ohne die Gesamtheit der anatomischen

Abbildung 2.4-1

Die beiden Ansätze der bewertenden Sensorik.

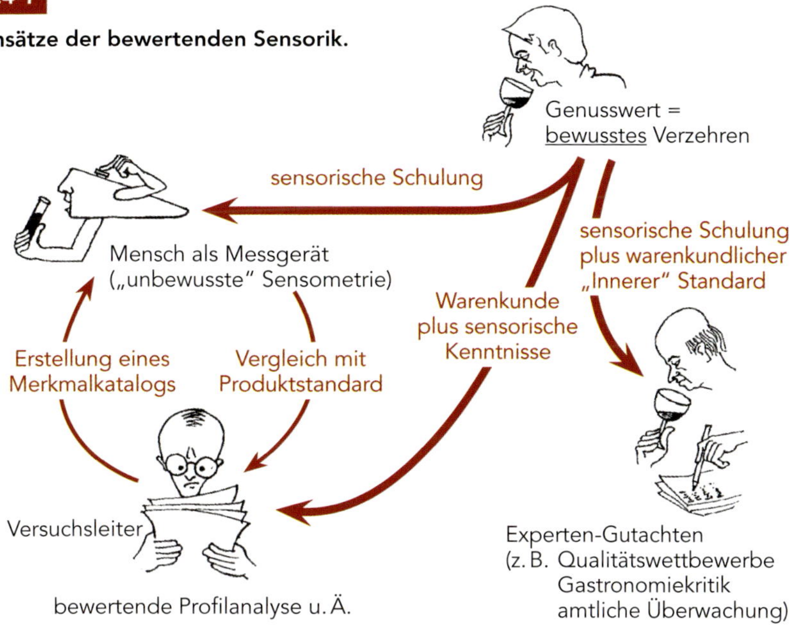

Kriterien abzufragen, konnte nunmehr auch jeder interessierte Laie nach dem Schloss-Schlüsselreiz-Prinzip den gerade beobachteten Vogel der richtigen Spezies zuordnen. Auf Grund des großen Erfolges fand das Konzept weltweite Verbreitung in der Biologie und wurde zu abgestuften Bestimmungsschlüsseln ausgebaut. Wie der Prozess abläuft, soll an der zoologischen Zuordnung eines Fisches gezeigt werden. Hat der Angler ein Tier aus dem Wasser gezogen, das keine stacheligen Strahlen in der Rückenflosse („Weichflosser") und ein in den Kiemenbereich vorgewandertes Bauchflossenpaar („Kehlweichflosser") aufweist, kann er sich über einen Vertreter aus der Gruppe der Schellfische freuen. Der Fang ist bereits als Aalquappe identifiziert, wenn er aus dem Süßwasser stammt. Wurde der Fisch dagegen in der Nordsee geangelt, wo es zahlreiche Arten gibt, und besitzt eine ungeteilte Rückenflosse, kann es sich nur um die kommerziell unbedeutende Brosme handeln. Bei einer dreigeteilten Rückenflosse kommen mit Kabeljau/Dorsch, Seelachs, Pollack, Schellfisch und Merlan fünf auch verschieden schmeckende Arten in Betracht. Spätestens wenn der Petrijünger beim Entfernen des Hakens in ein schwarz pigmentiertes Maul blickt, steht die Diagnose Seelachs (mundartlich: Kohlmuhl) fest. Wirkliche Experten benötigen solche feldbiologischen Bestimmungstabellen oder -tafeln nicht mehr, weil der auslösende Stimulus im tertiären Gedächtnis gespeichert ist und dadurch der Erkenntnisvorgang spontan abläuft. Nicht anders und ebenso erfolgreich arbeitet das kulinarische Gedächtnis des Sensorik-Experten. Ist jedoch eine weitere Feindifferenzierung notwendig, werden sowohl der Zoologe als auch der Sensoriker gern zu einer Profilanalyse mit ausgewählten quantitativen Deskriptoren greifen. Aber selbst diese nutzt letztlich gestaltspsychologische Techniken, indem sie die Einzeldaten in Form von Säulen, Spinnen oder Sternen zusammenfasst und graphisch aufbereitet, was einer ganzheitlichen Wahrnehmung entgegenkommt (siehe Kapitel 2.2 und 2.5).

– Abgesehen von den theoretischen Unterschieden kann ein Blick in die Humanmedizin die praxisrelevanten Diskrepanzen zwischen bewertender Profilanalyse und Experten-Gutachten illustrieren. Würde ein durch zahlreiche Klinik-Soaps gebildeter Zuschauer akzeptieren, dass die Pathologiegehilfen beim Sezieren einer Leiche umfangreiche Merkmalskataloge ausfüllen, auf Grund derer der Chefarzt die Todesursache erkennt und differentialdiagnostisch absichert, ohne das Büro zu verlassen und ohne etwas über den Verstorbenen zu wissen? Weil Vergleiche stets schief sind, sei ein weiteres Beispiel gewählt. Die bewertende Profilprüfung lässt sich als medizinischer Laborbefund interpretieren, denn beide erfassen üblicherweise nur eine begrenzte Anzahl von Merkmalen. Bei der Profilanalyse sollen es 5 bis 7, höchstens aber 15 Deskriptoren sein. Allein auf diese Information gestützt kann ein unabhängiger Sachverständiger nur einige der Vielzahl möglicher Normabweichungen, sei es nun in Form einer Erkrankung des Menschen oder eines Produktfehlers des Lebensmittels, mit ausreichender Sicherheit erkennen. Der sensorische Experte ähnelt eher dem Hausarzt. Dieser kennt seine Klientel und muss lediglich Veränderungen registrieren. Aber auch hier hinkt der Vergleich, denn im Gegensatz zum Hausarzt kann der sensorische Experte alle relevanten Befunde selbst erheben.

Die mit Bezug auf sensorische Tests gewählten Beispiele lassen sich durchaus generalisieren. Zunächst die Gesamtheit der Sinnesreize aufzunehmen und dann die wesentlichen Informationen herauszufiltern, ist die Grundlage der Auseinandersetzung von Lebewesen mit ihrer Umwelt und damit ihres Überlebens. Auch für den Menschen gilt die vielfach wissenschaftlich bestätigte Erkenntnis, dass ein Speicher mit großer Kapazität in den primären Sinnessystemen besteht, der sensorische Stimuli kurzfristig stabil hält, um die Codierung und Merkmalsextraktion sowie die Anregung von motivationalen Prozessen zu ermöglichen. Dabei werden sämtliche ankommenden Reizmuster relativ vollständig, nicht-bewusst sowie äußerst schnell auf einige wichtige Elemente analysiert, bevor sie selektive Aufmerksamkeitssysteme mit assoziierter Antriebskomponente aktivieren. Von den 11 Millionen Bit Aufnahme pro Sekunde werden lediglich 40 Bit bewusst verarbeitet. Auf diese Weise wird die Komplexizität der Primärdaten reduziert und dennoch im Gehirn zu einem Gesamtbild zusammengefügt. Demnach registriert der Mensch nicht mit den Sinnesorganen, sondern mit dem Gedächtnis. Jede Abweichung vom gespeicherten und erwarteten Modell löst zugleich eine Reaktion aus, weshalb man von gerichteter Aufmerksamkeit und kontrollierter Suche spricht. Autofahren ist ein gutes Beispiel, wie sich durch Schulung und Erfahrung die Zuverlässigkeit der Erfassung sowie Bewertung von Reizen verbessert. Mit der Zeit werden immer weniger Gefahren übersehen sowie seltener Irritationen durch ungefährliche Situationen ausgelöst. Der entscheidende Sprung zum Routinier gelingt jedoch erst, wenn die bewussten, willentlichen Reaktionen durch angemessene automatisierte Reflexe abgelöst werden. In gleicher Weise braucht der versierte sensorische Experte beim Verzehr eines Lebensmittels nicht jeden Stimulus einzeln zu analysieren, sondern sein Produktgedächnis filtert ihm spontan jede Auffälligkeit heraus und hebt sie auf die Stufe des Bewusstseins. Insoweit automatisiert er sein Erkennungssystem und könnte als „Fehlersuchmaschine“ bezeichnet werden, wobei der Begriff „Fehler“ im Sinne der Qualitätssicherung für jede Normabweichung gilt, sei sie nun positiv oder negativ. Allerdings muss der Experte hierzu das Ekphorie (= Abruf) genannte Suchsystem seiner „Kopfbibliothek“ aktivieren, damit die Aufmerksamkeit bei der Erfassung ganzheitlicher Systeme auf das Aufspüren konträrer Reize gelenkt wird. Bei einer sensorischen Prüfung ergibt sich diese Motivation bereits aus dem Wunsch, sich als echter Experte bestätigt zu sehen.

Werden Menschen statt als „Fehlersuchmaschinen“ dagegen nach Art „biologischer Messinstrumente“ bei der Profilanalyse eingesetzt, steht eine solche Funktion weit eher im Widerspruch zu ihrem Wesen als physiologische, psychologische und kognitive Einheiten. Um apparategleich die Intensitäten selektierter Reize zu bestimmen, müssen nämlich die neuronalen Netzwerke genau an den Stellen gekappt werden, wo Verbindungen zum „Produktgedächtnis“ bestehen. Andererseits dürfen die Nervenbahnen zwischen den stimulierten Sinneszellen und dem „Prüfmethodengedächtnis“ nicht blockiert sein. Damit keine Informationen aus früheren Erfahrungen mit dem zu testenden Lebensmittel die aktuelle Reizaufnahme überlagern, müssen Assoziationen verhindert werden. Deshalb werden die Proben möglichst bis zur Unkenntlichkeit neutralisiert. Trotz aller organisatorischen Bemühungen um einen solchen externen „Reizfilter“ wird eine derart unnatürliche und selektive Kanalisierung der Aufmerksamkeit kaum vollständig gelingen, zumal Bewusstseinsprozesse stets aus vorbewusster, unkontrollierbarer „automatischer“ Informationsverarbeitung resultieren. Es ist daher verständlich, dass auch eine Profilanalyse die schwer beherrschbaren neuro-psychologischen Interaktionen selbst durch optimale Prüferschulung und Versuchsplanung nur zu reduzieren, aber nicht zu eliminieren vermag. Unabhängig davon weist das Messinstrument Mensch ohnehin geringe Selektivität, Präzision und Verlässlichkeit auf, wie im Kapitel 1.2 geschildert wird.

Letztlich können das „menschliche Messgerät“ der Profilanalyse wie auch die „Fehlersuchmaschine“ des sensorischen Experten als auf Sinnesreize reagierende Reflexmaschinen aufgefasst werden. Erstere deaktiviert jedoch ihr Produktgedächtnis und darf sich nicht mit den Informationen bewusst auseinandersetzen.

2.4.5 Bezugsstandard und Auftritt der hedonischen Bandbreite

Jede Bewertung benötigt Beurteilungskriterien, möglichst in Form eines Bezugsstandards. Dabei ist zwischen einer innerbetrieblichen, unternehmensspezifischen und einer allgemeinen, sortenspezifischen Norm zu unterscheiden. Welche Bedeutung eine solche Alternative besitzt, soll ein hypothetisches Beispiel illustrieren: Dem Hersteller von „Zart + Mild“-Schokolade liegt ein preisgünstiges Angebot für Kakaomasse vor. Mit dieser Zutat wird eine Versuchscharge gefahren. Anschließend ergibt eine sensorische Prüfung, dass bei Einsatz der neuen Kakaomasse die Konsistenz gegenüber einer Referenzprobe üblicher Zusammensetzung deutlich härter ausfällt. Trotz finanzieller Vorteile verzichtet die Firma auf Kauf und Verarbeitung dieses Rohstoffs, weil ihre Milchschokolade den charakteristischen zarten Schmelz verlöre und sich in dieser Hinsicht nicht mehr vom eher bissfesten Typ des Mitkonkurrenten „Powerkraft“ abheben würde. Bei einem überbetrieblichen Schokoladentest auf der Süßwarenmesse würde hingegen nicht nur die klassische Milchschokolade „Zart + Mild“ im Merkmal „Biss, Kaueindruck“ unbeanstandet bleiben, sondern auch die Versuchscharge sowie das Erzeugnis des Produzenten „Powerkraft“ wären ohne Mangel, da sie innerhalb der Bandbreite der Verbrauchererwartung liegen. Dass Käufer nach subjektiver Präferenz zwischen harter und weicher Milchschokolade wählen möchten, beweisen bereits die hohen Verkaufszahlen der beiden Marktführer. Zartes Schmelzen von Herrenschokolade ließe sich zwar gleichfalls erzeugen, eine solche Konsistenz liegt aber nicht im Bereich derzeitigen Herstellungsbrauchs und müsste daher auch auf einem

Foto 2.4-4

Auch Lebensmittel mit Billig-Image – wie Curry-Wurst – können einen hohen Genusswert besitzen.

Leistungswettbewerb abgewertet werden. Ob eine solche Variante – sofern bewusst produziert – Zukunft haben könnte, wird auf diesen Veranstaltungen nicht entschieden.

Generalisierend ergibt sich aus dem Beispiel die Schlussfolgerung, dass der sinnvolle Einsatz vollständig definierter, unternehmensspezifischer Sortenstandards sich auf den innerbetrieblichen Ist-Soll-Vergleich im Rahmen der Qualitätssicherung beschränkt. Für den branchenweiten Qualitätsvergleich bedarf es indessen einer Bezugsgröße, die sich als „zutreffende Vorstellung vom Cluster einwandfreier, in sämtlichen sensorischen Eigenschaften der allgemeinen Verkehrsauffassung genügenden Proben einer Sorte" beschreiben lässt. Solche „allgemeinen Sortenstandards" müssen sowohl die merkmals- als auch die erzeugnisspezifischen Schwankungsintervalle für Aussehen, Konsistenz, Geruch und Geschmack, wie sie aus der Variabilität von Verbrauchererwartung und redlichem Herstellungsbrauch resultieren, von vornherein einschließen. Diesen gängigen Bereich marktkonformer Produkte einer Sorte stellt aus sensorischer Sicht die „hedonische Bandbreite" dar. So darf beispielsweise die Konsistenz deutscher Salami in Abhängigkeit vom Reifungsgrad zwischen fest-elastisch und weich-plastisch liegen, während derb-bröckelige oder streichfähige Textur außerhalb der üblichen Marktanforderungen liegt. Auch wenn ein Experte oder Versuchsleiter persönlich nur „hart gereifte" Salami akzeptiert, müsste er sein individuelles Auswahlverhalten unterdrücken und zugleich in der Lage sein, in seinem Urteil die Erwartungshaltung maßgeblicher Käuferkreise zu reproduzieren. Geht es dagegen um die Prüfung ungarischer Salami, darf er zu Recht auf deutlich abgetrockneter Ware bestehen, die im Gegensatz zu heimischen Produkten weiterhin einen weißlichen Schimmelbelag aufweisen sollte.

Eine gewisse Variabilität der sensorischen Merkmalseigenschaften innerhalb von Lebensmittelsorten gehört zur freien Marktwirtschaft und ermöglicht dem Verbraucher eine gezielte Auswahl. Staaten mit planwirtschaftlichem System engen dagegen die hedonische Bandbreite der verschiedenen charakteristischen Eigenschaften einer Lebensmittelsorte jeweils auf einen Punkt ein, indem sie fest fixierte Normen vorgeben, wie es sonst bei der innerbetrieblichen Qualitätssicherung der Fall ist. Dem Feinschmecker muss bei der Vorstellung grausen, dass sich ein Gemeinwesen die Entscheidung anmaßt, welche Lebensmittel hergestellt werden dürfen und wie sie beschaffen sein müssen. Dieser Gedanke sollte aber auch alle Kritiker zum Nachdenken bringen, die allein ihr persönliches Urteil gelten lassen und z. B. Spargel nur in der puristischen Version mit zerlassener Butter akzeptieren, während sie geschäumte Buttersoße bereits als Sündenfall geißeln.

Insbesondere unter Konsumenten findet sich oftmals die Vorstellung, dass ein Erzeugnis nur am höchsten Anspruch zu messen sei, frei nach dem Berliner Motto: „Lieba een bißken mehr, aba dafür wat Jutet!". Nicht bezüglich der Portionsgröße, aber hinsichtlich des Leistungsniveaus – manifestiert durch die Zahl der Gänge und die Qualität eines jeden Gerichts – urteilen fast alle Gastronomie-Führer konsequent nach dieser Vorgabe. Mit Einverständnis des Publikums dient beim Kampf um Sterne und Kochmützen die absolute Spitze als Messlatte. Wer sich ohne Rücksicht auf die Kosten höchsten Gourmet-Freuden hingeben möchte, wird optimal beraten. Entscheidet sich der potenzielle Gast nach dem nächsten Berliner Wahlspruch „Ham Se's nich ne Numma kleena?" für ein niedrigeres Anspruchsniveau, indem er nach der schmackhaftesten bürgerlichen Küche, dem authentischen Thai-Restaurant oder gar dem besten Imbiss fragt, erhält er seltener eine kompetente Antwort. Dieser Mangel an Information ist insoweit bedauerlich, als sich gerade bei Lebensmitteln mit Billig-Image wie Äppelwoi, Bratkartoffeln, Reibekuchen oder Curry-Wurst zeigt, welches handwerkliche Können auch hier die Herstellung eines gelungenen Erzeugnisses verlangt.

Da ein Durchschnittsverbraucher nicht täglich zwischen Bordeaux und Barolo oder zwischen Gänseleberpastete und Trüffelleberwurst wählen kann und wahrscheinlich auch gar nicht möchte, sollte eine Qualitätsbeurteilung von Lebensmitteln auf der Grundlage erfolgen, dass die einzelnen Erzeugnisse ihrem Wesen und ihrer Bestimmung nach bewertet werden. Gerechte Leistungswettbewerbe verlangen Berücksichtigung des angestrebten Anspruchsniveaus und folglich das Jurieren nach klassenspezifischen Standards. Für eine als Spitzenqualität ausgelobte Salami gelten z. B. in den Merkmalen Aromafülle und Schnittfestigkeit andere Forderungen als an das schnell gereifte Pendant. Da praxisgerecht, wirkt eine derartige Differenzierung qualitätsfördernd auf allen Ebenen.

Ob ein allgemeiner Sortenstandard leicht oder schwer erreicht werden kann, hängt neben dem Anspruchsniveau auch von der Art des zu überprüfenden Lebensmittels ab. Je mehr die Anzahl der zu verwendenden Zutaten, die natürliche Variabilität der Rohstoffe oder die Komplexizität des Herstellungsprozesses steigen, desto weniger lassen sich Fehler vermeiden. Es kann daher nicht verwundern, dass bei einem vergleichenden Warentest der gleichnamigen Stiftung von 36 Trinkmilchproben 23 keine sensorischen Mängel aufwiesen. Hier lagen demnach die meisten Profile des leicht standardisierbaren Lebensmittels innerhalb der hedonischen Bandbreite. Dagegen erfüllte im Rahmen einer Erhebung der Zeitschrift Öko-Test kein einziges von 25 Brühwürstchen in Dosen oder Gläsern die Idealvorstellungen.

2.4.6 Materieller und immaterieller Standard

Jeder Standard kann materiell, aber auch immateriell sein. Für die innerbetriebliche Qualitätskontrolle bietet sich ein reales Lebensmittel als Referenzmaterial an, dessen Beschaffenheit immer wieder erreicht werden soll. Zum Nachweis der konstanten Merkmalsausprägung empfiehlt sich eine parallele Verkostung von „Versuch" und „Kontrolle". Bei Anwendung des empfindlichen Triangel-Tests oder anderer Verfahren der Unterschiedsprüfung können zwar sensorisch manifeste Differenzen auf diese Weise sicher festgestellt werden, aber die betroffenen Merkmalseigenschaften lassen sich nicht systematisch identifizieren. Hier setzt die Profilanalyse ein. Aus dem Standardlebensmittel wird ein sensorisches Profil abgeleitet, indem charakteristische Merkmalseigenschaften ausgewählt und ihnen die an der Bezugsprobe ermittelten Intensitäten zugeordnet werden. Im Gegensatz zu einer Standardlebensmittelprobe kann ein solches schriftlich fixiertes Standardprofil immer und überall für eine Bewertung herangezogen werden. Allerdings muss dann ein Prüferpanel für jede zu beurteilende Probe ein Profil mit gleicher Merkmalsstruktur erstellen. Fakt ist indessen, dass in deutschen Lebensmittelunternehmen die Anwendung sensometrischer Tests eher die Ausnahme als die Regel bildet. In mittelständischen, aber auch in großindustriellen Betrieben gilt zumindest in der Qualitätssicherung immer noch das Urteil von Experten. Selbst Marktführer bedienen sich ihres Sachverstandes, wie Kapitel 3.4 zeigt. Durch stetiges, meist tägliches Verkosten hat sich ihr innerer Standard für die einzelnen Produkte derart verfestigt, dass sie jede Sollabweichung von der firmeninternen Norm identifizieren. In ihrer sensorischen Empfindlichkeit sind sensorische Experten einem geschulten Profilanalytik-Panel offenbar gleichwertig. Dank ihrer warenkundlichen und technologischen Kenntnisse können sie ihre Befunde jedoch direkt interpretieren, d. h., die Ursachen eines Produktfehlers namhaft machen und Vorschläge zu deren Abhilfe unterbreiten. Das Können von Kaffee- oder Tee-Testern ist schon legendär.

Noch seltener als bei der innerbetrieblichen Kontrolle wird die bewertende Profilanalyse für betriebsübergreifende Warentests eingesetzt. Zwar ließen sich auch hier Standardprofile schreiben, welche in den vorgegebenen Merkmalsausprägungen die hedonische Bandbreite in Form von Intensitätsintervallen berücksichtigen; aber wer würde es wagen, solche Normprofile zur wissenschaftlich abgesicherten Manifestation einer regionalen oder nationalen Verkehrsauffassung zu erklären? Derart abgeleitete Sortenbeschreibungen werden ohnehin die mehr oder weniger objektive Interpretation von Erfahrungswerten darstellen und sich damit nicht grundsätzlich vom inneren Standard eines Experten unterscheiden. Es gibt daher kaum Argumente, die sich gegen sensorisch versierte Produktsachverständige, wie sie bei vergleichenden Warentests in den Medien oder Qualitätswettbewerben eingesetzt werden, vorbringen lassen. Auf seine eigene Erfahrung vertrauend wird der Experte zur Beurteilung der sensorischen Qualität im Rahmen betriebsübergreifender, vergleichender Tests kein dokumentiertes Standardprofil und erst recht keine Referenzprobe(n) heranziehen. Auch die Prüfprotokolle der beschreibenden Prüfung mit Skale wird er nur benutzen, wenn ein standardisierter Befund gewünscht wird. Formulare nehmen ihm aber nicht das Erkennen und Bewerten ab. Zur Beurteilung der Übereinstimmung von Proben mit dem allgemeinen Sortenstandard bringt der Experte lediglich sein individuelles, aus dem Gedächtnis abrufbares Produktwissen als immateriellen, inneren Maßstab ein.

Erfüllt eine Lebensmittelprobe beim vergleichenden Warentest nicht den allgemeinen Sortenstandard, kommen dafür zwei Ursachenkomplexe in Betracht. Einerseits kann ein Produktionsfehler durch unzureichende Rohstoffauswahl oder herstellungstechnisches

Unvermögen vorliegen. Dann müsste auch die innerbetriebliche Sollvorgabe verfehlt worden sein. Andererseits kann es sich um falsche Modellpolitik handeln, d. h., die betriebsinterne Sollvorgabe ist zwar erfüllt worden, aber diese stimmt nicht mit den Marktbedürfnissen überein. Deshalb muss ein Experte entscheiden, ob eine Abweichung vom allgemeinen Sortenstandard wirklich einen „Fehler" darstellt oder eine schlüssige Modifikation der allgemeinen Verkehrsauffassung vorliegt. „Rustikal" wirkende Bauernleberwurst mit leichtem Fettabsatz unter der Hülle und ungleichmäßiger Zerkleinerung kann durchaus positiv wirken, während deutliche Schwartenpartikel den ländlichen Eindruck überstrapazieren. Bröckelige Konsistenz oder saurer Geschmack haben dagegen nichts mit Alleinstellungsmerkmalen zu tun, sondern bilden unstrittige Qualitätsmängel. Schwierigkeiten bereitet die gerechte Bewertung von Innovationen. Hier muss sich der Experte – mit Ausnahme unstrittiger Produktfehler – zurückhalten, bis sich der Standard verfestigt hat, sofern sich die Neuentwicklung überhaupt auf dem Markt durchzusetzen vermag.

Bisher wurde der innere Standard auf der Ebene des Gedächtnisses und der Rationalität diskutiert. Wenn aber der menschliche Analysenautomat nur schwer sein Bewusstsein abzuschalten vermag, so ist es erst recht legitim zu fragen, ob der Experte überhaupt seine persönlichen Sym- und Antipathien ablegen und die Rolle des neutralen Produktrichters annehmen kann. Im Gegensatz zum unphysiologischen Kappen der Reizleitung zwischen Sinnesorgan und Produktgedächtnis entspricht es jedoch der Natur des Menschen, seine Affekte im Interesse einer objektiven Bewertung zu unterdrücken. Die Berücksichtigung fremder Wünsche und Vorstellungen bei der eigenen Entscheidungsfindung steht nicht im Widerspruch zur neuro-psychologischen Ausstattung, sondern gehört zum permanenten Dialog zwischen Innen- und Außenwelt. Als entscheidendes Kriterium – und unter der Bezeichnung „Theorie des Geistes" bekannt – kennzeichnet die Fähigkeit, persönliche Impulse zu hemmen und sich in die Perspektive anderer hinzuversetzen, die menschliche Intelligenz. Und nichts anderes als die Anwendung eines Teils der menschlichen Intelligenz, nämlich der kulinarischen Intelligenz, wird beim Experten-Gutachten gefordert. Neben der Wahrnehmung und Berücksichtigung von Konsumgewohnheiten anderer Menschen gehört zur Objektivität auch die Fähigkeit, aus sich selbst herauszutreten und die eigene Auffassung gegebenenfalls zu relativieren oder gar zu korrigieren.

Um noch einmal konkret zu werden, so darf ein Experte auf die Frage, ob er dem Verbraucher Coca-Cola oder Pepsi-Cola aus sensorischer Sicht empfiehlt, lediglich antworten, dass beide den allgemeinen Sortenstandard für coffeinhaltige Erfrischungsgetränke vollständig erfüllen. Zumindest spricht wenig gegen diese Aussage. Soll der Befund auch eine Charakterisierung der zwei Produkte umfassen, müssten, soweit das Internet richtig informiert, die (vergleichsweise) geringere Süßintensität und der niedrige Kohlensäuregehalt von Pepsi-Cola aufgeführt werden. Trotz derartig signifikanter Unterschiede hat der Experte aber so lange auf eine bewertende Differenzierung zu verzichten, wie die Proben keine objektiven Abweichungen von der allgemeinen Verkehrsauffassung zeigen. Falls er an Hand von Merkmalen, mit denen marktkonforme Produkte sich gegeneinander abgrenzen und bestimmte Verbraucherkreise bedienen, dennoch eine – zwangsläufig subjektive – Qualitätsreihung vornimmt, verstößt er gegen die Grundsätze des Expertengutachtens. Es handelt sich dann lediglich um die affektive Meinung eines nach seiner persönlichen Präferenz urteilenden Verbrauchers, so kompetent er auch sein mag. Ebenso wenig tangiert es den Leser eines neutralen Warenvergleichs in seiner Kaufentscheidung, ob der Tester bissfeste Schokolade der zart schmelzenden Variante vorzieht. Zart schmelzende Herrenschokolade könnte er dagegen, wie einige Absätze zuvor ausgeführt, als Abweichung vom allgemeinen Sortenstandard kritisieren. Andererseits mag es durchaus amüsant und informativ sein, die persönliche Meinung eines Experten zu erfahren, so er sie denn als individuelle Auffassung kennzeichnet. Ohne sich als schlechter Mensch zu fühlen, kann der Leser dann belustigt feststellen: „Sieh da, den Siebeck ekelt's vor Bratkartoffeln, mich aber nun gar nicht!"

2.4.7 Kontrolle ist besser

Im Interesse der eigenen Vertrauenswürdigkeit sollte sich jeder Experte Maßnahmen der Qualitätssicherung unterziehen. Schulung und Leistungskontrollen hängen selbstverständlich von der Art der Sachverständigentätigkeit ab und werden bei einem Journalisten anders als bei einem Gutachter im Rahmen der amtlichen Lebensmittelüberwachung ausfallen. Da sich beide Berufsstände in eigenen Kapiteln vorstellen, wäre hier noch näher auf den Experten, der für vergleichende Warentests eingesetzt wird, einzugehen. In diesen Anwendungsbereich fallen die Markterhebungen von Testzeitschriften und einschlägigen Fernsehsendungen, die Vergabe regionaler, nationaler und europäischer Prüfsiegel sowie die freiwilligen Qualitätswettbewerbe von Berufsverbänden oder neutralen Testinstituten. Mit Hilfe einer Vielzahl an Vorgaben sowohl für die Organisation der sensorischen Prüfung als auch die Qualifizierung der Experten muss nachvollziehbare Objektivität geschaffen werden. Im Folgenden werden einige auf Grund der bisherigen Ausführungen oftmals selbstverständliche Regeln genannt, ohne dass die Aufzählung einerseits Anspruch auf Vollständigkeit erhebt und andererseits jeder dieser Punkte stets der Umsetzung bedarf.

Zunächst müssen für die Auswahl, Einsendung, Lagerung, Präsentation (Temperatur, Beleuchtung) und ggf. Zubereitung der Lebensmittelproben exakte Anweisungen einschließlich der Dokumentation bestehen. Auch sollen normierte Prüfprotokolle vorgehalten werden. Derartige Formulare bewirken eine Strukturierung und Vergleichbarkeit der an den einzelnen Proben erstellten Befunde. Als Prüfer werden hoch spezialisierte und fachkompetente Sachverständige aus Gewerbe, Überwachung und Wissenschaft benötigt. Trotz aller warenkundlichen und technologischen Kenntnisse müssen sie eine allgemeine und eine produktspezifische sensorische Schulung nachweisen können, wie Kapitel 3.7 zu entnehmen. Eine Prüfergruppe umfasst mindestens drei, besser jedoch fünf oder sechs Personen. Obwohl die populistische Versuchung groß ist, haben „Laienrichter" im Experten-System keinen Platz, wie ein Versuch bei einem Leistungswettbewerb von Brot bestätigte. Abgesehen davon, dass sich ungeschulte Verbraucher eine halbe Stunde je Probe durch das Beurteilungsschema kämpften, waren sie nicht zu einer produktspezifischen Beurteilung der einzelnen Brotsorten fähig. Im Allgemeinen können die Proben nicht maskiert oder portioniert werden, weil ihr äußeres Erscheinungsbild in die sensorische Bewertung eingehen muss. Neutralisieren, d. h. Entfernen eines jeden Hinweises auf den Hersteller, ist dagegen selbstverständlich. Diese Maßnahme bildet ein wesentliches psychologisches Element des Vertrauensschutzes, obgleich sich alle Experten ohnehin zur Objektivität verpflichten. Weiterhin erweist es sich als günstig, für jede Probe eine Reserveprobe vorrätig zu halten. Gerade bei naturnahen Lebensmitteln mit hoher biologischer Varianz und dementsprechend geringer Standardisierbarkeit, wie z. B. Fleischzuschnitte in Selbstbedienungspackungen oder tiefgefrorene Fische, muss zwischen zufälligen Ausreißern und systematischen Qualitätsunterschieden differenziert werden. Die notwendige Information kann eine Zweitprobe dem Experten liefern. Zu einer transparenten vergleichenden Prüfung gehört auch, dass den Produktherstellern ein Recht auf Vorinformation bzw. Einspruch eingeräumt wird.

Eine besondere Situation besteht bei den freiwilligen Qualitätswettbewerben, weil auf diesen meist ein- oder zweitägigen Veranstaltungen oft eine derart große Zahl an Proben vorliegt, dass mehrere, nicht immer aufeinander eingespielte Prüfergruppen parallel testen müssen. Hier sollte vor jeder Prüfung eine ausführliche Einweisung erfolgen, in der auf Produkttrends und Prüfmodalitäten eingegangen wird. Die Arbeit von zwei oder drei Gruppen wäre möglichst von einem Prüfgruppenleiter zu überwachen, der in strittigen Fällen moderiert und mindestens die kritischen Proben selbst verkostet. Die eigentliche Prüfung beginnt am besten mit einer Ausrichteprobe. Sie soll bei Merkmalen mit unklarem allgemeinem Standard zur Vereinheitlichung der Beurteilung führen und zugleich als „Warm-up" für die Prüfergruppen dienen. Weil üblicherweise mehrere Proben einer Lebensmittelsorte untersucht werden, festigt sich während der Prüfung der Sortenstandard. Deshalb wird die Beurteilung einer strittigen Probe manchmal besser bis zum Ende verschoben, um sie abschließend mit dem Profil des gesamten Probenkontingents vergleichen zu können. In Fällen, in denen sich dennoch keine Einigung zwischen den Experten über die Beurteilung erzielen lässt, legt der Prüfgruppenleiter die Probe mindestens einem weiteren Panel zur Beurteilung vor. Im Fall nationaler Wettbewerbe sollten nicht in jeder Gruppe, aber generell regionale Sachverständige zur Verfügung stehen. Sie können für die Beurteilung von Spezialitäten mit geographisch beschränkter Verbreitung sachkundigen Rat geben. Westfälische Salamis zeigen z. B. eine intensivere Säure als entsprechende Erzeugnisse aus dem Rest der Republik. Weisen Produkte unklare Bezeichnungen auf, wäre bereits während der Prüfung Rücksprache mit dem Ziel einer abgesicherten Zuordnung zu halten. Bei den so genannten freien Sorten, für die noch keine allgemeine Verkehrsauffassung existiert, ist eine charakterisierende Beschreibung seitens des Unternehmers wünschenswert. Viele freie Sorten gibt es beispielsweise im Käsebereich, für die zwar keine spezifischen, aber die üblichen Qualitätsstandards vergleichbarer Produkte gelten. Nach der Prüfung erweist es sich als günstig, auf einer Abschlussbesprechung mit allen Experten offene Beurteilungsfragen zu diskutieren. Auch fachliche Aussprachen zwischen den Prüfungsverantwortlichen und wissenschaftliche Auswertung der Daten zählen zu den qualitätssichernden Maßnahmen. Findet der freiwillige Warentest im Turnus statt, sollten insbesondere zum Schutz vor Sonderanfertigungen verdeckte Nachprüfungen durchgeführt werden. Tendenziell fallen nach den Erfahrungen der Deutschen Landwirtschafts-Gesellschaft die Ergebnisse solcher Tests sogar besser aus. Sonderanfertigungen lohnen meist auch nicht den Aufwand, und wenn es dennoch geschieht, treten oftmals grobe Fehler auf, weil der Produktionsgang nicht beherrscht wird. Wer für eine Extrakochung Dosengulasch z. B. fett- und sehnenärmere Skelettmuskulatur als gewohnt verwendet, muss ganz genau wissen, wie er die Sterilisationszeiten verkürzen muss, um kein trockenes Fleisch zu erhalten.

Ziel eines modernen Qualitätsmanagements ist es nicht nur, ein fehlerfreies Produkt oder eine einwandfreie Dienstleistung zu garantieren, sondern darüber hinaus muss Vertrauen des Konsumenten in die entsprechenden Fähigkeiten des Lieferanten erzeugt werden. Aus diesem Grund sollen die aufgelisteten Regelungen dazu führen, durch dokumentierbare Maßnahmen sowohl die Kompetenz der Experten wie auch einen angemessenen, neutralen Ablauf einer beschreibend-bewertenden Prüfung nachweisbar zu gewährleisten. Je weniger Elemente einer solchen Qualitätssicherung vergleichende Warentests enthalten, um so mehr verlieren ihre Ergebnisse an Glaubwürdigkeit. Und diese Feststellung gilt selbstverständlich auch für sämtliche anderen Varianten des Expertengutachtens.

2.4.8 Expertenkonzentrat

In der vielschichtigen Diskussion über die Notwendigkeit einer Trennung von Beschreibung und Beurteilung gibt es keine Universallösung. Für die sensometrischen Techniken mit eigenständiger Befundinterpretation sprechen die Formalisierung, Transparenz und Kommunizierbarkeit der Resultate. Bei anderen Aufgabenstellungen ist das eher ganzheitliche und flexible Vorgehen des Experten gefragt. Zusammenfassend lässt sich seine Arbeitsweise folgendermaßen charakterisieren:

- Der Experte ist kein „menschliches Analysengerät" ohne eigene Zielvorgabe und Datenauswertung, sondern ein motivierter, sensorisch geschulter Verbraucher mit lebensmittelkundlichem Fachwissen und repräsentativem innerem Standard.
- Der Experte kann überall seiner Arbeit nachgehen. Er benötigt kein eigenes Prüferpanel, kein Labor und keinen Computer. Was er benötigt, sind Ruhe und Konzentration.
- Die Testkapazität des Experten beschränkt sich nicht auf eine Hand voll vorgegebener Merkmale, vielmehr erfasst er die sensorische Qualität in ihrer Gesamtheit und überprüft sie simultan auf sämtliche positiven und negativen Abweichungen von der üblichen Beschaffenheit. Dabei registriert und wertet er auch die Intensität und zeitliche Reihenfolge der Reize sowie ihr Zusammenwirken, was dem Befund hohe Authentizität verleiht.
- Die sensorische Befähigung des Experten steht meist außer Frage. Seine Sachverständigenkompetenz entscheidet sich vielmehr an der Richtigkeit des inneren Standards. Für jedes von ihm beurteilte Lebensmittel muss er den allgemeinen Sortenstandard, wie er von dem redlichen Herstellungsbrauch und der Erwartung des durchschnittlichen Konsumenten geprägt wird, kennen und ihn ohne Rücksicht auf eigene Präferenzen als Maßstab für den Vergleich von Ist und Soll anwenden.
- Dem Urteil des Experten mangelt es an Transparenz, weshalb er seine Glaubwürdigkeit stets unter Beweis stellen muss.

Wenn es den Experten weiterhin gelingt, Kompetenz und Objektivität zu gewährleisten, werden ihre Fähigkeiten in vielen Bereichen der Beurteilung der sensorischen Qualität von Lebensmitteln auch in Zukunft gefragt bleiben. „Experte ade?" als Kapitelüberschrift erweist sich am Ende lediglich als rhetorische Frage.

2.5 Der Mensch als Messinstrument

Claudia Rummel

2.5.1 Entwicklung der Sensorischen Analyse

Schon seit Menschen Nahrungsmittel zubereiten, prüfen sie diese während und nach ihrer Herstellung; und zwar werden diese Tests von den Zubereitenden und von den Konsumierenden – also immer von Menschen – durchgeführt. Auch in der Nahrungsmittelindustrie wurden von Beginn an sensorische Prüfungen vorgenommen. Dabei handelte es sich in der Regel um Beurteilungen, die von einzelnen Produktexperten durchgeführt wurden. Diese hatten große Produkterfahrung und trauten sich deshalb zu, die Erzeugnisse beschreiben und ihre Qualität beurteilen zu können.

Das wirtschaftliche Wachstum, die rasch voranschreitende Entwicklung von verarbeiteten Lebensmitteln bis hin zu Fertigprodukten, die Nutzung neuer Technologien und Rohstoffe sowie nicht zuletzt die Veränderungen der Lebensgewohnheiten führten zu einer Kluft zwischen der Lebensmittelproduktion einerseits und dem Konsum andererseits. Wurden früher Nahrungsmittel verzehrt, die selbst hergestellt, zumindest jedoch selbst zubereitet waren, die dadurch also an die eigenen Geschmacksvorstellungen angepasst werden konnten, so ist die aktuelle Situation stark durch eine Entfremdung des Geschmacks der Industrieprodukte von den Geschmackserwartungen und -bewertungen der Konsumenten geprägt. Die Industrialisierung und Kommerzialisierung unserer Lebensbedingungen machten es notwendig, zusätzliche und verlässliche Methoden zu entwickeln, welche die Industrie bei der Entwicklung und Anpassung ihrer Produkte an die Wünsche der Konsumenten unterstützt.

Genau diese Unterstützung bieten deskriptive (= beschreibende) Verfahren der Sensorik. Sie zählen deshalb zu den am weitesten entwickelten und anspruchsvollsten sensorischen Methoden. Ihr großer Wert liegt darin, dass sie ein umfassendes sensorisches Produktprofil liefern und damit ermöglichen, grundlegende Rezeptur- und Prozessvariablen zu erkennen. Sie liefern die Grundlage zur Bestimmung der für die Konsumentenakzeptanz wichtigen sensorischen Produktcharakteristika.

In Literatur und Praxis gibt es eine Vielzahl deskriptiver Methoden, die sich auf Grund der Testideologien und deren Umsetzung unterscheiden. Basis aller deskriptiven Methoden sind speziell ausgewählte und geschulte Prüfergruppen, sog. deskriptive Panels. Der Begriff „Panel“ bedeutet, dass es sich um konstante und nicht um wechselnde Menschengruppen handelt. Die Fähigkeit, bestimmte Geruchs- und Geschmacksstoffe wahrzunehmen, schwankt von Mensch zu Mensch. Auch ist sie abhängig von der Tagesform bzw. Stimmung, weshalb ein Panel aus mehreren Personen besteht, die sich mit ihren sensorischen Fähigkeiten ergänzen. Das deskriptive Panel bildet als Gruppe ein objektives Messinstrument, das reliable und valide Ergebnisse liefert. Reliabel bedeutet, dass das Panel verlässliche und zuverlässige statistische Ergebnisse liefert. Von valide spricht man, wenn tatsächlich das gemessen wird, was gemessen werden soll. Damit erfüllt das Panel bereits wichtige Anforderungen, die an ein statistisches Messinstrument gestellt werden. Wie jeder Apparat bedarf dieses

Foto 2.5-1

Lebensmittelprüfung durch Produktexperten

„menschliche Messinstrument“ einer speziellen Pflege und Wartung, um dauerhaft korrekt zu arbeiten.

Im Folgenden wird erläutert, wie ein deskriptives Panel aufgebaut wird, wie man damit arbeitet und welche Ergebnisse es liefert.

2.5.2 Voraussetzungen zum Aufbau eines deskriptiven Panels

Um ein deskriptives Panel aufbauen und sinnvoll damit arbeiten zu können, sind einige Anforderungen zu erfüllen:

Es müssen geeignete Räumlichkeiten vorhanden sein. In den Testräumen muss es den Panelisten möglich sein, an Einzeltestplätzen – also ungestört und unbeobachtet von den anderen Panelisten – zu arbeiten, was für die Güte der erhobenen Daten äußerst wichtig ist. Für die Schulungsphase und für Trainingssitzungen, die auch nach Abschluss der Schulung immer wieder notwendig sind, braucht man einen Gruppenarbeitsraum. Natürlich sollten auch Vorbereitungsräume, wie Küche und Lagerräume, in der Nähe der Testräume vorhanden sein.

Wie jedes Messinstrument muss auch ein deskriptives Panel richtig bedient werden, das heißt, dass auch die Personen, die ein deskriptives Panel leiten, bestimmte Voraussetzungen erfüllen müssen. Idealerweise wird ein deskriptives Panel von einem Panelleiter bzw. einer Panelleiterin betreut, der/die die Panelarbeit koordiniert. In der Schulungsphase führt er/sie die Gruppendiskussionen durch und wählt die Schulungsmuster aus. Er/sie muss Daten auswerten und das Testdesign für die Studien erstellen. Auch für die Festlegung der Produktzubereitung und die Kontrolle des Testablaufs ist er/sie zuständig. Nicht immer steht eine Person zur Verfügung, die alle diese Anforderungen erfüllt. Damit ein deskriptives Panel korrekt genutzt wird, muss dann ggf. während der Schulungsphase des Panels auch die Panelleitung trainiert werden, d. h., sie muss die Bedienung des Messinstruments erlernen.

2.5.3 Auswahl der Panelisten

Panelisten können externe Konsumenten oder interne Mitarbeiter der entsprechenden Unternehmen sein. Soll das Panel im Bereich der Produktinnovation oder der Produktoptimierung eingesetzt werden, empfiehlt es sich, mit externen Panelisten zu arbeiten. Soll das Panel als reines Qualitätssicherungspanel fungieren, kann der Aufbau auch mit firmeninternen Mitarbeitern erfolgen. Auf jeden Fall sollten „naive" Panelisten ausgewählt werden, also Personen, die den Produkten gegenüber unbefangen sind und die sich nicht durch Rezeptur- oder Technologiekenntnisse beeinflussen lassen, worin der wesentliche Unterschied zum Experten besteht (vgl. Kapitel 2.4). Soll das Panel im Produktionsunternehmen selbst etabliert werden, hängt die Auswahl potenzieller Panelisten stark vom Produktionsstandort und seiner Erreichbarkeit für externe Personen ab. Bei Ansiedlung „auf der grünen Wiese" empfiehlt sich fast immer der Panelaufbau mit firmeneigenen Mitarbeitern, da die Panelisten nur für maximal 1,5 Stunden pro Tag eingesetzt werden und es deshalb einen unverhältnismäßig großen Zeitaufwand erfordern würde, wenn externe Personen von weither „anreisen" müssten. Neben firmeneigenen deskriptiven Panels gibt es auch die Möglichkeit – je nach Größe des Unternehmens –, sensorische Panels an einem zentralen Standort zu betreuen. Insbesondere bei sehr anspruchsvollen Fragestellungen kann es gleichfalls Sinn machen, nicht die Panelisten, sondern die Proben reisen zu lassen, d. h., die Profilierung einem speziellen Sensorikdienstleister zu übertragen. In allen Fällen müssen die für die deskriptive Arbeit auszuwählenden Personen bestimmte Kriterien erfüllen, um Mitglied eines deskriptiven Panels werden zu können.

Da das Panel am Anfang eine Schulung durchläuft und diese mit zeitlichem und finanziellem Aufwand verbunden ist, sollten aus wirtschaftlichen Gründen nur Personen ausgewählt werden, die über einen längeren Zeitraum zur Verfügung stehen. Die Panelschulung läuft in einem gruppendynamischen Prozess – vergleichbar mit einer Gruppendiskussion – ab. Aus diesem Grund können nur Personen teilnehmen, die fähig sind, an einem solchen Prozess aktiv teilzunehmen. Potenzielle Panelisten müssen über ein gutes Sprachvermögen verfügen, da die sensorischen Wahrnehmungen von ihnen beschrieben werden müssen. Es reicht nicht aus, nur gut riechen und schmecken zu können. Last but not least müssen sie über ein zumindest durchschnittliches Geruchs- und Geschmacksvermögen verfügen und dürfen keine Anosmien aufweisen. Letzteres bezeichnet Sensibilitätsstörungen gegenüber Riechstoffen. Spezifische Anosmie ist die Unempfindlichkeit für einzelne Riechstoffe, partielle Anosmie bedeutet eine verminderte allgemeine Empfindlichkeit und totale Anosmie bezeichnet völlige Unempfindlichkeit. Natürlich dürfen die Panelisten keine Aversionen gegenüber den Testprodukten haben. Noch besser ist es, wenn sie zu regelmäßigen Verwendern dieser Produktkategorie gehören. Die Panelisten werden im Laufe des Trainings und auch anschließend viele Produkte verkosten und beurteilen. Personen, die diese Produkte nicht mögen oder normalerweise nicht essen, gelten als weniger empfindsam für Produktunterschiede. Auch sollte man ihnen nicht zumuten, Produkte zu verzehren, die sie nicht mögen. Natürlich dürfen keine Personen mit Lebensmittelallergien eingesetzt werden.

Potenzielle Panelisten werden über Zeitungsanzeigen, Telefoninterviews oder Mitarbeiterrundschreiben rekrutiert. In der Regel wird mit interessierten Personen ein Auswahltest durchgeführt, der die oben genannten Kriterien überprüft. Dazu gibt es keine allgemein gültigen Vorgaben, jedoch haben sich in Instituten und Unternehmen, die schon jahrelang deskriptive Panels aufbauen und einsetzen, wertvolle Erfahrungen angesammelt, die man zweckmäßigerweise nutzt. Allgemeine Informationen findet man auch in den einschlägigen DIN-Normen und ASTM-Richtlinien, den Standards der American Society for Testing and Materials.

Es ist empfehlenswert, neben einem Test zur Erkennung der Grundgeschmacksarten auch die Geruchserkennung sowie das Geruchsgedächtnis zu überprüfen. Die am besten geeigneten Personen werden in einem Gespräch über den zeitlichen Aufwand der Panelarbeit informiert. Hierbei wird auch offen über die Motivation und die anstehende Gruppenarbeit gesprochen.

Unter ca. 100 Bewerbern finden sich erfahrungsgemäß 10 bis 12 als Panelisten geeignete und interessierte Personen. Dies entspricht der wünschenswerten Panelgröße. Sind es weniger Personen, werden die Ergebnisse weniger zuverlässig. Da die Schulung als gruppendynamischer Prozess abläuft, sollte die Gruppe auch nicht mehr als 12 Teilnehmer haben. Dies erleichtert auch die spätere Panelarbeit bezüglich Terminierung und Probenvorbereitung.

2.5.4 Training des Panels

2.5.4.1 Entwicklung der Sprache

Das Training eines deskriptiven Panels wird von einem Panelleiter durchgeführt, der neben der Fähigkeit zur Moderation von Gruppendiskussionen auch Produktkenntnisse mitbringt und Erfahrungen im Aufbau deskriptiver Studien sowie deren Auswertung besitzt.

Kernpunkt des Paneltrainings ist die Entwicklung der Sprache, d. h. der Begriffe zur Bezeichnung der wahrgenommenen Produkteigenschaften. Dieses Vokabular zur Beschreibung der Produkte ist die Basis, um Produktunterschiede aufzuzeigen. Das exakte Beschreiben der Produkte sowie das Aufspüren von Unterschieden ist die eigentliche Aufgabe des Messinstruments.

Die Sprachentwicklung läuft als Gruppendiskussion ab. Alle sensorischen Wahrnehmungen sollen und dürfen beschrieben werden. Zunächst beschreiben die Panelisten ein Produkt möglichst genau, notieren ihre Empfindungen und tragen ihre Eindrücke vor. Alle Beschreibungen werden als Gruppenergebnis zusammengefasst. Von der Panelleitung wird eine Attributsliste (= Begriffe-Liste) mit allen genannten Beschreibungen erstellt, die in jeder weiteren Sitzung ergänzt wird. Wichtig für die Sprachentwicklung ist die Auswahl geeigneter Proben. Die Produkte, die während der Sprachentwicklungsphase probiert und beschrieben werden, sollten möglichst die gesamte sensorische Bandbreite der entsprechenden Produktgruppe widerspiegeln. Jedoch sollten keine Proben verkostet werden, die nicht in das entsprechende Spektrum gehören. Will man beispielsweise ein Panel für Pilsbiere trainieren, macht es wenig Sinn, mit dem Panel in der Sprachentwicklungsphase mit Weizenbieren oder alkoholfreien Bieren zu trainieren.

Während der Sprachentwicklung sollen die Panelisten bereits lernen, möglichst wertfreie Attribute zu verwenden. Beschreibt ein Panelist z. B. ein Produkt als „angenehm im Geschmack", muss er erklären, warum er dieses Produkt angenehm empfindet, z. B. weil es süß, nicht scharf, aber fruchtig schmeckt. Nur diese Erklärungen werden dann in die Attributsliste aufgenommen.

Bei Unklarheiten darüber, wie bestimmte Begriffe zu verstehen sind, hilft es sehr, mit Referenzmustern zu arbeiten. Sie machen erfahrbar, was sich hinter dem entsprechenden Attribut verbirgt. Mit Hilfe von Referenzen können die Panelisten besser nachvollziehen, um welchen Geruch oder Geschmack es sich wirklich handelt. Bei einem Auffrischungstraining nach einer längeren Pause oder auch bei der Einführung neuer Panelisten in ein bereits bestehendes Panel sind Referenzmuster unerlässlich. Referenzen können einzelne Inhaltsstoffe (z. B. Vanillin) oder auch Produkte bzw. Produktbestandteile (z. B. Orangensaft oder Orangenschalen) sein.

Grundsätzlich sollte die Panelleitung die Panelisten zur Diskussion über die Attribute anregen. Dadurch wird gewährleistet, dass sich alle Panelisten mit den Attributen und den dazugehörenden Wahrnehmungen auseinandersetzen und sich ggf. ihre Wahrnehmungen gegenseitig erklären. Der Panelleiter/die Panelleiterin fungiert nur als Moderator, der seine eigene Meinung nicht mitteilt und auch nicht in die Diskussion einbringt. Er probiert auch die Produkte nicht gemeinsam mit dem Panel (sondern zuvor).

Die Anzahl der Attribute ist nicht begrenzt. Für jede Merkmalseigenschaft wird eine Definition erstellt, die auf Referenzen basieren kann. Sinnvoll ist es, wenn die Attribute nach Oberbegriffen wie Aussehen, Geruch, Geschmack etc. geordnet und zusammengefasst werden. Die Sprachentwicklung gilt dann als abgeschlossen, wenn die Panelisten mit ihrer Liste zufrieden sind, d. h., wenn sämtliche Wahrnehmungen durch spezielle Attribute benannt wurden. Wichtig ist, tatsächlich für alle Wahrnehmungen entsprechende beschreibende Attribute zu finden. Geschieht dies nicht, werden die Panelisten versuchen, ihre Wahrnehmungen in die Einschätzung anderer Attribute einfließen zu lassen. Hieraus resultieren Schwankungen in den Profilen, die das Panel erarbeitet, was zu einer geringeren Übereinstimmung der einzelnen Messungen der Panelisten untereinander führt.

2.5.4.2 Intensitätseinschätzung

Während der Sprachentwicklung verkosten die Panelisten alle für die Studie relevanten Produkte. Sie können nun abschätzen, wie intensiv ihre stärksten Empfindungen waren, und kennen den sensorischen Raum des Produktsets.

Intensitätsunterschiede lassen sich verdeutlichen, indem ausgewählte Attribute für zwei relativ unterschiedliche Proben anhand eines Paarvergleichs eingeschätzt werden. In einem zweiten Schritt wird die Intensitätsskala vorgestellt. Bewährt hat sich eine stufenlose Linienskala, die nur an den Polen mit zwei Wortankern gekennzeichnet ist (s. Abb. 2.5-1).

Die Intensität steigt immer von links nach rechts an. Das Einrücken der Ankerpunkte sorgt für eine bessere Skalennutzung. Eine bestimmte Skalenlänge darf nicht unterschritten werden, weil sonst die Empfindlichkeit verringert würde. Aufgabe der Panelisten ist es, den

Abbildung 2.5-1

Beispiel Intensitätsskala

Abbildung 2.5-2

Unterschiedliche Skalennutzung zweier Panelisten

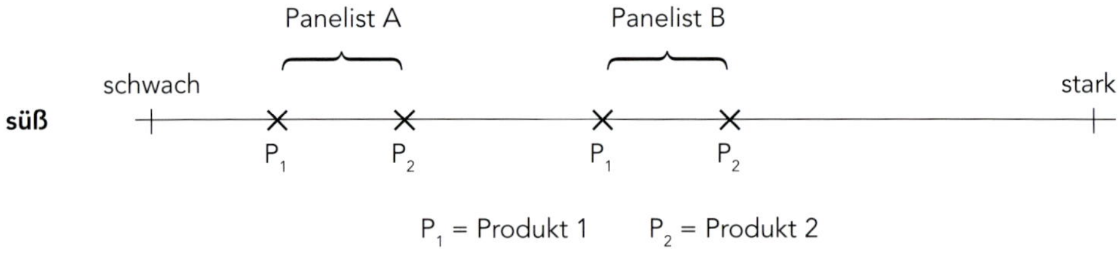

Punkt auf der Skala zu markieren, der die von ihnen wahrgenommene relative Intensität am besten widerspiegelt.

Bevor das Panel mit der eigentlichen Produkteinschätzung beginnt, wird ein Training zur Intensitätseinschätzung durchgeführt. Dazu schätzen die Panelisten alle Attribute anhand der stufenlosen Linienskalen ein. Jeder Panelist notiert seine Einschätzung für sich auf einem Fragebogen. Dieses Ergebnis wird zu einem Gruppenergebnis zusammengefasst, so dass alle Panelisten bei dieser Zusammenstellung sehen, wie sie im Vergleich mit den anderen Panelisten liegen.

Menschen können wesentlich besser relative Unterschiede einschätzten, als absolute Werte vergeben. Wenn zwei Personen unterschiedlicher Größe auf uns zukommen, können wir sicher angeben, welche der beiden Personen größer und welche kleiner ist. Sollen wir jedoch die absolute Größe einer Person (ohne Metermaß) angeben, können wir diese nur ungefähr schätzen.

In der deskriptiven Sensorik werden ebenfalls relative Unterschiede gemessen. Die Panelisten lernen das Spektrum der Produktunterschiede im Training kennen. Sie schätzen anhand einer Skala die Intensitäten der einzelnen Attribute. Wichtiger als die absoluten Zahlenwerte sind hierbei die relativen Produktunterschiede.

So können z.B. zwei Panelisten unterschiedliche Skalenbereiche nutzen, in diesem Bereich jedoch zwei Produkte ähnlich einschätzen. Diese unterschiedliche Skalennutzung ist in Abbildung 2.5-2 grafisch dargestellt.

Panelist 1 schätzt sowohl Produkt A als auch Produkt B weniger süß ein als Panelist 2. Beide Personen empfinden jedoch Produkt A als schwächer süß im Vergleich zu Produkt B. Für Auswertung und Einschätzung der Proben und ihrer sensorischen Unterschiede ist der absolute Skalenwert weniger wichtig als der relative Unterschied zwischen ihnen. Beide Panelisten schätzen die Produkte annähernd gleich ein, sie nutzen dabei lediglich unterschiedliche Skalenbereiche. Das Training eines deskriptiven Panels insistiert nicht auf einer gleichen Skalennutzung der Panelmitglieder. Die unterschiedliche Skalennutzung wird bei der Datenanalyse statistisch berücksichtigt.

2.5.4.3 Überarbeitung der Beschreibungsliste und Panelüberprüfung

Nachdem die Panelisten gelernt haben, ihre Wahrnehmungen zu quantifizieren, werden erste Tests unter Realbedingungen durchgeführt, indem das Panel mehrere Produkte einzeln nacheinander im Rahmen eines deskriptiven Tests einschätzt.

Da hierbei Reihenfolgeeffekte und Ermüdung der Panelisten eine Rolle spielen, erhält jeder die Produkte in einer anderen Reihenfolge, möglichst nach einem balancierten Darbietungsplan. Um mehr Datensicherheit zu erlangen, wird jedes Produkt mehrfach evaluiert, d. h., durch Intensitätsangaben zu allen wahrgenommenen sensorischen Eigenschaften „beschrieben". Die Anzahl der Messwiederholungen hängt stark von der Homogenität der Produkte ab. Bei besonders inhomogenen Produkten ist es empfehlenswert, mehr Messwiederholungen durchzuführen. Die Praxis hat gezeigt, dass bereits drei Messwiederholungen eine hohe Daten-Validität garantieren und nur in Ausnahmefällen mehr Messwiederholungen durchgeführt werden müssen.

Bei der Auswertung der Paneldaten wird überprüft, welche Attribute keine Produktunterschiede zeigen, welche Attribute besonders stark miteinander korrelieren, welche Attribute nicht genutzt werden und bei welchen Attributen es zu keiner Panelübereinstimmung kommt. Diese Ergebnisse werden mit den Panelisten diskutiert, mit dem Ziel, stark miteinander korrelierende Attribute zusammenzufassen (oder zu streichen), Begriffe, die nicht genutzt werden, zu eliminieren und Attribute, bei denen es zu keiner Panelübereinstimmung kommt, neu zu definieren bzw. mit Referenzproben zu erklären.

Bevor das Panel die erste „richtige" Messung durchführt, muss überprüft werden, wie gut es arbeitet. Dazu dienen in der Regel sog. „Pilotmessungen", bei denen das Panel beweisen muss, dass es reproduzierbare Ergebnisse liefert. Das Panel führt eine „Doppelmessung" durch. Ohne dass die Panelisten es wissen, profilieren sie zweimal dasselbe Produktset. Zeigt diese Doppelmessung annährend gleiche Ergebnisse, kann mit der tatsächlichen Panelarbeit – der Produktprofilierung – begonnen werden. Hierdurch wird das „menschliche Messinstrument" gewissermaßen geeicht, wie man es bei anderen Messinstrumenten, z. B. bei Waagen, auch macht.

2.5.5 Das Messinstrument im Einsatz

2.5.5.1 Kontexteinflüsse

Während der Schulung haben die Panelisten eine Beschreibungsliste für eine bestimmte Produktgruppe erarbeitet. Meist handelt es sich um Erzeugnisse eines Herstellers sowie dessen Wettbewerberprodukte. Wie jedes Messinstrument muss auch ein deskriptives Panel zu Beginn jeder Untersuchung kalibriert werden, d. h., das Panel wird auf den Produktkontext eingestellt. Der Einfluss des Produktkontextes auf die Messungen des Panels wird im Folgenden anhand einer Profilstudie, die mit 60 Bieren aus 16 Ländern durchgeführt wurde, dargestellt. Ziel der Studie war es, die 60 Leadmarken des europäischen Marktes sensorisch zu charakterisieren. Das Ergebnis zeigt, dass es für die einzelnen Länder – vor allem für die deutschen Produkte – eindeutige sensorische Richtungen gibt.

In Abbildung 2.5-3 wird das Ergebnis, die Geschmackslandschaft der europäischen Biere, dargestellt.

Wie das sensorische Mapping zeigt, liegen die meisten deutschen Biere relativ eng zusammen, und zwar im rechten Bereich der Abbildung 2.5-3. Diese Pils-Biere schmecken sehr intensiv vor allem hopfig, herb und bitter und sie haben einen sehr langanhaltenden Geschmack. Einzelne Produkte liegen weiter von dieser Gruppe entfernt, wie z. B. die mit einem Kreis markierte Dreiergruppe, die im linken Bereich der Abbildung 2.5-3 zu finden ist. Bei diesen drei Bieren handelt es sich nicht um Pils-Biere, sondern um

Abbildung 2.5-3

Geschmackslandschaft europäischer Biere

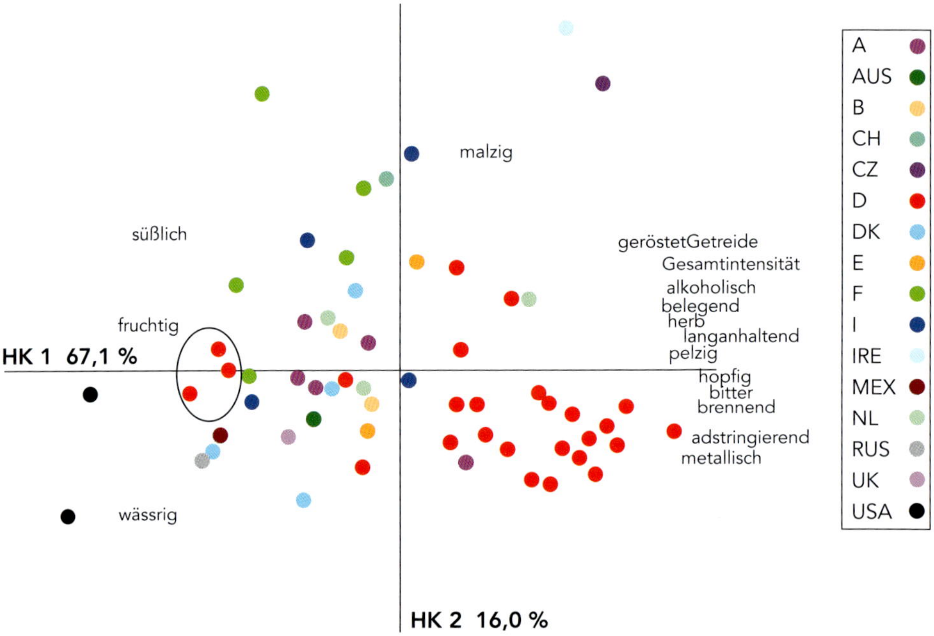

Quelle: unveröffentlichte Studie SAM Sensory and Marketing International AG, Biere in Europa EPP™ European Product Profiles, 2003

Münchner Hellbiere. Sie schmecken deutlich weniger intensiv und weisen süßliche und fruchtige Noten auf. Hier wird offensichtlich, wie gut das Messinstrument gearbeitet hat, denn im gesamten Umfeld von 60 europäischen Bieren, die natürlich blind, d. h. ohne Markenkennung, verkostet wurden, liegen die drei Münchner Hellbiere sensorisch eng zusammen und unterscheiden sich zugleich deutlich von den aus Deutschland stammenden Pilsbieren.

Nun kann man natürlich auch einzelne Biere miteinander vergleichen. Dazu wird für jedes Produkt eine sog. Spider-web-Grafik, die die Mittelwerte aller Panelisten und aller Messwiederholungen pro Attribut zeigt, erstellt. Abbildung 2.5-4 zeigt eines der Münchner Hellbiere im Vergleich zu einem ausgewählten Pilsbier.

Möchte man nun den Fokus auf die drei Münchner Hellbiere richten, um zu sehen, worin sich diese unterscheiden, können deutliche Produktunterschiede – wie in Abbildung 2.5-5 zu sehen ist – kaum erkannt werden, da die drei Münchner Hellbiere im Kontext der gesamten europäischen Biere sensorisch sehr eng zusammen liegen. Je größer das sensorische Spektrum der gesamten Produktpalette ist, umso enger liegen ähnliche Produkte zusammen.

Die sensorischen Unterschiede zwischen den drei Bieren scheinen sehr klein. Dies ist auch so, wenn man sie im Kontext der anderen 57 Biere sieht. Allein durch eine „Maßstabvergrößerung" können die Unterschiede zwischen den drei Bieren nicht deutlicher gemacht und vor allem auch nicht statistisch bestätigt werden, vielmehr muss das Messinstrument neu kalibriert werden, d. h., die Panelisten müssen sich auf wesentlich enger

Abbildung 2.5-4

Geschmacksprofile Hellbier und Pilsbier

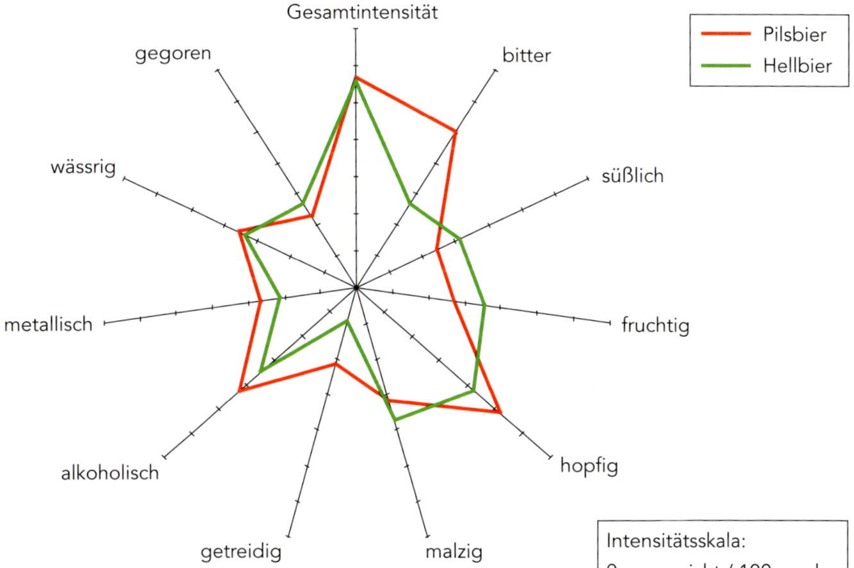

Quelle: unveröffentlichte Studie SAM Sensory and Marketing International AG, Biere in Europa EPP™ European Product Profiles, 2003

Abbildung 2.5-5

Geschmacksprofile Münchner Hellbiere

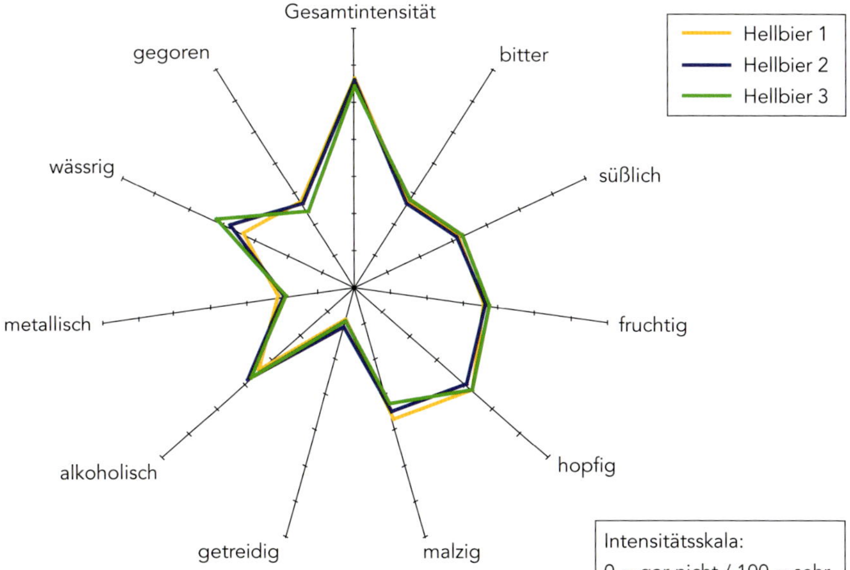

Quelle: unveröffentlichte Studie SAM Sensory and Marketing International AG, Biere in Europa EPP™ European Product Profiles, 2003

Abbildung 2.5-6

Geschmacksprofile Münchner Hellbiere nach erneuter Kalibrierung

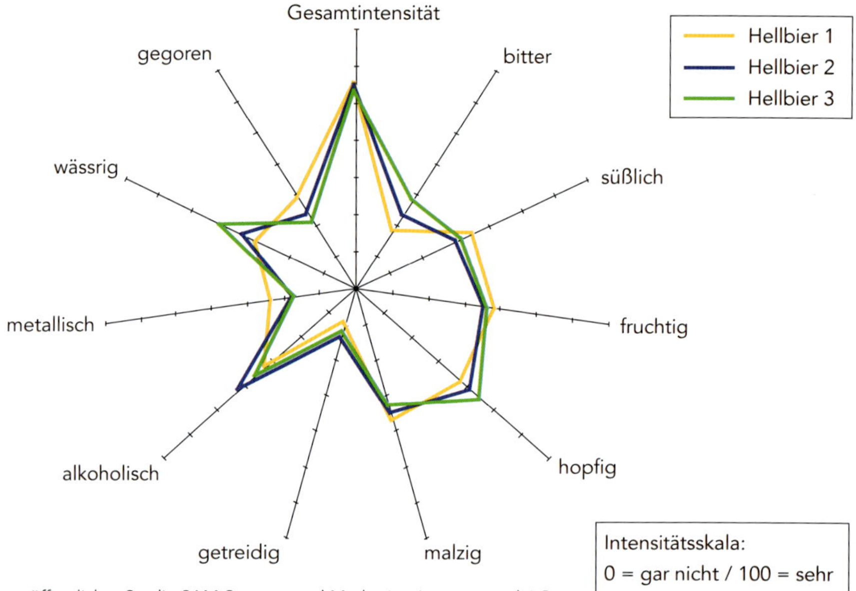

Quelle: unveröffentlichte Studie SAM Sensory and Marketing International AG, Biere in Europa EPP™ European Product Profiles, 2003

zusammenliegende Produkte einstellen. Die Biere werden nach dieser Justierung nochmals evaluiert mit dem Ergebnis, dass, wie in Abbildung 2.5-6 ersichtlich, Produktunterschiede klarer zu erkennen und auch statistisch abgesichert sind.

2.5.5.2 Einsatzgebiete

Deskriptive Verfahren machen die von Menschen wahrgenommenen Empfindungen beschreibbar. Diese Beschreibungen sind wertfrei, d. h., man kann an einem Profil nicht ablesen, ob es sich um ein „gutes“ oder „schlechtes“ Produkt handelt. Durch eine Verknüpfung der Profildaten mit hedonischen Beurteilungen von Konsumenten werden die Profile bewertet. Es können sehr genau diejenigen Produkteigenschaften identifiziert werden, die akzeptanzfördernd wirken, und auch jene, die beim Konsumenten eher Ablehnung auslösen. Durch eine Kombination spezieller Auswertungsmethoden, wie multiple statistische Regressionsverfahren, neuronale Netze und andere statistische Methoden – deren Einzeldarstellungen den Rahmen dieses Kapitels sprengen würden – wird ein Idealprofil erstellt. Dieses Idealprofil zeigt, wie die sensorischen Eigenschaften eines für Konsumenten optimalen Produkts sein sollten. Eine sensorische Produktoptimierung basiert auf mindestens zwölf sensorisch verschiedenen Produkten. Diese Proben definieren den sensorischen Raum, der für die Optimierung zur Verfügung steht. In dem in Abbildung 2.5-7 gezeigten Beispiel eines Kaugummiprofils werden der Übersichtlichkeit halber nur zwei Produktprofile und zwei Konsumentenbeurteilungen gezeigt. Die Berechnung des Idealprofils basiert jedoch auf allen in die Studie einbezogenen Produkten.

Abbildung 2.5-7

Verknüpfung von Profil- und Konsumentendaten zum Idealprofil

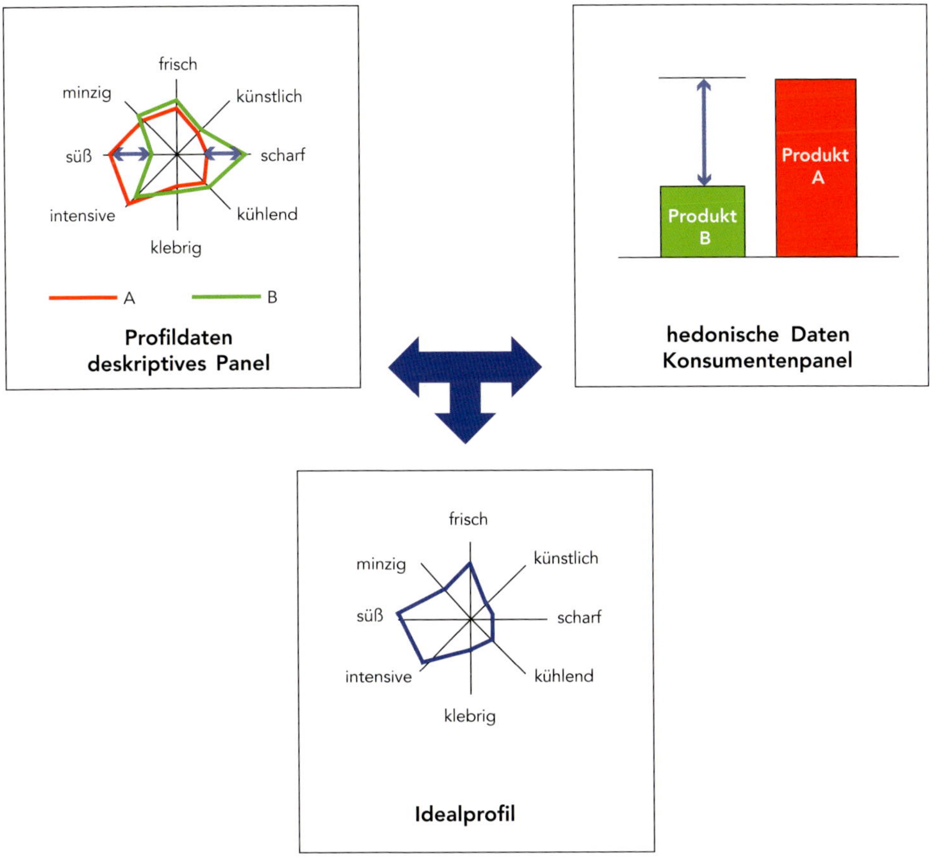

Nach Berechnung des Idealprofils ist es möglich, ein neues oder ein bereits auf dem Markt befindliches Produkt an die Wünsche der Konsumenten anzupassen. In Abbildung 2.5-8 werden die Ergebnisse einer Erdbeertrinkjoghurt-Studie gezeigt. Insgesamt wurden 17 Erdbeertrinkjoghurts aus drei verschiedenen europäischen Ländern profiliert und von Konsumenten beurteilt. Die Berechnung des Idealprofils basiert auf den Profil- und Konsumentendaten dieser 17 Proben. Vergleicht man die beiden in Abbildung 8 gezeigten deutschen Marktprodukte mit dem Idealprofil, kann genau abgelesen werden, wie diese aus Konsumentensicht verbessert werden könnten. Der Geschmack nach frischen Erdbeeren, nach Beeren und nach Sahne müsste für Marktprodukt 2 deutlich erhöht werden. Es schmeckt jedoch viel zu stark säuerlich, nach Zitrusfrüchten, künstlichen Erdbeeren und ruft ein zu starkes kratzendes Gefühl im Hals hervor. Auch weist es einen Off-Flavour, der von den Panelisten mit „kosmetisch" beschrieben wurde, auf, der verringert werden müsste. Marktprodukt 1 liegt deutlich näher am Idealprofil. Es schmeckt zu wenig sahnig und zu stark säuerlich und ruft ein zu starkes kratzendes Gefühl im Hals hervor.

Abbildung 2.5-8

Idealprofil und Marktprodukte

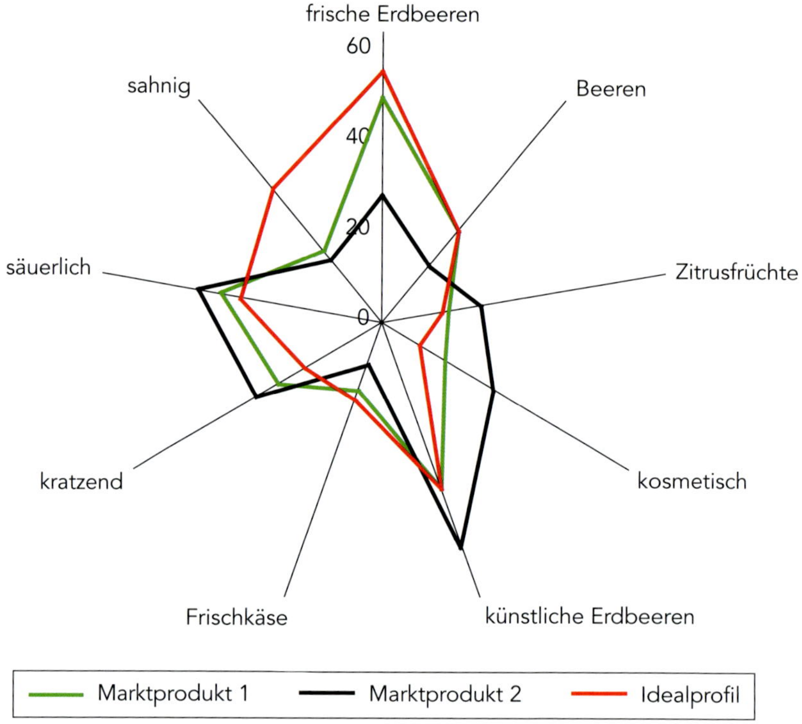

Quelle: SAM Sensory and Marketing International AG, SAM Study 646: Marketing Mix Assessment: A category review on yoghurt drinks. What's the best marketing mix?

Die Kombination aus deskriptiven Daten und Konsumentendaten dient sowohl der Verbesserung bereits bestehender als auch der Entwicklung neuer Produkte. Sie unterstützt die Industrie bei der Anpassung ihrer Lebensmittel an die Wünsche der Konsumenten.

Im Bereich der Qualitätssicherung stellen die Festlegung von Produktspezifikationen, die Durchführung von Lagertests, die Bestimmung des Mindesthaltbarkeitsdatums sowie die Erfassung schleichender Produktveränderungen über die Zeit weitere Einsatzgebiete der deskriptiven Sensorik dar.

Mit einem deskriptiven Panel steht Nahrungsmittelproduzenten ein Instrument zur Verfügung, mit dessen Hilfe sie die eigentlich unbeschreibbaren Geruchs- und Geschmackseindrücke von Nahrungs- und Genussmitteln dennoch beschreibbar, ja sogar messbar machen und daraus Konsequenzen für die Herstellung immer besserer Produkte ableiten können. Menschen als Messinstrumente in einem deskriptiven Panel sind ein zwar aufwändiges, aber äußerst wirkungsvolles Instrument.

3
Richtig prüfen

3.1
Der Teufel steckt im Detail

Goetz Hildebrandt

Während im ersten Abschnitt des Buches die Biologie der Sinnesorgane mit ihren physiologisch-psychologischen Vernetzungen beschrieben wurde, widmete sich der zweite Teil den Techniken der sensorischen Analytik. Zweck dieser Gliederung war es, das Können bzw. die Realität der Sinneswahrnehmung sowie das Wollen bzw. die Theorie der Sinnenprüfung einander gegenüberzustellen. Diese beiden Bereiche müssen für einen konkreten Testauftrag stets so weit zur Deckung gebracht werden, dass sie eine funktionelle Einheit bilden. Das angestrebte System lässt sich auch als eine Trias interpretieren, bei der die Prüfpersonen und die Prüftechnik sowohl untereinander als auch jeweils mit dem Untersuchungsobjekt ein optimiertes, möglichst effizientes System zur Erledigung des Prüfauftrags bilden.

Auf Grund der bisher vermittelten Informationen kann die Behauptung nicht verwundern, dass es keine Patentrezepte und erst recht keine Universallösung für die geeignete Kombination aus Prüfgut, Prüfmethode und Prüfer gibt. Der Teufel steckt vielmehr im Detail. Unter diesem gemeinsamen Titel des dritten Abschnitts schildern einige Beiträge anhand verschiedener, möglichst prägnanter Einzelfälle die Anwendung sensorischer Methoden in der Praxis. Den Einstieg markieren die vielfach angesprochenen Probleme des Wording am Beispiel des Weines. Gerade dieses Lebensmittel illustriert die Schwierigkeiten, trotz eines hoch differenzierten Instrumentariums an Attributen eine Probe unverwechselbar zu charakterisieren. Wer würde vermuten, dass die lobenden Worte von der „einzigartigen Balance aus süßen, sauren, herzhaften und sogar salzigen Aspekten" nicht einem erlesenen Rotwein, sondern dem daraus hergestellten Essig gelten. Die emotionale Dimension dieses „geistigen Getränks" lässt sich ohnehin nicht in Begriffe fassen.

Keinem Lebensmittel, sondern zwei Prüfersituationen widmen sich die nächsten beiden Kapitel. Die erste Abhandlung beschäftigt sich mit der Arbeit staatlicher Institutionen. Weil die amtliche Überwachung den Verbraucher nicht nur vor Gesundheitsschäden, sondern auch vor Irreführung und Täuschung bewahren soll, bildet die sensorische Prüfung eine essentielle Komponente des Analysenspektrums. Sie dient dem Nachweis der Minderung des Genusswertes von Lebensmitteln und wird routinemäßig bei allen Proben durchgeführt. Lässt sich eine negative Normabweichung vom gängigen sensorischen Profil feststellen, so muss die Beanstandung „gerichtsfest" sein, weshalb die Untersuchungen mit höchster Akribie erfolgen.

Nicht weniger Verantwortung – wenn auch unter anderen Vorzeichen – erfordert die Tätigkeit des Sensorik-Experten in der Lebensmittelindustrie. In jedem Unternehmen sind den Qualitäts- und Produktmanagern zwei Aufgaben gestellt. Zum einen müssen sie einen hohen Standardisierungsgrad bei Markenartikeln erreichen und diese Merkmalskonstanz auch durch objektive sensorische Tests ständig unter Kontrolle halten. Zum anderen gilt es, Produkte zu entwickeln und die subjektive Verbraucherakzeptanz dieser Innovationen mit Hilfe hedonischer Prüftechniken zu erfassen.

Das Kapitel über Bio-Erzeugnisse ist ein wenig dem Zeitgeist geschuldet. Ökologische Lebensmittel weichen von ihren konventionellen Pendants durch eine traditionell-handwerkliche statt industrielle Gewinnung und Verarbeitung ab. Die spannende Frage lautet nunmehr, ob diese grundsätzlichen Unterschiede der Produktionsqualität sich auch in einer unterschiedlichen Produktqualität einschließlich der sensorischen Eigenschaften manifestieren. Leider erfüllen die zahlreichen vergleichenden Tests, die zu diesem Thema durchgeführt und veröffentlicht wurden, nur selten die Kriterien einer objektiven Sinnenprüfung.

Wie schwer es fällt, eine sensorische Merkmalseigenschaft unmissverständlich zu konkretisieren, wird beispielhaft an dem Attribut „frisch" demonstriert. Frische gehört zu den wesentlichen Beurteilungskriterien für ein Lebensmittel, doch kann das Wort u. a. im Sinne von „frisch gewonnen", „frischwertig" oder „erfrischend" verstanden werden. Vor jeder Prüfung muss der Begriff daher im Kontext definiert und gegebenenfalls mit einem Referenzmuster dokumentiert werden.

Den Abschnitt über sensorische Analysenverfahren beschließt ein Kapitel zur Prüferausbildung. Selbst wenn Motivation und sensorische Eignung eines Menschen den Ansprüchen genügen, bedarf es einer intensiven Schulung, ehe der Status eines Prüfers oder gar eines sachverständigen Prüfers mit Produktkenntnissen erlangt wird. Nur wenige Leser werden diesen Weg beschreiten wollen, alle anderen sollen angeregt werden, miteinander über „Speis und Trank" zu sprechen, um auf diese Weise ihre sensorischen Fähigkeiten und Produkterfahrungen kontinuierlich zu verbessern. Noch mehr wäre erreicht, wenn die Grundzüge der Lebensmittelkunde und Qualitätsprüfung in den Kindergärten vermittelt und in die Lehrpläne der Schulen aufgenommen würden. Überzeugungsarbeit hierfür soll das gesamte Buch leisten!

Foto 3.1-1

Eines der wichtigsten Beurteilungskriterien für Lebensmittel: die Frische

3.2 Blumige Worte für fruchtige Weine

Dipl.-Oen. Mathias Deibel

„Die Weinsprache ist die scheußlichste Sprache der Welt,
denn sie überfordert jedes Sprachgefühl.
Sie steht in der Mitte zwischen unreifem Liebesgeflüster und kathederhafter Angabe.
Die Weinsprache ist die notwendigste Sprache der Welt,
denn sie gilt dem Schönsten, was der Reichtum dieser Erde hervorbringt.
Die Weinsprache ist die schönste Sprache der Welt.
Sie kann nur beim Weine gelernt und nur beim Weine gesprochen werden.
Oh, herrliche Weinsprache!" *(Ado Kraemer)*

3.2.1 Von der Angst und Lust im Spannungsfeld des Weingenusses

Heutzutage können Weine analytisch bis in ihre kleinsten Bestandteile erfasst werden, dennoch bleibt die sensorische Beurteilung eine unabdingbare Notwendigkeit. Bereits im Weinberg lassen sich die Trauben anhand von bestimmten Parametern, wie Säure, Zuckergehalt und pH-Wert, einordnen. Die endgültigen Entscheidungen über Lesezeitpunkt und angestrebte Weintypizität basieren aber auf Ergebnissen von Verkosten und Begutachten der Trauben. Die später mit dem Ausbau der Weine einsetzende systematische Verkostung der Weine, die so genannte Weinsensorik, ist dabei unverzichtbar, aber durchaus erlernbar, selbst wenn sie so manchem etwas mysteriös daherkommt. Bei der Weindegustation werden Aussehen, Geruch und Geschmack eines Weines beurteilt. Gute Verkoster mit längerer Erfahrung können bestimmte Inhaltsstoffe eines Weines wie Restzucker, Säure, Alkohol, Extrakt relativ genau abschätzen. Einzelne Eigenschaften wie Charakter, Struktur, Komplexität, Harmonie oder Länge des Abgangs können wir sogar ausschließlich sensorisch beurteilen.

Viele Menschen begegnen in ihrem Alltag Wein mit Skepsis und einer gewissen Unsicherheit. Man weiß zwar zu beurteilen, ob ein Gericht schmackhaft ist und kann dies in der Regel ohne Vorbehalte artikulieren, aber traut sich oftmals nicht darüber zu sprechen, wie der das Essen begleitende Wein im persönlichen Qualitätsempfinden einzustufen ist. Der Umgang mit Wein verbindet sich bei vielen mit der Angst, etwas Falsches oder Unqualifiziertes zu sagen, und deshalb sagen sie lieber nichts. Dabei kann man gar nicht früh genug damit anfangen, seinen sensorischen Empfindungen „freien Lauf zu lassen" und diese dementsprechend ungehemmt zu artikulieren. Dies führt in der Folge zu einer bewussteren Wahrnehmung von Gerüchen und Geschmäckern und einem erhöhten Selbstverständnis in ihrer Beschreibung.

Die Gebrüder Lange beschreiben die Grundproblematik in ihrem Buch „Keine Angst vor Wein" folgendermaßen: „Neugeborene kommen blind auf die Welt. Physisch können sie zwar sehen, aber sie sind nicht in der Lage zu erkennen, was sie sehen. Dass der farbige Lichtschatten vor ihnen ihre Mutter ist, lernen sie erst, wenn sie ihn immer wieder vor sich sehen. Erst die ständige Wiederholung vermittelt ihrem Gedächtnis, dass es einen Zusammenhang zwischen dem Lichtschatten und der Mutter gibt. So entstehen nach und nach die Bilder im Kopf. Beim Riechen und Schmecken ist es nicht anders. Wer in seinem Leben noch nie an einem reifen, wirklich reifen, sonnenwarmen weißen Pfirsich gerochen hat, kann mit dem Begriff weißer Pfirsichduft nicht viel anfangen, weil ihm die Kenntnis fehlt. Er ist in diesem Fall geruchsblind."

Wir speichern unsere Eindrücke über Gerüche und Düfte von klein auf ab. Wir wissen oft noch genau, wie es im Elternhaus roch oder im Spielzimmer unseres besten Freundes. Beat Koelliker und Bernd Kreis bezeichnen diesen Erfahrungsschatz in ihrer „Weinschule" als unseren ganz persönlichen Resonanzraum beim Riechen und Schmecken. Dabei sollte man aber nie vergessen, dass letztlich jeder die Aromen, die er aufnimmt, etwas anders verarbeitet und interpretiert.

Den Gerüchen, die wir dem Wein zuschreiben und darin finden können, sind keine Grenzen gesetzt, im positiven wie im negativen Sinne. Ob Gewürze, Blumen, Früchte, vegetative Aromen, auch Kaffee, Leder oder Zedernholz, unsere Umwelt ist unser ständiger Begleiter. Dies zeigt sich aber auch im Negativen mit z. B. an Klebstoff, Essig oder faule Eier erinnernden Aromen. Es bedarf durchaus einiger Übung, um die Vielfalt der Gerüche richtig einzuordnen, und auch Profis stoßen manches Mal an ihre Grenzen, wenn es dabei um klare Zuordnungen geht. Man darf aber den Mut nicht verlieren. Mit zunehmender Übung wird jeder an Sicherheit gewinnen und zugleich lernen, seiner eigenen Wahrnehmungen zu vertrauen.

Beim Wein unterscheidet man verschiedene Aromagruppen. Die Aromen stammen entweder von der Traube selbst (Primäraromen), bilden sich bei der Gärung (Sekundäraromen) oder entwickeln sich langsam, oft über Jahre hinweg, durch die Reifung im Fass und in

Foto 3.2-1

Professionelle Weinprobe im Rahmen der DLG-Bundesweinprämierung

der Flasche (Tertiäraromen). Viele junge Weine sind besonders durch ihre fruchtbetonte Primäraromatik geprägt. Sekundäre Aromen, wie die typischen hefigen Aromen, die an Backwerk erinnern, entstehen vor allem bei der alkoholischen Gärung. Gehaltvolle Weißweine und viele Rotweine werden im Anschluss im Holzfass ausgebaut und vereinigen dabei ihre Frucht mit den Röstaromen des Holzes, wie z. B. Vanille, Zedernholz oder Kaffee. Später in der Flasche entwickeln sich hochwertige Weine positiv weiter. Die einzelnen Aromen fügen sich immer mehr zu einem „Gesamtkunstwerk" zusammen, bis der Wein seine Vollendung gefunden hat.

3.2.2 Von der Unfähigkeit sich zu artikulieren

Emile Peynaud, ein bekannter französischer Önologe, beschreibt in seinem Buch „Die hohe Schule für Weinkenner" folgende Sachverhalte. Man muss prinzipiell unterscheiden, auf welche Weise man einen Wein zu sich nimmt. Es macht natürlich durchaus einen Unterschied, ob man Wein einfach trinkt oder diesen probiert und damit bewusster zu sich nimmt. Beim einfachen Trinken existiert keine systematische Vorgehensweise und der ganze Vorgang erfolgt nicht bewusst. Zumindest nicht mit dem Bewusstsein, gedanklich festzuhalten, welche spezifischen Geschmacksempfindungen ausgelöst wurden. Bestenfalls wird man den Wein als gut oder schlecht bewerten. Der geübte Verkoster hat sich beim Probieren nicht nur eine systematische Vorgehensweise für das Erkennen von Gerüchen und Geschmäckern angeeignet, er versucht, sich auch in der Regel schematische Abfolgen und bestimmte Geschmacksmuster ins Gedächtnis zu rufen, die im erlauben, den Wein qualitativ einzuordnen und zu beschreiben. Das heißt aber auch, dass er in der Regel dazu gezwungen ist, seine Eindrücke weiterzugeben und über den Wein zu reden. Er muss also nicht nur sensibilisiert für die sensorischen Wahrnehmungen sein, sondern auch die

Foto 3.2-2

Nach dem Probieren müssen die richtigen Worte gefunden werden.

Fähigkeit besitzen, diese zu beschreiben bzw. zu artikulieren. Er muss ein genügend präzises und ausreichend großes Degustationsvokabular besitzen, damit er seine Wahrnehmungen mitteilen und sein Urteil begründen kann. Ein guter Verkoster besticht durch die Klarheit, Präzision und Nuanciertheit seiner Kommentare. Durchaus kritisch betrachten sollte man aber diejenigen, die durch eine allzu wortreiche und blumige Sprache auffallen. Es könnte ihr ausgeprägtes Mitteilungsbedürfnis ja größer sein als ihre sensorischen Fähigkeiten.

Peynaud hält es für gar nicht so leicht, sich über Wein präzise auszudrücken. Er schreibt, dass die Beziehung zwischen gründlichem Ausdruck und sinnlichem Eindruck, zwischen Wort und Eigenschaft, auf diesem subjektiven Gebiet nicht so deutlich ist wie in anderen Bereichen. Es fehlt uns an Worten und exakten Benennungen. Die Schwierigkeit, etwas präzise zu sagen, verleitet dazu, vage Begriffe zu benutzen, und leicht erliegt man der Versuchung, seine Unfähigkeit hinter einem Wortschwall zu verbergen. Unsere eigenen geschmacklichen und geruchlichen Empfindungen in Wörter zu fassen, erscheint fast als der schwierigste Teil der Weinverkostung. Paradoxerweise versuchen wir ja auch bei der Weinbeschreibung, eine subjektive Erfahrung möglichst objektiv wiederzugeben. Dabei erwartet man eine sachliche und möglichst präzise Beschreibung der Eindrücke, möchte aber letztlich auch nicht ganz auf Emotionalität und damit verbundene Ausdrücke der Freude oder Enttäuschung verzichten.

Es ist wichtig, sich bewusst zu machen, wie die erlebten Wahrnehmungen sprachlich wiedergegeben werden können. Unsere Sinnesorgane werden von physikalischen oder chemischen Stimuli aktiviert und an unser Gehirn wird eine Botschaft vermittelt. Dieser Prozess läuft kontinuierlich ab, bis zur bewussten Verarbeitung durch unser Gehirn bleibt unsere Wahrnehmung aber in der Regel passiv. Man kann dieses Phänomen an der Hintergrundmusik in Kaufhäusern, in Restaurants oder beim Friseur verdeutlichen. Die Musik ist zwar da und beschallt uns permanent, wir nehmen sie aber nicht wirklich wahr. Erst wenn wir uns bewusst darauf konzentrieren, uns beispielsweise über ein bestimmtes Lied austauschen, erfolgt eine bewusste Verarbeitung der Reize. Die Fähigkeit unserer Sinne, Informationen zu verarbeiten, übertrifft bei weitem unsere Möglichkeiten, diese auch in Worte zu fassen.

Wenn man sich eingehender über Wein unterhalten möchte, gelangt man sehr schnell an die Grenzen des Ausdrucks bzw. der Ausdrucksmittel. Und so mancher aufmerksame Verkoster fühlt sich schon mal von den Worten im Stich gelassen. Selbst den Besten bleibt nur eine Alternative: die Kraft der Worte, bestimmte Vorstellungen und Bilder in uns zu wecken.

Oft steckt hinter dem, was wir sagen, hinter den Wörtern, die wir gebrauchen, mehr als nur deren wörtliche Bedeutung. Wörter sind in der Lage, darüber hinaus bestimmte Assoziationen in uns zu erzeugen, Gefühlsregungen zu aktivieren, die über die eigentliche Wortwahl hinausgehen und besonders durch die Sprachstilistik geprägt sind. Wir nehmen etwas Gehörtes oder Geschriebenes auf und verarbeiten die Informationen zu Bildern und unseren ganz eigenen Vorstellungen. Hierbei liegt aber auch das Hauptproblem. Die ganz eigenen Vorstellungen sind eben individuell geprägt und bedeuten nicht, dass sich bei einem anderen Zuhörer oder Leser eine ähnliche Interpretation einstellt. Der Zuhörer kann mit dem aufgenommenen Wort eine ganz andere, mehr oder weniger deutliche, mehr oder weniger klare Vorstellung verbinden. Je nachdem, welchen Sinn er ihm unterlegt und welche Bedeutung er ihm beimisst. Sprache führte schon immer auch zu Missverständnissen und nicht alle Worte sind in der Lage, eindeutige Botschaften zu übermitteln. Umso wichtiger erscheint es, dass die Begriffe, die bei der Weinsensorik zum Einsatz kommen, für alle die gleiche Bedeutung haben. Schaut man sich die verwendeten Ausdrücke an, kann man aber schnell feststellen, dass die Weinansprache häufig ungenau und mehrdeutig ist, weil die Worte eine andere Bedeutung haben können (und oft auch haben) als in der Alltagssprache. Weiterhin kursiert eine Vielzahl von Beschreibungen, die einen hohen Regionalbezug besitzen und anderswo unbekannt sind oder eine andere Bedeutung aufweisen.

Um sich klar und unmissverständlich ausdrücken zu können, ist ein genauer und aussagefähiger Fachwortschatz notwendig. Wir müssen die Dinge beim Namen nennen können. Dies verleitet Peynaud gar zu der Aussage: „Kennen heißt benennen können." Bei unseren geruchlichen und geschmacklichen Eindrücken gestaltet sich dies besonders schwer. Vielfach haben wir auch nur am Rande oder überhaupt nicht gelernt, uns ausführlicher und präziser über das zu unterhalten, was wir essen und trinken.

Andere Fachsprachen, wie z. B. in der Medizin, im Handel oder der Informatik, sind mit Fremdwörtern und Wortneuschöpfungen überhäuft und erscheinen deshalb viel undurchsichtiger und auf den ersten Blick schwerer verständlich als die Terminologie des Weinverkostens. Die Weinsprache mag vielleicht blumig sein, aber sie arbeitet dennoch überwiegend mit gebräuchlichen Wörtern (wenn diese auch oftmals ihrer eigentlichen Bedeutung entfremdet sind). Die Weinsensorik hat sich mit den Begriffen begnügt, die ihr zur Verfügung standen, und keine neuen geschaffen, um über den Wein reden zu können. Man hat sie aber, und daher rühren viele Verständnisprobleme, häufig in einen anderen Bedeutungsbereich gehoben.

Ohne Schwierigkeiten kann man mehrere hundert Worte aufführen, die bei Weinproben Verwendung finden. Und dies bezieht sich auf die wirklich sinnvollen und häufig benutzten Ausdrücke. Würde man die Phantasiebezeichnungen und poetischen Beschreibungen von Weinen mit einrechnen, wüchse die Zahl ins Uferlose.

Die verwendeten Ausdrücke und ihre Sachlichkeit hängen auch vom Thema und dem Kontext ab, in dem die Weinprobe steht. Viel mehr aber noch vom Verkoster selbst. Natürlich spielt es für die Weinansprache eine Rolle, ob es sich dabei um einen professionellen Prüfer oder einen Weinliebhaber handelt, um die zwei wichtigsten Gruppen zu benennen. Der Fachmann verwendet in der Regel nur festgelegte Begriffe und versucht sich kurz und klar auszudrücken. Er sollte nur Worte verwenden, die alltäglichen Begriffen entsprechen, und vermeidet es, Gerüche in Analogie zu chemischen Substanzen zu beschreiben, die kaum jemand kennt. Er wird also, um ein Beispiel von Léglise aufzuführen, bei der Ansprache eines Weines nicht sagen, „dass er köstlich nach Isoamylacetat, Alpha-Ionen, Glycyrrhicin und Benzaldehydcyanhydrin duftet, sondern ganz einfach, dass er nach sauren Drops, Veilchen, Lakritze und Kirschen riecht".

Viele Weinliebhaber, die ihre Eindrücke festhalten, aber auch viele Weinautoren drücken sich in der Regel zwar phantasievoller, aber dafür auch ungenauer aus. Dabei werden Assoziationen und Phantasien bedient, die nicht immer die glücklichsten sind. Peynaud behauptet von diesen Autoren, dass die Originalität ihres Wortschatzes lediglich die Unbestimmtheit ihrer Ausdrucksweise verdecken soll. Ein Autor, der z. B. über „lustige, schicke oder witzig-freche" Weine schreibt, hat die Grenze zur sprachlichen Willkür und Bedeutungslosigkeit leider überschritten.

3.2.3 Von der Entwicklung einer neuen Sprache

Dass man über Wein kommunizieren kann, bedeutet aber auch, dass es sich über ihn zu sprechen lohnt. Es gäbe sicher keine Weinansprache mit entsprechenden Begrifflichkeiten, wenn Weine nicht vielfältige und komplexe Eigenschaften besäßen. Die berauschende

Abbildung 3.2-1

Weinsprache bei Maupin

Von Maupin verwendete Worte (1779)

Acide (sauer)	Cru, crudité (roh)	Fort, force (qui a de la) (kraftvoll)	Mordant (beißend)
Âcre, âcreté (scharf, Schärfe)	Dur, dureté (hart, Härte)	Fumet (Konzentriertes Bukett)	Petit (klein, gering)
Aigre, aigreur (herb)	Empyreumatique (brandig)	Fumeux (rauchig)	Poids (qui a du) (von Gewicht)
Aqueux (wäßrig)	Entrant (einnehmend)	Gracieux (angenehm)	Poussé (hochgezüchtet)
Brûlant (brennend)	Épais (dick)	Grand (groß)	Revêche (abweisend)
Capiteux (mächtig, wuchtig)	Esprit (qui a de l') (geistvoll)	Grossier (gewöhnlich)	Sain (gesund)
Chaud, chaleur (alkoholreich)	Faible (schwach)	Maigre (mager)	Salubre (bekömmlich)
Consistance (Zähflüssigkeit)	Fermenté (goût de) (Gärgeschmack)	Montant (zu Kopf steigend)	Spiritueux (hoch im Alkohol)
Corsé, corps (qui a du) (körperreich)	Feu (Feuer)		Vert, verdeur (grün)
Coulant (süffig)	Fin, finesse (fein, Feinheit)		Vineux (weinig)

Quelle: Emile Peynaud, Die hohe Schule für Weinkenner, S.152, 2. Auflage 1995, Müller Rüschlikon Verlags AG, Gewerbestrasse 10, CH-6330 Cham

Wirkung vergorener Obstsäfte wurde von Menschen bereits vor mehreren Tausend Jahren entdeckt. Seit dieser Zeit wird in bestimmten Teilen der Welt Weinbau betrieben. In der Bibel ist häufig von Wein die Rede, weshalb man davon ausgehen kann, dass in dieser geschichtsträchtigen Zeit auch intensiv über Wein geredet worden ist. Befasst man sich aber näher mit der Thematik, stellt man sehr schnell fest, dass es dabei fast ausschließlich um die Herstellung ging und nicht um beschreibende Attribute für den Wein an sich. Außer ein paar weiteren Ausdrücken über Güte und Kraft wusste man früher anscheinend nicht viel über die konsumierten Weine mitzuteilen. Wahrscheinlich auch deshalb, weil die meisten Weine eher nichtssagend waren und es demzufolge nichts zu sagen gab.

Die ersten Versuche, Geruch oder Geschmack von Wein systematisch zu beschreiben, lassen sich im 17. Jahrhundert finden, weiter entwickelt wurde die Weinsprache wohl erst in neuerer Zeit. Wein war schon immer Rauschmittel, darüber hinaus aber vor allen Dingen Lebensmittel. Auch heute gibt es Millionen von Litern neutraler, nichtssagender und charakterloser Weine, bei denen dem Verkoster oft so gar nichts einfallen möchte (und das ist oft schon eher schmeichelnd für diese Weine zu werten). Man kann sagen, dass die Entstehung der Weinansprache mit dem Aufkommen von Qualität zusammenfällt. Darüber hinaus geben die verwendeten Ausdrücke sowie ihre Vielfältigkeit vermutlich Auskunft darüber, wie zu einem bestimmten Zeitabschnitt die Qualität der Weine einzuordnen war.

Die Produktion von wirklich qualitätsorientierten Weinen und ihre kontinuierliche Weiterentwicklung begannen in Europa vor höchstens zweieinhalb Jahrhunderten. Zu Beginn des 18. Jahrhunderts entstanden und verbreiteten sich vor allem durch die Tätigkeit englischer Händler und im Anschluss an die Entdeckung neuer Getränke (z. B. Schokolade, Kaffee) die heute bekannten großen Weine, wie z. B. Port, Sherry, Champagner, langlebige Bordeauxweine, aber auch die großen Rieslinge von Rhein und Mosel. Es ist verständlich, dass man von da an über beweiskräftige, aussagefähige und präzise Degustationsverfahren und einen Wortschatz verfügen musste, mit denen sich verschiedene Qualitätsklassen von Weinen differenzieren ließen. Man musste erst die Kunst erlernen, das Vergnügen mitzuteilen, und spätestens von diesem Zeitpunkt an war es wohl ein Vergnügen, das man beim Weintrinken empfand.

Natürlich gab es auch schon viel früher eine Weinsprache, der sich Weinverkoster oder Weinhändler bedienten. In der griechischen Literatur hat man angeblich bereits etwa

Abbildung 3.2-2

Weinsprache Angang des 19. Jahrhunderts

Weitere Worte, die zu Beginn des 19. Jahrhunderts gebraucht wurden

Chaptal (1807)		Nach Pijassou (1798–1820)	Jullien (1832)
Acéteux (essigsauer)	Franc (reintönig)	Arrière-goût (Nachgeschmack)	Acerbe (bitter)
Acescence (Essigstich)	Fût (goût de) (Faßgeschmack)	Étoffé (körperreich)	Astringence (Adstringenz)
Amer, amertume (bitter, Bitterkeit)	Généreux (kraftvoll)	Ferme, fermeté (fest, Festigkeit)	Balsamique (balsamisch)
Âpre, âpreté (rauh, Rauheit)	Gras (fett)	Lâche (ausdruckslos)	Droit (gradlinig)
Arôme (Aroma)	Insipide (schal)	Plat (flach)	Évent, éventé (abgestanden)
Austère (streng)	Liquoreux (likörartig)	Plein, plénitude (füllig, Fülle)	Froid (abweisend)
Bois (goût de) (Holzton)	Léger (leicht)	Robuste (robust)	Grain (qui a du) (ausdrucksvoll)
Bouquet (Bukett)	Moelleux (weich, voll)	Rond (rund)	Herbage (goût d') (Kräutergeschmack)
Délicat (fein)	Moisi (muffig)	Ton (qui a du) (Stil)	Lourd (schwer)
Délayé (dünn)	Parfum (Duft)	Velouté (samtig)	Mâche (qui a de la) (zum Beißen)
Douceâtre (süßlich)	Pâteux (pappig)	Vigoureux (kraftvoll)	Mou (matt)
Doux (süß)	Piquant (spitz)		Moustille (prickelnd)
Fade (fade)	Rude, rudesse (rauh, Rauheit)		Nerf (qui a du) (nervig)
Filant (fadenziehend)	Sève (Saft und Kraft)		Sec (trocken)
Fluide (dünnflüssig)	Tourné (verdorben)		Solide (solide)
	Vif (lebendig)		Soyeux (seidig)

Quelle: Emile Peynaud, Die hohe Schule für Weinkenner, S.153, 2. Auflage 1995, Müller Rüschlikon Verlags AG, Gewerbestrasse 10, CH-6330 Cham

100 beschreibende Worte gefunden, in anderen Weinbau treibenden Regionen waren es eher weniger. Parallel zur Weiterentwicklung der Weine und des Verständnisses über bestimmte Zusammenhänge bei der Weinbereitung im 19. Jahrhundert nahmen auch der Reichtum und die Differenzierungsmöglichkeiten bei der Weinbeschreibung zu. Liest man die Arbeiten über Wein, gelangt man innerhalb eines Jahrhunderts von den 40 Worten, die Maupin (1779) gebrauchte, zu den 180 Worten, die das „Dictionaire-Manuel du négociant en vins et spiritueux et du maître de chai" von Feret (1896) definiert. Weitere einhundert Jahre brauchte es zu dem an die tausend Wörter umfassenden Degustationsvokabular unserer Zeit.

Der Fortschritt des önologischen Wissens erlaubte es, dem Aufkommen und der Weiterentwicklung von Qualität Rechnung zu tragen und das Vokabular auszubauen. Die Weinansprache, wie wir sie heute kennen, fasziniert weite Kreise der Bevölkerung und ist für den Anwender durchaus mit gesellschaftlich-kulturellem Prestige verbunden. In dieser ausgeprägten Form besteht das Phänomen erst seit der zweiten Hälfte des letzten Jahrhunderts, verstärkt aber wohl erst in den letzten 20 Jahren.

3.2.4 Von einer Sprache auf der Suche nach der Präzision

Die Weinsprache besteht zum einen aus möglichst genauen Bezeichnungen für eindeutige, konkretisierbare Empfindungen (z. B. die Gesamtsäure, der Restzuckergehalt), zum anderen aber auch aus recht vagen und ungenauen, aber dafür gängigen Bezeichnungen für differenziertere Empfindungen, mit denen man versucht, ein Geschmacksgleichgewicht zu definieren, einen Geschmack oder Geruch näher zu beschreiben oder ein bewerten-

Abbildung 3.2-3

Beispiel für eine heutige Weinansprache

Sehen

- **Klarheit und Leuchtkraft:** leuchtend klar, strahlend-transparent, matt-wolkig, trüb-dumpf
- **Farbtiefe:** blass, mittel, intensiv
- **Farbton/Weißwein:** grüngelb, strohgelb, goldgelb, Bernstein
- **Farbton/Rotwein:** Lachs, Zwiebelschale, hellrot, purpurn, rubin, ziegelrot, braunrot, orangerot
- **Viskosität:** leicht, mittel, hoch
- **Kohlensäure:** fein, aggressiv

Riechen

- **Reintönigkeit:** sauber, dumpf, muffig, unsauber, fehlerhaft
- **Bukett (Geruchskategorien):** fruchtig, blumig, pflanzlich, würzig, erdig-mineralisch, chemisch, holzig-rauchig, mikrobiologisch, animalisch
- **Intensität:** verhalten, zart, delikat, dezent, ausgeprägt, konzentriert, explosiv, aufdringlich
- **Tiefe:** oberflächlich, leicht, voll, tief
- **Komplexität:** einfach, rustikal, solid, elegant, komplex

Schmecken

- **Süßegrad:** trocken, halbtrocken, halbsüß, süß, picksüß
- **Säure:** schal, mild, gut eingebunden, erfrischend, rassig, spitz, aggressiv, stahlig
- **Bitterkeit:** leicht und angenehm, grün, hantig, unangenehm, grob, kratzig, herb
- **Salze:** leicht salzig, Mineralsalz, Seetang
- **Umami:** leicht, pikant, würzig

Tasten

- **Temperatur:** in Grad Celsius einschätzen
- **Alkohol:** leicht, mittel, kraftvoll, brandig
- **Körper:** dünn, schlank, mittel, kräftig, voll, voluminös, üppig
- **Textur (Tannin):** wässerig, weich, seidig, cremig, sämig, satinartig, samtig, kernig, rau, hart, grob
- **Dynamik:** aggressiv, stechend, spritzig, lebhaft, sanft prickelnd, pfeffrig, fein moussierend, griffig, fleischig, zäh, klebrig
- **Abgang (Länge und Dauer):** kurz, mittel, lang, unendlich

Gesamteindruck

- **Abgang:** unappetitlich, einfach, eindimensional, charmant, elegant, komplex, tiefgründig
- **Entwicklungsstadium:** jugendlich, gereift, am Höhepunkt, müde, oxidativ
- **Struktur:** schmal, filigran, geradlinig, fokussiert, ziseliert, vielschichtig, mächtig, breitschultrig
- **Ausgewogenheit:** unharmonisch, harmonisch
- **Charakter:** derb, fad, ordinär, unkompliziert, süffig, komplex, klar, fragil, finessenreich, konzentriert, mächtig
- **Potenzial:** trinken ab … bis … mit/ohne Entwicklung

Qualität

fehlerhaft, leicht fehlerhaft, durchschnittlich, akzeptabel, gut, sehr gut, ausgezeichnet, hervorragend, außergewöhnlich

Quelle: Julia Sevenich, Weinsensorik, 2005, avBuch im Österreichischen Agrarverlag, Achauer Straße 49A, A-2333 Leopoldsdorf

des Urteil zu formulieren. Christiane Raphael spricht in diesem Zusammenhang in ihrem Buch „Reden über Wein" von referentiellen und metaphorischen Beschreibungen. Im ersten Fall ist die Bezeichnung streng an eine bestimmte Wahrnehmung gebunden und für jeden verständlich. Im zweiten Fall versucht der Verkoster, das vage Bild seiner Empfindung zu verdeutlichen, indem er mit den Worten spielt. Was den Ungeübten dabei erstaunt, häufig aber auch stört oder gar abschreckt, ist die Art der sinnbildhaften Beschreibung von Weinen. Nicht nachvollziehbar bleibt für ihn die Gleichsetzung mit geometrischen Strukturen, mit Stoffen oder mit Lebewesen. Bei der Beschreibung eines Weines kann es schon vorkommen, dass der Verkoster diesem eine Form oder eine Textur gibt. Er redet dann von seiner Jugend, seinem Alter, seinen Vorzügen und Fehlern oder von seinen Krankheiten. Den Weinen werden zutiefst menschliche Eigenschaften zugeschrieben, wie z. B. ehrlich, edel, liebenswürdig, gefällig und so weiter. Wörter, die sich auf die allgemeine Qualität der Weine beziehen, sind in der Regel unmissverständlich. Ob ein Wein schlecht oder gut ist, geschmacksintensiv oder eher neutral, dürfte wenig Anlass zu Diskussionen geben. Die Wörter werden genutzt und gedeutet, wie im allgemeinen Sprachgebrauch üblich. Wörter, die sich jedoch auf die „Schönheit" eines Weins beziehen, sind nur noch im Rahmen eines bilderreichen Sprachgebrauchs denkbar. Ein Verkoster, der einen Wein beispielsweise als elegant, charmant, graziös oder noch etwas emotionaler als hinreißend, bezaubernd oder verführerisch bezeichnet, spielt mit den Bildern, die solche Assoziationen in uns hervorrufen. Er gerät dabei aber auch immer in die Gefahr, dass in unseren Köpfen andere Bilder entstehen können, die zu ungewollten Interpretationen bezüglich des Weines führen. Ähnlich gelagert sind die Ausdrücke der Weinansprache, die den Platz eines Weines in der Qualitätshierarchie angeben. Man stellt den edlen, rassigen, reichen Weinen die gewöhnlichen, anspruchslosen, ausdruckslosen, die Standard- und Massenweine gegenüber. Ein Wein ist reich oder üppig, wenn seine Geruchs- oder Geschmacksbestandteile in größerem Umfang vorhanden sind, was auch auf eine gewisse Komplexität hinweist. Umgekehrt ist ein bescheidener, armer Wein kaum nuanciert und besitzt wenig Ausdruck und Geschmack.

Wie alle Sprachen unterliegt auch die Weinsprache einer gewissen Dynamik. Bestimmte Ausdrücke und Bezeichnungen entstehen neu, während andere aus dem allgemeinen Sprachgebrauch wieder verschwinden. Aktuelle Wortschöpfungen werden kreiert, andere verlieren sich. Nicht selten werden Fachausdrücke unrichtig oder missverständlich verwendet. Die Weinansprache ist leider eine Fachsprache mit einer nicht immer eindeutigen Nomenklatur. Dennoch bleibt sie unverzichtbar, um dem Wesen, der Eigenart und dem Wert oder Unwert der in Charakter und Güte so sehr verschiedenartigen Weine beizukommen.

„Es hat mit der Kunst der Weinprobe wenig zu tun, wenn man mit einem Schwulst von Worten auszudrücken versucht, was man doch nicht empfindet. Könner kommen oft mit wenigen Worten aus, mit denen sie dann aber treffend den Geschmackseindruck wiedergeben, den sie empfinden." *(Troost)*

Zweifellos gibt es aber auch im Weinbereich eine nicht in Frage zu stellende und uneingeschränkt funktionierende Expertensprache. Diese bezieht sich aber ausschließlich auf den Teil des Weines, der sich mit der Herstellung und dem Anbau von Wein befasst und ist somit meistens den Winzern vorbehalten. Was eine „Öchslewaage" ist, wie ein „Abstich" erfolgt oder was man unter einem „Tresterhut" versteht, darüber herrscht bei Winzern Klarheit. Ganz zu schweigen von Rebsorten, Bodenarten, Einzellagen und dergleichen mehr. Fernab dieser Fachsprache der Winzer und Önologen gibt es aber die hier thematisierte Sprache der Weinbeschreibung, die zwar nicht immer klar definiert ist, aber letztlich sich mit dem befasst, was den Verbraucher am meisten interessiert: wie schmeckt bzw. schmeckt ihm ein bestimmter Wein.

Aber ist die Weinansprache wirklich eine Fachsprache mit weitestgehend festgelegter Terminologie? Ist die Weinansprache wirklich eine fundiert kommunikationsfähige, das heißt verständliche Sprache? Man kann hier zu verschiedenen Meinungen kommen, sicherlich ist es aber zumindest so, dass diese Fragen von unterschiedlichen Personen auch ganz unterschiedlich beantwortet werden, und das zum Teil mit viel Emotionalität und Vehemenz. Da gibt es zum einen die „Gläubigen", die zum Teil auch aus Eigeninteresse zu Verfechtern einer existierenden, fundiert kommunikations- und informationsfähigen Weinansprache geworden sind. Auf der anderen Seite stehen die „Nihilisten" und „Skeptiker", die jeder weiter reichenden Weinbeschreibung abgeschworen haben. Ihr Credo lautet einfach nur: Hauptsache es schmeckt. Und es gibt auch diejenigen, die durchaus mit Interesse und

Offenheit sich den kursierenden Weinbeschreibungen gestellt haben, aber letztlich an der Mystik und Phantasterei so manchen Weinschreibers für sich gescheitert sind. Der letzte Rest an Zuversicht, hinter die Geheimnisse der Weinbeschreibung zu steigen, wurde oftmals erst durch die Begegnung mit „Weinkennern" erstickt, die einem – so scheint es zumindest – oft nur allzu gerne spüren lassen, was sie von Ahnungslosen halten.

Mittlerweile gibt es zahlreiche Studien, die sich mit der Beschreibung von Wein auf einer wissenschaftlichen Ebene befassen und vor allem den Wiedererkennungswert auf Grund von Beschreibungen hinterfragen. Die Ergebnisse einer dieser Studien wurden 2001 in verschiedenen Medien publiziert und bescheinigten einen eher bescheidenen Wiedererkennungswert von Weinen auf Grund von selbst verfassten Beschreibungen. Die Häme, wie sie in der Folge durch die Medien ging, hätte kaum größer ausfallen können. Die dpa verbreitete eine Pressemitteilung unter dem Titel „Das Schwelgen der Weinkenner als Nonsens entlarvt", weitere Artikel fielen in diesen Tenor ein. Man schien sich aufrichtig darüber zu freuen, dass es dieser vielfach als snobistisch und arrogant empfundenen Pseudoelite einmal ordentlich gegeben wurde. Dass es bei Wein und seiner Beschreibung in bestimmten Kreisen wirklich mehr um Selbstdarstellung exklusiver Fähigkeiten und Kenntnisse geht als um den Wein selbst, ist aber leider nicht von der Hand zu weisen und durchaus vorstellbar.

3.2.5 Vom Reden über Wein: wer, wie und warum?

Wie bereits erwähnt, sind es zwei Gruppen, die sich beim Reden über Wein besonders hervorheben lassen: die Weinliebhaber einerseits und die Experten andererseits, wobei die Übergänge vielfach fließend sind.

Anlass für die Kommunikation über Wein unter Weinliebhabern dürfte dabei vor allem sein, die eigenen Sinneseindrücke anschaulich und möglichst nachvollziehbar in Worte zu fassen und mit den Eindrücken der anderen zu vergleichen. Früher war das dafür zur Verfügung stehende Vokabular entweder noch nicht vorhanden oder dem Normalverbraucher nicht geläufig. Christiane Raphael unterstellt dabei in ihrem Buch über Weinkommunikation, dass seit geraumer Zeit zu der beschriebenen Motivation ein weiterer Wunsch hinzugekommen zu sein scheint, nämlich der nach Selbstdarstellung. Sie schreibt, dass die Fähigkeit, Genüsse zu differenzieren und auch differenziert zu beschreiben, heute bei Wein ebenso als Zeichen von Kultur angesehen wird wie bei Kunst oder Literatur. Das Zurschaustellen dieser Kultur, welcher die merkwürdigsten Stilblüten entwachsen, scheint dabei nur Beleg zu sein für die zunehmende Popularität der Weinansprache in den unterschiedlichsten Kreisen. Hierbei kann man sich zwar mit ganz unterschiedlichem Grundwissen über Wein und seiner Herstellung der Thematik nähern, geht es aber um die Beschreibung von Gerüchen, Geschmäckern und ganz allgemein um die Empfindungen, die man beim Weingenuss durchlebt, wird jeder zum Herrn über sein eigenes Sensorium. Was wiederum heißt, dass eigentlich sowieso jeder Recht hat, denn es handelt sich ja schließlich um die Beschreibung ganz individueller Geschmacks- und Geruchsempfindungen. Dies wird im Einzelfall umso schwerer zu widerlegen sein, je mehr sich die Verbalisierung über das Erlebte in mystische, phantasievoll artikulierte Sphären hebt.

Prinzipiell kann man Wein mit zwei in der Regel klar voneinander abzugrenzenden Wortgruppen beschreiben. Die eine bezieht sich dabei auf die geruchlichen und geschmacklichen Komponenten anderer Substanzen, wie z. B. Pfirsichduft, Veilchen, Paprika

Foto 3.2-3

Hauptsache, er schmeckt! Die nuancierten Beschreibungen interessieren den durchschnittlichen Weintrinker oft nur am Rande.

oder Ledernoten. Eine solche Beschreibung ist in bestimmten Grenzen tatsächlich objektivierbar. Die andere Wortgruppe schwelgt aber in mehr oder weniger intensiven bildlichen Vergleichen, wie samtig, rassig oder elegant, die auf den Verbraucher oftmals befremdlich wirken und in ihrem Informationsgehalt für den nicht Eingeweihten unbrauchbar sind. Wie soll man auch entscheiden, ob ein Wein finessenreich ist, breitschultrig oder kernig daherkommt, wenn man schon bei dem gängigen und im Weingesetz festgeschriebenen Begriff „trocken" ins Schleudern kommt? Wein ist eben nicht wirklich trocken, kann es auch gar nicht sein, denn dies wäre für ein Getränk doch eher unpassend. Es lassen sich unzählige solcher Beispiele finden, die sich eben nicht von selbst erklären und deren Bedeutung bestenfalls unter Experten eindeutig definiert ist. Was sagen Beschreibungen wie adelig, saftig, markant, hart, ehrlich, dumpf oder edel? Dass diese Begriffe durchaus auch unter Experten kritisch betrachtet werden, steht außer Frage. Dennoch sind sie existent und werden vielschichtig eingesetzt. Warum das so ist, darüber lässt sich nur spekulieren. Christiane Raphael wirft in diesem Zusammenhang folgende Fragen auf: „Weil sie die Fantasie beflügeln und den Appetit wecken? Weil sich jeder Hans & Franz für kompetent halten kann zu beurteilen, ob ein Wein nach Johannisbeeren riecht/schmeckt, sich aber kein Urteil über die „Finesse" anmaßen darf? Oder weil man in dieser Sprache völligst ungeschützt, aber auch wenig schutzbedürftig, Weinlyrik von sich geben darf?" Letztlich sind die Motive wohl unterschiedlich und wahrscheinlich trifft von allen jedes ein bisschen den Kern.

Dass die Weinansprache nicht immer eindeutig ist, zeigt sich auch an folgender Anekdote aus dem Leben eines Weinhändlers, wobei sich eine völlig neue Definition der Begriffe „schwerer" und „leichter" Wein ergab, welche eigentlich im Zusammenhang mit dem Alkoholgehalt der Weine stehen. Nachdem ein Ehepaar Weine verkostet hatte, diese auch bezahlt waren und es darum ging, die Kartons zum Auto zu tragen, fiel folgender Satz von Frau zu Mann: „Schatz nimmst du den Karton mit dem Spätburgunder? Ich nehme den

Riesling, der ist doch leichter." Der Mann tat wie ihm geheißen und schnappte sich den vermeintlich schwereren Spätburgunder.

3.2.6 Von Rädern und Aromen

Mit der Entwicklung von so genannten Weinaromarädern wurde der löbliche Versuch unternommen, die Beschreibung von Wein auf bestimmte, festgelegte Beschreibungen zu beschränken. Das erste Aromarad für Wein wurde in den achtziger Jahren an der University of California in Davis entwickelt. Die Hauptanforderung an die innerhalb des Rades verwendeten Ausdrücke war, dass sie spezifisch und analytisch waren und nicht hedonistisch oder das Resultat einer bewertenden Antwort. Floral ist ein allgemeiner, aber analytisch beschreibender Begriff, wohingegen elegant oder harmonisch einerseits unpräzise und vage sind und andererseits hedonistisch und bewertend.

Das Weinaromarad besteht aus drei Kreisen. Der mittlere enthält grobe Geruchsklassen, die weiteren jeweils feinere Abstufungen. Um eine einfache Zuordnung zu ermöglichen, werden ausschließlich Adjektive verwendet, die in der deutschen Alltagssprache benutzt werden wie beispielsweise „fruchtig" (Zitrone, Apfel, Pfirsich), „blumig" usw. Das für deutsche Weine adaptierte Aromarad definiert folgende Oberkategorien für Rotweine: fruchtig, blumig, krautig/vegetativ, würzig, karamellisiert, rauchig, mikrobiologisch und Geschmack (weitere Untergliederungen nach Intensität, Gaumeneindruck, Körper, Gesamteindruck). Diese Sammelbegriffe werden im inneren Kreis weiter untergliedert. Unterkategorien für

Abbildung 3.2-4

Aromarad (hier: Deutsche Rotweine)

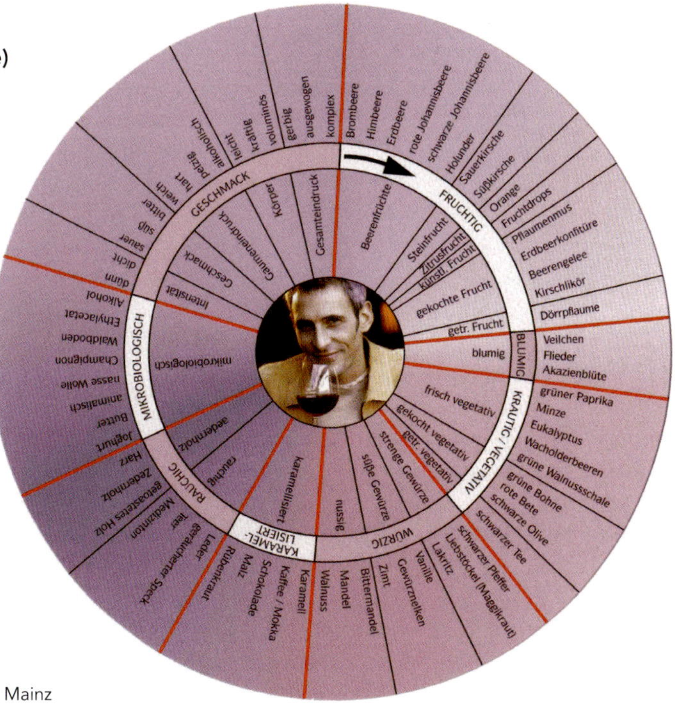

Quelle: Deutsches Weininstitut, Mainz

die fruchtigen Aromen sind beispielsweise: Beerenfrüchte, Steinfrucht, Zitrusfrucht, künstliche Frucht, gekochte Frucht, getrocknete Frucht. Der äußerste Kreis listet schließlich sehr spezifisch den Kategorien des inneren Kreises die jeweiligen Fruchtaromen eines Weines zu. Um bei unserem Beispiel zu bleiben, werden die Beerenfrüchte weiter unterschieden in: Brombeere, Himbeere, Erdbeere, rote Johannisbeere, schwarze Johannisbeere und Holunder. Der Ansatz des Aromarades, das es in verschiedenen Adaptionen gibt (z. B. für deutsche Rotweine und deutsche Weißweine), erscheint klar strukturiert und nachvollziehbar. Umso mehr erstaunt es, wie wenig Bedeutung das Aromarad bis heute gewinnen konnte. Christiane Raphael gibt dafür folgenden Erklärungsversuch: „Selbst wenn die Beschreibung von Weinen mit Hilfe des Aromarades inter- und intrasubjektiv präziser vorgenommen werden könnte – sind das die Attribute, die mich als Konsumenten interessieren? Will ich das Wissen? Sollte ein Wein tatsächlich nach Paprika oder Erdbeermarmelade oder Heu oder grünen Bohnen schmecken bzw. riechen (von Minze, Butter oder Sauerkraut ganz zu schweigen), wird mich das zum Kauf oder auch nur zur Begeisterung animieren? Wenn dagegen ein Wein als „saftig", „geschmeidig", „elegant" oder sogar als „weinig" (!) angepriesen wird, von einem Händler oder einem Bekannten, mit dem ich über Wein rede, wird das meine Neugier viel eher wecken – selbst wenn ich mir verboten habe, mich von derlei Lyrik beeindrucken zu lassen." Sie kommt zu dem Ergebnis, dass die von ihr metaphorisch genannte Weinansprache zwar eher unsinnig ist, aber durch ihre phantasie- und lustanregende Wirkung uns letztlich mehr anspricht als eine fundiert sachliche Nomenklatur, die uns oft unberührt lässt. Die Attribute, die bei den Aromarädern ausgeschlossen sind, wirken oftmals auf den Konsumenten am intensivsten.

3.2.7 Von einer Fachsprache ohne Nomenklatur

Heute wird gerade in Publikationen über Wein immer mehr dazu übergegangen, auf beschreibendes Vokabular zurückzugreifen und den numerischen Bewertungen (egal ob 5-Punkte-, 20-Punkte- oder 100-Punkte-System) werden Ausdrücke, welche die sinnlichen Eindrücke beschreiben, zur Seite gestellt. Findet dies in einem abgesteckten und überschaubaren Rahmen statt, kann man ein solches Vorgehen nur begrüßen. Eine bewertende Zahl an sich sagt nämlich noch gar nichts darüber aus, ob einem die Geschmacks- und Aromenausprägungen eines Weines zusagen oder nicht. Driftet das Vokabular allerdings zu sehr in eine phantasievolle und poetische Beschreibung der Weine ab, verliert das Ganze seinen eigentlichen Sinn. Natürlich liest sich eine Beschreibung, die von blühenden Frühlingswiesen im Positiven oder alten Socken im Negativen spricht – rein literarisch gesehen – recht angenehm. Da es aber um die Vermittlung von Geschmackseindrücken geht, die möglichst nachvollziehbar sein sollten, stößt man mit dieser Art von Beschreibungen schnell an Grenzen. Dies trifft im Übrigen auch auf die bereits erwähnten Beschreibungsattribute zu, die z. B. an Beschreibungen von Menschen oder Gefühlseindrücken angelehnt sind, wie etwa edel, plump oder auch harmonisch. Es ist einem Verbraucher auch nur schwer zu vermitteln, wieso er einen Wein, der ihm viel zu säuerlich, süß oder gerbstoffbetont ist, als harmonisch betrachten soll, nur weil ein so genannter Experte diesen als solchen bezeichnet. Wobei wir uns wieder bei der Grundproblematik befinden: Kann man Wein überhaupt objektiv und für alle nachvollziehbar beschreiben? Und eben so beschreiben, dass dies nicht nur Experten, sondern auch die Verbraucher verstehen? Wenn man sich das gängige, heute benutzte Weinvokabular anschaut, bestehen erhebliche Zweifel. Jedoch bleibt es unbestritten, dass jedes Reden über Wein eine wichtige soziale Komponente beim Weintrinken erfüllt. Wir trinken Wein häufig in Gesellschaft anderer und möchten uns auch über das Empfundene austauschen können. Da erscheint es schon fast tragisch, dass die Experten häufig in einer Sprache sprechen, die der Verbraucher gar nicht oder häufig falsch versteht. Dadurch wird der emotionale Zugang zum Wein vielfach behindert und der in unserer schnelllebigen Zeit vielfach sowieso schon stark beanspruchte oder gestresste Konsument widmet sich in seiner Freizeit lieber einem unkomplizierten Getränk, wie z. B. Bier. Prof. Ulrich Fischer beschreibt dies in einem Aufsatz folgendermaßen: „Es kann so einfach sein, wenn wir beschreiben, was wir wahrnehmen: Den Duft von Pfirsich, das Aroma einer Rosenblüte oder den Geruch von Honig. Wer hingegen Weine als elegant, rassig, nervig oder stahlig anspricht, läuft immer Gefahr, missverstanden zu werden. Denn nicht jeder versteht dasselbe unter Eleganz oder Rasse und vielen Laien ist unerklärlich, was Stahl oder Nerven überhaupt mit Wein zu tun haben. Dies kann bei Beschreibungen anhand von Früchten, Gewürzen, Blumen, Kräutern oder Nüssen nicht passieren, da der Geruch einer Aprikose oder Ananas jedem bekannt ist, ebenso der von Vanille oder Flieder. Folgt man dieser Art der Weinansprache, wird jeder Weintrinker zum kompetenten Fachmann, er beherrscht dasselbe Vokabular wie die Spezialisten und kann von Anfang an mitreden."

Natürlich weiß man auch innerhalb der Weinbranche um die Problematik der Weinansprache und es wurden in der Vergangenheit auch Versuche unternommen, die Sprache zu objektivieren, Begriffe zu vereinheitlichen und zu kategorisieren. Letztlich hat sich aber bis heute keine einheitliche Weinansprache durchgesetzt.

Natürlich gibt es auch beim Wein Aspekte, die sich objektiv betrachten lassen (z. B. Säure, Zucker, Alkohol) bzw. analytisch erfasst werden können. Diese sind dem Konsumenten sicher hilfreich, um eine Kaufentscheidung zu treffen, können dabei aber nur unterstützend wirken. Auf vielen Weinlisten bei Weingütern und im Handel sind diese Parameter aufgeführt. Aber letztendlich geben sie keinen Aufschluss darüber, welches Geschmackserlebnis einem bei einem bestimmten Wein erwartet. Ein Riesling mit 5 g/l Säure ist anders zu bewerten als ein Chardonnay gleicher Ausprägung. Verschiedene Weintypen oder verschiedene Rebsorten haben unterschiedliche Ansprüche an „ihre inneren Werte", um als ausgewogen und angenehm empfunden zu werden. Erschwerend kommt hinzu, dass unsere individuellen Geschmäcker ohnehin sehr verschieden sind und wir um diese hedonistische Variabilität auch wissen. Demnach kommt man an der Sensorik nicht vorbei, wenn es darum geht, Weine weitergehend zu beschreiben, auch wenn gleichzeitig bekannt ist, dass eben diese Beschreibung häufig Missverständnisse hervorruft.

Wollte man sich dieser Missverständnisse entledigen, bedürfte es eines einheitlichen, festgelegten und genau definierten Wortgebrauchs zur Beschreibung. Die Einführung einer solchen einheitlichen Terminologie könnte das Aneinandervorbeireden, gerade von Experten und Verbrauchern, durchaus beheben. Dass wir davon aber noch weit entfernt sind, wurde bereits aufgezeigt. Laut Althaus „zeichnet sich eine Terminologie vor anderen Teilen des Wortschatzes dadurch aus, dass ihre Termini – das sind Fachwörter – definiert und einem strengen terminologischen Zusammenhang unterworfen sind". Die heute verwendeten Termini werden aber weder einheitlich benutzt, noch sind sie eindeutig und feststehend definiert. Und wahrscheinlich fragen sich noch heute Verbraucher, die einen als „samtig" beschriebenen Wein zum Verkosten bekommen (unter Experten Bezeichnung für Rotweine mit ausgewogener Gerbstoffstruktur), ob es Sinn macht und ein Zusatzerlebnis mit sich bringt, diesen zu streicheln. Ganz im Gegensatz zu Tucholsky, der schon früher erkannte: „Schade, dass man Wein nicht streicheln kann."

3.2.8 Ein kurzes Fazit

Eigentlich bedarf es keines besonderen Talents, um Weine zu verkosten und zu beschreiben. Betont werden muss aber, dass sich in der Regel erst mit einer gewissen Übung eine entsprechende Leichtigkeit bei der Wortfindung bezüglich der wahrgenommenen Sinneseindrücke herausbildet. Der Wein spricht zu uns, wir müssen aber lernen, ihn zu verstehen. Sind wir in der Lage, die Informationen, die wir beim Verkosten erhalten, dementsprechend zu verarbeiten, sind wir nicht nur befähigt, uns dem Genuss eines guten Weines bewusster und damit intensiver hinzugeben, wir können auch vielfältige Aussagen über den Weintyp, die Qualität, das Entwicklungspotenzial oder weitere Kriterien machen. Durch die Artikulation dieser Eindrücke entsteht die Weinsprache. Leider glauben aber immer noch viele Verbraucher, dass sie nicht richtig riechen oder schmecken können. Vielfach werden sie auch abgeschreckt durch fantastisch anmutende und wahrnehmungsüberfrachtete Weinbeschreibungen oder ein Weinvokabular, das sie an sich schon nicht nachvollziehen können. Was Experten vielleicht noch verstehen (oder belächeln), erschwert dem Laien den einfachen und unkomplizierten Zugang zu Wein. Man sollte sich aber nicht verunsichern lassen und beim Probieren das zum Ausdruck bringen, was einem spontan in den Sinn kommt. Wein kann nämlich sehr spannend und sinnlich sein. Er kann Ausprägungen von Vanille, Lakritze oder Pfeffer haben. Er kann nach Sauerkirsche, Flieder oder Zimt riechen. Er kann nach Kaffee, Karamell oder Mandel schmecken. Er kann an Pilze oder Butter erinnern, an Zedernholz und Harz. Nach grünem Paprika oder Wacholderbeeren, Minze oder Dörrpflaume, Melone, Zitrone oder Pfirsich duften. Geben Sie sich diesen Eindrücken hin, versuchen Sie, sie zu benennen, und vielleicht werden auch Sie von der Magie erfasst, die sich um das Weintrinken rankt, immer auf der Suche nach dem perfekten Wein – nach Ihrem perfekten Wein.

Foto 3.2-4

Mit Übung ans Ziel: die Weinprobe

3.3 Sensorik von Amts wegen

Gabriele Schmitz-Pooyan und Hans-Joachim Klare

3.3.1 Probeneingang

Sensorische Analysen können auch einen amtlichen Charakter annehmen, denn in der staatlichen Lebensmittelüberwachung bildet die Sinnenprüfung stets einen Teil des Untersuchungsprogramms. Sie ist bei allen eingehenden Proben zwingend erforderlich und muss jeweils zu Beginn der Befunderhebung durchgeführt werden. Art und Umfang der sensorischen Prüfungen richten sich nach den Probenmaterialien und insbesondere deren Vorgeschichte. Generell wird eine Erfassung des visuellen (Aussehen) und olfaktorischen Eindrucks (Geruch) mittels einer einfach beschreibenden Prüfung bei allen eingehenden Proben vorgenommen. Eine genaue Beschreibung dient der zweifelsfreien Identifikation des Erzeugnisses und soll möglichen – bei manchen Verteidigern vor Gericht beliebten – Vorwürfen der Verwechslung von Proben vorbeugen. Zudem ist eine präzise Dokumentation des Zustandes, in dem das Produkt die Untersuchungseinrichtung erreicht, nötig und oftmals mitbestimmend für die Endbeurteilung der Probe. Insbesondere bei nicht präzisiertem Untersuchungsauftrag, z. B. der Überprüfung einer Handelsprobe auf Verkehrsüblichkeit und Verkehrsfähigkeit, bildet fernerhin die sensorische Untersuchung einen wichtigen Baustein zu Auswahl und Festlegung des Untersuchungsspektrums

Im Gegensatz zum olfaktorischen Befund (Geruch) müssen jedoch einzelne Lebensmittelproben von einer Überprüfung des gustatorischen Eindruckes (Geschmack) ausgeschlossen bleiben. Diese Einschränkung betrifft vor allem Probenmaterialien, deren Verzehr in Teilmengen bereits zu einer Erkrankung geführt hat oder die im Verdacht stehen, bei einer akuten Lebensmittelvergiftung beteiligt gewesen zu sein. Auch Verderbniserscheinungen und sonstige ekelerregende Beeinträchtigungen (z. B. Madenbefall, Verschmutzung etc.) des Probenmaterials, die zur Beurteilung „zum menschlichen Verzehr nicht geeignet" führen würden, können eine Geschmacksprüfung ausschließen.

3.3.2 Vorgaben an die Methodik

Für die sensorische Untersuchung von Erzeugnissen in Überwachungslaboratorien gelten spezielle Bedingungen und Fragestellungen, was eine problemorientierte Verfahrensweise erfordert.

Hier einige der Besonderheiten:

– In amtlichen Überwachungslaboratorien werden die Proben oft dann zur Prüfung vorgelegt, wenn ein konkreter Verdacht besteht, ein Anlass zur Beschwerde gegeben ist oder unerwartete Havarien eine Untersuchung nötig machen. Somit ist der Zeitpunkt der dann umgehend erforderlichen und möglichst ohne Zeitverzug durchzuführenden Befunderhebung in der Regel nicht absehbar. Die sensorische Prüfung muss also häufig situationsbedingt ohne Vorankündigung und Vorplanung erfolgen.

- Die eingesendeten Probenmengen sind insbesondere bei Verbraucherbeschwerden oft gering und deshalb für eine umfangreiche sensorische Untersuchung nicht geeignet bzw. nicht ausreichend.
- Unter Berücksichtigung der vorgefundenen Gegebenheiten sind auch die von externen Probennehmern (Lebensmittelkontrolleuren u. a.) amtlich zu entnehmenden Proben – trotz koordinierender Vorgaben im Rahmen der Überwachung – nicht immer in der für eine umfangreiche sensorische Untersuchung erforderlichen Menge und Beschaffenheit vorhanden.
- Bedingt durch unterschiedliche Probeneinsender und vielfältige Ursachen für die Einsendung ist (insbesondere bei Verbraucherbeschwerden) nicht von einer mangelfreien Technik der Probenahme auszugehen. Häufig fehlen konkrete Angaben über die Vorgeschichte des zu prüfenden Erzeugnisses, Informationen zur Herstellung (Technologie, Zeitpunkt und -ort) und Lagerbedingungen (Temperatur, Atmosphäre, Verpackung, Kühlkettenunterbrechungen u. Ä.). Auch auf ausreichende Repräsentanz wird nicht immer geachtet.
- Das Probenspektrum einer amtlichen Untersuchungseinrichtung gestaltet sich extrem heterogen und deckt die gesamte Fülle des Lebensmittelangebots einschließlich der Vor- und Zwischenprodukte ab. Nur selten besteht im Bedarfsfall die Möglichkeit, in vertretbarer Zeit und mit angemessenem Personalaufwand eine sensorische Vergleichsprobe (Kontrollprobe, Standardprobe oder Referenzprobe) zu beschaffen.

3.3.3 Verbindliche Anleitung

Um den spezifischen Gegebenheiten der amtlichen Sensorik Rechnung zu tragen, wurde eine eigene und zugleich verbindliche Verfahrensanleitung geschaffen. Dazu wurde im Rahmen der Sammlung von amtlichen Untersuchungsmethoden gemäß § 64 des Lebensmittel- und Futtermittelgesetzbuches (LFGB) unter Federführung des Bundesamtes für Verbraucherschutz und Lebensmittelsicherheit (BVL) eine Arbeitsgruppe „Sensorik" gebildet, welche sich aus Mitgliedern der Überwachungsbehörden, der Verbraucherverbände, der Forschung und der Industrie zusammensetzte. Dieses Gremium konzipierte eine Methode, die den Gegebenheiten der Routine einer Überwachungsbehörde mit ihrem umfassenden und extrem heterogenen Produktspektrum, ihren limitierten Personalressourcen sowie ihren zeitlich nicht planbaren Abläufen Rechnung trägt. Nach eingehender Diskussion wurde das Verfahren dem Arbeitsausschuss „Sensorik" des Normenausschusses Lebensmittel und landwirtschaftliche Produkte des Deutschen Instituts für Normung (DIN) vorgelegt und als DIN 19795 „Sensorische Prüfverfahren – Expertengutachten zur lebensmittelrechtlichen Beurteilung" im April 2005 veröffentlicht.

Diese Norm, die eine spezielle Ausformung der in Kapitel 2.4 geschilderten beschreibenden Prüfung mit integrierter Bewertung („Expertengutachten") darstellt, legt ein Verfahren zur Produktbeschreibung und der daraus resultierenden rechtlichen Beurteilung der Verkehrsfähigkeit von Lebensmittelproben für den routinemäßigen Einsatz in der amtlichen Lebensmittelüberwachung fest. Zwar wurde die Anweisung primär für den Einsatz in der amtlichen Lebensmittelüberwachung geschaffen, sie kann jedoch – bei der Normenerarbeitung ausdrücklich berücksichtigt – auch zur Überprüfung und Beurteilung der sensorischen Beschaffenheit / des Genusswertes von Lebensmittelproben im Rahmen der innerbetrieblichen Eigenkontrolle oder für vergleichende Warentests herangezogen werden.

Dem Anwendungsbereich entsprechend werden mit Hilfe einer ganzheitlichen Erfassung die sensorischen Eigenschaften von Lebensmittelproben beschrieben und auf objektive Abweichungen von der allgemeinen Verkehrsauffassung überprüft.

3.3.4 Sensorische Prüfung durch „Experten"

Als Voraussetzung zur Durchführung dieses Verfahrens, d. h. einer ganzheitlichen Erfassung von Produkteigenschaften mit dem gleichzeitigen Erkennen von Abweichungen, muss gewährleistet sein, dass die Prüfpersonen nicht nur über eine ausgeprägte sensorische Eignung verfügen, sondern zudem produktspezifisch geschult sind und außerdem Kenntnisse in der Technologie der Herstellung und Erfahrungen hinsichtlich der Produktgruppe besitzen. Eine weitere unentbehrliche Prämisse bildet das Vorhandensein eines repräsentativen und aktuellen, verinnerlichten Standards der allgemeinen Verkehrsauffassung in Bezug auf die sensorischen Qualität, wie er nur durch Berufserfahrung, Schulung und Weiterbildung erworben werden kann. Im Kapitel 2.3 finden sich dazu nähere Ausführungen. Hinzu kommt die Fähigkeit, auf Grund des Sinnenbefundes eine lebensmittelrechtliche Bewertung der Verkehrsfähigkeit einer Probe vornehmen zu können. Eine Lebensmittelprobe als im „Genusswert nicht unerheblich gemindert" oder sogar „für den Verzehr durch den Menschen ungeeignet" beanstanden zu können, setzt umfangreiche Kenntnisse der rechtlichen Bestimmungen voraus, denn eine sinnesphysiologische Diagnose muss in ein abstraktes juristisches Urteil überführt werden.

Wie definiert sich nun ein Experte in der sensorischen Terminologie? Den entsprechenden Fachbegriffen gemäß handelt es sich um eine Kombination aus einem „Sachverständigen" (definitionsgemäß eine Prüfperson, welche die Qualifikation als Prüfer, d. h. für die sensorische Untersuchung geeignet und geschult, erfüllt, darüber hinaus produktspezifisch geschult ist, produktspezifische, technologische Kenntnisse und Erfahrungen besitzt und gleiche Produkte bzw. Produktgruppen ständig zu prüfen hat) und einem „Sensoriker" (definitionsgemäß eine mit Theorie und Praxis der Sensorik vertraute Person, die gleichfalls die praktische Qualifikation als Prüfer erfüllt hat). Zusätzlich besitzt der amtliche Experte genug Erfahrungen in der Anwendung des Lebensmittelrechts, um die Verkehrsfähigkeit des Untersuchungsgutes zu beurteilen. Dieser in der amtlichen Sensorik tätige Experte vergleicht bewusst den eigenen Sinnenbefund mit dem ihm gegenwärtigen sensorischen Standard zur allgemeinen Verkehrsauffassung. Die allgemeine Verkehrsauffassung wird ihrerseits durch die berechtigte Verbrauchererwartung und den redlichen Handelsbrauch in Verbindung mit den Kennzeichnungselementen geprägt. Der Experte leitet aus der Gegenüberstellung von Ist und Soll eine lebensmittelrechtliche Beurteilung der Verkehrsfähigkeit ab. In seinem Ablauf ähnelt dieses ganzheitliche Vorgehen der Wahrnehmung des Verbrauchers, allerdings auf einer objektiv rationalen statt einer individuell affektiven Ebene.

Die komplexen Fähigkeiten eines Experten werden den erfahrenen wissenschaftlichen Sachverständigen – insbesondere Fachtierärzten/innen, Lebensmittelchemikern/innen und Lebensmitteltechnologen/innen – in der allgemeinen Rechtsprechung ausdrücklich zugestanden. Die Gerichte greifen auf die amtlichen Gutachten und Sachverständigenaussagen der Untersuchungsämter zur Konkretisierung der auch regional geprägten Verkehrsauffassung zurück.

3.3.5 Rahmenbedingungen

Die Grundbedingungen der Beschreibung und Beurteilung amtlicher Lebensmittelproben unterscheiden sich nicht wesentlich von den Vorgaben bei anderen normierten sensorischen Prüfverfahren.

Die Art der Probenziehung hängt vom Zustand des Lebensmittels und dem Zweck der Prüfung ab. Die Entnahme muss so erfolgen, dass sie ein repräsentatives Bild des zu prüfenden Lebensmittels gibt. Lassen sich diese Bedingungen nicht oder nur unvollständig erfüllen, wie es z. B. bei Beschwerde-, Verdachts- und Verfolgsproben der Fall sein kann, so ist es erforderlich, die abweichenden Umstände eingehend zu protokollieren, um sie bei der Ergebnisbewertung gegebenenfalls zu berücksichtigen.

Das Zubereiten und Anrichten der Proben, die Probenmenge und die Probentemperatur müssen vor der Prüfung festgelegt werden. Anzustreben ist eine Probenmenge, die auch ein Rückprüfen ermöglicht.

Die Prüfgeräte, in denen die Proben den Prüfpersonen vorgelegt werden, müssen in Werkstoff, Größe, Form und Farbe einheitlich sein und dürfen die Probe sensorisch nicht beeinflussen. Das Nennvolumen und die Form der Prüfgefäße sollen der Probenmenge und der Art des Lebensmittels angepasst sein.

Der Raum, in dem die sensorische Prüfung durchgeführt wird, hat die in der entsprechenden DIN-Norm fixierten Bedingungen zu erfüllen. Dabei sollten neben bestimmten baulichen Gegebenheiten (z. B. die Trennung von Vorbereitungs- und Prüfungsraum oder dem farblichen Design von Raum und Mobiliar) sowie der Gestaltung von Umweltbedingungen (insbesondere bezüglich Temperatur und Luftfeuchte, Lärm und Gerüche) möglichst auch Prüfkabinen zur Verfügung stehen, die ein für den einzelnen Prüfer ungestörtes Arbeiten in ablenkungsfreier und entspannter Atmosphäre ermöglichen.

3.3.6 Die Durchführung der sensorischen Prüfung in zwei Modulen

Eine gemäß der DIN-Norm durchzuführende sensorische Prüfung lässt sich in zwei Prüfschritte aufteilen.

3.3.6.1 Erster Schritt

Grundsätzlich wird bei allen eingehenden Proben von der zuständigen Prüfperson, bei der es sich immer um einen Experten mit den geschilderten spezifischen Fähigkeiten handeln muss, der erste Prüfungsschritt durchgeführt. Hierbei wird die sensorische Beschaffenheit nach den Grundsätzen einer einfach beschreibenden Prüfung charakterisiert und dokumentiert. Diese Daten dienen unter anderem zur Absicherung der Identität der Probe. Die Beschreibung der sensorischen Beschaffenheit erfolgt mit geeigneten, nicht-hedonischen Ausdrücken. Die Terminologie darf frei gewählt, aber auch entsprechenden Auflistungen entnommen werden. Eine Kombination der Attribute mit Intensitätsangaben ist statthaft, oft sogar notwendig. Bei der Beschreibung muss immer die komplexe Gesamtheit aller sensorisch zugänglichen Merkmalseigenschaften unter Einbeziehung möglicher Wechselwirkungen registriert werden.

Aufgrund des Prüfergebnisses wird bei Proben ohne besonderen Einsendungshintergrund (Planproben, d. h. Lebensmittelproben, welche auf Grund rechtlicher Vorgaben routinemäßig – meist aus dem Handel – ohne konkrete Verdachtsmomente nach dem Zufallsprinzip gezogen werden) entschieden, ob die sensorische Beschaffenheit der Probe der allgemeinen Verkehrsauffassung entspricht. Im positiven Fall kann das Erzeugnis hinsichtlich seiner sensorischen Beschaffenheit abschließend beurteilt werden. Auf den im Folgenden beschriebenen zweiten Prüfungsschritt darf dann verzichtet werden.

3.3.6.2 Zweiter Schritt

Bestehen bei einer Lebensmittelprobe Zweifel an einer Konformität der sensorischen Qualität mit der allgemeinen Verkehrsauffassung, wird der zweite Prüfschritt eingeleitet. Bei Produkten, welche auf Grund konkreter Verdachtsmomente vorgelegt werden, erfolgt immer auch der zweite Prüfschritt. Unter Verdachtsproben sind Lebensmittelproben zu verstehen, die auf Grund besonderer Auffälligkeiten gezogen wurden, sowie Verfolgsproben zur weiteren Abklärung eines Untersuchungsbefundes oder zur Ausräumung eines Verdachtes, ferner auch Beschwerdeproben, die vom Verbraucher als nicht seinen Erwartungen entsprechend oder anderweitig auffällig der amtlichen Überwachung zur Klärung des Sachverhaltes übergeben wurden. In diesem zweiten Prüfschritt wird eine sensorische Prüfung wie bei Schritt 1 von mindestens drei Prüfern durchgeführt. Jede dieser Personen gibt ein unabhängiges Urteil ab und dokumentiert seine Bewertung. Das Ergebnis des Experten aus dem ersten Prüfschritt kann mit einbezogen werden. Danach wird im Konsens von der Prüfergruppe entschieden, ob und inwieweit das Lebensmittel in einem oder mehreren Merkmalen von der allgemeinen Verkehrsauffassung abweicht. Auf der Basis dieser Entscheidung formuliert der Experte, der die Prüfergruppe leitet, eine lebensmittelrechtliche Beurteilung. Um die lebensmittelrechtlichen Schlussfolgerungen aus der sensorischen Prüfung nachvollziehen zu können, müssen Ergebnisbeschreibung und Befundbewertung getrennt dokumentiert werden. Wird kein Konsens in der Prüfergruppe erzielt, so werden gegebenenfalls weitere Prüfer und/oder Experten hinzugezogen.

Der Experte, der die Prüfergruppe leitet, legt unter Beachtung der Vorschläge der anderen Prüfpersonen fest, ob und welche zusätzlichen Untersuchungen zur Absicherung des Befundes durchzuführen sind. Diese können auch ergänzende sensorische Tests wie Unterschiedsprüfung gegen einen Standard oder eine Profilanalyse umfassen.

3.3.7 Praktische Umsetzung

Am Beispiel des nach ISO/DIN 17025 akkreditierten amtlichen Untersuchungsinstitutes für Lebensmittel, Arzneimittel und Tierseuchen (ILAT) innerhalb des Berliner Betriebes für Zentrale Gesundheitliche Aufgaben (BBGes) wird im Folgenden die Umsetzung in einem Routinebetrieb beschrieben.

Basierend auf der DIN-Norm „Sensorische Prüfverfahren – Expertengutachten zur lebensmittelrechtlichen Beurteilung“ hat das ILAT Berlin im Rahmen seines Qualitätsmanagementsystems ein Prüfverfahren mit dem Titel „Prüfung der sensori-

Foto 3.3-1

Sensorikkabine

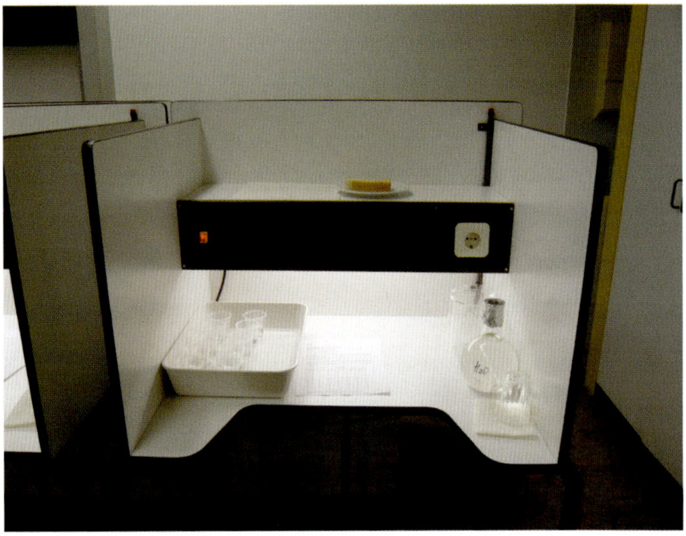

schen Beschaffenheit und Gutachten zur lebensmittelrechtlichen Beurteilung" erstellt. Die Notwendigkeit einer solchen verbindlichen und dokumentierten Arbeitsanweisung ergibt sich aus der Tatsache, dass alle amtlichen Laboratorien eine offizielle Bestätigung ihrer Kompetenz bei der Erbringung von Leistungen erlangen müssen, mithin einer Akkreditierung bedürfen.

Danach sollte die sensorische Untersuchung in einem normengerechten Prüfraum durchgeführt werden. Zumindest muss es jedoch ein Raum sein, in dem es möglich sein sollte, sowohl getrennt als auch in der Gruppe zu arbeiten. Im ILAT verfügt jede Fachabteilung über einen solchen Raum, der diese Mindestanforderung erfüllt. Zudem steht ein Raum mit spezieller Einrichtung (Sensorikkabinen, siehe Foto 3.3-1) zur Verfügung.

Der „Experte" ist in dem ILAT-Prüfverfahren definiert als der Prüfleiter, der die Probe verantwortlich bearbeitet und auch die endgültige Beurteilung der sensorischen Qualität vornimmt. Im ILAT handelt es sich dabei um Tierärzte, Lebensmittelchemiker, Lebensmitteltechnologen oder wissenschaftliche Mitarbeiter mit gleichwertiger naturwissenschaftlicher Ausbildung, welche auf Grund der produktorientierten Struktur der Untersuchungseinrichtung i. d. R. Erzeugnisse der gleichen Erzeugnissparte untersuchen und beurteilen. Der für die Probe verantwortliche Prüfleiter führt – wie bereits dargestellt – immer den ersten Prüfungsschritt durch.

Für den zweiten Prüfungsschritt müssen weitere Prüfer eingesetzt werden, die entsprechend den Anforderungen ebenfalls ihre Eignung nachgewiesen haben und für die Prüfaufgabe sowohl hinsichtlich des Prüfverfahrens als auch des Produktes geschult sind. In der Regel handelt es sich dabei ebenfalls um Prüfleiter, welche gleichartige oder artverwandte Erzeugnisse regelmäßig untersuchen und beurteilen. Zudem kann auch technisches Personal hinzugezogen werden, sofern diese Mitarbeiter ihre Befähigung nachgewiesen haben.

Nach der niedergelegten Institutsanweisung wird die Eignung von Prüfpersonen gemäß eines DIN-Verfahrens zur Bestimmung der Geschmacksempfindlichkeit kontrolliert. Eine entsprechende Schulung verbunden mit einem Eignungstest erfolgt für sämtliche Prüfer des ILAT mindestens einmal jährlich. Weil diese Form der Qualitätssicherung regelmäßig seit längerer Zeit durchgeführt wird, ist für jeden Prüfer seine Einsatzfähigkeit sowie gegebenenfalls auch sein Ausfall – vergleichbar einer Kalibrierkurve für technische analytische Messgeräte – lückenlos dokumentiert (menschliches Messinstrument).

Im konkreten Testdurchgang wird überprüft, inwieweit die verschiedenen Geschmacksarten süß (6,0 g Zucker/l), salzig (1,3 g Kochsalz/l), sauer (0,4 g Citronensäure-Monohydrat/l) und bitter (0,3 g Coffein/l) in wässriger Lösung von dem Probanden erkannt und beschrieben werden. Zusätzlich zu den 10 verschlüsselten Prüflösungen wird Wasser zum Neutralisieren zwischen dem Prüfen der einzelnen Lösungen zur Verfügung gestellt. Dieses Wasser kann gleichzeitig als Nullprobe zum Vergleich herangezogen werden. Die Prüfperson hat die Aufgabe, die einzelnen Prüflösungen nacheinander durch Schmecken zu prüfen und das jeweilige Ergebnis in ein Prüfformular einzutragen. Rückkosten ist erlaubt. Nach der kodifizierten Auswertungsroutine sind bei 10 Prüfproben maximal zwei Fehler zulässig (80 % richtige Antworten). Wird diese Anforderung nicht erfüllt, verliert die Prüfperson im ILAT den Prüferstatus, was bis zum Nachweis ihrer erneuten Eignung zu einem temporären Ausschluss von den Prüfungen führt. Die Ergebnisse der Prüfung werden den einzelnen Prüfpersonen unmittelbar nach der Prüfung mitgeteilt. Die Leitungen der einzelnen organisatorischen Bereiche werden ebenfalls über das Ergebnis der Prüfpersonen ihres Bereiches informiert. Somit können die zur Verfügung stehenden Prüfer entsprechend ihrer Qualifikation jederzeit eingeplant werden

Die Durchführung von sensorischen Schulungen sowie die jährliche Feststellung der Eignung der Prüfpersonen sind im ILAT zentral angesiedelt und werden bereichsübergreifend durchgeführt. Die Originale der Prüfformulare werden ebenso wie die Kalibrierkurven technischer analytischer Geräte 5 Jahre lang aufbewahrt.

Foto 3.3-2

Prüfung

3.3.8 Besondere sensorische Prüfungen

Einzelne Lebensmittel erfordern auf Grund ihrer Art und/oder wegen rechtlicher Bestimmungen eine von der oben beschriebenen sensorischen Untersuchung abweichende Vorgehensweise. So veröffentlichte die Deutsche Gesellschaft für Fettwissenschaft (DGF) eine Einheitsmethode zur Prüfung der äußeren Beschaffenheit bzw. der sensorischen Qualität von raffinierten tierischen und pflanzlichen Ölen und Fetten sowie kaltgepressten pflanzlichen Ölen mit Ausnahme des Olivenöls. Unter definierten Bedingungen werden die Öle und Fette auf Farbe, Transparenz, optisch wahrnehmbare Inhomogenitäten, Geruch und Geschmack geprüft und mit Hilfe festgelegter Begriffe beschrieben und bewertet. Für natives Olivenöl ist dagegen die für die sensorische Prüfung zu verwendende Methode im Anhang XII zu VO (EWG) 2568/91 über die Merkmale von Olivenölen und Oliventresterölen sowie die Verfahren zu ihrer Bestimmung beschrieben. Darin finden sich neben den Vorgaben bezüglich Prüferauswahl, Prüferanzahl und Prüfraum auch Angaben zur Durchführung der Prüfung einschließlich der zu verwendenden Prüfformulare. Die Prüfung umfasst eine Beschreibung der Intensität vorgegebener Merkmale nach Art einer Profilanalyse sowie eine Bewertung des Öls nach Punkten.

In den amtlichen Untersuchungseinrichtungen werden neben Lebensmitteln auch Bedarfsgegenstände überprüft. Bei Packstoffen und Packmitteln für Lebensmittel beinhaltet diese Prüfung auch den sensorisch wahrnehmbaren Einfluss des Packmaterials auf das darin enthaltene Lebensmittel. Die in der Norm DIN 10955 beschriebene Prüfung erfasst sensorisch wirksame Stoffe, die unter definierten Bedingungen aus dem Prüfmaterial entweder in den Luftraum verdunsten (Geruchsprüfung) oder die über den Luftraum bzw. bei direkter Berührung in die Prüfsubstanz übergehen (Geschmacksprüfung). Beide Prüfansätze werden als Rangordnungsprüfung, Paarweise Vergleichsprüfung oder Dreiecksprüfung jeweils gegen ein Referenzmuster durchgeführt, sofern nicht die einfach beschreibende Prüfung zur Anwendung kommt.

3.3.9 Amtliche Sensorik in der Praxis

Im öffentlichen Bewusstsein schützt die amtliche Überwachung den Konsumenten vor Lebensmitteln mit dem Potenzial, durch ihren Verzehr die menschliche Gesundheit zu schädigen. Spätestens seit den Gammelfleischskandalen, bei denen zwar zahlreiche Proben beanstandet bzw. ganze Chargen beschlagnahmt wurden, aber bisher in keinem Fall ein relevantes Gesundheitsrisiko bestand, wurde offensichtlich, dass auch Tatbestände wie ekelerregende Beschaffenheit, stoffliche Umsetzung in Form von Verderb oder eine nicht unerhebliche Minderung des Genusswertes zu den Gesetzesverstößen zählen und deshalb erkannt und geahndet werden müssen. Leitkriterium für solche Beanstandungen bilden Abweichungen von der üblichen sinnfälligen Beschaffenheit, die sich logischerweise nur mit einer Sinnenprüfung diagnostizieren lassen. Andere chemische, physikalische oder molekularbiologische Analysen können den sensorischen Befund absichern, aber nicht ersetzen.

Bei der überwiegenden Zahl der Proben umfasst die durchgeführte sensorische Prüfung eine ganzheitliche Befunderhebung und Beurteilung. Der Vorgang beinhaltet sowohl die Bewertung der sichtbaren als auch die der geruchlichen und geschmacklichen Merkmale sowie der Eigenschaften, welche sich mittels des Tastsinnes wahrnehmen lassen.

Die stets am Anfang der Untersuchung stehende Bewertung der sichtbaren Kriterien kann bereits den Verzicht oder den Ausschluss von weiteren Merkmalsüberprüfungen, insbesondere des Geschmackes, zur Folge haben. Beispiele dafür sind:
- sichtbarer Fremd-Schimmel auf oder in Lebensmitteln jeglicher Art (z. B. auf Brot, Trockenobst, getrockneten Pilzen, in Füllungen von Backwaren wie Börek und Teigwaren wie Tortellini)
- deutlicher mikrobieller Verderb (z. B. grünliches Frischfleisch, fadenziehendes Brot, glitschige geschnittene Blattsalate)
- massiver Parasitenbefall (z. B. Maden in Speck, Käfer in Reis und Hülsenfrüchten, Milben in Datteln und Feigen, Lebensmittelmotten in Trockenobst)
- Fremdkörper (z. B. Scherben in Erzeugnissen in Glasverpackungen, eingearbeitete Fremdkörper in Backwaren, Wurstwaren oder Konserven)
- sonstige ekelerregende Beschaffenheit (z. B. sichtbare Verschmutzungen)

Derartige sensorische Befunde führen i. d. R. bereits unmittelbar zu der abschließenden Beurteilung, dass ein solches Lebensmittel zum menschlichen Verzehr nicht geeignet ist. Inwieweit darüber hinaus das Risiko einer Gesundheitsschädigung besteht, muss im Allgemeinen durch weitere Laboranalysen abgeklärt werden. So bedeutet offensichtlicher Schimmelbefall nicht zwangsläufig, dass auch humanpathogene Schimmelpilzgifte (Mykotoxine) gebildet worden sind.

Aus der Beurteilung optisch manifester Merkmale kann sich auch ein Verdacht ergeben, welcher weiterführende Untersuchungen notwendig macht bzw. Nachforschungen im Herstellungsbetrieb oder der Vertriebswege angeraten sein lässt, um eine endgültige Beurteilung vornehmen zu können. Beispielhaft sein aufgeführt:
- beginnende Anzeichen von mikrobiellem Verderb (z. B. schmierige Oberfläche bei Wurstwaren, Gasbläschen in Feinkostsalaten, Faulstellen bei frischem Obst und Gemüse, schmierige frische Pilze)
- Feuchtigkeitsverlust (z. B. Torten mit angetrockneter Oberfläche, Pralinen und Weinbrandbohnen mit eingetrockneter Füllung, runzelige Tomaten)
- Anzeichen von unsachgemäßer Lagerung (z. B. Fettreif auf Schokolade durch zu warme Lagerung, Eisschnee bei Tiefkühlprodukten durch Unterbrechung der Kühlkette)
- Farbabweichungen (z. B. vergrauende Oberflächen von Frischfleisch und Wurstwaren; aber auch im Zusammenhang mit der Zulässigkeit und ggf. Deklaration von Farbstoffen, z. B. farblich auffällige Lebensmittel, farbiger Wasserpfeifentabak)
- sichtbare von der Verkehrsauffassung abweichende Zusammensetzung (im Zusammenhang mit der Verkehrsbezeichnung, z. B. Kochschinken aus kleinen Fleischstücken geformt, erhöhter Soßenanteil bei Gulasch)
- unüblicher Zerkleinerungsgrad (im Zusammenhang mit der Deklaration, z. B. Bouletten und andere Hackfleischerzeugnisse aus feinstzerkleinertem Brühwurstbrät)

Auch geruchlich wahrnehmbare Eigenschaften können je nach Art und Intensität bereits zu einer Endbeurteilung führen oder zumindest Verdachtsmomente liefern, welche weiterführende Untersuchungen nach sich ziehen. Hier gibt es zahlreiche Beispiele:
- Geruchsabweichungen als Folge von mikrobiellem Verderb (z. B. faulig riechendes Fleisch, ammoniakalisch-stechend riechender Fisch, hefig-gäriger Obstsaft, säuerlich riechende geschlagene Sahne, an Klebstoff erinnernder Geruch bei Füllungen von

Feinbackwaren, „chemischer" Geruch (Guajacol) bei Produkten mit natürlicher Vanille oder naturidentischem Vanillin wie Pudding)
- ranziger oder traniger Geruch bei Fetten, fettreichen Lebensmitteln oder mit Fett zubereiteten Produkten (z. B. Butter, Kartoffelchips, Erzeugnisse mit Kokosflocken, fettreiche Tiefkühl-Fleischwaren, Fettfische wie Makrelen und Sardinen, Torten mit Creme auf Fettbasis)
- Aroma (im Zusammenhang mit der den Angaben der Deklaration, sofern beispielsweise ein deutlicher Geruch nach Pfefferminz oder Vanille nicht erwartet wird)
- Fremdgeruch (z. B. flüssiges Reinigungsmittel auf einer Pizza)
- intensiver Geruch nach Kunststoff (z. B. Kunststofftrinkflaschen, Verpackungsmaterial für Lebensmittel)
- Geruch nach Lösemitteln (z. B. Spielwaren, welche nicht genug ausgelüftet waren wie aufblasbare Plastiktiere oder Kunststoffbälle)
- Geruch nach Formaldehyd (z. B. Holpuzzles)
- Geruch nach Konservierungsmitteln (z. B. nach Naphthalin bei Naturborsten)

Zumeist werden jedoch bei der sensorischen Prüfung zusammen mit dem Geruch auch die geschmacklich wahrnehmbaren Produkteigenschaften erfasst und der Befund interpretiert, was gleichfalls sowohl allein als auch im Zusammenhang mit den übrigen sensorisch erfassbaren Merkmalen zu einer Endbeurteilung führen kann oder Anlass für weitere Untersuchungen gibt. Auch hierfür einige Beispiele:
- Geschmacksabweichungen als Folge von mikrobiellem Verderb des Erzeugnisses, sofern die Geruchsprobe nicht eindeutig ausfällt (z. B. muffig-alt schmeckende Fleischwaren, leicht faulig schmeckender Mozzarella, hefig-gäriger Feinkostsalat, sauer bis bitter schmeckende H-Milch)
- Geschmack nach oxidiertem Fett (z. B. altes Fett, ranzige Butter, ranziger Geschmack von Gummibärchen bei Verwendung von fetthaltigen Trennmitteln, lange eingefrorenes fettreiches Fleisch, parfümranzige Füllung von Cremetorten, seifiges Frittierfett nach thermischer Belastung)
- Fremdgeschmack (z. B. nach Desinfektionsmittel schmeckende Milch wegen nicht ausreichend gespülter Leitungen nach Reinigung)
- fehlerhaft hergestellte Erzeugnisse (z. B. versalzene Suppe, mangelnde Säure bei nicht ausreichend gereiftem Sauerkraut, fehlendes Aroma bei schnell gereifter Mettwurst, brandig-bitterer Geschmack durch zu hohe Erhitzung, unrein-stalliger Geschmack von Butter wegen Verwendung von nicht mehr geeignetem Rahm)
- Geschmack von Lebensmitteln nach Kunststoff (z. B. durch Übergang von Stoffen aus ungeeignetem Verpackungsmaterial oder durch zu lange Lagerung)

In allen genannten und auch ähnlichen Fällen schützt der Staat in Gestalt seiner amtlichen Überwachung den Verbraucher vor Täuschung und Irreführung durch wertgeminderte Lebensmittel, auch wenn diese Normabweichung nicht die stoffliche Zusammensetzung, sondern primär die sensorischen Eigenschaften betrifft. Dieser Schutz endet jedoch dort, wo es um individuelle und subjektive Vorlieben oder Abneigungen geht. Wer auf fade, salzlose Suppe steht oder beim Verzehr eines Pfeffer-Steaks in Tränen ausbrechen möchte, kann seinen Wunsch nicht mit Hilfe des Lebensmittelrechts durchsetzen, vielmehr muss er sich innerhalb des Marktes den geeigneten Anbieter suchen. Wird er in seinen Erwartungen enttäuscht und will dann wirklich gegen einen Sauerbraten, der ihm nicht sauer genug schmeckt, gerichtlich vorgehen – wie in Sachsen geschehen –, wird sich der Staat kaum seiner Beschwerde an- und den Fall übernehmen, sondern dieser Konsument muss auf eigenes Risiko zivilrechtliche Schritte einleiten. Die Zuständigkeit der offiziellen Organe erstreckt sich allein auf den Schutz vor objektiv nachweisbaren Verstößen gegen den redlichen Herstellungsbrauch, nicht jedoch vor unberechtigten Erwartungen einzelner Verbraucher.

3.4 Guten Appetit mit Geschmacksgarantie – Sensorik in der Industrie

Jörg Jacob

3.4.1 Vom Mangel zum Überangebot

Die Versorgung mit Lebensmitteln hat in den letzten 100 Jahren einen revolutionären Wandel erlebt. Von einer auf das Überleben ausgerichteten Selbstversorgung entwickelte sich durch die arbeitsteilige Gesellschaft eine von der Industrie geprägte Lebensmittelproduktion. Durch die parallel expandierende Transportwirtschaft wurde zudem das Angebot überregionaler Lebensmitteln gefördert. Aus einem knappen Gut entstand nunmehr ein Überangebot, was sich sowohl auf die Menge als auch auf die Vielfalt und letztendlich auf die Erschwinglichkeit von Lebensmitteln auswirkte. Nie waren sie so billig wie heute. Der Durchschnittsdeutsche gibt weniger als 13 % seines Einkommens für den Nahrungserwerb aus. 1850 lag der Anteil noch bei 60 %!

Mit der Sicherstellung der Grundversorgung entwickelten sich die Ansprüche der Konsumenten. Der Genusswunsch wird immer mehr zur Triebfeder, sich für ein bestimmtes Lebensmittel zu entscheiden.

Inzwischen ist der Genusswert eines Produktes zum wesentlichen Element für dessen Markterfolg geworden. Diese Erkenntnis verliert auch dann nicht ihre Richtigkeit, wenn im konsumentengeprägten Markt es den Anschein hat, dass Maßnahmen zur Absatzförderung und hier insbesondere penetrante Werbung über den Erfolg entscheiden. Dass Marketingstrategien wichtig sind, potenzielle Produktkonzepte zu definieren, zu entwickeln, erfolgreich in den Markt einzuführen und auch langfristig durch abgestimmte Promotion zu unterstützen, darf natürlich nicht übersehen werden. Aber auch hier bildet unbestritten das Produkt und mit dem Produkt die sensorischen Eigenschaften und deren Ausprägung die Basis für alle weiteren fördernden Maßnahmen.

Stillstand bedeutet Rückschritt. Wen wundert's, dass die Lebensmittelindustrie intensiv nach neuen Produkten strebt bzw. bestehende, heute noch erfolgreiche Produkte weiterentwickeln lässt, um sie den sich immer schneller ändernden Anforderungen des Marktes anzupassen. Nur, was soll entwickelt werden, welche Produktart, welche Geschmacksrichtung, welche Eigenschaften machen eine Ware für den Konsumenten unwiderstehlich?

Der Lebensmittelmarkt ist heute (noch) ein Käufermarkt, und das heißt, es gibt ein Überangebot. Die Unternehmen müssen sich deshalb Außergewöhnliches einfallen lassen, damit sie im Warenkorb von „König Kunde" berücksichtigt werden.

3.4.2 Der Verbraucher, das unbekannte Wesen

In einem Käufermarkt steht der Kunde im Mittelpunkt. Alle Maßnahmen müssen sich möglichst eng an seinen Vorstellungen orientieren. Je besser man ihn versteht, über seine Vorlieben und Abneigungen Bescheid weiß, seine bewussten, aber auch seine unbewussten

Foto 3.4-1

Die bewussten und unbewussten Bedürfnisse der Konsumenten zu kennen, ist ein wichtiger Punkt bei der Lebensmittelherstellung.

Bedürfnisse und Wünsche kennt, desto größer sind die Erfolgsaussichten, das „Richtige" zu schaffen und anzubieten. Leider gibt es den Standard-Kunden nicht. Vielmehr spielen beim Kauf sehr unterschiedliche individuelle Motive eine Rolle. Wie kommt man trotzdem zu verlässlichen Grundlagen?

Wesentliche Informationen können aus dem bisherigen Kaufverhalten und aus Produkttests mit potenziellen Kunden gewonnen werden. Außerdem spielt für eine erfolgreiche Produktarbeit das Gespür der verantwortlichen Personen für Trends eine entscheidende Rolle.

Trotz aller Routine gibt es immer wieder Überraschungen für das Produktmanagement. Nimmt ein Hersteller ein Erzeugnis vom Markt, weil es seinen eigenen Qualitätsansprüchen nicht mehr genügt und/oder die Nachfrage merklich nachlässt, und ersetzt es durch eine verbesserte Variante, muss der Kunde, der das Produkt über Jahre lieb gewonnen hat, mit dieser Überarbeitung nicht einverstanden sein. Das kann im Stillen geschehen, indem das neue Produkt nicht mehr gekauft wird. Der enttäuschte oder besser der nicht mehr zufriedene Kunde kann seinen Unmut auch lauter, sogar öffentlich, vorbringen. Das kann soweit gehen, dass sich Solidaritätsgemeinschaften bilden, Unterschriftensammlungen initiiert werden.

Die Beispiele hierfür sind Legion.

3.4.3 Die Suche nach den erfolgversprechenden Produkten und Geschmacktrends

Unsere Zeit ist dadurch geprägt, dass es im Lebensmittelmarkt eigentlich keine klaren Trends mehr gibt. Waren vor Jahren noch Gerichte aus dem europäischen Mittelmeerraum der Renner, rückten nur wenig später Produkte aus der asiatischen Kultur in den Vordergrund, die dann wiederum durch türkische Erzeugnisse in der Beliebtheit abgelöst wurden, bevor Mann und Frau sich scheinbar wieder auf heimische Produkte besannen.

Inzwischen haben sich Lebensmittel zahlreicher Nationen etabliert, aus einem multikulturellen Modetrend entwickelten sich Produkte des täglichen Bedarfs. Bemerkenswert sind jedoch die vielen Abstriche an die geschmackliche Authentizität dieser exotischen Rezepturen, wie sie deutsche Hersteller wohl machen mussten. Sicherlich hat dieser Umstand auch zum Erfolg beigetragen. Frei nach dem Sprichwort: „Was der Bauer nicht kennt, isst er nicht", kam die Lebensmittelwirtschaft dem Verbraucher entgegen, indem sie die Vorlieben ihrer heimischen Kunden berücksichtigte. Das exotische Produkt hat oft nur noch den Anschein des Exotischen. Die natürliche Hemmschwelle für fremde Eindrücke wird heruntergeschraubt, damit möglichst viele Verbraucher die Hürde des Ungewohnten nehmen und gleichzeitig ihre Forderung nach Abwechslung befriedigen können.

Trotz einer gewissen Beliebigkeit gibt es auch heute noch Tendenzen, die sich jedoch weniger auf ungewöhnliche Geschmacksrichtungen beziehen. Den Megatrend repräsentiert die conveniente Angebotsform von Lebensmitteln. Grundnahrungsmittel, die einer aufwändigen, häuslichen Verarbeitung oder Zubereitung bedürfen, sind die großen Verlierer im Markt. Produkte mit einem hohen Convenience-Grad (die eine haushaltsmäßige Zubereitung erleichtern, verkürzen oder sogar erübrigen) verkaufen sich wie die sprichwörtlichen warmen Semmeln. Eine häusliche Küchenkultur beschränkt sich meist nur auf das Erwärmen bereits fertiger Speisen. Die beliebten Kochsendungen – bei Drucklegung des Buches vielleicht schon über ihren Zenit hinaus – haben offensichtlich nur Unterhaltungswert. Die wenigsten der Unterhaltenen eifern den Kochkünstlern nach.

Neben dem Wunsch nach Bequemlichkeit existieren einige weitere Trends, die unseren Zeitgeist widerspiegeln und die berücksichtigt werden müssen, wenn man neue Produkte konzipieren oder bestehende Produkte überarbeiten will. Der Verbraucher wünscht sich Natürlichkeit. Zusatzstoffe, wie zum Beispiel der Geschmacksverstärker Glutamat und künstliche Farb- oder Konservierungsstoffe, schrecken den Konsumenten ab. Es herrscht bei den Verbrauchern eine Aufbruchstimmung unter dem Motto „Zurück zur Natur". Jean-Jacques Rousseau, der im 18. Jahrhundert über dieses Thema philosophierte, wäre von dieser Entwicklung wohl begeistert. Auch seine Wertschätzung des Handwerks findet sich heute im Anforderungsprofil der Konsumenten wieder. Handwerkliche Optik ist zurzeit sehr gefragt. Industrieprodukte werden leichter akzeptiert, wenn sie als solche nicht zu erkennen sind. Das bedingt paradoxerweise in der Lebensmittelindustrie immer aufwändigere und somit teuere technische Produktkonzeptionen, um „wie hausgemacht" zu wirken.

Das Fazit lautet: Die Basis sind „gelernte", d. h. gängige Zutaten, ausgewogen kombiniert, keine Zusatzstoffe, versehen mit einem überraschenden Element bzw. einer attraktiven handwerklichen Optik. Und das Ganze muss so angeboten werden, dass es auch ein nicht geübter Koch problemlos und schnell zubereiten kann oder es sich direkt vom Kunden verzehren lässt. Fertig wäre das Erfolgsprodukt. Doch das ist leichter gesagt als getan. Das Haus bofrost*, ein großer Anbieter im Tiefkühlmarkt, führt bei einem Sortimentsumfang von ca. 350 Artikeln jährlich ca. 50 neue Produkte ein. Innerhalb von 7 Jahren würde demnach das Angebot einmal ausgetauscht werden. In der Praxis geht diese Formel nicht auf, weil es neue Produkte besonders schwer haben, mittel- oder gar langfristig gelistet zu bleiben. Die Branche geht davon aus, dass nur ca. 30 % der Neuentwicklungen das erste Lebensjahr überstehen. Erfreulicherweise behaupten sich in diesem schnelllebigen Markt auch Klassiker, die unverändert viele Jahre eine treue Verbraucherschaft haben. Neue Produkte sind in ihrer Entstehung teuer. Das beginnt mit der Rezeptfindung, setzt sich fort mit der technischen Umsetzung dieser Ideen inklusive der Verpackungserstellung und endet mit den umfangreichen Werbemaßnahmen, die insbesondere Unbekanntes als „Anschub" benötigt. Ein Unternehmen tut deshalb gut daran, die Erfolgsaussichten eines Produktes gut abzuwägen, bevor es sich in teure Investitionen stürzt.

Der Protagonist eines neuen Produktes der Lebensmittelindustrie ist der Produktmanager. Er hat die Aufgabe, potenzielle Produkt-Wünsche seiner Zielgruppe zu ermitteln und diese umzusetzen. Das bedingt gute Kenntnisse der allgemeinen Marktentwicklung, der Erwartungen, der Bedürfnisse und der sensorischen Vorlieben seiner Zielgruppe. Mit dem Verzehr von Lebensmitteln verbinden die meisten Menschen Genuss. Nur wenn der Produktmanager mit seiner Neueinführung die hedonischen Erwartungen des Konsumenten erfüllt, kann er erfolgreich sein.

3.4.4 Sensorik und Produktentwicklung

Trotz der großen Bedeutung von Nährwert, Brauchbarkeit, Preis und anderer Faktoren muss ein erfolgreiches Produkt als wesentliche Voraussetzung viele Augen, Zungen und Nasen überzeugen, wenn es einen nennenswerten Zuspruch erfahren will. Der Zweck einer Unternehmung ist, Gewinn und Umsatz zu erzielen. Das „Vehikel“ stellt das Produkt dar, indem es den Geschmack der Kunden trifft und möglichst viele „Liebhaber“ findet. Da es nicht möglich ist, alle glücklich zu machen, muss man sich auf interessierte, potenzielle Käufer konzentrieren, die so genannte „Zielgruppe“. Schaut man dann diesen Menschen aufs Maul (Herr Luther möge diese Entfremdung seines Ausspruchs verzeihen), dann ist eine zweckdienliche und erfolgreiche Produktentwicklung möglich. Der Produktmanager muss „fühlen“, was sein Kunde braucht. Er muss offen sein für Inspirationen, die sein Umfeld täglich bietet. Restaurantbesuche, häusliche Erfahrungen, Beschäftigung mit Produkten anderer Anbieter, Reisen, Besuche von Messen, Gespräche mit Kollegen etc. geben wichtige Impulse. Er hat seinen Markt zu analysieren und Angebotslücken zu erkennen. Daraus ergeben sich viele Produktideen, die mit dem Produktentwickler in den Versuchsküchen umgesetzt werden. Das kann ein ganz gezielt bis ins Detail beschriebener Entwicklungsauftrag sein, in dem die sensorischen Ziele und technischen Gegebenheiten fixiert werden. Vorgegeben sein könnte z. B. eine bisher im Angebot fehlende Tomatensuppe, in tomatenfruchtiger Ausprägung, mit stückiger Tomaten- und Farfallini-Einlage (Nudeln in kleiner Schmetterlingsform), mit sichtbaren mediterranen Kräutern (tiefgefroren), dezenter Süße, zurückhaltender Salznote und milder Gewürzausprägung, mit Sahne abgerundet, leichter Bindung ohne Stärkezusatz, individuell portionierbar und so weiter. Der Auftrag kann aber auch offen gestaltet werden, wobei ganz bewusst nur das Thema vorgeben wird, zum Beispiel Tomatensuppe. Der Entwickler hat dann alle Freiheiten und kann seine Erfahrungen und Kenntnisse einbringen.

Unabhängig von den Auftragsvorgaben müssen alle Produkte sensorisch beurteilt werden. Dabei stellt sich die zentrale Frage: Hat dieses Produkt das Potenzial, erfolgreich ins Programm aufgenommen zu werden und einen über dem Durchschnitt liegenden Umsatz zu erzielen? Um eine aussagefähige Einschätzung zu erhalten, sind fundierte sensorische Bewertungen vorzunehmen. Sensorische Fähigkeiten sind jetzt gefragt.

3.4.4.1 Das kleinste Panel mit dem größten Programm

Die erste Testergruppe, die sich mit den oft vorläufigen Entwicklungsergebnissen sensorisch auseinandersetzt, besteht aus dem Produktmanager, der gemeinsam mit seinem Kollegen, dem Qualitätsmanager, der später für die technische Umsetzung zu sorgen hat, die neuen Produkte bewertet.

Beide sind die eigentlichen Produktexperten des Unternehmens. Sie haben unzählige Kreationen ins Programm gebracht und Renner, aber auch Flops begleitet. Sie kennen ihre Zielgruppe direkt durch persönliche Kundenkontakte und indirekt durch ihr Einkaufsverhalten; sie wissen was ankommt und was auf Skepsis stößt. Sie wissen aber auch, was „in" ist und ob sich in ihrer Zielgruppe auf Anhieb Freunde für ein solches Produkt – zum Beispiel mit einer rustikalen Geschmacksausprägung – finden werden. Sie sind Experten. Obwohl dieses Wissen um das optimale sensorische Profil für die endgültige Entscheidung wichtig ist, brauchen ihre sensorischen Fähigkeiten nur durchschnittlich ausgeprägt zu sein. Besonders herausragende geschmackliche und geruchliche Begabungen sind bei dieser ersten Einschätzung sogar eher hinderlich. Ein trainierter Feinschmecker, der ausgefallene Kompositionen wie Lachs mit Lakritze zu schätzen weiß, wird ein Produkt nicht adäquat bewerten können, zumindest hinsichtlich der meisten Zielgruppen. Der Wurm muss dem Fisch schmecken. Um ein erfolgversprechendes Produkt erkennen zu können, sollte der Verkoster ein ähnliches sensorisches Spektrum wie die Zielgruppe besitzen. Als Experte muss man bei dieser Verkostung in der Lage sein, gegebenenfalls die eigenen Präferenzen auszublenden und das Produkt wie ein Kunde wahrzunehmen. Ein gutes Indiz für ein erfolgreiches Produkt stellt das so genannte „Aha- Gefühl" dar. Dieses zeigt an, dass die Neuentwicklung außergewöhnlich/bemerkenswert ist und ein hohes positives Interesse beim Verbraucher hervorruft. Solche Produkte besitzen die besten Listungschancen.

Die Expertenkleingruppe aus Produkt- und Qualitätsmanager ist in ihrer Arbeit unschlagbar effizient. Sie muss es auch sein, denn anders können die ca. 8000 Produktentwicklungen, die jährlich zur Beurteilung anstehen, nicht bewältigt werden. Durch die umfassende Erfahrung kann ein solch eingespieltes Team durchaus 20 Proben in einer Stunde begutachten.

Es bildet die absolute Ausnahme, dass ein Produkt auf Anhieb perfekt ist und sofort die im nächsten Abschnitt geschilderte zweite Auswahlrunde erreicht. Vielmehr muss es nach dem Prinzip „trial and error" in einer oder mehreren Runden optimiert werden. Da Experten am Werke sind, können diese auch Produktideen und Verbesserungspotenziale erkennen, auf die ein ungeübter Verkoster nicht auf Anhieb kommen würde. Bei einem so genannten Briefing muss dann dem Kollegen aus der Entwicklung mitgeteilt werden, was geändert werden soll. Besonders schwierig ist es dabei, die Begrifflichkeit auf einen Nenner zu bringen. Die Änderungswünsche müssen klar und präzise formuliert sein und sie müssen in der Entwicklungsabteilung auch genau so verstanden werden. Diese Schnittstelle gilt als besonders heikel, da ein von der Verbrauchersprache geprägter Produktmanager einem Technologen, der in der Regel ganz andere Begriffe verwendet, etwas nachvollziehbar übermitteln soll. Trotz aller Schwierigkeiten erreichen doch einige hundert Produkte pro Jahr einen Status, bei dem der Produktmanager an einen Erfolg glaubt.

3.4.4.2 Die zweite interne Hürde in der sensorischen Begutachtung neuer Produkte

Sind die Produkte praktisch fertig entwickelt, werden sie einem Kollegengremium vorgestellt. Dieses setzt sich aus Produkt-Experten zusammen, die sich jedoch mit anderen Produktgruppen beschäftigen. Zum Beispiel wird eine neue Eiskreation den Sachverständigen vorgestellt, die sonst Gemüse, Fertiggerichte, Backwaren, Torten, Fisch oder Fleisch bearbeiten. Diese Verkostung ist sehr stark hedonisch geprägt, das heißt, der

Beliebtheitsfaktor steht im Vordergrund. Die subjektive Akzeptanz bildet die Grundlage zur Marktchancenbeurteilung. Auch hier ist der „Aha-Effekt" eine wichtige Voraussetzung für ein positives Votum der Kollegen.

3.4.4.3 Das externe Produkttestpanel

Da Produkterwartungen auch bei Experten nicht immer gleich sind, kommt es durchaus vor, dass Pro- und Contra-Lager entstehen. Für diese Fälle gibt es noch drei weitere Möglichkeiten, sich zusätzliche Meinungen über die Marktchancen der Neuentwicklungen einzuholen. Das sind dann so genannte externe Produkttests. Diese richten sich an „echte" Verbraucher, die wie die zukünftigen Kunden das Lebensmittel in ihrer häuslichen Umgebung bewerten.

Beim externen Produkttest muss zunächst die Zielgruppe definiert werden. Kennt man diese, kann das Produkt konkret weiterentwickelt, gegebenenfalls in seiner Konzeption geändert und auf Erfolgsaussichten getestet werden. Alles dies geschieht mit Hilfe einer Verkostergruppe (genannt Panel), die der Zielgruppe zu entsprechen hat. Das repräsentative Panel verrät, was die „Masse" meint.

Welche Anforderungen sind an diese Panelisten zu stellen? Da es sich um ein neues Produkt handelt, ist ein hedonischer Test anzusetzen, bei dem die Probanden eine subjektive Beliebtheitsaussage vornehmen. Die sensorischen Fähigkeiten der Panelisten müssen denen der Zielgruppe entsprechen, damit es ein verlässliches Ergebnis gibt. Zu beachten ist allerdings, dass ein durchschnittlicher Konsument meistens nicht in der Lage ist, differenzierte Beschreibungen seines Verzehrerlebnisses mitzuteilen. Mangels Übung können die meisten Verbraucher sensorische Sachverhalte nicht eindeutig und klar formulieren. Zum Beispiel wird ein Konsument einen brennerigen Geschmack in einem Leberknödel erkennen, aber sich nicht hinreichend artikulieren können und ihn deshalb als „komisch" oder „eigenartig" beschreiben. Auch wenn dieses Unvermögen

Foto 3.4-2

Der moderne Konsument erwartet die Abwechslung: Asia-Küche.

erst einmal einen Nachteil für die weitere gezielte Verbesserungsarbeit bildet, so ist in dieser Phase ein vager Hinweis als solcher trotzdem wichtig, weil er aus einer repräsentativen Kundengruppe stammt. Eine trainierte Person würde möglicherweise zu einer anderen Einschätzung kommen, weil sie die brennerige Komponente für technologisch unvermeidbar hält, und somit das vorgestellte Produkt nicht mehr unvoreingenommen bewertet. Auf keinen Fall darf der Proband überfordert werden und sich zu detaillierten Angaben gezwungen sehen, die sein Beurteilungsvermögen übersteigen. Grundsätzlich reicht es, wenn der Tester mitteilt, ob die vorgestellte Probe ihn überzeugt und er dieses Warenmuster anderen Produkten vorzieht. Die Güte eines hedonischen Verbrauchertests zeigt sich darin, inwieweit die Vorhersage der allgemeinen Akzeptanz zutrifft oder nicht. Wer als Produktmanager mehr über das „Warum“ wissen will, muss speziell ausgebildete Sensorikfachleute heranziehen.

Neben Aussagen zur Produktidee, Angebotsform und Preisbereitschaft können Verbraucherpanels auch eine sensorische Einstufung vornehmen. Die Ausprägung der einzelnen Aussagen zur Beliebtheit lässt sich mit einem Wertesystem belegen. Es hat sich bewährt, mit Schulnoten zu operieren.

3.4.4.4 *Externe Produkttests in der Praxis*

Wie unter 3.3.4.3 dargelegt, kommen zusätzliche Produkttests bei bofrost* immer dann zum Einsatz, wenn innerhalb des Betriebs das Urteil interner Verkostungsrunden über ein potenzielles Neuprodukt nicht eindeutig ausfällt, so dass es sowohl Befürworter als auch Ablehner des Erzeugnisses gibt, oder wenn die Verkostungsrunde einhellig eine ablehnende Meinung vertritt, der Produktmanager aber trotzdem an das Erfolgspotenzial des Neuproduktes glaubt.

Kurzum: immer wenn es darum geht, für ein Neuprodukt
- unabhängige Urteile
- in einer realistischen Home-use-Situation
- auf einer genügend großen Basis

einzuholen, empfiehlt es sich, einen Produkttest durchzuführen. Hierfür stehen uns bei bofrost* drei Möglichkeiten zur Verfügung:

3.4.4.4.1 *Das „interne“ Produkttestpanel*

Unter dem Begriff des externen Tests ein „internes“ Panel zu führen, erscheint zunächst als Widerspruch, der sich aber schnell auflöst. Diese Prüfergruppe besteht nämlich aus ca. 200 Kolleginnen und Kollegen aller Unternehmensbereiche, die bereit sind, Testprodukte zu Hause – d. h. außerhalb des Betriebes – mit ihrer Familie auszuprobieren und zu bewerten. Der Einsatz dieses Panels bietet sich jedoch nur dann an, wenn
- Keine regional unterschiedlichen Produktbewertungen zu erwarten sind. Eine Knödelerprobung am Niederrhein wäre sicherlich fehl am Platz.
- Das Produkt nicht speziell für ältere Verbraucher konzipiert ist, denn das Mitarbeiterpanel bildet die Altersstruktur der bofrost*- Kunden nicht repräsentativ ab.
- Die Preisakzeptanz nicht die zentrale Frage darstellt. Mitarbeiter, die Produkte zu Sonderkonditionen erwerben können, sind hinsichtlich der Kosten „verwöhnt“.

Gegen diese Art von Test spricht theoretisch die Vermutung, dass Mitarbeiter Produkte ihres Arbeitgebers wohlwollender beurteilen könnten als der unbefangene Endverbraucher. Dieser Verdacht hat sich jedoch nicht bestätigt, vielmehr urteilen Betriebsangehörige und ihre Familien in der Regel deutlich kritischer als Kunden!

Solche Tests erbringen eine genügend große Anzahl an Urteilen, um Trends statistisch zuverlässig abschätzen zu können.

3.4.4.4.2 Das „externe" Produkttestpanel

Hinter dem „externen" Produkttestpanel verbergen sich ca. 400 Kundenhaushalte, die sich über das gesamte Deutschland verteilen. Sie repräsentieren besonders gute und treue bofrost*-Kunden, die für ca. 80 % des Umsatzes stehen.

Bei der Auswahl der Panelisten wirkt sich die persönliche Beziehung zu bofrost* durch den Verkaufsfahrer sehr vorteilhaft aus, was der „Panel-Loyalität" zugute kommt. Rein technisch ist eine direkte Lieferung der Testprodukte ohne Unterbrechung der Tiefkühlkette bereits etabliert, was einen unbeschadeten Transport garantiert. Bei einer so empfindlichen Erzeugniskategorie wie TK-Produkte und Eiskrem bildet dies einen nicht zu unterschätzenden Vorteil gegenüber Marktforschungsinstituten, die üblicherweise Interviewer mit einer Kühltasche ausrüsten, bevor sich diese auf den Weg zum Testhaushalt machen. Sicherlich wird auch dort ein Großteil der Produkte unversehrt ankommen, aber das Risiko eines Transportschadens und damit einer anormalen Ausgangssituation ist einfach höher als bei der Lieferung durch den bofrost*-Außendienst.

Der Stichprobenumfang fällt sogar hoch genug aus, um gegebenenfalls eine Auswertung nach Unterkategorien vornehmen zu können, z. B. nach Altersgruppen, Familienstand oder befürwortenden und ablehnenden Personen eines Produktes.

3.4.4.4.3 Die Verkäuferbefragung

Immer dann, wenn es gilt, eine Neuentwicklung speziell auf seine Eignung als Aktionsprodukt zu überprüfen, wird eine Stichprobe der bofrost*-Verkaufsfahrer mit dem Testprodukt konfrontiert und um die Bewertung desselben gebeten.

Die Probanden werden dabei gewissermaßen in einer Doppelrolle befragt: zum einen als ganz normale Konsumenten, die das Produkt zuhause im Kreise ihrer Familie ausprobieren, und zum anderen als „das Ohr am Kunden", denn niemand sonst im Unternehmen bofrost* pflegt einen so unmittelbaren und regelmäßigen Kontakt mit der Klientel wie die Verkaufsfahrer.

3.4.4.5 Befragungsinhalte

Selbstverständlich wird der Fragenkatalog individuell auf das jeweilige Testprodukt zugeschnitten. Dennoch gibt es ein Standard-Grundgerüst, das bei (fast) jedem Produkt zum Einsatz kommt. Es besteht aus

– offenen Fragen zu Likes und Dislikes. Erfahrungsgemäß gehört diese Rubrik nicht zu den beliebten Kategorien bei einem selbst auszufüllenden Interviewbogen. Dennoch ist sie unverzichtbar, da nur sie die Chance bietet, Aspekte bei der Bewertung zu erfassen, die bei den geschlossenen Fragen möglicherweise keine Berücksichtigung fanden.

Zudem stellen sie die einzigen Fragen dar, an deren Beantwortung man den Grad der Begeisterung oder auch der Verärgerung von Probanden erfahren kann.
- skalierten Fragen zur Gesamtakzeptanz sowie zur Bewertung der Optik des zubereiteten Produktes, zur Konsistenz, zum Geschmack, zur Kaufbereitschaft und zur voraussichtlichen Verwendungsfrequenz des Produktes. Üblicherweise werden 5-stufige Verbalskalen verwendet, die je nach Inhalt der Frage unipolar oder bipolar (Konsistenz, Anteile bestimmter Zutaten, Packungsgröße etc.) ausgelegt sind.
- einer geschlossenen Frage zur Ausgabebereitschaft bei positiver Kaufabsicht. Diese Frage wird nur dann gestellt, wenn sich der Preis des Produktes vor dem Test noch nicht festlegen ließ. Steht er dagegen bereits fest, so wird üblicherweise die Kaufbereitschaft angesichts des vorgegebenen Preises erfragt.

Je nach Produkt kann es dann noch eine Reihe von Spezialfragen zu Geschmacksintensitäten, Anteilen einzelner Produktkomponenten oder der Konsistenz einzelner Bestandteile geben.

Mit diesem überschaubaren Fragenkatalog, der normalerweise nicht mehr als zwei Seiten Platz beansprucht, lassen sich essentielle Fragen beantworten wie:
- Ist das Produkt in dieser Ausprägung für den Konsumenten akzeptabel?
- Ist das Produkt zwar generell eine gute Idee, aber in der vorliegenden Ausprägung noch nicht „auf dem Punkt"?
- Welche Produktmerkmale stoßen auf Reaktanz, d. h. Widerstand oder Abwehr?
- Was muss geändert werden, um die Akzeptanz zu erhöhen?

3.4.4.6 Spezialpanels

Fragen, die sich nicht mit den geschilderten externen Produkttests beantworten lassen, beziehen sich auf alle geschmacklichen Feinheiten. Jeder, der schon einmal bewusst versucht hat, den Geschmack eines Lebensmittels über die Grundgeschmacksarten hinaus zu beschreiben, wird schnell mit den Grenzen der verbalen Ausdrucksfähigkeit konfrontiert. Und genau dort endet auch der normale Produkttest. Hersteller, die mit großem zeitlichem und finanziellem Aufwand neue Produkte entwickeln, leisten sich daher spezielle Sensorikpanels, in denen Probanden mit überdurchschnittlicher geschmacklicher Wahrnehmungsfähigkeit darin geschult werden, eine verbale Ausdrucksform für ihre sensorischen Wahrnehmungen zu finden. Es ist leicht vorstellbar, dass solche Spezialpanels mit einem hohen finanziellen Engagement verbunden sind. Eine Methode, die sich dieser Aufgabenstellung widmet, ist die Profilanalyse.

Wegen der meist ungünstigen Kosten: Nutzen-Relation wird bei bofrost* auf den Einsatz solcher Panels verzichtet. Natürlich kann dies in seltenen Fällen bedeuten, dass ein Produktmanager keine befriedigende Antwort auf die Frage bekommt, was genau er denn ändern müsse und wo er anzusetzen habe, um ein perfektes Erzeugnis zu kreieren. So kann ein Produkttest ergeben, die Neuentwicklung sei eine gute Idee, erfreulich convenient und im Prinzip auch schmackhaft, aber nicht geschmacksintensiv genug. Da stellt sich die Frage: soll man jetzt einfach etwas mehr von allem an das Produkt geben oder nur eine bestimmte Komponente der Würzung verstärken? In solchen Fällen ist erneut die Kreativität der Produktentwickler gefragt. Zusätzlich können einige weitere Experimente, die dann entweder in einem optimierten Produkt oder in der Einstellung der Produktentwicklung münden, notwendig sein.

Ein Produkttest vermittelt nur eine spontane Einschätzung des Produktes in der Art, ob es gemocht, und je nach Testanlage noch, ob es anderen Produkten vorgezogen wird. Inwieweit es dann wirklich gekauft wird, indem der Verbraucher den geforderten Preis auch zahlt, bleibt ungewiss und ist selbst von Spezialpanels nicht mit ausreichender Sicherheit zu beantworten. Zumindest die Abfragen nach der Preisbereitschaft bringen in aller Regel keine verlässlichen Informationen. Weiterhin bleibt ungewiss, ob ein Produkt in der Lage ist, eine treue und ausreichend große Konsumentengruppe über Jahre an sich zu binden. Dass diese begrenzte Aussagekraft von Produkttests schwerwiegende Folgen haben kann, mag man an den Beispielen Kaffee, Kakao oder auch Weizenbier erahnen. Wären diese populären Lebensmittel vor ihrer Einführung in die Mühle der Produkttests geraten, so hätten sie mit hoher Wahrscheinlichkeit diese Prüfungen kaum überstanden. Oder können Sie sich vorstellen, dass ein brennerisch riechendes, bitter schmeckendes, schwarzes Getränk, das auch noch in der Lage ist, Magenbeschwerden zu verursachen, die beschriebenen Gremien wohlwollend gestimmt hätte und von diesen mit einem positiven „Aha-Urteil“ belegt worden wäre? Glücklicherweise, werden die Liebhaber von Kaffee denken, gab es im 17. Jahrhundert zur Markteinführung noch keine Panels. Hier ist die Kompetenz des Produktmanagers gefragt. Auf Grund seiner Erfahrung mit Lebensmitteln und Menschen muss er die Verantwortung übernehmen, auch Lebensmittel, die beim ersten Kontakt abgelehnt wurden, dennoch in den Markt zu bringen. Allerdings können sicherlich Zweifel angemeldet werden, ob die genannten „Millionseller“ heute selbst von einem kenntnisreichen und weitsichtigen Produktmanager erkannt worden wären.

3.4.4.7 Produktrelaunches

Ein Erzeugnis, das „in die Jahre gekommen ist“, muss nicht immer abgelöst werden, sondern man kann es auch den veränderten Verhältnissen anpassen. Geht es um eine derartige Weiterentwicklung eines bereits bestehenden Produktes, so sind in erster Linie die aktuellen Nutzer aufgerufen, ein Urteil abzugeben. Dazu wendet sich bofrost* direkt an die eigenen Kunden. Zunächst werden Niederlassungen, die das in Frage stehende Produkt besonders häufig verkaufen, um ihre Mitwirkung gebeten. Denjenigen Kunden, die das Produkt beim nächsten Besuch des Verkäufers erwerben, soll die modifizierte Versuchsprobe gratis als Testmuster zur Beurteilung angeboten werden, mitsamt Fragebogen und Freibriefumschlag zur Rücksendung in die Zentrale. Hierbei beziehen sich die Fragen immer auf einen direkten Vergleich des veränderten mit dem gewohnten Produkt.

Nur wenn die Mehrheit der Verwender das überarbeitete Produkt bevorzugt oder zumindest genauso gut wie das gewohnte Lebensmittel bewertet, kann der Relaunch erfolgen.

3.4.5 Produktsicherung

Hat ein Produkt erst einmal die Hürde der Einlistung geschafft, gilt es die Qualität zu erhalten. Ein Markenartikel definiert sich unter anderem dadurch, dass er während seines Lebenszyklus die Qualität und insbesondere die charakteristischen sensorischen Eigenschaften unbedingt bewahrt. Die Forderung nach Merkmalskonstanz gilt umso mehr, je erfolgreicher ein Produkt ist. Veränderungen werden vom Kunden, der beim Wiederkauf sein gewohntes Produkt erwartet, nicht akzeptiert.

Foto 3.4-3

In der Versuchsküche

Stets sollte man sich vor Augen halten, dass ein Produkt meist ein hochkomplexes Erzeugnis darstellt, welches mit allen Sinnen vom Verbraucher erlebt wird. Diese Wahrnehmung beinhaltet eine große Zahl an sensorischen Eindrücken, die ein Konsument in jeweils unterschiedlichen Ausprägungen nach Art eines individuellen „fingerprint" registriert, denn kein Mensch erlebt das Produkt wie ein anderer. Falls dieser Fingerabdruck von Sinnesreizen einmal Wohlbefinden ausgelöst hat, wird der Eindruck im Gehirn abgespeichert. Dieses Erinnerungsvermögen an sensorische Merkmale eines früher hoch geschätzten Produktes ist erstaunlich gut. Geruchs- und Geschmackserlebnisse der weit zurückliegenden Kindheit kann fast jeder Mensch abrufen, leider auch mit einem Hang zur Verklärung. Das ausgeprägte sensorische Gedächtnis der Kunden verkleinert den Spielraum von tolerierbaren Qualitätsschwankungen.

Ein Qualitätsmanager muss sich allerdings fragen, ob die Forderung nach 100%iger Einhaltung eines sensorischen Profils überhaupt realisierbar ist. Es sei daran erinnert, dass wir es überwiegend mit natürlichen Rohstoffen zu tun haben, deren Beschaffenheit schwanken kann und dies auch tut. Beim Wein ist es inzwischen gelernt und meist auch positiv empfunden, dass jeder Jahrgang einen typischen (unterscheidbaren) sensorischen Charakter besitzt. Gleiches gilt aber für jedes andere Lebensmittel bzw. die verarbeiteten Rohstoffe auch. Selbst vermeintlich einfache Produkte wie zum Beispiel Getreide oder Erbsen fallen jedes Jahr etwas anders aus. Die dafür verantwortlichen Wetterverhältnisse (Lichtintensität, Wärme, Regen) folgen chaotischen „Regeln" und bescheren Jahr für Jahr etwas andere Erzeugnisse. Beim Wein sind es Farbe, Zuckeranteil (und davon abhängig der Alkoholgehalt) und vor allem die Aromen, die sich unterschiedlich entwickeln. Im Fall der Erbsen prägen sich die Farbe, die Süße, das Aroma und vor allem die Textur wetterbedingt von Jahr zu Jahr etwas anders aus. In einer trockenen Saison neigen Erbsen beispielsweise zu fester/mehliger Konsistenz. Da Zucker die Vorstufe von Stärke ist, schmecken die Erbsen gleichzeitig weniger süß.

Mit unterschiedlichen Erbsen kann ein Unternehmen noch recht gut leben, denn kaum ein Konsument macht sich beim Verzehr dieser Beilage viele Gedanken. Würde man diesen Hülsenfrüchten eine ähnliche sensorische Wertschätzung wie dem Wein angedeihen lassen, dann könnten die jährlichen Produkt-Schwankungen in der Beschaffenheit Probleme bereiten, sofern sie nicht wie beim Rebensaft akzeptiert werden. Deutlich komplizierter gestaltet sich aber der Umgang mit dem variablen Rohstoff Getreide, weil es nicht direkt verzehrt, sondern zu anderen Lebensmitteln verarbeitet wird. Getreide und daraus gewonnene Produkte – wie zum Beispiel Mehl, Grieß, Haferflocken und Stärke – sind Grundzutaten für viele weitere Erzeugnisse, wie Brot, Brötchen, Kuchen, würzige und süße Feingebäcke, Teigwaren, Pizzaböden und Cerealien. Je nach Endprodukt gelten ganz unterschiedliche Anforderungen an die Zutat Mehl. Differieren die Klebereigenschaften und die Stärkegehalte von Ernte zu Ernte, wovon trotz aller Bemühungen um standardisierte Sorten immer noch auszugehen ist, dann sind erhebliche Anstrengungen notwendig, damit eine konstante Qualität über Jahre gewährleistet bleibt. Das ist nur ein Beispiel von unendlich vielen, die erahnen lassen, welcher Aufwand und welches Know-how notwendig sind, um die vom Verbraucher gewünschten und geschätzten Eigenschaften und Merkmale eines Produktes über die Jahre konstant zu halten.

Trotz Rohstoffschwankungen und anderer variabler Einflüsse scheint es aber gar nicht so schwer zu sein, Merkmalskonstanz bei Lebensmitteln zu erreichen. Sonst gäbe es ja nicht die vielen Markenprodukte, die in gleich bleibender Qualität seit Jahren angeboten werden. Sachkundige technologische Umsetzung auf der Basis einer hoch auflösenden Warenkenntnis ist der Schlüssel zum Erfolg.

Das Instrumentarium, um das Ziel eines maximalen Standardisierungsgrades zu erreichen, liefert die sensorische Qualitätskontrolle. Wurden bei den bisher geschilderten Panelprüfungen zur Produktentwicklung schwerpunktmäßig hedonische Ergebnisse abgefragt, die subjektive Präferenzen der Verbraucher charakterisieren und in aller Regel eine mehr oberflächliche sensorische Wahrnehmung bei der Nahrungsaufnahme reflektieren, gelten bei der Qualitätskontrolle deutlich höhere Anforderungen an die Fähigkeiten des Testers: Subjektive Bewertungen sind ausdrücklich nicht mehr gewünscht. An deren Stelle tritt nun eine konkrete Aufgabenstellung. Vorgegebene Merkmale und deren Ausprägungen müssen objektiv und reproduzierbar sowie sensorisch korrekt erfasst, beschrieben und bewertet werden. Deshalb stören Vorlieben für bestimmte Eigenschaften und können Ergebnisse unbrauchbar machen. Es ist nicht mehr von Interesse, ob der Pizzaboden von den Testern gemocht wird, und es reicht nicht aus, dass ein Produkt mit wohlklingenden, aber subjektiven Attributen wie lecker, genau richtig oder typisch beschrieben wird, sondern die Aufgabenstellung ist eine ganz andere. Das Produkt soll Charge für Charge innerhalb eines festgelegten Rahmens sensorisch gleich bleiben und diese Konstanz ist anhand präziser, objektiver sensorischer Kriterien zu dokumentieren.

Eine probate Methode der sensorischen Qualitätskontrolle ist es, die Proben auf Abweichungen vom Produktstandard zu überprüfen. Ein sensorisches Fehler-Profil für einen Pizzaboden ließe sich beispielsweise so gestalten:

Aussehen:	ovale Form, soßenverschmierter Boden, Blasen >30 mm Durchmesser, Sprenkel/Flecken/Stippen, geringe Lockerung, ungleichmäßige Lockerung
Farbe:	Kruste zu hell, zu dunkle Bräunung, Krume grau, zu ungleichmäßige Bräunung
Geruch und Geschmack:	bitter, salzig, sauer, süß, fettig, mehlig, alt, fremd, ranzig, brandig, karamellisiert
Konsistenz:	körnig, lang im Biss, mehlig, weich, zäh, kleistrig/teigig, keksig

Neben dem sensorischen Fehlerprofil für den Boden einer Pizza gibt es für den Belag eine ähnlich umfangreiche Beschreibung.

Eine solche Aufgabe können nur Experten erfüllen. Sie besitzen überdurchschnittliche sensorische Fähigkeiten, verfügen über detaillierte Produktkenntnisse einschließlich des vorgegebenen Standards und kennen die Besonderheiten der Herstellungsverfahren.

3.4.5.1 *Anforderung an die Prüfer*

Der Mensch als Messinstrument präsentiert sich als eine Gleichung mit vielen Variablen. Jeder nimmt z. B. Geruch und Geschmack in unterschiedlicher Weise wahr. Diese persönlichen Differenzen der Veranlagung sind den meisten Individuen nicht bewusst. Wer vergleicht schon seine sensorischen Fähigkeiten mit denen anderer Menschen? Wenn zum Beispiel bestimmte Farben nicht bzw. eingeschränkt wahrgenommen werden können, dann fehlt dem Betroffenen erst einmal nichts. In seiner Welt kommt diese Farbe eben nicht vor und andere machen ihn erst recht nicht darauf aufmerksam. Gleiches gilt natürlich auch für die anderen Sinneseindrücke wie Geruch und Geschmack.

Gerade wegen dieser „blinden oder fehlsichtigen Stellen" im Sensorium stellt es eine unabdingbare Voraussetzung dar, dass alle, die sensorisch objektiv prüfen wollen, ihr Wahrnehmungsprofil gut kennen und es als persönliches Messinstrument „geeicht" haben. Die meisten Mängel in der Reizregistrierung werden jedoch erst durch Eignungsprüfungen festgestellt. Die erfolgreiche Absolvierung eines Sinnentests ist deshalb die erste Hürde für einen angehenden Prüfer. Man bedient sich im Allgemeinen der genormten DIN-Verfahren, um Geschmacks-, Geruchs-, Gesichts-, Tast- und Gehörsinn der Bewerber zu bewerten. Da die meisten Menschen in unserem Kulturkreis nur unterentwickelte, aber durchaus präsente Fähigkeiten besitzen, wird bei bofrost* dieser Eignungstest an drei Tagen in wöchentlichem Abstand wiederholt. Dabei können wir regelmäßig feststellen, dass sich die sensorischen Leistungen bereits in dieser ersten Phase von Termin zu Termin verbessern. Es findet offensichtlich eine besondere Sensibilisierung und Mobilisierung der Sine allein durch die Aufgabenstellung statt. Die schwierigste Geschmacksart für unsere Verkoster ist bitter, die besten Ergebnisse werden bei süß und salzig erzielt.

Nach bestandenem Eignungstest erfährt der Bewerber eine umfangreiche Schulung, die von laufenden Prüfungen begleitet wird. Neben den theoretischen Grundlagen des Fachgebietes Sensorik werden insbesondere die äußeren und inneren Einflüsse, die ein Ergebnis beeinträchtigen oder gar wertlos machen, erläutert. Sehr eindrucksvoll ist immer wieder der Test, bei dem ein Teilnehmer (abgesprochen) zu Unrecht in einer Gruppenverkostung eine zu hohe Salzkonzentration eines zu prüfenden Produktes feststellt und diesen Befund allen Mitverkostern zur Kenntnis gibt. Die Mehrzahl der Gruppenmitglieder lässt sich beeinflussen und ändert das bis dahin gefundene Ergebnis dementsprechend ab. Besonders erstaunlich ist, dass diese Beeinflussung auch mit vermeintlich unauffälligen Gesten funktioniert. Übrigens klappt der eindrucksvolle Versuch nicht nur bei Anfängern, auch „alte Hasen" lassen sich gleichermaßen manipulieren, wenn auch deutlich seltener. Dieser Test liefert die überzeugende Begründung, dass jeder Prüfer auch in der Gruppe erst einmal zu seinem eigenen Resultat kommen muss. Bei der sensorischen Qualitätssicherung führen nur unbeeinflusste Einzelergebnisse zu einem richtigen Gruppenergebnis.

Einen besonders breiten Raum nehmen Geruchsschulungen und Geruchsprüfungen ein. Damit zollen wir der Nase, deren Rezeptoren wesentlich zu unserer „Geschmackswelt" beitragen, die gebührende Wertschätzung. Die Weinsensoriker sind uns in der Schulung noch etwas voraus. Unseren Bewerbern werden Gewürze und Gewürzmischungen regelmäßig angeboten und die Widererkennungsleistungen überprüft.

Geruchs- und Geschmackstests an optisch nicht wahrnehmbaren oder identifizierbaren Erzeugnissen bilden ein weiteres Trainingsfeld. Wenn der optische Reiz fehlt, fällt es vielen Menschen schwer, mit den verbleibenden Sinnen ein Lebensmittel sicher zu erkennen und seine Eigenschaften zutreffend zu beschreiben. Das gilt überraschenderweise auch für Waren des täglichen Bedarfs. Ein rot gefärbter Apfelsaft lässt viele Tester bei der Benennung des Prüfgutes verzweifeln.

Ein weiteres Trainingsfeld ist der richtige Umgang mit unserer Sprache bei der Beschreibung sensorischer Eindrücke. Die allgemeine Sprachlosigkeit in unserem Kulturkreis, wenn es darum geht, Merkmale von Lebensmitteln zu benennen, beobachten wir auch bei vielen Bewerbern. Die korrekte Begrifflichkeit für sensorische Sachverhalte, die bei Sender und Empfänger deckungsgleich sein müssen, bildet eine essentielle Voraussetzung, um Merkmalsprofile fehlerfrei zu erfassen und darauf basierend die richtigen Entscheidungen zu treffen. Wie bei einer Fremdsprache müssen also die Begriffe gelernt, zugeordnet und immer wieder angewendet werden.

Im Rahmen der Schulung werden die Bewerber auch etablierten Verkostergruppen als „Gastprüfer" zugeordnet. Das Gelernte kann dann in der Praxis angewendet werden und die Anfänger werden zugleich durch erfahrene Prüfer an das Aufgabengebiet herangeführt.

Für alle Ausbildungsbausteine gilt: Übung macht den Meister! Da Sensorik eine hohe Gedächtnisleistung erfordert und ein gutes Erinnerungsvermögen antrainiert werden kann, hat dieses Sprichwort eine herausragende Bedeutung für die Sinnenprüfung.

Foto 3.4-4

Testessen

Dokumentation bildet einen wesentlichen Baustein des modernen Qualitätssicherungsmanagements. Deshalb werden die Ergebnisse der Schulungsmaßnahmen und der Tests für jeden Bewerber festgehalten und regelmäßig beurteilt und ausgewertet. Diese Ergebnisse werden dem Bewerber unmittelbar zugänglich gemacht, so dass er sein eigenes sensorisches Vermögen gut einzuschätzen vermag. Von Anfang an lernt er seine Schwächen und Stärken kennen, was hilft, unnötige Diskussionen zu vermeiden. Für die Sensorikverantwortlichen bildet das Profil eines jeden Testers eine wichtige Grundlage für die ausgewogene Zusammenstellung von Prüfergruppen. Diese Daten können darüber hinaus bei der Auswahl von Probanden genutzt werden, wenn spezielle Fragestellungen zu bearbeiten sind. So haben wir inzwischen Spezialistengruppen für die Bewertung von Mehligkeit in Erbsen (eine haptische Problemstellung) oder von Ranzigkeit in Fleischprodukten. Unser betriebseigener Prüferpool besteht zurzeit aus 25 Personen. Die meisten sind Mitarbeiter der Qualitätskontrolle oder kommen aus peripheren Abteilungen.

Auch wenn der Tester hier in seiner männlichen Form erscheint, sei darauf hingewiesen, dass drei Viertel unserer Prüfer weiblich sind. Die Frauen haben sowohl bei der Semantik (Fähigkeit, etwas zu beschreiben) als auch in der Begabung des Erkennens schwacher Sinnesreize leichte Vorteile. Und noch etwas Überraschendes: Raucher sind keine schlechteren Tester. Offenbar kann die Rauchbeeinflussung ausgeblendet werden. Diese empirischen Feststellungen beziehen sich allerdings nur auf das Haus bofrost* sowie auf die letzten 15 Jahre und haben keinen repräsentativen Anspruch.

3.4.5.2 ... und was ist noch wichtig?

Sorgfältig ausgewählte, gut trainierte, motivierte und richtig eingesetzte Verkoster bilden das Herzstück einer erfolgreichen Sensorik. Aber es sind oftmals die vernachlässigten Zusatzbedingungen, die ein Ergebnis beeinflussen können und letztlich über den Erfolg entscheiden. Dazu gehören die Zubereitung, die Darbietung sowie die Räumlichkeit, in der die Verkostung stattfindet.

Anders als bei den Verkostungen von direkt verzehrbaren Produkten, wie z. B. Getränke, Joghurt oder Schokolade, müssen tiefgefrorene Produkte erst aufgetaut und/oder thermisch aufbereitet werden. Somit gibt es Einflussmöglichkeiten, die ursächlich zwar nichts mit der Beschaffenheit des Produktes zu tun haben, aber bei einer Verkostung in das Ergebnis mit einfließen. Wie groß dieser Effekt sein kann, wird sofort klar, wenn man sich zwei Portionen Lammbraten vorstellt, die eine heruntergekühlt auf Zimmertemperatur von 20 °C und die andere aus dem Ofen mit 45 °C. Auch der ungeübte Verkoster (der Experte erst recht) wird bei der Bewertung der zwei Proben, obwohl vom Ursprung gleich, zu unterschiedlichen Ergebnissen kommen. Damit nicht der Koch, der das Produkt zubereitet hat, in seiner Arbeit beurteilt wird, muss dieser Unsicherheitsfaktor minimiert werden. Zu diesem Zweck wird die Zubereitungsmethode (Mikrowelle, Pfanne, Backofen, Kochtopf) exakt definiert. Die benutzten Gerätschaften müssen vergleichbare Leistungsabgaben haben, was sich gar nicht so einfach garantieren lässt. Ein handelsüblicher Backofen zum Beispiel kann bei einer Einstellung von 200 °C um +/- 25 °C schwanken, eine Variationsbreite, die sogar die entsprechenden DIN-Norm sanktioniert. Unberechenbar sind dann noch die Schaltimpulse, mit denen die Energiezufuhr dieser Geräte über die Temperatur geregelt wird. Es ist leicht vorstellbar, dass es zu einem unterschiedlichen Ergebnis kommt, wenn eine Pizza bei 225 °C in den Ofen geschoben wird oder bei 175 °C, und das auch noch für die gleiche Zeitspanne.

Nicht weniger ungenau arbeiten elektrische Automatikherdplatten. Selbst die Mikrowelle ist alles andere als ein exaktes Instrument. Neben den thermischen Zubereitungssystemen verdienen die verwendeten Geschirre Beachtung. Die Wärmeverteilung in einem 28er- oder 20er-Topf aus Aluspritzguss, Kupfer, Edelstahl, Grauguss, emailliert oder nicht, fällt zu unterschiedlich aus, um sie nicht zu beachten. Auch spielt es eine Rolle, wenn statt eines Backbleches für die Zubereitung ein Rost verwendet wird. Nicht zu vergessen ist, dass die Prüfung der häuslichen Geräte-Situation gerecht werden muss, weshalb Profiausrüstungen tabu sind. In diesem Zusammenhang hat auch die begrenzte Leistungsfähigkeit der Haushaltsgeräte Berücksichtigung zu finden. Beispielsweise gestaltet sich die Zubereitung von tiefgefrorenen Pizzas jeweils anders, wenn ein, zwei oder gar vier Produkte in einem Backgang zubereitet werden müssen.

Angesichts der vielfältigen Einflussfaktoren erscheint es fast hoffnungslos, Produkte immer gleich zubereiten zu wollen. Aber der dafür Verantwortliche muss sich genau dieser Aufgabe stellen. Verwendete Gerätschaften, Geschirre, Zeiten und Mengen sind zu standardisieren. In unserem Hause gibt es zum Beispiel nur einen Typ von Pfanne, Topf oder Mikrowellengefäß. Der wichtigste Kontrollparameter für eine Vergleichbarkeit ist die Endtemperatur des Produktes. Sie kann recht schnell und zuverlässig gemessen werden. Neben einer detaillierten Zubereitungsanweisung stellt demnach eine festgelegte Produkttemperatur beim Servieren der Proben eine wesentliche Vorgabe für die Vorbereitung sensorischer Prüfungen dar.

3.4.5.3 Der Sensorikraum

Die räumliche Umgebung kann das sensorische Ergebnis nachhaltig beeinflussen. Wir kennen alle die Situation im Urlaub, in ausgelassener Stimmung, in Gesellschaft von netten Menschen, in einer urigen Taverne, mit Blick auf die reflektierende Meereswellen, sanftes Meeresrauschen, gedämpftes Kerzenlicht und dazu ein lokaler Landwein … ein Genuss!!! Ein solches Geschmackserlebnis möchte man gerne wiederholen und nimmt ein paar Flaschen als Andenken mit nach Hause. Wie groß ist aber die Enttäuschung, wenn dieser Wein dann mit Freunden auch in gemütlicher, aber ganz anderer Atmosphäre serviert wird. Das Getränk ist nicht wiederzuerkennen, es stellt sich ganz anderes dar als damals in der Taverne. Zwar mögen die Gastgeber sich ihr Geschmackserlebnis bewahrt haben und dem Erzeugnis noch etwas abgewinnen können, die Gäste empfinden aber das Dargebotene ohne diesen emotionalen Hintergrund viel nüchterner (und bleiben es vielleicht auch). Es ist schon vorgekommen, dass der geladene Weinliebhaber frustriert um ein Bier gebeten hat. Dieses Beispiel zeigt, dass der sensorische Eindruck im hohen Maße durch die Umwelt positiv oder auch negativ beeinflusst werden kann. Gute Gastgeber, egal ob professionelle oder private, wissen darum und sorgen für ein Wohlfühlambiente bei der Bewirtung. In freudig gespannter Atmosphäre kann ein mittelmäßiges Gericht noch wohlwollend bewertet werden und ein gelungenes Gericht zum unvergesslichen Erlebnis aufsteigen.

Bei der sensorischen Bewertung eines Produktes im Rahmen der Qualitätssicherung ist aber weder ein positiver noch ein negativer Impuls zielführend. Vielmehr muss die Verkostungssituation so gestaltet werden, dass von außen kommende Beeinflussungen vermieden werden. Die Prüfer sollen möglichst ohne Ablenkung ihr sensorisches Instrumentarium zur Beschreibung des vorgestellten Produktes einsetzen. So ist es auch nicht verwunderlich, dass Sensorikräume eher wie ein Labor als wie ein Gastraum wirken. Weiße Farbe, glatte Flächen, mit naturnahem Licht (das mit Leuchtstoffröhren erzeugt wird, deren Spektrum dem Sonnenlicht entspricht), gut ausgeleuchtete Essplätze, abgetrennte Bereiche, die Sichtkontakt mit den Kollegen verhindern, und ein Abluftsystem, das keine fremden Gerüche zulässt, bilden die Anforderungen an eine solche Räumlichkeit. Es bieten sich nach DIN standardisierte Kabinen an, weil sie solchen Anforderungen gerecht werden. In der Praxis haben sie sich für die sensorische Routineprüfung in unserem Hause jedoch nicht bewährt. Die Bedienung durch die Küche ist bei einer Probenfrequenz von stündlich knapp 20 Produkten und 3–4 Verkostern viel zu umständlich. Deshalb benutzen wir einen Sensorikraum mit einer Tresenverbindung zur Küche, auf der die zubereiteten Produkte durch variable Wände voreinander getrennt dargeboten werden. Die Tester haben die Möglichkeit, einzeln nacheinander die Produkte zu verkosten und zu bewerten.

3.4.5.4 Sensorische Routineprüfung

Nachdem die sensorische „Hard- und Software" eingehend beschrieben worden sind, ist es an der Zeit, über die eigentliche sensorische Prüfung zu berichten, die Tag für Tag im Dienst am Kunden durchgeführt wird. Fortwährende Überprüfung durch speziell ausgebildete Verkoster soll eine gleich bleibende sensorische Qualität des gesamten Angebots über die gesamte Einlistungszeit sichern. Das Erreichen dieses Ziels begründet das Vertrauen der Kunden zu den Markenartikeln.

Unzählige Einflüsse, die in Form natürlicher Schwankungen der Zutaten und herstellungsgedingter technologischer Variablen auf das Produkt einwirken können, verlangen Höchstleistungen von dem verantwortlichen Personal, um einen fest umrissenen Qualitäts-Rahmen konstant einzuhalten. Mit viel Aufwand wurde das neue Produkt entwickelt. Maßgeschneiderte Eigenschaften, Merkmale und Ausprägungen wurden in kleinen Fachgruppen optimiert und danach das Konzept sowie die Akzeptanz in Produkttests geprüft und abgesichert. Das Ergebnis ist in einer so genannten Spezifikation festgehalten, die alle wichtigen Merkmale wie Rezeptur, Zutaten, Herstellungsanweisungen, Zubereitungsempfehlungen, chemische sowie hygienisch-bakteriologische Anforderungen dokumentiert. Zur Spezifikation gehört auch eine professionelle verbale Beschreibung, die

Foto 3.4-5

Im Versuch verlässt man sich nicht nur auf einen Testesser.

jedoch nur ein Hilfsmittel sein kann, die sensorische Qualität möglichst exakt und nachvollziehbar zu charakterisieren. Um wirklich die Merkmalskonstanz prüfen zu können, gibt es neben den abstrakten Definitionen auch noch materielle Vergleichsproben in Form von Rückhaltemustern. Diese sind durch den verantwortlichen Produktmanager und den Qualitätsmanager als „Gold"-Standard akzeptiert worden. Derartige Rückhaltemuster können die Verkoster bei jeder Überprüfung zur Orientierung heranziehen.

Die Aufgabenstellung und das Mengengerüst für die sensorische Absicherung der bofrost*-Produkte lassen sich in folgenden Zahlen ausdrücken:
- ca. 20.000 sensorische Prüfungen pro Jahr (TK-Produkte, zubereitet)
- ca. 600 Produkte
- 25 geschulte Prüfer
- 7 Verkostungen täglich
- maximal 20 Proben pro Verkostung (inkl. Produktstandards)
- Sensorisches Verfahren: Beschreibende Prüfung mit Vergleichsstandard

3.4.5.4.1 Sensorische Prüfung bei Herstellung

Die Firma bofrost* besitzt keine eigenen Herstellungsstätten, sondern die ca. 600 tiefgefrorenen Produkte werden von ca. 200 ausgewählten Produktionspartnern nach bofrosteigenen Rezepten / Spezifikationen hergestellt. Alle diese Erzeugnisse begleitet das bofrost*-Qualitätsmanagement mit einer prozessorientierten Qualitätssicherung. Als Grundlage sind die sensorischen Merkmale der Zutaten und Fertigprodukte in der gemeinsamen Spezifikation detailliert festgelegt. Auch eine systematische sensorische Überprüfung ist vertraglich fixiert und erfolgt durch die Mitarbeiter der Produktionspartner in vorgegebener Art und Häufigkeit. Jede Charge muss sensorisch überprüft und das Ergebnis dokumentiert werden. Abweichungen sind zu beschreiben. Die Daten können von den verantwortlichen bofrost*-Qualitätsmanagern jederzeit abgerufen werden. Dem Problem der unterschiedlichen Produktionsfirmen mit ihren vielen Prüfern und deren unterschiedlichen Fähigkeiten wird mit der Vorgabe begegnet, bestehende und verabschiedete Produktstandards als Orientierungshilfe für die Tester zu verwenden. Diese Vorgehensweise soll sicherstellen, dass Konformität zwischen den zu prüfenden Mustern mit dem verabschiedeten Standard besteht.

3.4.5.4.2 Sensorische Prüfung im bofrost-Zentrallabor*

Auch in der sensorischen Qualitätssicherung ist Vertrauen gut, Kontrolle aber besser. Deshalb beschränkt sich bofrost* nicht auf die Supervision der sensorischen Prüfungen bei den Produktionspartnern, sondern führt auch hausintern eigene sensorische Analysen durch. Besonders intensiv geschieht das bei der Neueinführung eines Produkts. Selbstverständlich müssen bereits zu diesem Zeitpunkt zwischen bofrost* und dem Produktionspartner die sensorischen Merkmale festgelegt und in der Spezifikation fixiert sein. Die verantwortlichen Mitarbeiter des Produkt- und Qualitätsmanagements prüfen das Durchschnittsmuster der Erstanlieferung, ob die sensorischen Merkmale dem Konzept entsprechen. Ist dies der Fall, werden aus dem akzeptierten, tiefgefrorenen Durchschnittsmuster 20 Produktstandards entnommen und aufbewahrt, so dass die nächsten 18 zu prüfenden Lieferungen mit diesen so genannten „Gold"-Standards verkostet und verglichen werden können. Die letzten beiden Muster dienen zur Anlegung von „Gold"-Standards in den späteren Prüfungsrunden. Bei Lieferung der Chargen werden nach einem bestimmten Schlüssel Musterziehungen vorgenommen, wobei sich die Prüfungsfrequenz nach der Produkt/Liefer-Historie richtet. Grundsätzlich werden drei Muster aus einer Sendung gegen ein Standardprodukt verkostet.

In einem Durchgang prüfen mindestens drei Tester maximal 5 Produkte (je 3 Chargenmuster plus Standardmuster). Sollten Abweichungen vom „Gold"-Standard festgestellt werden, müssen die Probanden den Unterschied beschreiben. Die sensorische Analyse wird – wie allgemein üblich – nach folgenden Prüfkriterien vorgenommen: Optik/Farbe, Geruch, Geschmack und Konsistenz/Textur. Als Orientierungshilfe werden die DLG-Prüfschemata mit ihren Fehlerkatalogen genutzt. Die Testergebnisse werden nach einem Notensystem (Schulnoten) bewertet, in das die Intensität der Abweichungen eingeht. Die Note 2 bedeutet Erfüllung des Standards, die 3 steht für eine leichte Abweichung innerhalb der produktspezifischen Toleranz, die Note 4 zeigt eine deutliche Abweichung an, die eine Überprüfung und eine Entscheidung des Laborleiters und des Versuchsküchenleiters erfordert. Die Note 5 zieht eine sofortige Sperrung des Produktes nach sich. Die Zensuren 4 und 5 führen zu Zwangsprüfungen der nächsten drei Anlieferungen. Alle Ergebnisse werden im SAP-System dokumentiert.

Jetzt haben Sie sich, lieber, an der Lebensmittel-Sensorik interessierter Leser, durch knapp 20 Seiten gearbeitet, um dann relativ unspektakulär im letzten Abschnitt zu erfahren, dass ca. 25 geschulte Arbeitnehmer eine so genannte sensorische Expertenprüfung an einer schwer vorstellbar großen Anzahl von tiefgefrorenen, Gott sei Dank wenigstens zubereiteten Produkten durchführen, und das Tag für Tag, Woche für Woche, Monat für Monat, Jahr für Jahr. Und das soll etwas Besonderes sein?

Und tatsächlich ist das der Höhepunkt meiner Geschichte, die hohe Schule der Expertensensorik, in einer zielgerichteten Anwendung von großer Perfektion. In der Lebenszeit eines Markenartikels spüren diese Experten bei ihrer Arbeit immer wieder kleine sensorische Veränderungen auf, die in ihrer Addition das Versprechen des Unternehmens an seine Kunden gefährden: Eine gleichmäßig hohe sensorische Qualität eines Produktes von der Einlistung bis zur Auslistung sicherzustellen. Durch ihre außergewöhnliche Leistung geben sie eine Reihe von Impulsen an die Spezialisten weiter, die dann das Kunststück vollenden, über Jahre eine verlässliche und konstante sensorische Qualität anzubieten. Nicht mehr und nicht weniger als der geschilderte Aufwand ist notwendig, um dieses Ziel zu erreichen, und damit das Vertrauen des König Kunden zu rechtfertigen.

Guten Appetit mit Geschmacksgarantie!

3.5 Wie schmeckt Bio?

Wolf-Rüdiger Stenzel

3.5.1 Aufstieg der Bio-Lebensmittel

In Deutschland steht dem Verbraucher täglich ein vielfältiges und differenziertes Angebot von Lebensmitteln zur Verfügung. Die Auswahlkriterien, nach denen sich Konsumenten beim Kauf richten, sind vielfältiger soziologischer und ökonomischer Natur. Da eine quantitative und qualitative Unterversorgung an Nahrungsmitteln in unseren geographischen Regionen grundsätzlich nicht mehr besteht, spielen für die Kaufentscheidungen neben dem Preis-Leistungs-Verhältnis insbesondere emotionale Motive – Genuss, Geschmack, gesundheitliche Ausstrahlung –, aber auch die äußere Präsentation sowie das Image der Ware eine entscheidende Rolle. Damit erhalten Lebensmittel auch als Statussymbol eine herausragende Bedeutung.

In den letzten Jahren ist bei einem weitestgehend gesättigten und allgemein stagnierenden Lebensmittelmarkt eine erhebliche Zunahme von Bio-Lebensmitteln in allen Bereichen des Einzelhandels zu verzeichnen. Diese Entwicklung ist auf sehr unterschiedliche Ursachen zurückzuführen. Das Sortiment erweiterte sich kontinuierlich von den klassischen Erzeugnisgruppen Obst – Gemüse – Getreideprodukte – Wein über Fleisch- und Milcherzeugnisse bis in den Süßwaren- und Conveniencebereich. Mindestens ebenso wichtig wie die Diversifizierung des Angebots ist jedoch, dass der Verbraucher Bio-Lebensmittel mit solchen Attributen wie „gesund – sicher – wohlschmeckend – genussvoll – natürlich" in Zusammenhang bringt. Mit dem Begriff „Bio" werden Aussagen getroffen und beim Konsumenten Erwartungen geweckt, wonach diese Lebensmittel im Vergleich zu den konventionellen Erzeugnissen Besonderheiten aufweisen. Sie grenzen sich hierdurch von anderen Gruppen ab und nehmen auch aus lebensmittelrechtlicher Sicht bestimmte Alleinstellungsmerkmale für sich in Anspruch. Damit verbindet sich die Frage, ob diese Merkmale einen mittelbaren oder unmittelbaren Einfluss auf die Qualität, insbesondere die sensorische Beschaffenheit der Erzeugnisse, aufweisen.

3.5.2 Lebensmittelrechtliche Einordnung

Die lebensmittelrechtlichen Anforderungen an die Bio-Produktgruppe sind in der (EC)-No VO 1992/91 festgeschrieben, die verschiedentlich angepasst und durch weitere nationale Regelungen untersetzt wurde. Die bestehende EG-Verordnung wird jedoch zum 01. 01. 2009 durch eine neue (EC)-No VO 834/2007 abgelöst.

Die derzeit geltende (EC)-No VO 1992/91 umfasst unverarbeitete und verarbeitete Rohstoffe, die von der Pflanze und vom Tier gewonnen wurden. Die Erzeugung, Gewinnung sowie Be- und Verarbeitung ist an bestimmte spezifische Anforderungen geknüpft. Die Festlegungen schließen in unterschiedlichem Umfang die Produkte auf allen Stufen der Lebensmittelkette – vom ökologischen Landbau, der Tierhaltung und weitergehend deren

Verarbeitung – ein. So bestehen im ökologischen Landbau Vorgaben hinsichtlich des Saat- und Pflanzgutes, der Bodenfruchtbarkeit, des Einsatzes von anorganischen Düngemitteln, des Pflanzenschutzes und der Schädlingsbekämpfung. Die Tierhaltung ist flächengebunden strukturiert und es dürfen nur ökologisch gewonnene Futtermittel eingesetzt werden. Weitere Regularien betreffen die Aufzucht, die Haltung, die Besatzdichte sowie den restriktiven Einsatz von chemisch-synthetischen Tierarzneimitteln, bei einem Verbot der präventiven Verabreichung derartiger pharmakologisch wirksamer Substanzen.

Somit ist ein wesentliches Kennzeichen des ökologischen Landbaus und der Tierhaltung sowie der daraus hergestellten Lebensmittel – allgemein als Bio-Lebensmittel bezeichnet – der Anspruch auf einen weitestgehend in sich geschlossenen Betriebsorganismus, der eine Ressourcen schonende und naturverträgliche Gewinnung sowie Be- und Verarbeitung anstrebt.

Ein Bio-Verarbeitungserzeugnis darf nur ökologisch gewonnene Zutaten enthalten und nicht mit gleichartigen konventionellen Lebensmitteln gemischt und/oder verarbeitet werden. Zusammengesetzte Bio-Lebensmittel müssen zu mindestens 95 % aus Zutaten bestehen, die den Anforderungen der (EC)-No VO 1992/91 gerecht werden. Darüber hinaus unterliegen ökologische Erzeugnisse grundsätzlich einem Verbot der Behandlung mit ionisierenden Strahlen sowie der direkten oder indirekten Verwendung von gentechnisch veränderten Organismen (GVO). Zusatzstoffe und technische Hilfsstoffe sind zwar zulässig, sie dürfen aber nur im Rahmen der Vorgaben von Positivlisten eingesetzt werden, die sich in den Anlagen der EU-Verordnung befinden.

Die so hergestellten Lebensmittel werden einer besonderen Kontrolle hinsichtlich der Einhaltung der Vorschriften unterzogen. Nach einer Anmeldung und Prüfung des gesamten Produktionsablaufes durch private Kontrollstellen und deren positiven Bewertung erhält der Lebensmittelunternehmer eine Codenummer, die auf dem Etikett der Fertigpackung anzubringen ist. Nur für diese unter Einhaltung der oben genannten gesetzlichen Vorgaben hergestellten Lebensmittel darf der Inverkehrbringer das geschützte nationale staatliche „Bio-Siegel" im Rahmen der Lebensmittel-Kennzeichnung verwenden. Diese Vorgehensweise wird durch eine Bundesbehörde überwacht.

Die in den vorgenannten lebensmittelrechtlichen Regelungen festgeschriebenen Mindestanforderungen werden durch die Richtlinien einzelner nationaler Öko-Verbände (wie Bioland, Demeter, Naturland, Gäa, Biopark, Biokreis, Naturland, Marine Stewardship Council, Ecovin) oder Empfehlungen des Naturkost-Fachhandels verschärft oder modifi-

Abbildung 3.5-1

Das offizielle Bio-Siegel

Abbildung 3.5-2

Es existieren zahlreiche Bio-Zeichen für Lebensmittel.

ziert. Nach einer eigenständigen Überprüfung durch verbandsinterne Kontrollorganisationen können die Lebensmittelhersteller neben dem staatlichen Bio-Siegel darüber hinaus das spezifische Verbandslogo im Etikett der Fertigpackung führen.

Nach Vergabe des staatlichen Bio-Siegels und des Verbandssiegels erfolgen unangemeldet Überprüfungen durch die jeweiligen Kontrollstellen bei den Lebensmittel-Unternehmern, um zu gewährleisten, dass die entsprechenden Anforderungen eingehalten werden.

Die in den verschiedenen Rechtsnormen festgeschriebenen besonderen Merkmale für Bio-Lebensmittel dürfen jedoch nicht im Widerspruch stehen zu den geltenden EU- und nationalen lebensmittelrechtlichen Grundsätzen. Hieraus folgt, dass in jedem Fall die Lebensmittelsicherheit, der Verbraucherschutz vor Täuschung und Irreführung sowie die Rückverfolgbarkeit gewährleistet sein müssen.

3.5.3 Qualität von Bio-Lebensmitteln aus wissenschaftlicher Sicht

Unter dem Begriff „Qualität eines Lebensmittels" werden unterschiedliche Inhalte definiert und wahrgenommen, die von dem Kenntnisstand, den Anforderungen und den Erwartungen des jeweiligen Nutzers (Hersteller, Technologe, Verbraucher) abhängen.

Bei einer wissenschaftlichen Betrachtungsweise umfasst der Qualitätsbegriff die Gesamtheit aller wertbestimmenden Eigenschaften und Merkmale eines Produktes. Diese Definition lässt sich auch für den Bereich der Lebensmittel anwenden und kann in „Prozess- und Produktqualität" unterteilt werden. Diese beiden Kategorien sind grundsätzlich durch naturwissenschaftlich gesicherte Daten belegbar.

Dabei betrachtet die „Prozessqualität" die Art und die Auswirkungen sämtlicher Herstellungsumstände, die den Rohstoff „Lebensmittel" beeinflussen, beginnend auf der Stufe der Primärproduktion (Sorte, Rasse, Klima, Ernte) und den weiteren Schritten der Be- und Verarbeitung (Kochen, Backen, Sterilisieren, Homogenisieren). Zunehmende Bedeutung bei der Betrachtung der Prozessqualität erlangt seit einigen Jahren die Berücksichtigung der Nachhaltigkeit der eingesetzten Produktionsverfahren. Hierbei werden solche heterogenen Faktoren in die Betrachtung und Bewertung einbezogen wie die Produktionstransparenz (geographischer Ursprung der Rohstoffe, Art der Technologie), Wasser- und Energieverbrauch, Emissionen sowie Recycling, aber auch soziologische Aspekte des Humankapitals. Bei einer Betrachtung der Nachhaltigkeit spielt die Energiebilanz zur Gewinnung und Herstellung von Bio-Lebensmitteln im Vergleich zu analogen konventionellen Erzeugnissen eine erhebliche Rolle. Diese Frage lässt sich derzeit jedoch nicht abschließend beantworten, da die Ausgangsbedingungen in den vorliegenden Publikationen sich erheblich unterscheiden und eine Vergleichbarkeit der ermittelten Daten somit nicht gegeben ist.

Die Produktqualität eines Lebensmittels als zweiter Parameter wird durch objektivierbare Kriterien, wie die hygienischen, konstitutionellen, ernährungsphysiologischen und sensorischen Eigenschaften (Genusswert), charakterisiert. Diese wesentlichen Merkmale sind partiell lebensmittelrechtlichen Regelungen unterworfen.

Neben den untersuchungstechnisch fassbaren Kriterien eines Lebensmittels ist der vermittelte psychologische Wert („gefühlter Wert"), der das persönliche Wohlbefinden des Konsumenten berücksichtigt, von erheblicher Relevanz für die Produktqualität. Bei einer ausschließlich objektiv-analytisch orientierten Betrachtungsweise wird dieser Aspekt jedoch nur unzureichend berücksichtigt. Da positive Qualitätsbewertungen von Waren – insbesondere von Lebensmitteln als Mittel zum Leben – beim Menschen in der Folge positive Emotionen hervorrufen, erscheint es wesentlich, solche psychologischen Überlegungen einer Wechselwirkung von Empfindungen und individuellem Wissen zu berücksichtigen. So führt der Senat der Bundesforschungsanstalten in seinem Papier „Bewertung von Lebensmitteln verschiedener Produktionsverfahren – Statusbericht 2003" aus, dass Aspekte höherer Prozessqualität der Lebensmittelerzeugung von Verbraucherinnen und Verbrauchern wahrgenommen werden und zu deren Wohlbefinden beitragen können.

3.5.4 Beziehung zwischen Prozess- und Produktqualität

Die Prozessqualität berücksichtigt im Wesentlichen die Rahmenbedingungen in der Primärproduktion. Sowohl beim ökologischen Landbau als auch der ökologischen Tierproduktion unterliegen die Produzenten Einschränkungen, die sich mit quantitativen Mindererträgen und einem höheren Personalaufwand verbinden.

Aus umfangreichen wissenschaftlichen Untersuchungen ist bekannt, dass die konstitutionelle Zusammensetzung pflanzlicher Primär-Erzeugnisse (Obst, Gemüse, Kartoffeln) wesentlich stärker von der Sortenwahl, dem Erntezeitpunkt, dem Standort und den klimatischen Gegebenheiten abhängt, als dass sie durch anbauspezifische Parameter wie Bodenbearbeitung, Nährstoffversorgung und Art der Düngung beeinflusst wird. Auch die Aufnahme von Spurenelementen wird überwiegend durch die geologischen Gegebenheiten limitiert, die sich innerhalb enger lokaler Grenzen beträchtlich unterscheiden können. Der restriktive Einsatz bzw. das Verbot der Verwendung von Pflanzenschutzmitteln in der Bioproduktion hat aber die Konsequenz, dass insbesondere Obst und Gemüse deutlich geringer mit derartigen Rückständen belastet sind. Die Vielzahl der durch die Luft transportierten Kontaminanten lässt sich dagegen nicht vermindern oder gar beherrschen.

Bei der Erzeugung von Lebensmitteln tierischen Ursprungs bestimmen Unterschiede zwischen Rassen, Zuchtlinien, Fütterung sowie das Geschlecht und das angestrebte Mastendgewicht die Fleischqualität. So wird bei Hochleistungsrindern wegen der energieärmeren Bio-Fütterung die Mastdauer verlängert. Mit zunehmendem Alter verstärkt sich jedoch die kollagene Vernetzung der Fleischfasern, was zu erhöhter Zähigkeit führen kann. Gleichzeitig steigt der Fettgehalt in der Muskulatur und damit der Genusswert des Fleisches. Es wird wohl noch einige Zeit dauern, ehe sich die wirklich optimalen Tierrassen für die ökologische Landwirtschaft herauskristallisieren.

Die weitere Verarbeitung zu Fleischerzeugnissen wird im Bio-Bereich beeinflusst durch den eingeschränkten Einsatz von Zusatzstoffen (wie Nitritpökelsalz) oder Anwendungsverbote (wie Phosphate). Der Verzicht auf Pökelstoffe führt dazu, dass die äußere Erscheinung solcher nicht-umgeröteter, so genannter „weißer" Erzeugnisse in Form von grauer Jagdwurst oder dunkelbrauner Salami vom gängigen Aussehen abweicht und darüber hinaus das typische Pökelaroma fehlt.

Für Milch werden in der Literatur vereinzelt Befunde beschrieben, wonach in der Zusammensetzung der Fettphase zwischen Bio-Milch und konventioneller Milch Unterschiede bestehen, die auf das Fütterungsregime zurückgeführt werden können. So wird berichtet, dass der Anteil ausgewählter ungesättigter Fettsäuren in Bio-Milch höher als bei konventionell erzeugter Milch ausfällt. Erkenntnisse, dass sich Milch mit einem veränderten Fettsäurespektrum sensorisch von konventioneller Milch oder daraus hergestellten Milcherzeugnissen unterscheidet, liegen dagegen im Schrifttum nicht vor. Andererseits ist es jedoch als gesichert anzusehen, dass die sensorischen Eigenschaften von Milch entscheidend von der Fütterung abhängen (z. B. Almmilch) und die Käsereieigenschaften rasseabhängig sind.

Bei der Herstellung von Bio-Brot bzw. Backwaren wird durch den jeweiligen Einsatz von Sauerteig, Backferments oder Hefe die Teigsäuerung und -lockerung im Endprodukt erheblich beeinflusst. Diese Tatsache wirkt sich auf die entsprechenden sensorischen Eigenschaften aus, wie einem milderen Aroma und im Krumenbild.

Ausgehend von diesen Erkenntnissen spielen für die Produktqualität zumindest bei verarbeiteten Lebensmitteln insbesondere die technologischen Verfahren und deren Beherrschung die entscheidende Rolle bei der Herstellung sensorisch hochwertiger Erzeugnisse. Auch wenn einzelne technologische Prozessschritte von Bioverbänden nicht toleriert werden, unterscheiden sich die Herstellungsverfahren zwischen konventioneller und Bio-Lebensmittelproduktion nicht grundsätzlich. Es ist auch eine Tatsache, dass einzelne mittelständische Unternehmen sowohl konventionelle als auch Bio-Lebensmittel auf identischen Produktionslinien herstellen.

3.5.5 „Schmecken" Bio-Lebensmittel anders?

Wenn unter dem umgangssprachlichen Begriff „Schmecken" die sensorische Qualität eines Erzeugnisses verstanden wird, sind bei der Frage nach dem charakteristischen „Bio-Geschmack" die jeweiligen Merkmalsbereiche festzulegen, die sich aus den vorgegebenen spezifischen Prüfkriterien ergeben. Weiterhin muss bei dieser Frage auch die Vergleichbarkeit der Erzeugnisse hinsichtlich der Rezeptur, der Lagerungsbedingungen und anderer, nicht mit Bio korrelierter Einflussgrößen gewährleistet sein.

Erschwerend für die Beantwortung der Frage kommt hinzu, dass ein spezifisches und typisches Bio-Lebensmittelsortiment derzeit nicht besteht. Das vielfältige Angebot umfasst alle Produktgruppen von Frischobst und -gemüse bis in den Convenience-Sektor und stellt ein Abbild des konventionellen Lebensmittelmarktes dar. Ursache hierfür dürfte sein, dass die Rohstoffe und technologischen Verfahren zur Gewinnung und Herstellung der Lebensmittel – wie bereits ausgeführt – im Wesentlichen identisch sind. Darüber hinaus

Foto 3.5-1

Kommt nur „Bio" in die Tüte?

erwartet der Verbraucher ein den gesamten Bedarf abdeckendes ökologisches Angebot, was Unterschiede zu konventionellen Erzeugnissen nivelliert. In Geruch, Geschmack, Aussehen, Form, Farbe, Verpackung und anderen Produktparametern gibt es kaum Alleinstellungsmerkmale, lediglich die Kennzeichnung differiert zwangsläufig auf Grund der gesetzlichen Vorgaben. Bei den einzelnen Lebensmittelgruppen ist darüber hinaus eine erhebliche Breite gleichartiger Bio-Produkte festzustellen.

Angesichts dieser Situation verwundert es, dass sensorische Verbrauchertests oftmals eine überlegene Produktqualität für alternative Rohstoffe und weiterverarbeitete Lebensmittel aufzeigen. Hier darf aber nicht die Suggestivkraft der Bezeichnung „Bio" übersehen werden. Mangelnde Neutralisation der Proben in Verbindung mit der Überzeugung einer besseren Beschaffenheit ökologischer Produkte verführen voreingenommene Prüfer zu sehr subjektiven Urteilen, wofür sich zahlreiche Beispiele in der Literatur finden. So genügte es bereits, dem Jonagold-Apfel einen altertümelnden Namen zu geben, um ihn beim sensorischen Sortenranking aus dem Mittelfeld auf einen Spitzenplatz der Beliebtheit zu hieven. Selbst bei Auswahl und Ankauf der zu vergleichenden Proben kann – zumindest unbewusst – manipuliert werden. Insoweit sind viele Testergebnisse, insbesondere wenn sie zur Bestätigung von Vorurteilen gegen konventionelle Lebensmittel durchgeführt werden, kritisch zu hinterfragen.

Ein wissenschaftlich fundierter sensorischer Test unterliegt dagegen exakten Vorgaben und die gewonnenen Aussagen werden in Abhängigkeit von der Fragestellung einer Prüfmethode sowohl reproduzierbar als auch vergleichbar. Allerdings lässt sich aus der Möglichkeit, unter verschiedenen Methoden zu wählen, auch ableiten, dass unter Berücksichtigung des analytischen Konzepts (z. B. Prüfung auf Unterschied oder Gleichheit), die Ergebnisse sorgfältig interpretiert werden müssen. Weiterhin setzen solche sensorischen Prüfungen vergleichbare Produkte (Technologie/Rezeptur) voraus.

Zur sensorischen Charakterisierung von Lebensmitteln hat die Deutsche Landwirtschafts-Gesellschaft eine beschreibend-bewertende, inzwischen akkreditierte Prüfung entwickelt und dieses System stetig angepasst. Hinsichtlich der Merkmalsgruppen Aussehen, Konsistenz, Geruch und Geschmack werden die sorgfältige Rohstoffauswahl, die optimale stoffliche Zusammensetzung (Rezeptur), die Verarbeitung sowie Produktgestaltung (Herrichtung der Ware) einschließlich Verpackung bei Einhaltung der gesetzlich fixierten stofflichen und hygienischen Parameter geprüft.

Unter diesen standardisierten Bedingungen erfolgte erstmals 2006 eine eigenständige sensorische Prüfung von Bio-Lebensmitteln. Dabei wurden in die Prüfergruppen auch Hersteller von Bio-Lebensmitteln eingebunden. Vor jeder Prüfung erfolgt eine Einweisung hinsichtlich der eingeschränkten Verwendung bestimmter Zusatzstoffe und Technologien, wie sie das Lebensmittelrecht sowie ergänzend die Bio-Verbände bei den einzelnen Lebensmittelgruppen vorsehen.

Die Ergebnisse der Prüfung von Bio-Lebensmitteln nach den DLG-Kriterien zeigen, dass die sensorische Qualität der geprüften Erzeugnisse sich grundsätzlich mit der Beschaffenheit konventioneller Produkte vergleichen lässt. Bei entsprechender Herrichtung und Ausschöpfung des Rohstoffpotenzials sowie der technologischen Möglichkeiten sind sensorische Unterschiede nicht erkennbar. Anders sieht es bei markanten und zugleich gewollten Abweichungen im Herstellungsverfahren aus. Der restriktive Einsatz von Nitritpökelsalz verändert Aussehen und Aroma von Fleischwaren oder Frischmilch rahmt im Gegensatz zur homogenisierten Ware schnell auf. Diese Abweichungen sind aber systemimmanent und als solche gewollt, weshalb sie nicht zur Abwertung gegenüber konventioneller Ware führen dürfen.

Insgesamt wurde von den ökologischen Herstellern nachdrücklich demonstriert, dass bei optimalem technologischem Handling trotz eingeschränkter Verwendung von Zusatzstoffen sensorisch hochwertige Erzeugnisse entstehen.

Bei den geprüften Produkten traten allerdings auch Mängel auf. Hierzu zählen Fehlreifungen von Rohwürsten, ungleichmäßig zerkleinerte (zerfaserte) Salate bei Convenience-Erzeugnissen, Ausölen von Brotaufstrichen, Stippen in Teigwaren. Dieses Fehlerspektrum lässt sich gleichermaßen bei den Tests konventioneller Produkte feststellen. In der DLG-Prüfung nicht erfasst, aber u. a. durch eine Zusammenstellung der Stiftung Warentest belegt, gibt es bei vom Tier stammenden Bio-Lebensmitteln jedoch häufiger Probleme mit dem Hygienestatus und damit eine erhöhte Verderbnisbereitschaft.

Die bisherigen sensorischen Untersuchungen zeigen, dass sich ein typischer Bio-„Geschmack“ noch nicht herausgebildet hat, da auch innerhalb der jeweiligen Erzeugnisgruppen ein breites Spektrum von sensorisch unterschiedlichen Erzeugnissen dem Verbraucher zur Verfügung steht. Die große Bandbreite ökologischer Produkte und Hersteller, die eher noch zunehmen dürfte, verwischt die Unterschiede zur konventionellen Ware, zumindest hinsichtlich der sensorischen Produktparameter.

3.6
Alles frisch – aber was ist frisch?

Herbert J. Buckenhüskes

3.6.1 Einleitung

Im Rahmen des Seminars „Semantik der Sinne“ im Jahre 2005 an der Universität Zürich wurde den Teilnehmern so genannter Fokusgruppen die Aufgabe gestellt, jeweils drei Begriffe aufzuschreiben, die ihnen zum Stichwort „frisch“ ohne weitere zusätzliche Information spontan einfallen. Die Auswertung der Antworten ergab, dass sich 19 der möglichen 54 Begriffe auf Lebensmittel bezogen, 14 davon sogar konkret auf Obst und Gemüse. Die mit 10 Nennungen zweitgrößte Gruppe umfasste Begriffe, die etwas mit Kälte zu tun haben. Sechs der 54 möglichen Antworten waren dem Bedeutungsfeld jung bzw. neu zuzuordnen, fünfmal wurde der Name Max Frisch genannt und je zweimal wurde auf die Bedeutungsbereiche Wäsche und Nässe/Wasser abgehoben.

Schaut man in das Nachbarland Österreich, so wurden die Konsumenten dort im Rahmen einer AMA-Motivanalyse im April 2007 gefragt, was ihnen beim Kauf von Lebensmitteln des täglichen Bedarfs wichtig sei. Betrachtet man nur die Erstnennungen, so ist Frische für 12 % der Befragten das wichtigste Argument (Abb. 3.6-1). Einen tiefergehenden Einblick gewähren die Daten in Tabelle 3.6-1, die aus einer Studie stammen, in der 1.000 Konsumenten

Abbildung 3.6-1

Einflussfaktoren auf den Kauf von Lebensmitteln des täglichen Bedarfs in Österreich (nur erste Nennungen; Angaben in %)

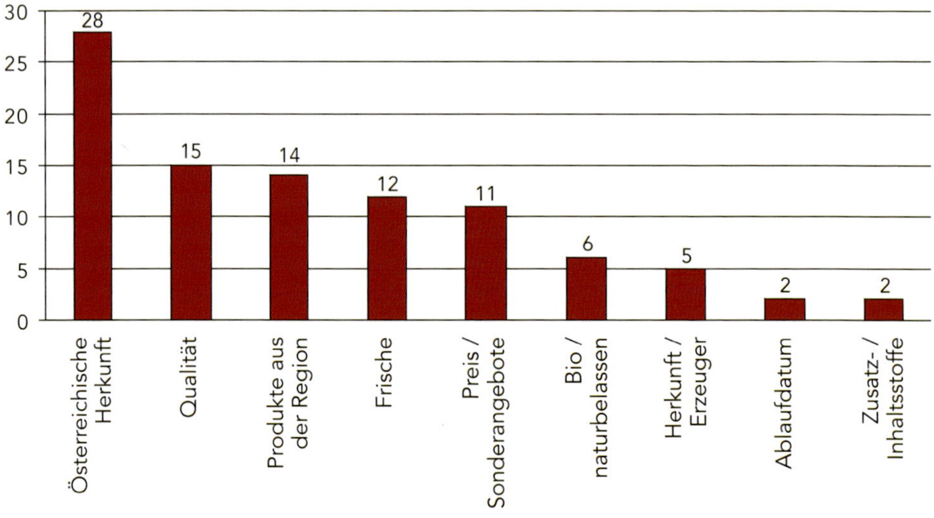

Quelle: RollAMA Motivanalyse April 07, AMA Marketing (2007)

Tabelle 3.6-1

Gründe für die Kaufentscheidung von Lebensmitteln in Österreich (2006). Es wurde gefragt: „Was sind für Sie die drei wichtigsten Gründe für die Kaufentscheidung bei den folgenden Lebensmitteln?" n = 1.000; Angaben in %.

Produkt	Günstiger Preis	Frische	Aussehen
Milch / Butter	37	69	13
Käse	36	63	34
Rindfleisch	37	78	42
Schweinefleisch	36	79	43
Geflügelfleisch	34	80	45
Wurst / Speck	35	70	51
Getreide / Mehl	41	25	9
Obst / Gemüse	30	82	57
Wein	27	3	7

Quelle: Fessel-Gfk/AMA Marketing (Dezember 2006)

nach ihren drei wichtigsten Gründen für die Kaufentscheidung bei konkreten Lebensmitteln befragt wurden. Es bedarf keines weiteren Hinweises, um festzustellen, welche Bedeutung die Frische insbesondere bei Molkerei- und Fleischprodukten sowie bei Obst und Gemüse besitzt. Dem Charakteristikum „Frische" kommt heute ein enormer, in den letzten Jahren stetig steigender Stellenwert zu, der aber aus verschiedenen Perspektiven zu der Frage führt, was Frische denn eigentlich ist, was wir darunter zu verstehen haben. Wenn die im Rahmen des oben angesprochenen Seminars in der Schweiz geäußerte Formulierung „Frisch isch doch, wänns dä Puur au würd ässe" (Frisch ist doch, wenn es der Bauer auch essen würde.) nicht nur wegen der Sprache, sondern auch wegen der Nähe zur deutschen Naturromantik von vielen akzeptiert werden würde, so hilft sie uns nicht wirklich weiter. Es soll daher versucht werden, dem Sinn und der Bewertung des Begriffes über die Betrachtung aus verschiedenen Blickrichtungen näher zu kommen.

3.6.2 Die sprachliche Sicht

Versuchen wir zunächst eine sprachliche Annäherung: Die Herkunft des ursprünglich westgermanischen Adjektivs „frisch" (Mittelhochdeutsch „vrisch", Althochdeutsch „frisc") liegt bis heute im Dunkeln, doch kann das Niederländische „vers" sowie das Englische „fresh" seine Herkunft nicht verleugnen. Das Eigenschaftswort wurde bereits früh in die romanischen Sprachen entlehnt, wo daraus im Französischen „frais" oder im Italienischen „fresco" entstanden. Aus dem Adjektiv abgeleitet wurde das Verb „frischen", das heute nur noch in der Waidmannssprache für das „Junge werfen" beim Schwarzwild – Frischlinge sind bis zu einem Jahr alte Wildschweine – oder im Hüttenwesen als Fachausdruck für das oxidative Reinigen von Metallschmelzen verwendet wird. In der allgemeinen Sprache wurde „frischen" dagegen von „auffrischen" oder „erfrischen" abgelöst.

Wie ein Blick in das große Wörterbuch der deutschen Sprache, den DUDEN, zeigt, ist „frisch" ein semantisch stark polysemer, d. h. vieldeutiger und facettenreicher Begriff, dessen Bedeutung oft erst durch die Verbindung mit anderen Ausdrücken sichtbar wird.

Diesbezüglich werden darin fünf Fälle unterschieden, z. T. mit weiteren Gliederungen:

1. a. nicht alt, abgestanden, welk oder Ähnliches, z. B. frische Eier, frisches Fleisch.
   b. unverbraucht, z. B. frische Luft, noch Kräfte haben.
   c. eben erst, z. B. frisch gebackenes Brot, frisch gezapftes Bier, frisch zubereitet.
2. a. erneuert, ausgeruht, erholt, z. B. mit frischen Kräften, mit frischem Mut.
   b. sauber, rein, z. B. frische Wäsche.
   c. neu, noch unbenutzt, ungebraucht, z. B. ein frisches Blatt Papier.
3. a. gesund, blühend aussehen, z. B. frische Gesichtsfarbe.
   b. lebhaft, munter, z. B. sein frisches Wesen.
4. lebhaft leuchtend, z. B. frische Farbe.
5. kühl, z. B. ein frischer Wind, frische Getränke, ein frisches Mundgefühl.

Ein Blick in das Lebensmittel-Lexikon von Täufel und Mitarbeitern (1993) belegt, dass praktisch alle diese Bedeutungen auch im Zusammenhang mit Lebensmitteln wieder zu finden sind. Danach ist „Frische“ nämlich ein unterschiedlich ausgelegter Begriff für einen Zustand von Lebensmitteln, der von „eben zubereitet“ beziehungsweise „jetzt entstanden“ oder „kühl“, „warm“ oder „heiß“ über „nicht abgelagert“, „nicht abgestanden“ bis zu „nicht durch Konservierung haltbar gemacht“ reicht.

Die Diskussionen in den bereits oben angesprochenen Züricher Gruppen machten deutlich, dass es sich bei „frisch“ um ein generell schwer handhabbares Konzept handelt. Am Beispiel von Obst und Gemüse durchgeführt, zeigte sich dies einerseits daran, dass alle Kriterien, die zur Beschreibung der Frische herangezogen wurden, unter den Diskutanten mehr oder weniger umstritten waren. Zum anderen kam dies aber auch auf der sprachlichen Ebene zum Ausdruck, wo sich linguistische Phänomene häuften, die als Mittel zur Differenzierung gesehen werden. Hierzu zählt die Verwendung so genannter Heckenausdrücke wie etwa „eine Art von“, „wie ein“ oder „ein echter“, die einen gewissen Abstand zu einem konkreten Wort, also eine Relativierung zum Ausdruck bringen, da das Wort selber nicht als ganz passend empfunden wird. Eine andere Möglichkeit sind so genannte lexikalische Differenzierungen, bei denen Wörter direkt angepasst oder sogar neu erfunden werden, z. B. „es ist halt frisch“ oder „kältefrisch“. Diese Phänomene lassen sich zum Teil mit der Polysemie des Begriffes frisch erklären, doch können sie auch dahingehend interpretiert werden, dass den Diskutierenden in den Fokusgruppen die Grenzen von frisch grundsätzlich unklar blieben, der Begriff also vage ist. Prinzipiell lässt sich diese Graduierbarkeit aus den oben aufgeführten Bedeutungsvarianten von frisch erklären: „jung“, „neu“ oder „kalt“ sind graduelle, adaptierbare Konzepte, die sich nicht auf etwas Fixes beziehen, sondern relativ und damit vom Kontext abhängig sind. Ob etwas frisch ist, lässt sich also nicht unabhängig vom Zusammenhang bestimmen. Verschärfend kommt hinzu, dass sich auch in einem bestimmten Kontext nicht immer ein Konsens finden lässt, da die individuellen Maßstäbe verschieden sein können – das Konzept selbst hat flexible Grenzen, die unterschiedlich gezogen werden können.

3.6.3 Exkurs in Richtung „Frischhaltung“

In direktem Zusammenhang zur „Frische“ ist die „Frischhaltung“ zu sehen, über die in „Der große Brockhaus“ von 1954 steht: „Das Aufbewahren verderblicher Lebensmittel, insbesondere von Fleisch, Eiern, Gemüse und Obst, durch längere Zeiträume im unveränderten frischen Zustand (siehe Konservierung). Die Frischhaltung wird erreicht durch Gefrieren, Kühlhalten (zum Teil unter Einwirkung bestimmter Gase) sowie durch Konservierungsmittel". Würde der Begriff in der aktuellen Ausgabe der Enzyklopädie überhaupt noch behandelt werden, so gäbe es daran manches zu diskutieren, mit Sicherheit aber wäre zu monieren, dass sich der Einsatz von Konservierungsmitteln nach heutigem Verständnis nicht mit dem Attribut „Frische" in Einklang bringen lässt. Im Übrigen ist in diesem Zusammenhang interessant, dass es in der früheren DDR eine Norm für eine Frischgemüsemischung gab (TGL 24 015 Bl. 5 (1969)), bei der es sich um eine Sterilkonserve handelte.

Dass sich die Lagerung von Nahrungsmitteln unter kühlen bis tiefkalten Bedingungen positiv auf deren Frische und Haltbarkeit auswirkt, dürfte zu den frühen Erfahrungen der Menschheit gehört haben – die Vorratshaltung in Erdlöchern oder Höhlen ist hierzu nur ein erstes Indiz. Von Kaiser Nero ist überliefert, dass er Eis und Schnee von den Bergen des Apennin holen ließ, um Früchte für seine Festgelage frisch zu halten. Blasius Villafranka hat um 1550 in Rom die Abkühlung von Wasser durch Zugabe von Salpeter gelehrt und beschrieben, dass es in den vornehmen Häusern Roms üblich sei, Wein und andere Getränke in langhalsige Phiolen zu füllen und diese durch schnelles und gleichmäßiges Drehen in einer Salpeterlösung abzukühlen. Um 1740 waren etwa 15 verschiedene Mixturen zur „Herstellung von Kälte" bekannt, wodurch Temperaturen von bis zu –32 °C erreicht werden konnten.

Der eigentliche Durchbruch für die Anwendung der Kälte zur Frischhaltung von Lebensmitteln ist allerdings Carl von Linde zu verdanken, der mit seiner 1874 entwickelten Kältemaschine, in der mittels Kompression eine Verflüssigung von Ammoniak erreicht wurde, ein neues Zeitalter in der Kältetechnik einleitete. Vor diesem Hintergrund ist es nicht verwunderlich, dass aus dem Zentrum für Kälteforschung an der Technischen Hochschule (heute Universität) Karlsruhe im Jahre 1936 durch Rudolf Plank das Reichsinstitut für Lebensmittelfrischhaltung, das heutige Max Rubner Institut, besser bekannt unter dem Namen Bundesforschungsanstalt für Ernährung, gegründet wurde.

3.6.4 Frische und Aussehen

Beim Kauf von Lebensmitteln spielen Augen und Nase eine nicht zu unterschätzende Rolle, da uns durch Sehen und Riechen schon über gewisse Entfernungen hinweg Sinneswahrnehmungen ermöglicht und damit Beurteilungsmöglichkeiten gegeben werden. Weil die meisten Konsumenten ihre Entscheidung über Akzeptanz oder Ablehnung von Lebensmitteln unter Einbeziehung ästhetischer Gesichtspunkte fällen, gilt auch für Lebensmittel, dass es für den ersten Eindruck keine zweite Chance gibt. Nicht erst in unseren eher übersättigten als durch Mangelzustände geprägten westeuropäischen und nordamerikanischen Gesellschaften spielt daher das äußere Erscheinungsbild eine entscheidende Rolle. Diese Tatsache wurde auch nicht dadurch widerlegt, dass seit dem Ende der 70er Jahre des 20. Jahrhunderts Stimmen laut wurden, welche die Qualität unserer Lebensmittel generell hinterfragen und die Diskussion von der äußeren auf die innere Qualität und damit auf eine ökologisch-gesundheitsbezogene Bewertung lenken wollen. Heute gilt es als erwiesen, dass dem Aussehen, insbesondere aber der Farbe und dem äußerlich erkennbaren Frischezustand der Lebensmittel sowohl auf dem traditionellen wie auch auf dem so ge-

Tabelle 3.6-2

Assoziationen zwischen der Farbe und der Qualität von Lebensmitteln

Farbausprägung	Assoziation
schöne Farbe	= besserer Reifegrad = frischeres Produkt = fachmännische Zubereitung
kräftige Farben	= hoher Gehalt an qualitätsbestimmenden Inhaltsstoffen
blasse Farben	= verleiten zu negativen Vorurteilen = möglicherweise ein höherer Grad an Naturbelassenheit

nannten alternativen Markt eine überragende Rolle zukommt. So gaben in einer Umfrage z. B. fast 60 % der Konsumenten an, dass sie die Farbe als wesentlichstes Charakteristikum zur Beurteilung der Frische von Fleisch heranziehen.

Im Rahmen seiner 1810 publizierten Farbenlehre stellte Goethe u. a. Betrachtungen zu den sinnlich-sittlichen Wirkungen von Farben auf den Menschen an, welche bis heute als aktuelle Grundlage der gesamten Farbpsychologie angesehen werden. Solcherlei Wechselwirkungen vorausgesetzt, nimmt es nicht wunder, dass Farben beim Konsumenten physiologische und psychologische Erwartungshaltungen auslösen, die aber wesentlich durch Erfahrung, Tradition, Erziehung und Umwelt mitbestimmt werden. Tabelle 3.6-2 gibt einen Überblick über verschiedene weit verbreitete Assoziationen, die zwischen der Farbe und der Qualität von Lebensmitteln bestehen.

Die Sozio- und Psychologin Heller konnte nachweisen, dass auch das Qualitätsmerkmal „Frische“ mit farblichen Assoziationen verbunden ist, Frische also auch eine Farbe hat: In einer Umfrage unter 1.888 Männern und Frauen, die jeweils 13 Farben 40 vorgegebenen Begriffen aus verschiedenen Gefühls- und Erfahrungsbereichen zuordnen mussten, wurde „Frische“ zu 34 % mit Grün, 27 % mit Blau, 20 % mit Weiß, 11 % mit Gelb und 5 % mit Rosa assoziiert (Tab. 3.6-3).

Etwas, das grün ist, wird in vielen Zusammenhängen als frisch empfunden; assoziative Wechselbeziehungen bestehen dabei zusätzlich zu den Adjektiven „herb“, „bitter“ und „sauer“. Dieser Zusammenhang zwischen „grün“ und „frisch“ kann auch in der täglichen Sprache nachvollzogen werden, wo „Grüne Klöße“ aus rohen Kartoffeln hergestellt werden, „Grünes Holz“ noch nass ist oder die „Grüne Hochzeit“ den eigentlichen Tag der Eheschließung bezeichnet.

„Grün“ ist aber nicht nur die Farbe der Frische, sondern auch des „Gesunden“ und eine Grundfarbe der belebten „Natur“. Dort steht „Grün“ für das „Neue“ oder das „Unreife“, wie an einer Vielzahl von Reifungsprozessen im Pflanzenreich nachvollzogen werden kann. Diese Erfahrung ist so allgemein und offensichtlich, dass sie in Begriffen wie „noch grün hinter den Ohren“ oder „Grünschnabel“ in den allgemeinen Sprachgebrauch übernommen wurde.

Interessant ist, dass der Prozess des Erneuerns und Erholens in Form des Erfrischens nicht in gleicher Weise farblich assoziiert wird: 25 % der Befragten assoziierten das „Erfrischende“ mit Blau, 22 % mit Gelb, 15 % mit Grün und 12 % mit Weiß (Tab. 3.6-3). Verwunderlich ist die Spitzenstellung des Blaus nicht, erscheint doch der Inbegriff der Erfrischung, der erfrischende Quell des Wassers, vielfach in Blau. Daraus leitet sich ab, dass Blau die Farbe

Tabelle 3.6-3

Assoziationen zwischen Farbe und „Frische" (Grundlage: Befragung von 1.888 Männern und Frauen) [HELLER, 1999]

Farbe	Frische	Erfrischen
Grün	34 %	15 %
Blau	27 %	25 %
Weiß	20 %	12 %
Gelb	11 %	22 %
Rosa	5 %	5 %
Orange		11 %
Rot		6 %

der Kühle und der Kälte ist und damit auch der Ferne. Letztlich ist Blau neben Weiß aber auch die Farbe der Sauberkeit beziehungsweise Reinheit. Erfrischungsbonbons sind somit nicht zufällig gelb oder blau, Erfrischungslimonaden nicht zufällig gelb oder grün und Geschirrspülmittel werden nicht zufällig grün eingefärbt oder in grünen Flaschen verpackt angeboten.

3.6.5 Antike und Altertum

Wenn Begrifflichkeit und die Bewertung von „Frische" ein derart großes Spektrum an Auslegung gestatten, muss die Frage erlaubt sein, ob dies auch in früheren Zeiten so war oder ob der Begriff der Frische im Laufe der Zeit einer Entwicklung unterlag.

Auf der Basis vorliegender Befunde kann bereits für die Zeit der altorientalischen Hochkulturen eine ausgeprägte gewerbliche Lebensmittelwirtschaft mit Weinkeltereien, Brauereien, Müllereien, Bäckereien, Molkereien und Schlachtereien nachgewiesen werden. Vor allem die unterschiedlichen Agrarstrukturen in den alten Kulturländern führten zu einem intensiven Handel sowohl mit agrarischen Rohstoffen als auch mit veredelten Lebensmitteln, oftmals auch über weite Entfernungen. Gewerbe und Handel funktionierten, da Mengen und Qualitäten definiert, überwacht und kontrolliert wurden. Schwierigkeiten bereiteten offensichtlich schon damals Betrugsdelikte wie Verfälschungen von Lebensmitteln oder überhöhte Preise. So finden sich in der umfangreichsten und am besten strukturierten babylonischen Rechtsaufzeichnung, dem Codex Hammurapi aus dem 17. Jh. v. Chr., Hinweise darauf, dass Beschuldigungen der Fälschung von Lebensmitteln mit Blick auf eine Strafverfolgung nachgewiesen werden müssen, dass der Zinssatz des Kaufmanns beim Ausleihen von Getreide maximal 20 % betragen darf und dass den Verkäufern von Lebensmitteln bei Anwendung von falscher Waage, falschem Gewicht und falschem Gemäß der Verlust ihrer Ware drohte.

Aus dem Ägypten des alten Reiches ist bekannt, dass bei der Lagerhaltung von Öl, Trauben-, Dattel- oder Granatapfelwein die Gebinde mit der Angabe der Herkunft, des Jahrganges und dem Namen des für die Qualität verantwortlichen leitenden Handwerkers zu versehen waren.

Die Entstehung größerer Städte bedingte, dass Lebensmittel aus einem sich zunehmend erweiternden Umkreis bezogen werden mussten. Damit gewann aber auch das Thema der Frische von Lebensmitteln, das zu dieser Zeit wohl mit dem der Genussfähigkeit bzw.

des Verderbs gleichzusetzen war, immer mehr an Bedeutung. Parallel dazu nahmen die Schwierigkeiten mit Betrug und Fälschungen zu, bei denen ein enormer Ideenreichtum entwickelt wurde. So untersagte beispielsweise die Marktordnung von Athen das Übergießen von Fischen mit Wasser, da dieses dazu geeignet war, nicht mehr vorhandene Frische vorzutäuschen. Um diese Vorschrift zu umgehen, heuchelten Kumpane in unmittelbarer Nähe zum Verkaufsstand eine Ohnmacht, aus der man sie mit einem geschickten Guss Wasser aufweckte, von dem sich aber mehr über den Fisch als über die Person ergoss: der Fisch erhielt so wieder ein glänzenderes Aussehen und die sensorischen Hinweise auf sein wahres Alter waren für kurze Zeit nicht mehr wahrnehmbar.

In Rom war unter Kaiser Augustus ein „praefectus annonae" dafür verantwortlich, dass die Zufuhr der Märkte reichlich, nur mit unverdorbener Ware und unter Maß- und Gewichtskontrolle ablief. Es wurden sinnvolle Vorschriften erlassen, beispielsweise die, Korn so zu speichern, dass es hinreichend vor Temperaturschwankungen geschützt ist und dass die jeweils ältesten Bestände zuerst verbraucht werden. Irgendwie hatte sich zu der Zeit aber wohl die Vorstellung von Lebensmittelfälschungen geändert, so dass etwa im Kochbuch des Apicius zur Zeit des Kaisers Tiberius bedenkenlos auf das Grünen von Gemüse durch Zusatz von Alkalikarbonaten oder auf die Schönung von trübem Wein durch Einrühren von Bohnenmehl und Eiweiß zur Flockungsfällung verwiesen wurde. Man kann durchaus zu der Ansicht kommen, dass die wertende lebensmittelrechtliche und lebensmittelkundliche Terminologie und damit der Begriff der Lebensmittelfälschung vollkommen subjektiv und zeitgebunden ist, da das Maß der Einsicht, die Bedürfnisse, die Versorgungslage, der Stand der Lebensmitteltechnologie, die jeweiligen Verzehrsgewohnheiten, Fragen des Geschmacks und der sozialen Abgrenzung sowie die Art der diätetischen Beurteilung zu subjektiv persönlichen Wertungen und nicht zu objektiv wertfreien Sachbeschreibungen führten. In einer Auflistung von Behandlungsmethoden des Weins vom Entsäuern mit Asche bis hin zum Nachsüßen mit zugesetztem eingedicktem Most oder durch die Verwendung von Bleigefäßen (Columella) stellte bereits Plinius die Frage, warum man eigentlich so überrascht über die schlechte Verträglichkeit des Weines sei, wenn man so viele Gifte hineinschütte?

Abbildung 3.6-2

Paracelsus (1493–1541) war ebenso Arzt als auch Alchemist, Astrologe und Philosoph.

3.6.6 Naturphilosophische Betrachtungen

Was die frühen Vorstellungen über die Beschaffenheit der Nahrungsmittel betrifft, so fasste Aristoteles (384–322 v. Chr.) das Wissen der damaligen Zeit zu einem naturphilosophisch-spekulativen Weltbild zusammen, das mehrere Jahrhunderte lang bestimmend sein sollte: Er übernahm die Elementenlehre des Naturphilosophen Empedokles (um 500–430 v. Chr.), wonach es die vier Elementarqualitäten „heiß", „kalt", „feucht" und „trocken" gibt. Unter der Voraussetzung, dass sich Gegensätze sträuben, vereint zu werden („heiß"/„kalt"; „feucht"/„trocken"), bleiben vier mögliche Kombinationen von jeweils zwei Elementarqualitäten, die sich mit den sinnhaft erfahrbaren Elementen Feuer (heiß und trocken), Luft (heiß und feucht (Wasserdampf)), Wasser (kalt und feucht) sowie Erde (kalt und trocken) verbinden lassen. Dieses Viererschema der „Qualitätenphysik" ergänzte Aristoteles durch die „quinta essentia", dem „Äther", aus dem Himmel und Gestirne bestehen. Dieser Äther steuert das richtige Mischungsverhältnis der sublunaren, d. h. unterhalb der Mondsphäre auftretenden Elemente bei der Ausformung der irdischen Dinge aus der „prima materia". Hiernach besteht jedes Nahrungsmittel aus einer spezifischen „mixtio", d. h. einer spezifischen Mischung aus zwei oder mehr Elementen in unterschiedlichen Anteilen. Kleinster Baustein einer derartigen mixtio sind die „minima naturalia", unsichtbare Teilchen, welche jedoch alle Eigenschaften des Produktes besitzen, das sie bilden.

Die aristotelische Idee des idealen Mischungsverhältnisses der Elementarqualitäten dominierte auch die hippokratisch-galenische Medizin vom Altertum bis ins Mittelalter. „Eukrasia", die Gesundheit, ist demnach nichts anderes als die richtige Mischung der vier kardinalen Körpersäfte, nämlich Blut (sanguis), gelbe Galle (cholera), schwarze Galle (melancholia) und Schleim (phlegma). Die Grundsätze dieser so genannten Humoralpathologie lassen sich bereits um etwa 400 v. Chr. bei Polybos, der als Schwiegersohn des Hippokrates gilt, nachweisen.

Im 16. Jahrhundert setzte Theophrastus Bombastus von Hohenheim, genannt Paracelsus (1493–1541), dem auf Aristoteles zurückgehenden philosophischen Materiebegriff eine auf Laborerfahrung basierende empirische Idee entgegen, womit auch bei den Nahrungsmitteln langsam die stoffliche Natur in den Vordergrund trat. Gemäß seiner (Drei-)Prinzipienlehre besteht alles Stoffliche aus den drei Prinzipien Sulphur, Mercurius und Sal, welche das Brennbare, das Flüssige und das Unbrennbare bezeichnen. Durch das „Amt Vulcani", d. h. die Anwendung alchemistischer Trennkünste zur „Trennung des Reinen vom Unreinen", sollten die unvollendeten Stoffe der Natur vollendet, d. h. aus der „prima materia" in die „ultima materia" überführt werden. Bei Nahrungsmitteln sollte so eine Reifung erzielt werden, um ihre Verwertbarkeit für den menschlichen Körper zu verbessern.

Wesentlich sind diese Hintergründe vor allem im Blick auf die Vorstellungen hinsichtlich der Ursachen für den Verlust von Frische und den Verderb von Nahrungsmitteln. Als Auslöser für die Beeinträchtigung des Frischezustandes wurde eine so genannte „gährende Materie" gesehen. Es ist anzunehmen, dass diese Vorstellung auf die „Miasmentheorie" zurückzuführen ist. Als „Miasmen" wurden unsichtbare Bestandteile der Luft postuliert, welche über die Atmung in den Menschen einzudringen und Seuchen zu übertragen vermögen. In Analogie hierzu sollte die „gährende Materie" mit der Luft in das Innere der Nahrungsmittel gelangen und dort die Verderbsprozesse auslösen. Da der Frischezustand eines Nahrungsmittels somit wesentlich von der Beschaffenheit der Umgebungsluft abhängig war, gab Hieronymus Bock (1498–1554) in seiner „Teutsche Speißkammer" unter der Überschrift „wie man die böse Lufft prüffen und erkennen soll" Ratschläge, woran die

Anwesenheit „böser Dämpfe" zu erkennen sei. Ursache für die aus dem Boden aufsteigenden Dämpfe waren nach seiner Meinung Zerstörungsvorgänge, die durch Naturerscheinungen wie plötzliche Wetterumschwünge oder Gewitter hervorgerufen werden. Im gleichen Sinn schrieb Coler (1665): „Was der Donner oder Gewitter berühret und gesprenget hat / das hat alles eine gifftige Eigenschaft an ihme, drumb soll man sich davor hüten und vorsehen." Zusätzlich sei Glorez (1719) zitiert, da hier möglicherweise der erste Hinweis auf das Prinzip der Pasteurisation von Milch vorliegt: „Die Süssigkeit der Milch bleibt nicht 24 Stund / ja wol in heißen Tagen wann Donner=Wetter einfällt nicht ein Tag / so wie sie anfänglich zu spüren gewesen / deswegen wo jemand die von der Kuh mitgebrachte Süssigkeit erhalten will, so muß er die Milch sieden."

3.6.7 Neuzeit

Teuke hat 1996 in ihrer Arbeit über Nahrungsmittel in der frühen Neuzeit umfangreiche Materialien wie Oeconomica, Kochbücher, Speiseordnungen und Küchenabrechnungen, enzyklopädische Nachschlagewerke und Kräuterbücher, diätetische Schriften, Abhandlungen über Naturmagie sowie Fachbücher chemischen und medizinischen Inhalts gesichtet und dabei festgestellt, dass dem Frischezustand in Verbindung mit Fragen der Bekömmlichkeit zu Beginn der frühen Neuzeit (16. Jh.) eine besondere Bedeutung im Hinblick auf die Güte von Nahrungsmitteln beigemessen wurde. Die Aufmerksamkeit galt dabei vor allem den leicht verderblichen Produkten Fleisch, Milch und Eier, wobei unter dem Begriff des Verderbs offensichtlich sowohl Fäulnisprozesse als auch Gärungsvorgänge zusammengefasst wurden, da beide als schädliche Einflüsse auf den Frischezustand angesehen wurden. Der Vergleich unterschiedlicher Quellen aus dem 17. und 18. Jahrhundert führt zu dem Schluss, dass die Ansichten über die gute Beschaffenheit diverser Lebensmittel bei den verschiedenen Autoren weitgehend übereinstimmen und so eine repräsentative Vorstellung vermitteln. Als Beispiel sind in Tabelle 3.6-4 sensorische Eigenschaften zusammengestellt, welche von Milch und Käse erwartet wurden.

Zugleich wurden zur Beurteilung einzelner Qualitätsmerkmale auch erste Testverfahren vorgeschlagen, wie beispielsweise der Dottertest zur Beurteilung der Frische von Eiern, der Schwimmtest zur Erkennung fauler Eier in der ungeöffneten Schale, der Nageltest, wahrscheinlich zur Bewertung des Fettgehaltes der Milch, oder die Zerreißprobe, die Hinweise auf das Alter und die „Fettigkeit" von Käse erlaubte.

Tabelle 3.6-4

Organoleptische Eigenschaften von Milch und Käse gemäß Hausbüchern des 17. und 18. Jahrhunderts (aus TEUCKE, 1996)

Eigenschaften	Milch	Käse
Geruch	wohlriechend	lieblich, nicht stinkend
Geschmack	süß	schmackhaft, nicht salzig
Farbe	schön weiß	gelb
Konsistenz	etwas dick	fettig, nicht brüchig
Sonstiges		frei von Madenbefall

Erste Schritte auf dem Weg hin zu einer Beurteilung der Qualität von Nahrungsmitteln auf der Basis ihrer chemischen Zusammensetzung sind in direktem Zusammenhang mit der um 1700 durch Georg Ernst Stahl (1660–1734) formulierten Phlogistontheorie zu sehen. Da er in den Begriff der Verbrennung auch Atmungs-, Verwesungs- und Gärungsvorgänge einbezog, wurde die Nährwirkung der Lebensmittel erstmals stofflich gesehen, was dann zwangsläufig zur Erforschung von deren „nährendem Prinzip“ führte. Damit war im Grunde der Weg der Erforschung unserer Lebensmittel nach dem kartesianischen Prinzip, der Erforschung der beweisbaren Details geebnet, ein Weg, der zu dem uns bekannten hohen Stand der Lebensmittelwissenschaft und Lebensmittelqualität geführt hat.

3.6.8 Frische Lebensmittel

Mit Hilfe von Lebensmittelwissenschaft und Lebensmitteltechnik wurden die Grundlagen geschaffen, dass „Frische“ heute weit mehr ist als die Erhaltung der Genussfähigkeit und die Verhinderung von Substanzverlusten. Und trotzdem bleibt die Frage, was sind frische Lebensmittel? Akademisch ist diese Frage keineswegs, denn facettenreich wie der Begriff der „Frische“ ist, verwundert es nicht, dass nicht alle in die Lebensmittelkette vom Erzeuger bis zum Verbraucher integrierten Parteien die gleiche Vorstellung davon besitzen, so dass auch rechtliche Auseinandersetzungen zu diesem Thema nicht selten sind.

Vor mehr als zehn Jahren wurde der Vorschlag gemacht, frische Lebensmittel als solche zu definieren, „die bei oder nach ihrer Gewinnung oder Herstellung keine auf längere Haltbarkeit gerichtete Behandlung erfahren haben, alsdann in den Verkehr gebracht werden und sich nicht oder nicht wesentlich vom gleichen Lebensmittel direkt nach der Gewinnung oder Herstellung unterscheiden“. Eine absolute Deutung der Begriffsinhalte von „frisch“ und „Frische“ wurde im Bereich der Lebensmittel jedoch kaum für möglich gehalten.

Andererseits wurde die Meinung vertreten, dass die Konsumenten eine längere Haltbarkeit in der Distributionskette nicht mit dem Qualitätsmerkmal „Frische“ gleichsetzen, da Frische für sie eine kleine Differenz in Raum und Zeit zwischen Ernte und Konsum bedeutet. Alle Eingriffe, welche die Haltbarkeit im Laden verlängern, werden als Verarbeitung betrachtet und das Produkt ist demzufolge nicht mehr „frisch“ und „natürlich“. Demnach hätte der Begriff „frisch“ im ursprünglichen Sinne den Charakter einer Zeitbestimmung, womit ein frisches Ei gerade gelegt, frisches Brot gerade dem Backofen entnommen und frische Milch gerade ermolken worden wäre.

Eine kürzlich aufgestellte Hypothese lautet dagegen, dass der Begriff „frisch“ im Lebensmittelsektor paradoxerweise an Bedeutung gewinnt, seitdem vermehrt industrielle Fertigprodukte auf den Markt gelangen. Hintergrund hierfür ist eine Untersuchung von etwa 750 Werbetexten aus den Zeitschriften „Annabelle“ und „Der Schweizerische Beobachter“ aus den Jahren zwischen 1931 und 2003. Als Beispiel dient eine Werbung für eine Gemüsecremesuppe von Maggi aus dem Jahre 1967, eine trockene Instantsuppe, welche mit den Worten „mit viel gartenfrischem Gemüse“ beworben wird. Der Käufer soll davon überzeugt werden, dass die Ingredienzien der Suppe einmal frisch gewesen sind, was zur Folge hat, dass dieses Produkt gleich gut wie eine hausgemachte Suppe schmeckt. Unterstrichen wird die Aussage durch die Abbildung eines Korbes mit Gemüse. Hieraus resultiert die Hypothese, dass sich die Bedeutung des Begriffes „frisch“ in dem untersuchten Zeitraum diachron verändert hat. Als Beispiel wird eine Werbung für eine Pizza der Migros aus dem Jahre 2003 angeführt, die „frisch aus dem Tiefkühlfach" kommt. Der Bezug zu frischem Gemüse wird nur noch vage mit ganzen Lauchstangen angedeutet. Auf der Packung wird die Pizza mit einer Pizzaschaufel, wie sie der Pizzabäcker verwendet, aus der Packung geholt, womit der Eindruck erweckt werden soll, dass die Pizza gerade erst gebacken wurde. In Bezug auf die Frische ist hiermit ein weiterer Grad an Abstraktion erreicht, da mit dem Wort Frische nicht einmal mehr ein Ingredienz angesprochen, sondern vielmehr Bezug auf ein Verfahren genommen wird. Offensichtlich scheint es heute schon selbstverständlich zu sein, dass ein Produkt, das tiefgefroren war, als frisch bezeichnet werden darf. Die Bedeutung des Wortes „frisch" hat sich somit diachron verändert, was nicht zuletzt durch dessen Verwendung in verschiedenen Wortverbindungen bedingt ist, in denen frisch durch seine syntagmatische Verbindung jedes Mal neu semantisch determiniert wird.

Darüber hinaus zeichnet sich auch ab, dass die Werbung den Ausdruck frisch bezüglich sensorisch wahrnehmbarer (z. B. Aussehen, Textur, Geschmack) und sensorisch nicht wahrnehmbarer Qualitäten (z. B. Lagerdauer, Herkunftsort, Nährwert) semantisch beeinflusst hat. In der Zeitschrift „Annabelle" vom Mai 1949 war folgende Werbung für eine Konfitüre zu finden: „Ja mein Kind: Jeder Wagen ist voll von süßen Erdbeeren für die Roco-Confi. Über Nacht sind sie aus dem Wallis eingetroffen und nun kommen sie ein, zwei, drei gleich in die Roco-Pfanne. Das ist's warum die Roco-Confi so frisch und bekömmlich ist und dir so mundet!" Mit dem Orts- und Zeitfaktor sowie der sensorischen Eigenschaft finden sich hier noch alle wesentlichen Deutungen der Frische wieder. Indem die beiden ersten Faktoren in der Werbung in den letzten 70 Jahren kaum angesprochen werden, verschiebt sich der Schwerpunkt der Bedeutung des Begriffs der Frische zunehmend und konsequent in Richtung auf die sensorisch wahrnehmbaren Qualitätseigenschaften.

3.6.9 Frische Convenience

Der in manchen Definitionen genannte Aspekt, dass „frische Lebensmittel" keine auf längere Haltbarkeit gerichtete Behandlung erfahren haben dürfen, hat sich zwischenzeitlich durch eine neue aufstrebende Branche überholt, nämlich die Hersteller von Frische-Convenience oder Chilled food. Hierbei handelt es sich um vorgefertigte oder fertige frische Lebensmittel und Speisen, die im Kühlregal angeboten werden. Allen Produkten gemeinsam ist, dass es sich um gekühlte, begrenzt haltbare Frischeprodukte von hoher Qualität handelt. Laut der CMA reichen die Artikel von küchenfertigen Rohkostsalaten mit Dressing, geputztem Gemüse, mariniertem Fleisch, Hot Dogs oder frischer Pasta mit fertigen Saucen bis hin zum Dessert aus frischen Waldbeeren – „alles verpackt und frischegeschützt".

Auch als minimally processed food bezeichnet, verlangt die Herstellung derartiger Produkte das gesamte Spektrum lebensmitteltechnologischen Wissens, damit Frische und andere Qualitätsattribute über die gewünschte Haltbarkeitszeit garantiert werden können. „frischelogistik" ist nicht nur der Titel einer zwischenzeitlich am Markt verfügbaren Fachzeitschrift, vielmehr steht hinter diesem Begriff ein weiterer Aspekt, frische Convenience überhaupt erst möglich zu machen, nämlich eine sichere und ununterbrochene temperaturgeführte Logistikkette vom Hersteller über interne und externe Logistiker, Kühl- und Zentrallagerbetreiber, Spediteure bis hin zum Lebensmitteleinzelhandel, teilweise sogar bis hin zum Endverbraucher.

3.6.10 Frischekriterien

Sofern „Frische“ die Eigenschaften eines frischen Lebensmittels beschreibt, stellt sich die Frage, welche Kriterien denn eine Aussage über die Frische eines Lebensmittels machen. Die Antwort auf diese Frage ist vom jeweiligen Produkt abhängig und kann sehr unterschiedliche Parameter betreffen. Darauf im Detail eingehen zu wollen, würde den Rahmen dieses Beitrages sprengen, weshalb hier nur das Beispiel Brot angesprochen werden soll.

Gemäß einer 2002 publizierten Umfrage sehen etwa 80 % der Konsumenten die Frische als wichtigstes Qualitätskriterium bei tagesfrischen Backwaren an. Beim Versuch, die Frischekriterien zu beschreiben, kommt es überwiegend zu folgenden Nennungen:
- frisches Erscheinungsbild von Krustenfarbe und Oberflächenstruktur
- warme Temperatur („ofenfrisch“)
- ausgeprägte Krustenrösche
- weiche, saftige Krume
- arttypischer Geruchs- und Geschmackseindruck.

Der Verlust des Frischeeindruckes wird mit dem umfassenden Begriff des „Altbackenwerdens“ bezeichnet, bei dem es sich um einen komplexen Vorgang mit verschiedenen Teilprozessen wie dem Verlust von Feuchtigkeit und Aromastoffen sowie der Rekristallisation von Stärke handelt.

3.6.11 Abschließende Bemerkungen

Auf der Basis einer umfangreichen Arbeit über die Frische von Obst und Gemüse kommt Peneau in ihrer Doktorarbeit zu dem Ergebnis, dass Frische ein komplexes und multidimensionales Konzept darstellt, das einerseits vom Produkt und andererseits von den jeweiligen Konsumenten abhängig und zudem fließend und dynamisch über die Zeit ist. Erschwert wird die Situation einerseits dadurch, dass auch die Sprache dynamisch ist und sich in einem steten Wandel befindet, und zum anderen dadurch, dass die relative psychologische Konnotation vieler Begriffe individuell sowie in Abhängigkeit von der Zeit variieren kann.

Ohne näher darauf eingehen zu wollen, sei als weitere Dimension darauf hingewiesen, dass sich das Prädikat „Frische“ angesichts der Skandale und Skandälchen rund um die Lebensmittel in den letzten Jahren zunehmend zu einem Synonym für Natürlichkeit und gesunde Nahrung entwickelt. Diese Entwicklung erinnert an Gedanken, die Homayr 1987 vorgetragen hat: Seiner Meinung nach ist es Zeit, dass auch in der Lebensmitteltechnologie der Schritt in die Postmoderne erfolgt, in der neben dem rein zweckorientierten Handeln gleichberechtigt eine moralische und ästhetische Dimension stehen wird. Eine konsequente ganzheitliche Betrachtung wird dann die Einsicht erzwingen, dass nur das gemacht werden darf, was nachweisbar langfristig keinen Schaden anrichtet. Wir müssen lernen, mit der Natur im Einklang zu leben und zu wirken. Die Ästhetik wird beim Genuss des Essens über Präsentation, Geruch, Geschmack, Gedankenaustausch, Atmosphäre – vielleicht aber auch durch Enthaltsamkeit und Verzicht auf liebgewordene Unsitten, eine neue Dimension erfahren.

3.7 Der Weg zum Tester

Angelika Weber-Pedrotti und Wolf-Dietrich Müller

3.7.1 Jäger und Sammler

Die Vorstufen menschlicher Kultur reichen zurück bis in das Ende des Tertiär, zwei Millionen Jahre vor unserer Zeit. In 99 von 100 Teilen seiner evolutionären Spanne lebte der Mensch als Jäger und Sammler: Er nahm, im Gleichgewicht mit der Natur, was diese ihm bot. Erst in den letzten 10 000 Jahren begann der Homo sapiens, die Natur zu gestalten, d. h., Pflanzen und Tiere systematisch seinen Ansprüchen anzupassen. Die amerikanischen Anthropologen Ritchard B. Lee und Irven De Vore schätzten, dass von den rund 80 Milliarden Menschen, die bisher auf diesem Planeten geboren wurden, über 90 % sich zu Jägern und Sammlern entwickelten. Nur 3 bis 4 % lebten und leben in einer industriellen Gesellschaft, die heute vielen als einzig „menschliche" Umwelt erscheint. Die selektiven Einflüsse, wie sie der Frühmensch damals empfing und die ihn dieses kritische Stadium seiner Evolution überleben ließen, wirken bis heute in unserer genetischen Struktur, in Soma und Psyche. Während vor 10 000 Jahren noch die gesamte Erdbevölkerung – damals etwa zehn Millionen Menschen – Wildtiere jagte und neben Insekten, Muscheln und Reptilien auch pflanzliche Nahrung sammelte, hatten 8000 Jahre später, um die Zeit von Christi Geburt, Pflanzer, Ackerbauer und Viehzüchter bereits die Hälfte der Erde erobert. Im Paläolithikum, der Altsteinzeit, die auch als Zeit der Jäger schlechthin gilt, gab es keinen Überfluss an Nahrungsmitteln. Zugleich kannte man kaum Methoden, Fleisch zu konservieren. Noch heute erjagen und sammeln Buschmänner oder Pygmäen nicht mehr, als sie für einige Tage benötigen. Diese Tatsache hatte zur Folge, dass jeder Angehörige einer Gruppe (Horde) regelmäßig selbst für seinen Unterhalt sorgen musste. Er konnte nichts anderes lernen als die (höchst komplexen) Künste des Aufspürens von Nahrung: körperliche Ausdauer, Schärfe der Sinne, Wissen um das Verhalten des Wildes und die Qualität der Pflanzen sowie die für jedes Mitglied der Gruppe geläufigen Technologien (Feuer machen, Steine zerschlagen, Speerspitzen schärfen usw.).

Um lebensfähig zu sein, braucht der Mensch ein Sensorium, damit er mit Hilfe seiner Sinnesorgane die nahe und ferne Umwelt erfahren und sich entsprechend verhalten kann. Diese Fähigkeiten gewährleisten ihm das Überleben unter mehr oder weniger gefährlichen und menschenfeindlichen Gegebenheiten. Das Essen (Nahrungsmittel zu sich nehmen) gehört zu einer der elementaren Tätigkeiten (Voraussetzungen), die das Überleben ermöglichen und jeder merkt, wann er essen muss. Aber nicht nur das Hungerempfinden steuert die Essgewohnheit, sondern auch der Appetit. Der Appetit steigert das Lustempfinden bei der Nahrungsaufnahme, und der Verzehr von Lebensmitteln nicht aus dem Hungergefühl heraus, sondern wegen appetitlicher Präsentation gewann in der Geschichte der Menschheit immer mehr an Bedeutung.

Die relevante Frage, wie kommt der Mensch an Lebensmittel heran und wie erkennt er, dass sie nicht giftig sind und ihm für das Weiterleben nützen und nicht schaden, stellt sich immer seltener. Den heutigen Verbrauchern sind diese Sorgen durch eine perfektionierte

Lebensmittelproduktionskette, eine effektive amtliche Überwachung und eine intensive ernährungsphysiologische Aufklärung abgenommen worden, weshalb sich die Funktion der Sinnesorgane auf dem Weg vom Jäger und Sammler zum modernen Konsumenten gewandelt hat, indem nicht mehr vordringlich auf den Nähr- und Gesundheitswert geprüft, sondern der Genusswert erlebt wird.

3.7.2 Spürnasen

Mit den Sinnesorganen nehmen Tiere und Menschen Informationen aus ihrer Umwelt auf und orientieren sich in ihr. Biologisch haben Sinnesorgane die Aufgabe der Reiz-Erregungs-Transduktion. Mit speziell an den jeweiligen Sinnesreiz angepassten Einrichtungen, die wir heute Sensoren (oder auch Rezeptorzellen) nennen, überführen sie den Stimulus aus der Umwelt oder aus dem Körperinneren in eine organismuseigene Erregung. Letztere enthält Informationen über die Quantität des Reizes, d. h. die Reizintensität, und aus der Art der erregten Zellen erkennt der Organismus, um welche Reizart es sich handelt, also die Reizqualität. Diese Qualitätsentscheidung trifft das Gehirn mit seinem Wahrnehmungssystem.

In Kapitel 1.2 ist die Systematik der Sinne ausführlich besprochen worden. Eine fundamentale Untergliederung der verschiedenen Sinnesmodalitäten in Fern- und Nahsinne geht auf den englischen Physiologen und Nobelpreisträger Sir Charles Scott Sherrington (1857–1952) zurück. Fernsinne mit ihren Fernsensoren wirken über teilweise sehr große Distanzen. Das gilt aber nicht nur für Auge und Ohr, sondern auch für den Geruch.

Foto 3.7-1

An Sensibilität ist die Hundenase kaum zu übertreffen.

Der Geruch dient somit wie Gesicht und Gehör der Fernorientierung eines Lebewesens in seiner Umwelt. Der Geschmack dagegen stellt einen ausgesprochenen Nahsinn dar. Neben dem Fernsinn Geruch und den taktilen Mundempfindungen (Nahsinn) ist er in der frühkindlichen oralen Phase besonders wichtig. Der Säugling erkundet seine Umwelt mit Lippen, Kiefer und Zunge.

3.7.3 Eichpflicht für Prüfer

Die Ansprüche an Lebensmittel sind zweifellos starken Veränderungen unterworfen. In Notzeiten geht es in erster Linie darum, satt zu werden. Der hohe Lebensstandard und die Fülle des Angebotes haben in der Gegenwart längst den „Genuss" beim Verzehr von Lebensmitteln in den Vordergrund gerückt. Damit steigen auch die Anforderungen an die Qualität der Nahrung und parallel dazu an die Qualität der sensorischen Untersuchung und Beurteilung. Die Sinnenprüfung musste sich von einer subjektiven Beliebtheitseinschätzung zu einer objektiven Wissenschaft entwickeln.

Trotz aller technologischen Fortschritte gilt immer noch, dass der Mensch mit seinen sofort einsetzbaren und bei entsprechender Veranlagung, Schulung und Übung auch verlässlich arbeitenden Sinnesorganen das wichtigste „Messinstrument" bei der Beschreibung und Beurteilung des Genusswertes von Lebensmitteln bildet. Deshalb wurde die Sensorik zur analytischen Disziplin erhoben. Zweifellos können chemische und physikalische Techniken, vor allem im Bereich von Textur- und Farbmessungen, sehr wertvoll sein und flankierend genutzt werden. Ihr Einsatz bleibt derzeit jedoch auf bestimmte Lebensmittel oder Merkmale begrenzt.

Um die zweifellos vorhandene Subjektivität einer sensorischen Analyse durch die einzelne Prüfperson zu objektivieren, ist eine Kontrolle der Leistungsfähigkeit der Sinnesorgane des Testers und seiner Urteilstreue notwendig. Die Aussagekraft der Messurteile wird bestimmt durch das Gleichmaß, d. h. die Einheitlichkeit, und die Genauigkeit der Messinstrumente, also der Prüfer. Technische Messinstrumente werden geeicht, wobei das Eichen der Feststellung der Genauigkeit (Richtigkeit und Präzision) dient. Werden Prüfer an Stelle von Geräten eingesetzt, ist selbstverständlich auch die Empfindlichkeit ihrer Sinnesorgane festzustellen und zu kontrollieren, d. h., das sensorische „Messinstrument" Mensch muss geeicht werden. Hierzu sind die Ermittlung seiner sensorischen Fähigkeiten, die laufende Schulung und das ständige Trainieren unerlässlich. Denn so wie die Menschen unterschiedlich leistungsfähige Seh- und Hörorgane besitzen, so ist auch die Ausstattung des Einzelnen mit den Sinnen „Riechen", „Schmecken" und „Tasten" nicht gleich und verändert sich darüber hinaus im Verlauf des Lebens, insbesondere durch Alterungsprozesse. So kann eine Person eine extrem niedrige Erkennungsschwelle für die Wahrnehmung des süßen Geschmacks besitzen, andererseits aber Bitterstoffe erst bei einer sehr hohen Konzentration identifizieren.

Zum Erkennen sensorischer Eindrücke gehört als Voraussetzung die anatomische und physiologische Ausstattung mit ausreichend funktionierenden Sinnesorganen. Die volle Nutzung der individuell möglichen Sinneswahrnehmungen kann jedoch beim Einzelnen sehr verkümmert sein – sie muss geweckt und trainiert werden. Darüber hinaus sollte eine hohe Motivation für diese Aufgabe bestehen. Die Auswahl von Testern beginnt daher meist mit einer Einschätzung der Einstellung und des Einsatzwillens der Probanden.

Um Analysendaten nutzen zu können, müssen sie vertrauenswürdig und zweifelsfrei sein, was auch für sensorisch ermittelte Prüfergebnisse gilt. Wie alle anderen Laboruntersuchungen hat die sensorische Analyse folglich unter kontrollierten Bedingungen durchgeführt zu werden. Nicht nur geeichte „Messinstrumente" sowie standardisierte Untersuchungsbedingungen, sondern auch geeignete und erprobte Prüfverfahren stellen die Voraussetzung für objektive und damit reproduzierbare Ergebnisse dar. Trotz aller Bemühungen um Präzision muss jedoch der sensorischen Analyse, ebenso wie anderen analytischen Verfahren, ein Methodenfehler zugestanden werden. Sensorische Schulungen sollen daher auch die Messungenauigkeit (= Uncertainty) einer Prüfperson, wie sie durch die individuellen Veranlagungen entsteht, erfassen und im Rahmen des biologisch Möglichen eingrenzen. Für jeden Prüfer müssen Richtigkeit und Präzision seiner sensorischen Diagnosen bekannt sein, und natürlich muss er sie auch selbst kennen.

Drei Faktoren bilden im Wesentlichen die Voraussetzungen zur ordnungsgemäßen Durchführung der sensorischen Analyse mit dem Ziel, ein möglichst genaues Messergebnis zu erhalten:

a. Geeignete Prüfverfahren und produktspezifische Prüfschemata, die wissenschaftlich erarbeitet und in der Praxis erprobt wurden, müssen als theoretische Grundlagen zur Verfügung stehen.
b. Die Durchführung der Prüfung muss unter kontrollierten, optimal gestalteten äußeren Konditionen erfolgen, denn nur unter konstant günstigen Bedingungen sind vergleichbare Resultate zu erzielen.
c. Der geeignete Prüfer stellt den wichtigsten Faktor dar. Er ist der Empfänger für die sensorischen Reize, der Transporteur der Nervenerregung zum Gehirn, der Registrator der sensorischen Reize, der Transformator für die sensorischen Empfindungen und damit das „Messinstrument". Grundsätzlich sind für einen Prüfer Urteilsfähigkeit, Konzentrationsfähigkeit, Zuverlässigkeit, sensorisches Gedächtnis und Bereitschaft zur Zusammenarbeit zu fordern.

3.7.4 Anforderungen und Ziele der Ausbildung

Unter der Qualifikation eines sensorischen Prüfers ist der Nachweis seiner sensorischen Fähigkeiten sowie seiner Kenntnisse und Erfahrungen in der sensorischen Analyse zu verstehen. Eine Unterrichtung in der Theorie der Sensorik einerseits und praktische Übungen andererseits sind für die einheitliche Ausrichtung der Prüfer unabdingbar. Verlangt das Prüfkonzept darüber hinaus eine integrierte Bewertung, kann es ohne profunde Kenntnisse der üblichen Produktbeschaffenheit (= innerer Standard) nicht zu einer fachgerechten Beurteilung kommen.

Damit die Prüfer zu einem einheitlichen Niveau der Beschreibung und Bewertung gelangen, muss die Ausbildung verschiedene Inhalte vermitteln. Dazu gehören Informationen über die Grundlagen der Sensorik sowie Einblicke in die Sinnesphysiologie, die Prüfverfahren und die Prüfbedingungen. Der praktische Teil umfasst das Trainieren der eigenen Sinnesorgane und die Schulung in der Methodik und Technik des sensorischen Prüfens. Bei den Übungen geht es vor allem darum, die persönlichen Stärken und Schwächen auf dem Gebiet der Sensorik kennen und einschätzen zu lernen. Die Charakterisierung des eigenen sensorischen Profils dient der individuellen Eichung und Kalibrierung des

„Messinstrumentes“ Mensch und weniger dem Aussortieren unbegabter Prüfer. Nicht geeignete Personen sollten diese Phase der Ausbildung erst gar nicht erreichen.

Den Aufgaben der sensorischen Analyse entsprechend ergeben sich folgende Anforderungen an die Prüfer und die Ziele der sensorischen Ausbildung:

3.7.4.1 Psychische und physische Voraussetzungen

Der Proband muss zunächst generell eine positive Einstellung zur sensorischen Prüfung besitzen. Ist diese Prämisse erfüllt, hat er zusätzlich die Fähigkeiten (physische und psychische Eignung) aufzuweisen und zu entwickeln, sensorische Eindrücke zu erfassen und wiederzugeben. Hierzu ist die angeborene Leistungsfähigkeit der Sinne zu erkennen und zur vollen Entfaltung zu bringen. Eine weitere Voraussetzung bildet die sachliche und emotionsfreie Einstellung. Für die Prüfung selbst sollte die Prüfperson sich wohl fühlen, ausgeruht sein und keinen Stress empfinden, denn nur mit Objektivität und Ausgeglichenheit kann sie ihre verantwortungsvolle Arbeit leisten.

3.7.4.2 Kenntnisse auf dem Gebiet der sensorischen Theorie und Praxis

Um mit seinem Messinstrument „menschliches Sinnesorgan“ sachgerecht umzugehen, muss der Prüfer zumindest mit den Grundlagen der Sinnesphysiologie vertraut sein. Ganz wesentlich sind die Zusammenhänge von Geruch und Geschmack. Neben der Sinnesphysiologie sollten weiterhin die wichtigsten Prüfverfahren, nämlich Schwellenprüfung, Rangordnungsprüfung, Dreiecksprüfung und beschreibende Prüfung (Profilprüfung), beherrscht werden.

Foto 3.7-2

Der Tester sollte generell eine positive Einstellung zur sensorischen Prüfung haben.

Auch rein analysentechnische Fertigkeiten müssen erlernt werden. Dazu gehören das richtige Einspeicheln beim Schmecken sowie das Schnüffeln beim Riechen, wobei durch die kurzen Atemstöße Luftwirbel in der Nasenmuschel erzeugt werden und sich derjenige Anteil an flüchtigen Stoffen erhöht, der das Riechepithel erreicht. Auch das Wissen um die Verteilung der Geschmacksknospen im Mund ist wohl entscheidend für eine sensorisch einwandfreie Technik.

Noch banaler, aber ebenso wichtig ist die technische Organisation des Prüfungsablaufes. Dazu gehören Aufschneiden und Anordnen der Proben auf dem Prüftisch sowie das systematische sensorische Prüfen des Produktes nach vorgegebenen Regeln und Richtlinien. Im Fall der beschreibenden Prüfung sind die Bewertungstabellen als „Checklisten" durchzugehen und gemäß den formalen Vorgaben auszufüllen. Damit Konzentrationsverlust vermieden wird, sollen Pausen eingelegt werden. Bewährt haben sich 3 Minuten nach 3 bis 4 Proben sowie 20 bis 30 Minuten nach 10 bis 15 Proben. Mehr als 25 Proben dürfen – zumindest bei Qualitätswettbewerben – während eines Durchgangs nicht vorgelegt werden. Nach der Verkostung einer jeden Probe sollten Neutralisationsmittel zur Vermeidung von Geschmacksübertragung eingenommen werden. Zu den geeigneten Substanzen gehören salz- und fettarmes Weißbrot ohne Rösche, salz- und bitterstofffreies Mineralwasser (mit etwas Kohlensäure), schwarzer, ungesüßter, schwacher und mundwarmer Tee sowie ausschließlich im Fall der Schmalzprüfung hochprozentiger Alkohol zur Entfernung der Fettbeläge in der Mundhöhle.

3.7.4.3 Kenntnisse über das zu prüfende Lebensmittel

Jeder Prüfer einer beschreibenden Prüfung mit integrierter Bewertung muss grundlegende Kenntnisse über das Prüfgut und dessen Technologie aufweisen, mithin ein Sachverständiger sein. Ein Sensorik-Seminar kann im Allgemeinen keine „Nachhilfe" in Produkttechnologie oder Rohstoff- und Warenkunde leisten. Der Prüfer muss die Fähigkeit besitzen, klar zwischen einer fachlichen Aussage auf Grund eines zutreffenden inneren Standards und seiner persönlichen Einschätzung zum Lebensmittel zu unterscheiden. Diese Problematik vertieft das Kapitel 2.4.

3.7.5 Erfahrungen in der sensorischen Beurteilung von Lebensmitteln

Zumindest der erfahrene Tester sollte in der Lage sein, komplex wirkende Sinneseindrücke zu unterteilen, zu beschreiben und zu bewerten. Dabei spielt die Ausbildung des sensorischen Gedächtnisses (das Erinnerungsvermögen) eine wichtige Rolle. Nur durch ständiges Befassen mit dem jeweiligen Produkt im Beruf bleibt der Prüfer in Übung, und nur dann können sich die sensorischen Fähigkeiten weiter entwickeln.

Um ein möglichst hohes Gleichmaß in der Produktbeschreibung und -bewertung zu bewirken, wird in der Schulung – aber auch später – durch stetige Diskussion während der Prüfung versucht, dem Ideal einer objektiven und reproduzierbaren Merkmalsansprache möglichst nahe zu kommen. Daher müssen die anfangs subjektiv gefärbten „Messwerte" der einzelnen Prüfer zu (annähernd) gleichen/übereinstimmenden Aussagen gebracht werden. Deshalb wird ein wesentlicher Teil der Seminare darauf verwendet, um gemeinsam Fleischerzeugnisse, Backwaren, Getränke, Milchprodukte oder andere Lebensmittel nach dem jeweiligen Prüfschema zu bewerten. Hiermit sollen einerseits die allgemein verbindlichen Vorstellungen von den Produktstandards verfestigt und andererseits gleichmäßige Mängel-Fehleransprachen erreicht werden. Der einzelne Prüfer soll selbstkritisch und damit zugleich diskussions- und kompromissbereit gegenüber den anderen Mitgliedern des Panels werden. Allerdings darf er sich nicht labil oder defensiv verhalten. Aber ebenso wenig haben Prestigedenken oder persönliche Imagepflege bei einer Qualitätsprüfung etwas zu suchen

3.7.6 Die sensorische Karriere

Bei Personen, die für sensorische Erhebungen eingesetzt werden, kann grundsätzlich zwischen ungeschulten Laien und geschulten Prüfern unterschieden werden. Erstgenannte besitzen ihr Aufgabengebiet im Bereich der Beliebtheitstests, Letztere können eine objektive sensorische Analyse durchführen. Unter ihnen gibt es verschiedene Stufen der Ausbildung, welche die jeweilige Kompetenz bei der Planung und Durchführung von sensorischen Testverfahren charakterisieren.

Die „Klassifizierung" der Prüfpersonen, d. h. aller Personen, die an sensorischen Prüfungen teilnehmen, erfolgt in Deutschland gemäß der Norm DIN 10950. Danach gibt es:

- Prüfpersonen, alle Personen, die an sensorischen Prüfungen teilnehmen.
- Laien, die ungeschult sind, subjektiv urteilen und sich mit dem Verbraucher gleichsetzen lassen.
- Prüfer, die in der Durchführung sensorischer Analysen geschult sind und ihre Eignung nachgewiesen haben.
- Sachverständige, die über ihre Qualifikation als Prüfer hinaus produktspezifische Kenntnisse und Erfahrungen besitzen.
- Sensoriker, die über ihre Qualifikation als Prüfer hinaus mit Theorie und Praxis der Sensorik vertraut sind.
- Prüfungsleiter, die für die Prüferschulung und den Aufbau eines Prüferpanels zuständig sind, sensorische Prüfungen organisieren und durchführen sowie die Ergebnisse auswerten.

Erstaunlicherweise definiert die DIN keinen Prüfer, der zugleich als Sachverständiger produktspezifische Kenntnisse besitzt sowie als Sensoriker die Wissenschaft der Sensorik beherrscht. Eine derartige „Doppelbegabung", die gar nicht selten ist, könnte sich „Experte" nennen. Als eine solche Kombination definiert auch die DIN 19795 den Experten „zur lebensmittelrechtlichen Beurteilung", der neben sensorischem und warenkundlichem Wissen zudem Erfahrungen in der Anwendung des Lebensmittelrechts in seine Produktbewertung einfließen lassen muss. Andererseits werden auch „normale" Sachverständige als Experten bezeichnet, womit die Begriffe Synonyme wären.

Im Kastenwesen der Prüfpersonen verdient noch der Sensorik-Manager, (nach DIN_Certco und ISO 13301-1) Erwähnung. Es handelt sich um Personen, die Managementfunktionen erfüllen. Neben der Planung von sensorischen Prüfungen nehmen sie administrative Aufgaben hinsichtlich Budgetführung, Berichterstattung und Updating sowie die Kontakte von innen nach außen wahr. Weiterhin sind sie für Personalführung und Personaleinsatz zuständig.

3.7.7 Das DLG-Schulungssystem

Beginnend mit der Butterprüfung führt die Deutsche Landwirtschafts-Gesellschaft seit weit über einhundert Jahren Qualitätswettbewerbe für Lebensmittel durch. Die Tests erfolgen in Form einer beschreibenden sensorischen Prüfung mit integrierter Bewertung, die zu einem Experten-Gutachten führt und deren Grundlagen in Kapitel 2.3 ausführlich abgehandelt wurden. Die Anforderungen an die Prüfer sind im Laufe der letzten Jahre ständig gestiegen, die Fehleransprachen wurden exakter formuliert und auch die Vielfalt der eingesandten Lebensmittel (Proben) hat erheblich zugenommen. Ausgehend von dieser Tatsache muss erkannt werden, dass sensorische Beurteilungen im Ergebnis nur dann nicht angreifbar sind, wenn als Prüfer entsprechend sachkundige und geschulte Experten eingesetzt werden. Heute weiß man – wie immer wieder betont werden muss –, dass in Übereinstimmung mit der Durchführung von chemischen, physikalischen und mikrobiologischen Untersuchungen auch für die sensorische Analyse unbedingt ausgebildetes Personal benötigt wird. Dadurch wird das Ergebnis der „Messung“ in gleicher Weise abgesichert wie das jeder anderen Analyse.

Wie verläuft eine solche Schulung zum DLG-Prüfer? Im Folgenden wird die Ausbildung am Beispiel der Produktgruppe „Fleischerzeugnisse“ exemplarisch dargestellt. Weitere Informationen zur Prüferauswahl und -ausbildung finden sich insbesondere in den Kapiteln 2.5, 3.1 und 3.2.

Die Einweisung gliedert sich in ein Grundlagen- und ein Fortgeschrittenenseminar. Am Anfang der Schulung steht die Geschmackserkennung. Hierbei sollen die vier Grundgeschmacksarten identifiziert werden. Dazu erhalten die Seminarteilnehmer einen Reagenzglasständer mit 6 Röhrchen, die wässrige Lösungen enthalten. Zur Einstellung der Grundgeschmacksarten haben sich folgende Stoffe bewährt: Kochsalz für salzig, Saccharose für süß, Zitronensäure für sauer und Coffein für bitter. Letzteres lässt sich durch Chininhydrochlorid ersetzen. In der ersten und zweiten Prüfung werden folgende Konzentrationen gewählt. Neutral (das Wasser, das auch für die Herstellung der Lösungen verwendet wird), Kochsalz 0,15 % / 0,075 %, Coffein 0,025 % / 0,020 %, Saccharose 0,4 % / 0,2 %, Zitronensäure 0,05 % / 0,025 %. In diesen beiden Reihen müssen die Teilnehmer erkennen, welche Röhrchen welche Grundgeschmacksart enthalten. In beiden Reihen ist neben der Kontrolle jede der vier Grundgeschmacksarten enthalten, davon eine doppelt, um das Raten zu erschweren. Mischungen kommen nicht vor.

Im nächsten Ausbildungsschritt wird der Geschmackserkennungstest als Rangordnungsprüfung durchgeführt. Dazu erhalten die Seminarteilnehmer 6 willkürlich nummerierte Reagenzgläser in einem Reagenzglashalter. Die 6 Proben der Reihe bestehen aus einem bzw. zwei Röhrchen ohne Geschmacksstoff, die weiteren 4 bis 5 enthalten einen Geschmacksstoff in unterschiedlicher Konzentration. Zuerst muss der Grundgeschmack festgestellt und vermerkt werden. Danach sind die Reagenzgläser von links nach rechts in aufsteigender Reihe nach Geschmacksintensität zu ordnen und die Ergebnisse in einem Prüfformular zu notieren. Eine Rückverkostung wird ausdrücklich erlaubt. In diesem Test ist die erste Grundgeschmacksart „bitter“, die Konzentrationen Coffein sind zweimal neutral sowie je einmal 0,01 %; 0,03 %; 0,05 % und 0,07 % Coffein. In der zweiten Reihe dient Kochsalz als Geschmacksstoff in den Konzentrationen 0,00 %; 0,02 %; 0,03 %; 0,08 %; 0,15 und 0,3 %.

Ein weiterer Test beinhaltet die Prüfung auf die Reiz- und die Erkennungsschwelle. Dabei erhalten die Seminarteilnehmer einen Reagenzglasständer mit von links nach rechts und von „1“ bis „6“ sortierten Reagenzgläsern, die eine Lösung in aufsteigender Konzentration enthalten. Beginnend mit dem Glas Nr. 1 werden nacheinander alle Proben verkostet. Die Probe, bei der sich zum ersten Mal eine Abweichung zu Glas 1 schmecken lässt, wird in der Auswertetabelle mit einem Kreis gekennzeichnet (Reizschwelle). Weiterhin wird die Probe mit einem Kreuz markiert, bei der sich der Grundgeschmack identifizieren lässt (Erkennungsschwelle). Der erkannte Grundgeschmack ist ebenfalls zu vermerken. Die Teilnehmer werden darauf hingewiesen, dass ein Rückkosten hier nicht vorgesehen ist, da anderenfalls durch „Geschmacksverzug“ massive Fehler zu erwarten sind. Mit Hilfe dieser Testreihe lernen die Teilnehmer, wie ihr eigenes gustatorisches Leistungsprofil charakterisiert ist und welche Empfindlichkeit sie als biologisches Messinstrument besitzen.

Im Rahmen des Grundlagenseminars wird die Erkennung der Geschmacksarten nicht nur an wässerigen Lösungen, sondern auch an einer Modellleberwurst, die weder Salz noch Gewürze enthält, mit Hilfe der „paarweisen Unterschiedsprüfung“ und der „Dreiecksprüfung“ geübt. Um größere Farbabweichungen durch die Zusätze beim Einmischen der Substanzen für die Grundgeschmacksarten zu vermeiden, werden jeweils 0,04 g/kg Natriumnitrit zum Pökeln zugegeben und damit eine gleichmäßige Umrötung erzeugt. Bei der Einstellung der Grundgeschmacksarten werden für den Süßgeschmack 1,5 % Saccharose, für den sauren Geschmack 0,3 % Zitronensäure, für den salzigen Geschmack 1,2 % Kochsalz und für den bitteren Geschmack 0,06 % Coffein eingemischt. Im ersten Teil der Prüfaufgabe erhalten die Seminarteilnehmer eine neutrale Probe und jeweils eine Probe mit einer Grundgeschmacksart, um diese zu erkennen und sich mit dem Testansatz vertraut zu machen. Im zweiten Teil erfolgen „paarweise Unterschiedsprüfungen“, wobei jedes dargereichte Probenpaar aus einer neutralen und eine Probe mit einer Grundgeschmacksart, die jeweils zu erkennen ist, besteht. Im dritten Teil werden Dreiecksprüfungen durchgeführt, in deren Rahmen fünf Dreiecke vorgelegt werden. Bei jedem Triangel sind zwei der Proben identisch und eine Probe ist abweichend. Diese soll von den Seminarteilnehmern jeweils erkannt werden.

Eine weitere Aufgabe besteht im Erkennen von zugesetzten Gewürzen. Dazu werden Modellbrühwürste hergestellt, deren Grundrezeptur nur 16 g/kg Nitritpökelsalz, 1,0 g/kg Natriumdiphosphat und 0,4 g/kg Natriumascorbat ausweist. Die Versuchs-Chargen enthalten jeweils folgende Naturgewürze: Pfeffer, weiß, 6,0 g/kg, Macisblüte 2,0 g/kg, Cardamom 4,5 g/kg, Piment 1,5 g/kg, Kümmel 1,5 g/kg und Knoblauch 0,2 g/kg. Die Prüfaufgabe lautet, die ungewürzte Probe zu identifizieren sowie bei den anderen Proben die Gewürze richtig zu benennen.

Den nächsten Schritt bildet der Übergang vom Erkennen einzelner Merkmale zur ganzheitlichen Beschreibung und Bewertung der Produkte. Mit dem Ziel einer Standardisierung der deskriptiven Prüfung hat die DLG auch für die einzelnen Fleischerzeugnisgruppen produktspezifische Fehlerlisten entwickelt. Jeder erkannte Mangel wird in der Liste angekreuzt, nach einem 5-Punkte-Schema gewichtet und abschließend zu einer Endnote zusammengefasst. Dieses System wird den zu Schulenden erläutert. Im praktischen Teil werden anhand der Schemata beschreibend-bewertende Prüfungen am Beispiel von vier Wurstsorten als Einzelprüfung, d. h., jeder prüft für sich allein, durchgeführt.

Weiterhin erfolgt für alle Teilnehmer gemeinsam eine Bewertung von Fleischerzeugnissen an Diapositiven. Dabei können ausschließlich sichtbare Fehler, d. h., Abweichungen in den Merkmalen „Äußeres, Zustand des Behältnisses“ sowie „Aussehen, Farbe, Farbhaltung, Zusammensetzung“, bewertet werden. Konsistenz, Geruch und Geschmack lassen sich dagegen nur an materiellen Proben erfahren.

Foto 3.7-3

Anhand einer Abbildung können Abweichungen des Äußeren, also der Farbe, Farbhaltung und Zusammensetzung beurteilt werden.

Vor dem Erwerb eines Dokuments der Prüferqualifikation steht der Besuch eines Fortgeschrittenen-Seminars. Hier werden zunächst zwei Rangordnungsprüfungen mit Farben durchgeführt. Dazu werden Farblösungen in verschlossenen Reagenzgläsern präsentiert. Die Farben sind Azorubin für Rot und Tartrazin für Gelb. Die Konzentrationen betragen jeweils 4,0, 5,1, 6,6, 8,5, 10,9, 14,1, 23,2, 29,9 und 38,4 mg Farbstoff auf 100 ml Wasser. Die Röhrchen sind von den Probanden jeweils in aufsteigender Farbintensität von links nach rechts zu ordnen.

Ebenfalls als Rangordnungsprüfungen werden bei dem nächsten, zwei Aufgaben umfassenden Schulungsabschnitt das Erkennen und Ordnen nach der Festigkeit eingeübt. Den Teilnehmern werden 8 PVC-Kegel mit unterschiedlicher Festigkeit vorgelegt, die in einer aufsteigenden Reihenfolge von weich nach fest einzuordnen sind. Die Kegel sind nummeriert, das Ergebnis der Reihe muss in ein vorbereitetes Formular eingetragen werden. Für die darauf folgende Prüfung der Konsistenz von Fleischerzeugnissen wurden 5 Brühwurstchargen unterschiedlicher Festigkeit hergestellt. Die weichste repräsentiert eine sehr wasserreiche Rezeptur, in den festeren Chargen wurde zunehmend Wasser gegen Magerfleisch ausgetauscht. Für die Probe mit dem höchsten Härtgrad wurde zusätzlich 1 g/kg Natriumdiphosphat verarbeitet, wodurch sich die Wasserbindung deutlich verstärkt.

Gleichfalls in einer Rangordnungsprüfung sind die Grundgeschmacksarten in einer Leberwurst nach aufsteigender Intensität zu ordnen. Dazu muss zuerst die Grundgeschmacksart erkannt werden, danach erfolgt die Reihung der Proben der erkannten

Grundgeschmacksart nach zunehmender Ausprägung. Für die Grundgeschmacksart salzig wird eine Charge als Kontrolle ohne Kochsalz präsentiert. Die weiteren Chargen enthalten Kochsalzkonzentrationen von 0,2, 0,5, 0,8 und 1,1 %. Für die Grundgeschmacksart süß wird die gleiche Kontrolle wie beim Salz verwendet. Die weiteren Chargen wurden mit 0,7, 1,1, 1,5 und 1,9 % Saccharose hergestellt.

Es folgen drei „Dreiecksprüfungen" mit Brühwürsten, an denen das Erkennen von Aromaunterschieden trainiert wird. Die Versuchsansätze wurden im Laufe der Jahre variiert. So wurden z. B. Würze, verschiedene Pflanzeneiweiße, Geflügelfleisch sowie unterschiedliche Raucharten verwendet.

Wie beim Grundlagenseminar erfolgt danach eine Erläuterung der Arbeit mit dem 5-Punkte-Prüfschema, woran sich die sensorische Analyse von 4 Würsten mit „eingebauten Fehlern" in Einzelprüfungen anschließt. Eine dieser Proben – und zwar eine „Leberwurst fein zerkleinert" – wird unter einen anderen Namen und in einen anderen Kunstdarm abgefüllt noch einmal dargereicht, um in einer Dreiergruppenprüfung statt einer Einzelprüfung bewertet zu werden. Auf diese Weise lässt sich der Vorteil der Dreiergruppenprüfung demonstrieren. Erfahrungsgemäß stabilisieren sich die Bewertungen und die Anzahl deutlicher Fehlurteile geht drastisch zurück.

Besonders anspruchsvoll für die Seminarteilnehmer ist ein Versuchsansatz, bei dem schrittweise ein Gewürzprofil in Brühwurst aufgebaut wird. Die Probanden sollen erkennen, welche der bei diesem Erzeugnis üblichen Gewürze in die Proben Nr. 2 bis 6 eingearbeitet worden sind. Die Charge 1 ist ein Kontrollprodukt ohne Gewürze, während die Probe 2 bereits ein Gewürz enthält. Jede weitere Probe enthält alle Gewürze der vorhergehenden Zubereitung sowie zusätzlich ein neues, das erkannt werden soll. Dazu bekommen die Teilnehmer die Information, dass es sich nur um folgende Gewürze handeln kann: Liebstöckel (Maggi), Knoblauch (Zwiebel), Pfeffer weiß/schwarz, Majoran (Thymian), Kümmel (Anis), Paprika edelsüß, Macis (Muskat), Piment (Nelken), Kardamom. Die Gewürze, die in Klammern stehen, sind denen vor der Klammer geschmacklich so ähnlich, dass eine Verwechslung toleriert wird. Die real verwendeten Gewürze sind Knoblauch, Kümmel, Macis, Nelken und Pfeffer in variabler Reihenfolge.

Wie beim Grundlagenseminar erfolgt abschließend eine gemeinsame Bewertung von Fleischerzeugnissen an Diapositiven.

Diese sehr detaillierte Schilderung einer Prüferschulung auf dem Gebiet der sensorischen Analyse von Fleischerzeugnissen soll exemplarisch illustrieren, welchen großen organisatorischen und auch materiellen Aufwand eine derartige Ausbildung verlangt, wobei es sich bei den „Schülern" meist um Personen handelt, die bereits über Test- und Produkterfahrungen verfügen.

3.7.8 Der DLG-Qualifikationstest

Dokumentation der Qualität, d. h. der Übereinstimmung von Ist und Soll, gewinnt immer mehr an Bedeutung, um Vertrauen in ein Produkt oder eine Dienstleistung zu erzeugen. Deshalb sollte auch der/die interessierte Produktfachmann(-frau) in einem Test seine/ihre sensorischen Fähigkeiten nachweisen und ein entsprechendes Zertifikat erwerben.

Die bei den Qualifikationstests zu lösenden Aufgaben werden aus dem Lehrstoff der Prüferschulung abgeleitet. Aus methodologischer Sicht müssen die grundsätzlichen Verfahren der sensorischen Analyse beherrscht werden. Dazu gehören Rangordnungsprüfung,

Erkennungsprüfung, Dreiecksprüfung und beschreibende Prüfung mit integrierter Bewertung.

Als erste Prüfaufgabe muss zunächst eine ungeordnete Farbreihenfolge von zehn Intensitäten in eine Rangfolge von schwacher nach starker Farbkonzentration sortiert werden. Danach wird das Erkennen der Grundgeschmacksarten in wässerigen Lösungen getestet, gefolgt von einer zweiten Rangordnungsprüfung mit Geschmacksunterschieden in einem Lebensmittel. Mit der Dreiecksprüfung muss der Proband weiterhin nachweisen, dass er geringe sensorische Unterschiede zwischen Versuch und Kontrolle in Lebensmitteln zu erkennen vermag. Dieser Teil des Examens scheint den Prüflingen besonders schwer zu fallen und verlangt deshalb höchste Konzentration.

Kernstück des Qualifikationstests bildet allerdings die sensorische Beschreibung und Bewertung von Lebensmitteln. Dabei handelt es sich immer um solche Erzeugnisse, auf die der Qualifikationstest ausgerichtet ist und für die das Zertifikat seine Gültigkeit besitzt. Produktunabhängige Bescheinigungen für „Universaltester" werden von der DLG nicht verliehen.

Die Auswertung der Testergebnisse erfolgt mittels eines Punktesystems. Für jede richtig erkannte Probe erhält der Proband einen Punkt, für jedes richtig beschriebene und bewertete Prüfmerkmal einer Produktprobe zwei Punkte. Ein Beispiel für Höchstpunktzahlen wären:

1. Rangordnung mit Farbintensitäten	10
2. Erkennen der Grundgeschmacksarten	6
3. Rangordnungsprüfung mit Geschmack	6
4. Dreiecksprüfung mit Geschmack	4

Hinsichtlich der Auswertung der Produktbewertung gilt, dass je Prüfmerkmal maximal 2 Punkte erreicht werden können. Für den Qualifikationstest bei Fleischerzeugnissen soll dies exemplarisch durchgespielt werden: 6 Würste werden gemäß 5-Punkte-Prüfschema bewertet. Dabei handelt es sich um jeweils 2 Kochwürste, 2 Brühwürste und 2 Rohwürste. Jedes Prüfschema unterteilt sich in 4 Prüfmerkmale, weshalb je Probe maximal 8 Punkte erreicht werden können. Bei 6 Wurstproben sind dies 48 Punkte.

Um den Test zu bestehen, brauchen die Probanden nicht zu 100 % die Anforderungen zu erfüllen. Für den allgemeinen Teil, also die Prüfaufgaben 1 bis 4, reichen 13 Punkte, mithin 50 % der Höchstpunktzahl aus. Bei der Produktbewertung nach dem 5-Punkte-Prüfschema müssen 80 %, also 38 Punkte erreicht werden. Mit dieser überproportionalen Gewichtung der Produktprüfung soll hervorgehoben werden, dass der höchste Wert auf die Warenkenntnisse des Probanden gelegt wird. Denn das DLG-Sensorik-Zertifikat, wie es der erfolgreiche Teilnehmer erhält, dokumentiert dem erfolgreichen Absolventen seine sensorischen, aber auch seine produktspezifischen Kenntnisse.

Die Überprüfung der Testergebnisse der einzelnen Teilnehmer nimmt eine Prüf- und Vergabekommission vor. Die Kommission setzt sich aus geschulten Produktexperten zusammen, die aus den Bereichen Lehre und Forschung sowie amtliche Lebensmittelkontrolle und Wirtschaft stammen. Zusätzlich ist mindestens ein DLG-Mitarbeiter vertreten. Er achtet auf den korrekten Ablauf des Tests und ist für die Zusammenfassung der Testergebnisse verantwortlich.

Das DLG-Sensorik-Zertifikat, welches auch die Voraussetzung für die Teilnahme an den DLG-Qualitätsprüfungen bildet, gilt für 5 Jahre, danach muss es erneut bestanden werden.

Das Dokument ist weltweit anerkannt und wird auf der Basis der DIN EN ISO/IEC 17024 verliehen.

Durch die Überprüfung der eigenen sensorischen Fähigkeiten mit Hilfe eines Qualifikationstests wird zunächst die Ausbildung abgeschlossen. Allerdings ist auch erfolgreiches Bestehen nicht dafür gedacht, sich auszuruhen. Denn das Zertifikat, das den Probanden bei erfolgreicher Teilnahme als sensorischen Sachverständigen ausweist, ist sozusagen der Führerschein für die Sinnenprüfung. Der „richtige" Einsatz der eigenen Sinnesorgane kommt mit der Übung und dem täglichen Umgang mit sensorischen Produktprüfungen.

4
Der kulinarische Aspekt

4.1 Warum es schmeckt

Goetz Hildebrandt

Es heißt, dass der Japaner mit den Augen isst, der Chinese dagegen mit der Zunge und der Deutsche mit dem Magen. Spinnt man den Faden weiter, dann würden Franzosen und Italiener wohl mit der Seele speisen, Thailänder dagegen einen implantierten Feuerlöscher benötigen. Die kulinarische Weltkarte ist abwechselungsreich und bunt, wobei sich einige Unterschiede mit dem Rohstoffangebot der jeweiligen Länder erklären lassen. Auch rituelle Gebote besitzen große Bedeutung, über ihre Entstehung darf jedoch munter spekuliert werden. Die meisten Unterschiede, die z. T. bis tief hinein in die Regionalküche reichen, entziehen sich jedoch einer rationalen oder religiösen Begründung. Wie in der Evolution scheinen Zufall und Eigendynamik eine große Rolle zu spielen, denn warum wurde die makromolekulare Küche gerade in Andalusien entwickelt oder wer zwingt die Griechen, immer noch geharzten Wein zu trinken? Dass die italienische Mama in Bagnacavallo Nudelteig zu Garganelli-Röhrchen dreht, während sie ihn in Bologna in Form von Lasagneplatten auswalzt, stellt auch keine zwangsläufige Entwicklung dar.

Zu den großen Küchen der Welt zählt das deutsche Speisenangebot sicherlich nicht. Lediglich der Sauerbraten soll als „Nationalgericht" einen eigenständigen und unverwechselbaren Beitrag zur globalen Vielfalt bilden. Dieser Mangel an Einfallsreichtum mag damit zusammenhängen, dass viele Mitbürger entgegen sämtlichen sinnesphysiologischen Erkenntnisse die vier Grundgeschmacksarten mit „viel – wenig – billig – teuer" definieren. Eine solche Einstellung fördert weder die Qualität noch die Vielfalt im Warenkorb. Auch Innovationen haben es unter den gegebenen, von Technologieskepsis geprägten Verhältnissen schwer. So können sich bei einem europäischen Durchschnittswert von 20 % akzeptierten Lebensmittelneuentwicklungen auf dem heimischen Markt nur 11 % dieser Erzeugnisse durchsetzen. Dennoch lässt sich eine gewisse Dynamik nicht abstreiten. Die Industrialisierung der Produktion und Verarbeitung, der Siegeszug der Kühltechnik, das hohe Durchschnittseinkommen, die Zunahme der Singlehaushalte sowie die Berücksichtigung ernährungsphysiologischer und ethischer Aspekte und vieles andere mehr haben unsere Verzehrsgewohnheiten maßgeblich verändert. Beispielsweise soll Fleisch, früher als Gold der Armen gepriesen und vom Geldadel so oft wie möglich genossen, trotz günstiger Preise nun höchstens einmal pro Woche auf dem Teller erscheinen, zumindest nach den Empfehlungen der Ökotrophologen. Wurst, obgleich von dem Schriftsteller Jean Paul (gest. 1825) als „Götterspeise" ironisiert, weil nur Gott weiß, was drin ist, durfte auf keinem Tisch fehlen. Zwar kommen die früher gängigen Verfälschungen heute kaum noch vor, dennoch gelten inzwischen „Schlimme-Augen-Wurst" und die anderen Sorten vielen Konsumenten als ausgesprochen suspekt, weshalb sie sich lieber an französischem Käse delektieren. Schweinespeck hat eben keine Chancen gegen Milchfett und dieses muss sich mühselig gegen die Lobby der pflanzlichen Öle behaupten. Die kulturellen Hintergründe und Einflussfaktoren im Wandel der deutschen Ernährungsgewohnheiten beleuchtet Gunther Hirschfelder mit seinen Ausführungen. In welche Richtung die Entwicklung jedoch laufen wird, vermag auch dieser versierte Autor nicht zu prophezeien. Ihm bleibt allerdings die Hoffnung, dass der kenntnisreiche Genuss nicht zwischen „Geiz-ist-geil"-Mentalität und strikten ernährungsphysiologischen Vorgaben zerrieben wird.

Der Gastrokritiker besitzt einige Gemeinsamkeiten mit dem Kulturhistoriker, da auch seine Arbeit intensiv von gesellschaftlichen Einflüssen geprägt wird. In der Person von Bernd Matthies muss er gleichfalls die historischen Entwicklungen erspüren, doch lebt er mehr im hier und heute, d. h., er hat sich auf die aktuelle Situation zu konzentrieren. Darüber hinaus darf er sich nicht auf das Beschreiben und Analysieren beschränken, seine wesentliche Bestimmung liegt in der kompetenten Beurteilung des kulinarischen Angebots. Die Aufgabe eines möglichst objektiven Restaurant-Rankings wird er aber ohne überdurchschnittliche sensorische Kenntnisse und Fähigkeiten nicht erfüllen können.

Gerade weil sie weit über die Grundlagen und Techniken der sensorischen Prüfung hinausgehen, stehen diese zwei Beiträge absichtlich am Ende des Buches. Sie sollen dem Leser einschließlich des analytischen Sensorikers Appetit machen, dem bewussten Genießen in seinem eigenen Leben den gebührenden Raum zu geben. Ein wohl komponiertes, inspiriert zubereitetes Menü in stilvollem Ambiente besitzt den gleichen kulturellen Erlebniswert wie ein Theater- oder Konzertbesuch, weshalb ein Gourmet auch gern bereit ist, den entsprechenden Preis zu zahlen.

Foto 4.1-1

Wie es der Feinschmecker liebt: Alle Sinne werden angesprochen!

4.2 Schauen statt schmecken – Die kulturelle Dimension von Ernährung und Genuss

Gunther Hirschfelder

4.2.1 Vom Nahrungsmittel zum Lebensmittel

Nahrungsmittel sind eine klare Sache. Ihre Bestandteile bilden Kohlenhydrate, Fette, Eiweiß, Wasser und manches mehr. Die meisten Inhaltsstoffe lassen sich recht genau messen. Daher ist es kein Geheimnis, was gesund ist und wie man sich ernähren sollte, um möglichst fit zu sein und möglichst alt zu werden. Aber der Mensch interessiert sich nicht wirklich für Nahrungsmittel – sonst würde er sich ja vorschriftsmäßig ernähren. Hingegen liebt er Lebensmittel, denn sie sind mit Erfahrungen, Erinnerungen und Emotionen verknüpft. Lebensmittel sind dabei lediglich eine andere Perspektive auf Nahrungsmittel. Während also die Vernunft sagen mag: „Bloß keine Bratwurst, zu viel Fett, zu viel Salz, zu viele Konservierungsstoffe und Geschmacksverstärker", kann gleichzeitig Lust auf Bratwurst entstehen, denn sie duftet nach Kindheitserinnerung, nach dem schönen Nachmittag im Stadion oder nach Wochenendausflug, und nicht zuletzt fühlt sich das heiße Fett im Mund so angenehm an, denn bereits die Muttermilch war so schön fettig.

Ist der Lustcharakter des Essens eine individuelle Angelegenheit, die sich gar nicht genau beschreiben und erforschen lässt? Zum Teil gewiss. Aber je nach Zeit, Land und sozialer Gruppe bilden sich doch bestimmte Grundmuster heraus, die dann recht dominant sind. So essen viele Amerikaner tatsächlich gerne große Portionen, Burger mit Pommes frites mögen sie lieber als Rohkost. Und während Schweinenacken und Bauchspeck der Deutschen lieb gewonnenes Grillgut sind, wenden sich die meisten Moslems davon mit Grausen ab. In den 1950er Jahren überschwemmte eine „Fresswelle" die junge BRD, und die Buttercremetorte stand im Zenit ihrer Popularität. Heute ist Bio in. Geschmack ist also variabel, nicht in die Wiege gelegt, allenfalls bedingt genetisch festgelegt – wenn es etwa um die Vorliebe aller Säugetiere (und Menschen) für Süßes geht.

4.2.2 Wer bestimmt, was wir mögen?

Um den heutigen Kosmos an Geschmacksvorlieben überblicken und verstehen zu können, bedarf es guter Produkt-, Markt- und Sensorikkenntnisse, aber das allein reicht nicht aus, denn es erklärt kaum, dass Leber oder Kalbfleisch, vor einer Generation noch im Hochpreissegment angesiedelt, heute kaum noch nachgefragt werden, statt dessen aber roher Fisch auf klebrigem Reis (hört sich ekelig an, *Sushi* klingt besser) auf einmal lecker sein soll. Um das verstehen zu können, müssen Nahrungsmittel als Lebensmittel betrachtet und aus ihren naturwissenschaftlichen Kontexten herausgelöst werden. Stattdessen ist zu fragen, welche Faktoren auf das Essverhalten und damit auf die Geschmackspräferenzen wirken; anders ausgedrückt: Wer oder was bestimmt, was wir essen und mögen? Warum steht heute trockener und kühler Wein in der Käufergunst hoch, während er im Mittelalter

Abbildung 4.2-1

Bedingungsfaktoren der Ernährung

gerne heiß, süß und gewürzt getrunken wurde? Warum liebt man in Osteuropa sauer eingelegtes Gemüse, in Italien aber in Öl getauchtes? Im Prinzip sind Individuen in ihren Entscheidungen frei und jeder kann essen, was er will. Dass diese Freiheit jedoch nicht unbedingt wahrgenommen werden kann, zeigen die obigen Beispiele.

Die Palette jener Bedingungsfelder, die auf das Essverhalten und die Geschmackspräferenzen wirkt, ist breit (Abb. 4.2-1). Sie reicht vom Einfluss der Werbung über die Ökonomie, die Verkehrsgeographie und das Klima bis zu moralisch-ethischen und religiösen Faktoren, um nur einige Beispiele zu nennen. Die Konsumenten sind sich dieser Bedingungsfelder allerdings meist nicht bewusst. Dennoch lässt sich die Logik der Esskultur entschlüsseln, jedoch nur aus der Distanz. Nur vor diesem Hintergrund ist die breite Lücke zu erklären, die zwischen dem Wissen der Menschen um die Ernährung und der täglichen Praxis klafft. Weit verbreitet sind Kenntnisse über schmackhafte und gesunde Ernährung, aber von vielen wird dieses Wissen im Alltag nicht umgesetzt. Nicht weniger signifikant sind ethische Widersprüche: Ein Heer von weltweit etwa 850.000.000 Hungernden und Mangelernährten vermag den Wohlstandsfressern nicht den Appetit zu verderben. Tierquälerei und Vernichtung von Umweltressourcen werden gesellschaftlichen Normen zum Trotz billigend in Kauf genommen, wenn sich die ohnehin niedrigen Lebensmittelpreise dadurch noch einmal reduzieren lassen. Schließlich zeugt auch die Zusammensetzung jeden Büfetts davon, dass Speisen neben ihrem physiologischen Wert immer auch symbolische Aussagekraft haben. So spielt der Räucherlachs noch immer eine prominente Rolle, obwohl gerade die Ware aus Aquakulturen sensorischen Ansprüchen oft nicht gerecht wird. Aber die Kunden haben ihn kaum wegen seines Geschmacks gewählt, sondern als Symbol; denn er stand in der Esskultur der Bonner Republik der 1950er und 1960er Jahre für den neuen Wohlstand. Zudem bewirkt die Tatsache, dass wir in einem visuellen Zeitalter leben, dass zwar das Auge stets mit isst, aber der Verstand noch lange nicht.

Was bestimmt also, wie und was wir essen und was uns schmeckt? Auf der einen Seite existiert mit dem Hunger ein grundsätzliches Bedürfnis. Dem steht die Befriedigung dieses Bedürfnisses gegenüber, Essen und Trinken. Das kulturelle System der Esskultur verbindet diese Elemente. Es basiert darauf, dass der Mensch seinen Hunger so gut wie ausschließlich mit tradierten, also mit überlieferten beziehungsweise mit kulturell akzeptierten Lebensmitteln befriedigt und damit in der Wahlfreiheit seines Essens deutlich eingeschränkt ist. Hinzu kommt mit der Psychologie ein weiterer prägender Faktor, denn zu den wichtigsten Funktionen des Essens gehört, dass es emotionale Sicherheit vermittelt. Daher greift der Mensch beim Essen mit Vorliebe auf Bekanntes zurück, und wenn er etwas Neues probiert, würzt er es häufig auf bekannte Weise, so dass es nicht ungewohnt schmeckt, weshalb sich das System der Küche nur schwerfällig wandelt und bisweilen eine Resistenz gegen Innovationen zu beobachten ist (Foto 4.2-1). So hegen viele ältere Menschen Vorbehalte gegen Fastfood, während Schüler meist nur schwer von den Vorzügen dessen zu überzeugen sind, was unlängst noch als „gutbürgerliche Küche" bezeichnet worden ist. Derartige Muster sind keinesfalls neu: Als Liselotte von der Pfalz (1652–1722) am französischen Hof erstmals Kaffee probierte, schrieb sie in ihr Tagebuch, er schmecke wie Ruß. Später allerdings wurde sie doch noch zur überzeugten Kaffeetrinkerin.

4.2.3 Steinsteinsnack in der Fußgängerzone

Wiederholt sich Geschichte? Zumindest bei der Entwicklung der Esskultur lässt sich eine gewisse Zyklizität feststellen. Als vor etwa 300.000 Jahren das Feuer entdeckt und vor

Foto 4.2-1

Die gutbürgerliche Küche mit Tradition: ein Auslaufmodell?

Foto 4.2-2

Vorsuppe mit Einlage

knapp 100.000 Jahren endgültig nutzbar gemacht wurde, begann der Aufstieg der heimischen Herdstelle zum Zentrum von Behausung und Sozialverband. Zuvor hatten die ersten Menschen wahrscheinlich deutlich ungeordneter gegessen, weniger im Rahmen von Mahlzeiten, sondern beim Jagen und Sammeln, im Gehen, eine Beere direkt vom Strauch, eine Schnecke vom Boden. Die hinsichtlich der Nahrungsaufnahme strukturellen Parallelen zum entrhythmisierten Verzehr in Fußgängerzonen oder Unterrichtsräumen sind unübersehbar, wenngleich unter dem Aspekt der Sensorik vor allem ein gravierender Unterschied ins Auge sticht: Die frühen Jäger und Sammler müssen Meister im Schmecken gewesen sein. Ihre Sinne waren eine Art Lebensversicherung: Sie lehrten die Menschen, was essbar war und was nicht, welches Fleisch schon verdorben oder noch genießbar war und von welchen Pflanzen wegen ihres Giftes Gefahr ausging. Das hat sich heute geändert: Wir brauchen gar nicht mehr schmecken zu können, denn die Qualitätskontrolle haben wir an das Gemeinwesen delegiert: Was verkauft werden darf, kann nicht giftig sein. Und so ist der lange Weg, der in der Steinzeit begann und letztlich zu einem hochkomplexen Umgang mit Essen und Tischsitten geführt hat, für die meisten Menschen auch zu Ende. Fragen nach der korrekten Position des Dessertlöffels oder der adäquaten Zerkleinerung von Spargelstangen, welche in der längsten Zeit des 20. Jahrhundert durchaus noch von gesellschaftlichem Interesse waren, werden heute allenfalls in Teilen des Bürgertums, in der Oberschicht und natürlich in der Spitzengastronomie gestellt (Foto 4.2-2). Dagegen sind die Unterschiede zwischen Wohlstand und Ess- bzw. Geschmacksqualität fast nirgends so augenfällig wie in Deutschland. Besonders deutlich zeigt sich dies bei der technischen Ausstattung der Küchen. Während das Geschäft mit Induktionsherden, Riesenkühlschränken und Luxusmessern boomt, brutzelt im Topf Billigware. Der Geschmack ist nicht selten zweit- oder drittrangig, denn gekauft wird, was wenig kostet, gut aussieht und die Gesundheit nicht gefährdet, was inzwischen selbst bei Engländern auf Unverständnis stößt.

Zur problematischen Produktion kommt oft ein fahrlässiger Umgang hinzu. Bei den jährlich im sechsstelligen Bereich liegenden Verstößen gegen geltende Vorschriften, welche die deutsche Lebensmittelüberwachung beanstandet, markieren Gefrierbrand bei Tiefkühlfleisch, vergammelte Wurst oder Bakterien im Speiseeis nur die Spitze des Eisberges – da hätten unsere Steinzeitvorfahren genauer hineingeschmeckt! Letztlich passt dieser Befund aber zum Vertriebsambiente: Lebensmittel nehmen ihren Weg nicht wie von der Werbung suggeriert über glückliche Bauern und propere Lädchen, sondern über Fleischfabriken und

Discount-Märkte, die wie Fabrikhallen aussehen. Diese Strukturen werden nicht nur akzeptiert, sondern sogar gewünscht, und im Lebensmittelbereich brüsten sich selbst die kaufkräftigsten Kunden mit erfolgreicher Schnäppchenjagd – die jedoch nicht recht belohnt werden mag, denn auf dem Teller wartet die gerechte Strafe: abgepackte Fertigprodukte, die vom Geschmack her immerhin zu ihrer Zwischenlagerstätte passen, dem Verkaufsregal. Eine derartige Sichtweise speist sich nicht aus diffusem Kulturpessimismus; vielmehr fußt sie auf berechtigter Sorge um harte Veränderungen mit ökonomischer Sprengkraft: Wer als Jugendlicher unter Fettsucht (Adipositas) leidet, belastet spätestens als Erwachsener die Gesundheitskassen, wer im Herbst ohne Not Äpfel aus Südamerika einfliegen lässt, trägt zum Ruin des Klimas bei, und wer den heimischen Bauern meidet, der braucht sich nicht zu wundern, wenn die Landschaft nicht mehr zum idyllischen Spaziergang einlädt – weil Rebe, Kuh und Feld integrative Bestandteile der Kulturlandschaft und letztlich auch jeder tourismusfähigen Region sind. Wer im Kontext dieser Diskussion mit dem mündigen Bürger argumentiert, der selbst schuld ist, weil er als Individuum frei wählen kann, greift zu kurz, denn steigende Absatzzahlen im Pseudoöko- und Ökobereich oder ein brummender Kochbuch-Markt zeigen, dass viele Verbraucher durchaus guten Willens sind. Vielmehr ist das Problem komplex. Produktion, Vertrieb und Essen sind Teil eines vielschichtigen Systems, das wiederum abhängig ist von sozioökonomischen Prozessen, von kulturellen Wertigkeiten und Vorlieben, besonders stark aber von historischem Werden und politischer Gestaltung. Dies bedeutet, dass der Verbraucher nicht irrational handelt, sondern logisch. Wesentliches Element ist die sozioökonomische Zwickmühle: Angst vor Statusverlust und Verzicht im Alter führen zu verminderter Bereitschaft, hochpreisige Lebensmittel zu kaufen. In der Käufergunst liegen daher etwa Produkte aus den Bereichen Technik und Elektronik vorne, weil die Kamera im 20. Jahrhundert für Werterhalt stand und der Konsument insgeheim hofft, damit auch in ferner Zukunft einen Wert zu haben, was natürlich nicht stimmt. Aber weil die Psychologie sogar die Aktienmärkte dominiert, bestimmt sie auch unser Essverhalten, und das Gute gönnen wir uns nicht – zumal viele es gar nicht erkennen, sondern ihren Augen vertrauen und ihren Markenkenntnissen, aber nicht ihrem Gaumen. Wer jedoch nicht gelernt hat, zu schmecken, läuft schnell Gefahr, ungesund zu essen.

Eine besonders wichtige Rolle bei der Nahrungswahl haben immer schon die kulturellen Wertigkeiten gespielt. Italienern und Franzosen wird eine große Kompetenz im Umgang mit dem Essen zugesprochen, Russen dagegen weniger. Und so muss eine Geschmacklosigkeit nur im italienischen oder im französischen Design daher kommen, und schon ahnen wir: eine Delikatesse. Kein Produzent käme auf die Idee, Ravioli als russische Pirogen zu verpacken, obwohl die nicht schlechter sind. Zudem gilt: Wertvolles ist billig. Wer in der Jugend gelernt hat, dass Lachs, Krabben oder Sekt allenfalls an Sonn- und Feiertagen auf den Tisch kommen, freut sich heute über norwegischen Zuchtfisch vom Discounter, der zwar nicht unbedingt schmeckt, aber edel verpackt ist und für kleines Geld viel hermacht.

4.2.4 Die Wirkkraft der Vergangenheit

Im Geflecht der Faktoren, die auf das System der Ernährung und damit auch auf die Geschmackspräferenzen wirken, ist die historische Entwicklung der wichtigste Baustein, denn sie zeichnet dafür verantwortlich, dass Traditionswahrung in Deutschland schwerer fällt als bei den Nachbarn; und auch dafür, dass eine Fokussierung auf guten Geschmack keine ausgeprägte Tradition hat. Es war vor allem die Zeit der Industrialisierung, die eine enorme Dynamik entfaltete. Mitteleuropa erlebte zwischen 1790 und 1850 die erste Phase der Frühindustrialisierung und damit zunächst einen sinkenden Lebensstandard mit niedrigem Fleischkonsum und katastrophaler Proteinversorgung. Zudem erforderte der neue Alltag in der Fabrik für viele ein neues Zeitmanagement, das keinen Raum für die aufwändige Zubereitung traditioneller Speisen ließ. Die Rettung vor dem ganz großen Hunger brachte die Kartoffel, die sich erst jetzt auf breiter Basis durchsetzte und nicht selten als Pellkartoffel ohne Beilagen verzehrt wurde. Nun kam es zudem zu einer Popularisierung von Speiseelementen, die vorher nur selten und fast nur von der Oberschicht konsumiert wurden. Das betraf Kaffee, Tee, Zucker und Reis. Hohes Ansehen genossen diese Waren zunächst nicht wegen ihres Geschmacks, sondern weil sie aus Übersee kamen und damit für einen luxuriösen Lebensstil standen. Darüber hinaus brachte erst die Zeit um 1800 auch die endgültige Ablösung der mittelalterlichen und der frühneuzeitlichen Breinahrung durch Brot und Kartoffel. Um 1800 erlebte Mitteleuropa mit Französischer Revolution, Aufklärung und Industrialisierung also nicht nur politische, geistige und wirtschaftliche Revolutionen, sondern für die Masse der Bevölkerung auch eine Revolution des Geschmacks. Auf dem Weg zur endgültigen Überwindung des Hungers in der Mitte des 19. Jahrhunderts waren der Ausbau des Eisenbahnnetzes und die interkontinentale Dampfschifffahrt sowie wenig später die Mechanisierung der Landwirtschaft und der Einsatz von Kunstdünger entscheidend – womit der Grundstein für eine radikal profitorientierte und den Geschmack vernachlässigende Agrarproduktion gelegt war.

Parallel zur Reichsgründung trat Deutschland 1871 in seine hochindustrielle Phase ein. Mit den neuen Lebensweisen entstand seit dieser Zeit die gutbürgerliche Küche, die stark stilbildend wirkte, über Haushaltsschulen und populäre Kochbücher verbreitet wurde und neue Geschmackswelten entstehen ließ, während die regionalen Traditionen und Sonderwege zunehmend in die Defensive gerieten. Letztlich liegen auch die Anfänge der Schnitzelkultur, des Fleischextrakts und der Fertigsuppen in dieser Zeit, Merkmale einer fleischorientierten und salzigen Küche, deren Produkte durch lange Garzeiten charakterisiert sind.

1914 beendete der Erste Weltkrieg eine Phase langen und nachhaltigen Aufschwungs. Es kam zu einer Ernährungskrise mit Mangel, Hunger und Not-Speisen. Es gab aber auch Neuerungen, denn erst diese Zeit brachte die Ausweitung und Popularisierung der Konserve, weil sie als Soldatennahrung breite Akzeptanz fand. Die Zeit der Weimarer Republik (1919–1933) erlebte zwar eine Modernisierung der Sachkultur im Bereich der Ernährung, aber es kam kaum zu Innovationen im Bereich des Essens und des Geschmacks. Im Zweiten Weltkrieg versuchten die Nationalsozialisten dann, das Essen zu nationalisieren (paradox, denn es gab bis dato zwar diverse Regionalküchen, aber eben noch keine Nationalküche) und zu instrumentalisieren. Schwarzbrot als Volksbrot, Eintopfsonntage und Erziehungsmaßnahmen: Die Diskriminierung von Missliebigen begann häufig beim Essen, wenn etwa jüdische Schüler von der gemeinsamen Schulspeisung ausgeschlossen wurden. Merkwürdigerweise zeitigte die Phase der Terrorherrschaft aber kaum Auswirkungen auf die Struktur der deutschen Ernährung. Lediglich der Hunger wirkte prägend, denn vor allem die unmittelbare Nachkriegszeit erlebte eine dramatische und extreme Mangelernährung. Diese Not wurde zwar überwunden, aber mit wesentlichen kulturellen Auswirkungen, denn eine ganze Generation war traumatisiert, und diese Generation räumte dem Essen der ersten BRD-Jahre jenen enormen Stellenwert ein, der dann zu zwar erklärbaren, aber doch absurden Begleiterscheinungen führte.

Was bedeuteten die Jahre 1914 bis 1945 für die deutsche Küche im Ergebnis? Vor allem Mangel und Hunger. Die Krisen und Kriege brachten keinen neuen Geschmack, kaum

Neuschöpfungen. Sie modifizierten und sie behinderten, aber mit nur wenig Schaffenskraft. Technische Neuerungen, die außerhalb Deutschlands entwickelt wurden, wie etwa der gefriergetrocknete Kaffee in Pulverform, blieben noch lange in Amerika.

Das Jahr 1945 bedeutete für ganz Europa eine Zeitenwende. Das Ende des Dritten Reiches und der Beginn der Besatzung hatten für das Leben in Deutschland extreme Einschnitte zur Folge. Auch die Nachbarländer blieben vom radikalen Wandel nicht verschont, denn sie erlebten Befreiung und Neuorientierung oder neue Besatzungen. Wie wirkte sich dieser radikale Wandel auf die Kultur der Ernährung aus? Die historische Analyse macht deutlich, dass Nahrungssysteme prinzipiell schwerfällig auf Neuerungen reagieren, und dass die Menschen bestrebt sind, am gewohnten und damit bewährten Geschmack festzuhalten. Aber weil das Jahr 1945 auch die materielle Lebensbasis Europas radikal veränderte, musste der Wandel der Nahrungssysteme zwangsläufig sein. Nach 1945 erlebten weite Teile Deutschlands eine neue Dimension des Mangels: den Hunger. Vor allem in den Städten verschärfte sich die Versorgungslage trotz amerikanischer Hilfen dramatisch. Zunächst wurden die letzten Vorräte aufgebraucht. Dann blieb den Menschen aber bald nichts anderes mehr übrig, als zu betteln oder bei den Bauern der Umgebung Sachgüter und Dienstleistungen gegen Lebensmittel einzutauschen. Das so genannte *Hamstern* war vielen bereits aus dem Krieg bekannt; aber jetzt wurde es auf Jahre zur wichtigsten Überlebensstrategie (Foto 4.2-3). Vor allem der Winter 1946/47 brachte extreme Härten, und man sprach sogar vom 8. *Kriegswinter*; denn es war außergewöhnlich kalt, und sowohl die Industrie als auch die Energieversorgung lagen praktisch lahm.

Der radikale Umbruch führte auf verschiedenen Ebenen zur Krise, denn zum Hunger gesellte sich eine weit verbreitete Identitätskrise; viele alte Werte galten nicht mehr, neue Werte waren noch nicht gefunden. In schwierigen Zeiten greifen Menschen, wenn es geht, auf bewährte Verhaltensmuster zurück, um emotionale Sicherheit zu erlangen. Und genau dies war bei der Esskultur jetzt nicht möglich, weil deren Basis zerstört war. Allerdings besteht die Esskultur nicht nur aus der materiellen Komponente; neben der Mahlzeitenfolge, der Sitzordnung oder dem Tischgebet konnten etwa auch die Würz- und damit die Geschmacksvorlieben beibehalten werden. Unter diesem Blickwinkel wird deutlich, dass die Wahrung traditioneller Muster für die heimische Zivilbevölkerung und in noch stärkerem Maße für die Ostflüchtlinge überragende Bedeutung im Prozess der Identitätsbildung erlangte.

4.2.5 Fresswelle – Reisewelle – Ökowelle: Der Weg zur Esskultur der Gegenwart

In den Wohlstandsjahren nach dem Krieg erlangte das Essen auch im Westen Deutschlands überragende Bedeutung. Für die Dekade nach der Währungsreform 1948 spricht man sogar von der Zeit der *Fresswelle*. Zunächst kam es zu einem massiven Anstieg der Kalorienversorgung. Die Folge war auch eine Verschiebung der Nachfrage. Grobgemüse, etwa Kohl, ging im Preis zurück, und auch Fischkonserven und Kartoffeln wurden billiger, weil das Angebot die Nachfrage nun überstieg. Jetzt waren diejenigen Lebensmittel besonders beliebt, denen eine höhere kulturelle Wertigkeit zugesprochen wurde und die den neuen Geschmacksidealen entsprachen: Sahne, Butter, Alkohol und vor allem Fleisch. Fettig und süß waren als Geschmacksrichtungen besonders populär. Woher kam dieses Bedürfnis? Eine große Rolle spielte die Tatsache, dass die meisten Lebensmittel über lange

Foto 4.2-3

Kölner Frauen haben im ländlichen Umland Lebensmittel gehamstert. Mit voll bepackten Rucksäcken kehren sie im März 1946 heim.

Quelle: Gunther Hirschfelder: Europäische Esskultur, Frankfurt/New York 2001, S. 235

Jahre hinweg rationiert worden waren. Nun gab es endlich diese Vielfalt. Alle Güter, die es zuvor – wenn überhaupt – *auf Karte* und damit zwangsverordnet gegeben hatte, wurden nun vergleichsweise unbeliebt. Dagegen fragten die Konsumenten die Produkte verstärkt nach, die zuvor nur schwer erhältlich gewesen waren. So stieg der Pro-Kopf-Verbrauch an Schweinefleisch in der Bundesrepublik zwischen 1950 und 1960 von 19 auf 30 Kilogramm, der Eierverbrauch von 7,4 auf 13,1 Kilogramm und der Verbrauch von Geflügel verdreifachte sich. Dagegen sank der Kartoffelverzehr von 184 auf 132 Kilogramm. Diese Verschiebungen waren nicht zuletzt Ergebnis einer neuen Politik. 1955 war der so genannte *Grüne Plan* aufgestellt worden. Dabei handelte es sich um eine Bundesinitiative, die vorsah, den heimischen Agrarmarkt wettbewerbsfähiger zu machen und ihn vor billigen Importen zu schützen. Mit Hilfe großzügiger Subventionen wurden jetzt riesige agro-industrielle Hühnerfarmen gebaut. Der *Grüne Plan* brachte einerseits enorme Produktionssteigerungen, aber auch eine Mechanisierung und Chemisierung der Landwirtschaft und damit deutlich veränderte sensorische Eigenschaften der auf diese Weise erzeugten Produkte. Zunächst hat es den Anschein, dass sich beim Essen alles änderte. Das stimmt aber nur hinsichtlich der Quantitäten. Nun wurde zwar mehr gegessen, aber sonst blieb alles beim Alten, vor allem hinsichtlich des kulturellen Systems der Küche und der Struktur der Mahlzeit. Das wird etwa deutlich, wenn man einen Blick auf die Speisefolge wirft. Die Vorsuppe mit Einlage, die im 19. Jahrhundert Karriere im Bürgertum gemacht hatte, blieb grundlegender Bestandteil eines Festessens. Mit steigendem Fleischverbrauch fand die Suppe mit Einlage in der Nachkriegszeit dann auch auf dem Land weite Verbreitung. Diesbezüglich lässt sich eine regelrechte Verbürgerlichung konstatieren.

Zu einem beschleunigten Wandel in der Struktur der Nahrungssysteme kam es seit den späten 1950er Jahren. Der Wirtschaftsaufschwung ging mit einer neuen und beinahe hemmungslosen Fortschrittsgläubigkeit und einem bis dahin unbekannten Optimismus einher. Dem Haushalt brachten diese Neuerungen eine totale Technisierung. Kühlschrank, Küchenmaschine und neue Fertiggerichte setzten sich durch. Damit erfuhren die Geschmackssysteme einen weiteren Vereinheitlichungsschub. Dem Neuen gegenüber war man nicht zuletzt deshalb so aufgeschlossen, weil nach den Erfahrungen des

Nationalsozialismus eine generelle Abkehr von allem einherging, was mit Vergangenheit und Tradition in Zusammenhang gebracht wurde. Massive strukturelle und damit auch geschmackliche Veränderungen waren Folge der neuen Kühltechnik. Bis zu dieser Zeit drehte sich beinahe die gesamte Küchenarbeit um die alten Konservierungsmethoden Trocknen, Einsalzen, Räuchern und Einkochen; diese Struktur hatte auch den Speisenplan im Jahreslauf bestimmt. Mit der Gefriertruhe konnte man nun das Kotelett nicht nur im Herbst essen, sondern das ganze Jahr über. Dagegen wurden geräucherte Würste, Wurstkonserven und Wurstgläser zunehmend verdrängt. Das Essen schmeckte jetzt mehr als je zuvor das ganze Jahr über ähnlich.

Die Neuerungen der Zeit um 1970 führten schließlich dazu, dass die Experimentierfreude in den europäischen Haushalten stieg und der Faktor Tradition weiter an Einfluss verlor. Für diesen Trend trug eine fundamentale Neuerung die Verantwortung, der *Supermarkt*, der den Einkauf revolutionierte. Supermärkte mit Selbstbedienung waren bereits in den 1950er Jahren in den meisten städtischen Zentren verbreitet. Nun bekam der Kunde die Ware nicht mehr über die Theke gereicht, sondern er konnte sich selbst bedienen. So erlangten die Verbraucher einen völlig neuen Zugang zu den Dingen. Man konnte die Ware anfassen und hatte direktere Auswahlmöglichkeiten. Deshalb rückte bei der Ware nun die Verpackung in den Vordergrund, also das Aussehen, was letztlich zu einer Aufwertung der Markenidentitäten führte. Dafür wurden Waren nun weniger als zuvor über Haptik und Geruch wahrgenommen; der Kunde wurde vom Produkt zunehmend entfremdet.

Die *Reisewelle*, die zunächst Ergebnis eines allgemeinen Wirtschaftsaufschwungs und der Massenmotorisierung der frühen 1960er Jahre war, brachte dem Essen und dem Geschmack weitere Veränderungen. Zudem wurden die europäischen Grenzen durchlässiger. Bald gingen nun auch Durchschnittsverdiener auf die Reise, und zwar zunächst in Richtung Alpen, bald aber auch an Nord- und Ostsee und schließlich an das Mittelmeer. Im Zuge der Reisen veränderte sich der Blick auf die bereisten Kulturen, vor allem aber auf die Kultur des Essens. Ein wichtiger Grund bestand darin, dass die große Kaufkraft den Restaurantbesuch im Süden sensationell billig machte. Die meisten Reisenden erlebten die Gastländer nicht im Museum oder im Dialog mit Menschen, sondern in erster Linie am Strand und im Restaurant. Auf diese Weise entstanden die ersten Kontakte mit fremden Mahlzeitensystemen, mit Pizza, Spaghetti, Paella und Gyros. Der Geschmack des Südens war in Deutschland angekommen.

In den 1970er Jahren erlebte die Esskultur neue Umbrüche. Deutlich kürzere Arbeitszeiten ließen das Schlagwort *Freizeitgesellschaft* aufkommen. Zudem boten die Supermärkte praktische Fertiggerichte an, und so wurde das Kochen jetzt für viele von einer Notwendigkeit zu einer Form der aktiven Freuzeitgestaltung. 1973 zeigte die Energiekrise die Grenzen des Wachstums auf. Wachsende Zweifel am Sinn des technischen Fortschritts führten zu einer Krisenstimmung, die durch die neue postkoloniale Situation der Dritten Welt noch verstärkt wurde. Die lange überwunden geglaubte Angst vor einer verhungernden Welt erlangte neue Bedeutung. Diese Angst führte in den Industrieländern zu Diskussionen über den Umgang mit der Nahrung und der Ernährung. Neue Fragen nach Inhaltsstoffen und Produktionsweisen wurden gestellt. Diese Diskussionen leiteten beinahe zwangsläufig zur Ökologiebewegung und 1980 zur Gründung der Partei der *Grünen* über. Eine neue Wahrnehmung des Essens bildete die Folge dieser Prozesse: Viele Menschen reflektierten über Ethik und Inhaltsstoffe, bevor sie aßen. Die Speisen wurden zunehmend als Nahrungsmittel wahrgenommen und beargwöhnt. Immer mehr Menschen stellten sich nicht mehr die Frage, ob das Essen schmeckt, sondern ob es krank macht.

Seit den 1960er Jahren ist eine Fülle von grundlegenden Änderungen zu verzeichnen; aber zunächst verlief noch eine scharfe Trennlinie zwischen der Imbisskultur auf der einen und den Restaurants auf der anderen Seite. Und das änderte sich durch den Konzern *McDonald's*, der seine erste deutsche Filiale 1971 eröffnete. Die Expansion war strategisch geplant und bedeutete den Startschuss für eine weitere Standardisierung. Auf der anderen Seite brachten die 1980er Jahre eine neue und große Vielfalt und Individualität bei den griechischen, türkischen und asiatischen Schnellimbissen, die nicht zuletzt deshalb so erfolgreich waren, weil sie dem Trend zu exotischen Geschmacksrichtungen entgegenkamen und -kommen und zudem gut zur neuen Lebensform des Einpersonenhaushalts passen.

Die Jahre um 1990 brachten nicht nur das Ende des Kalten Krieges und damit des ideologischen Zeitalters, sondern auch ein neues Konsumverhalten, das in vielen Fällen undogmatisch, hedonistisch und erlebnisorientiert ist, losgelöst von festen Speiseplänen, Mahlzeitenordnungen und Zeitvorgaben. Die Wendezeit der Gegenwart bringt ungeahnte Freiheiten, vor allem aber eine unüberschaubare Vielfalt: Ein Lebensmittelgeschäft führt heute fast zehnmal so viele Produkte wie 1960. Auf dem Tisch spiegelt sich diese Vielfalt aber nicht unbedingt. Vielfach ist die Varianz sogar schmaler: der Einkaufswagen ist voll, aber wir wissen nicht, wie wir die Produkte zubereiten sollen, denn die Industrieländer befinden sich in einer Phase der Orientierungslosigkeit und der gesellschaftlichen Neuordnung. Essen dient der Bedürfnis-Befriedigung, aber Essen spiegelt, da es als Statussymbol fungiert, auch die jeweilige gesellschaftliche Stellung wider. Eine klar strukturierte Gesellschaft kennt feste Speisepläne. Jedem Mitglied der Gesellschaft wird ein spezifisches Nahrungsverhalten zugewiesen. Die soziale Norm legt etwa fest, wie eine Hochzeit oder eine Beerdigung zu gestalten ist. Beim mittelalterlichen Ratsherrenessen sah diese Norm vor, gefüllten Hecht, Wildbraten und Glühwein zu servieren, und noch 1950 bestimmte die Norm in einigen Gegenden, dass zu bestimmten Anlässen zum Beispiel Markklößchen-Suppe zu servieren war.

Heute aber ist vielen Menschen nicht mehr klar, wie ein Festessen auszusehen hat und schmecken sollte, weil es diverse soziale Normen nebeneinander gibt, die sich zudem fortwährend ändern. Aber auch da gibt es Abhilfe: Weil bei Familienbüfetts und Geschäftsessen immer mehr moderne Catering-Unternehmen eingeschaltet werden, ist es diese Industrie, welche die neuen Standards setzt. Zwar ist die Möglichkeit der individuellen Entfaltung so groß wie nie, aber es lässt sich ein Trend beobachten, den der Soziologe Herbert Marcuse schon in den 1960er Jahren beschrieben hat: In dem Maße, in dem das Individuum zusätzliche Möglichkeiten zur Entfaltung seiner Persönlichkeit gewinnt, verliert es die Fähigkeit, diese Möglichkeiten zu nutzen. Dieser Mechanismus scheint bei einem Teil der Bevölkerung zu greifen, und vor allem im Bereich Discount und Versorgungsküche hat die Einheitskost Oberhand gewonnen – kein Wunder, denn viele Menschen verbinden Essen nicht mit Herkunft und Identität, sondern haben sich den Lebensmitteln entfremdet. Diesen Entwicklungen steht jedoch ein neuer Trend gegenüber, der sich seit den 1970er Jahren ganz langsam und in jüngster Zeit stark beschleunigt anschickt, zu einer ganz wesentlichen Freizeitbeschäftigung zu werden. Es handelt sich um den Trend zur Erlebnisküche, die sich von der alltäglichen Versorgungsküche abhebt. Bei der Betrachtung von Erlebnis- und Versorgungsküche zeigt sich schließlich auch, dass schönes Essen tatsächlich besser schmeckt. Vor allem dann, wenn die Lebensmittel hochwertig sind und Koch und Gäste auch wissen, was sie eigentlich essen.

4.3
Sensorische Kriterien eines Restaurantkritikers

Bernd Matthies

4.3.1 Die schmale Zone der Objektivität

Die Grundfrage der Sensorik ist so alt wie die Menschheit: Schmeckt's? Sie kam vermutlich auf, als die Neandertaler begannen, Auerochsen irgendwie lieber zu mögen als Hirsch und Gebratenes lieber als Rohes – oder umgekehrt, das lässt sich im Nachhinein mangels verlässlicher Zeitzeugenberichte nicht verifizieren. Heute haben wir es leichter, denn die Ausdifferenzierung der modernen Gesellschaft hat das eigenartige Berufsbild des Restaurantkritikers geschaffen: Er soll die ewige Frage aus dem Blickwinkel des Experten beantworten für eine Zeitspanne, die zwischen einer Generation und dem Erscheinen der nächsten Ausgabe jener Zeitschrift liegt, in der er seine Erkenntnisse veröffentlicht.

Diese Erkenntnisse basieren, hoffentlich, auf angewandter Sensorik. Doch im Widerspruch zu den wissenschaftlich gesicherten Erkenntnissen dieser Forschungsrichtung arbeitet er höchst subjektiv, ist abhängig von Moden und Vorlieben und Einflüsterungen interessierter Köche. Wie kommen wir dennoch zu einem tendenziell objektiven Urteil über ein Restaurant oder auch nur ein einzelnes Gericht?

Die wirklich objektiv fassbaren Qualitätsmerkmale eines Gerichts sind flüchtiger, als man zunächst denken mag. Versalzen, zäh, verbrannt – tritt einer diese Fehler in krasser Form auf, so werden sich geübte wie ungeübte Verkoster in ihrem Urteil einig sein: Das ist handwerklich schlecht, missraten. Schon die Gegenprobe mit den entgegengesetzten Merkmalen dürfte bedeutend weniger Übereinstimmung bringen: ungewürzt, zerkocht, zu schwach gebraten? Die übergroße Mehrheit der Esser wird total ungesalzene Speisen zu Recht ablehnen – aber wo genau beginnt die kritische, also negativ zu beurteilende Unterwürzung? Wer ein Stück Fleisch oder Fisch in einer schön knusprigen Kruste brät und anschließend Sauce auf diese Kruste kleckert, der ruiniert seine Arbeit, das dürfte generell kaum strittig sein. Ein wässriges Fußbad zum Salat ist Murks, egal wie man es sieht. Und wir alle lehnen Nudeln ab, die so lange gekocht wurden, dass sich ihre Struktur auflöst – aber wie genau müssen sie beschaffen sein, damit sie richtig sind? Die erst gegen 1970 einsetzende europäische Küchenrevolution hat auf solche Fragen praktisch alljährlich eine andere Antwort gegeben, stets mehr von der Mode als von objektivierbaren Erkenntnissen getragen. Und die Deutschen und ihre aufstrebenden Restaurantkritiker waren dabei immer vornweg, lobten einmütig nahezu rohe Entenbrüste und harsche, am Rand der Giftigkeit gegarte grüne Bohnen – und sie nahmen es hin, wenn gelassene, nudelerfahrene Italiener spotteten, in Deutschland huldige man gern der seltsamen Religion des Al-Dentismus. Solche Exaltationen haben sich gelegt: Wir präferieren zu Beginn des 21. Jahrhunderts die Optimierung des Geschmacks und sind uns einig darin, dass er sich am besten entfaltet, wenn Gemüse nicht mehr halbroh ist und Enten, beispielsweise, durchgebraten. Doch wie lange werden solche Gewissheiten Bestand haben? Als Insel sensorischer Übereinkunft gilt der vielstrapazierte und scheinbar so objektive Begriff der kulinarischen Harmonie. Verstehen wir ihn als Ausgewogenheit kontrastierender, aber nicht prägnant hervorstechender Elemente wie Säure und Süße, Weichheit und Biss, so mag er weiterhin hilfreich sein. Doch die Gewissheiten bröckeln. Denn angesichts der avantgardistischen Evolution führt die Idee der geschmacklichen Harmonie immer häufiger in die Irre, ist oft nur noch wohlfeile Begründung für das Klammern an traditionellen Klischee-Kombinationen. Lamm mit Thymian und Knoblauch oder Ente mit Rotkraut und Knödeln erfüllen das Harmonie-Kriterium zweifellos. Wer diese Zwangskopplungen aufbricht, der hat Recht, muss aber bedeutend genauer arbeiten als der Traditionskoch. Lachs mit Lakritze kann scheußlich sein oder genial – es hängt vom Geschick der Küche ab. Wenn allerdings der Gast Lakritze generell ablehnt, hilft ihm auch keine sensorische Theorie mehr.

4.3.2 Die Produkte

Bretonischer Hummer, mallorquinische Carabineiro-Gambas, Mieral-Perlhühner, Müritz-Lamm, Steinbutt von Strandlaken-Größe – Produkte, mit denen sich die große Küche gern schmückt. Sind sie darüber hinaus auch noch taufrisch bzw. gut gereift, hat die Küche einen großen Schritt in Richtung Perfektion getan und verdient sich ein erstes Lob. Nur: Wer soll das bezahlen? Was wir in einem teuren Luxusrestaurant mit Recht erwarten, ist für ein einfaches Landgasthaus unerreichbar. Die Kritik hat in solchen Fällen die Kirche im Dorf zu lassen und zu akzeptieren, dass ein Drei-Gang-Menü für 29 Euro solche Luxusprodukte nicht enthalten kann. Damit ist weder muffiger, womöglich auch noch gefrosteter Fisch gerechtfertigt noch schlecht abgehangenes Fleisch aus dem nächsten Supermarkt. Aber das Können eines Küchenchefs zeigt sich im Zweifelsfall eher darin, dass er mit „normalen" Qualitätsprodukten großen Genuss schafft, als dass er teure Edelzutaten ohne Inspiration auf den Teller haut. Unsere Sympathie gilt allen Köchen, die nicht auf die üblichen Großlieferanten vertrauen, sondern die Bauern in ihrer Umgebung zu bezahlbaren Höchstleistungen nötigen. Wer dagegen wissentlich zu lebensmittelchemischen Helferlein wie Glutamat oder Trüffelöl greift, der kann nicht mit unserer Nachsicht rechnen, nicht einmal, wenn der Michelin ihm ohne das geringste Problembewusstsein drei Sterne zubilligt.

Foto 4.3-1

„Große Küche": das Gourmet-Menü im Restaurant

4.3.3 „Das zergeht auf der Zunge!"

Schlechte Restaurantkritiken lassen sich an einem (immer lobend gemeinten) Kernsatz erkennen: „Das zerging auf der Zunge." Denn was zerging da? Handelte es sich um Champagnersorbet oder Kartoffelpüree, dann hat der Autor uns eine Banalität mitgeteilt. War es Gemüse, gilt das Lob einem klaren Fehler. Handelt es sich um Fisch, war der vermutlich ebenfalls verkocht – und jedenfalls kein Steinbutt, keine Seezunge, denn diese Fische werden ja gerade wegen ihrer festen Struktur so teuer bezahlt. Und schätzen wir nicht auch Hummer, Langustinen und Gambas für den sanften Widerstand beim Draufbeißen, der das genaue Gegenteil des Zungezergehens darstellt? Bei Fleisch wird es ganz schwierig: Zähigkeit ist selbstverständlich nie ein Qualitätsmerkmal. Aber wir bewerten den herzhaften Biss eines Rumpsteaks oder Entrecotes heute längst höher als die oft charakterlose Weichheit eines Rinderfilets. Und wer einmal genauer verfolgt hat, wie ein Rehrückenfilet aus Niedertemperaturgarung sich im Mund breiig auflöst und fast den Charakter gebratener Leber annimmt, der wird künftig sogar eher in Alarmstimmung verfallen, wenn es heißt, etwas zergehe auf der Zunge. Völlig in die Irre führt es, wenn asiatisches Essen als Beleg angeführt wird, denn vor allem in den chinesischen Küchen rangiert das Herauspräparieren einer bestimmten elastischen Konsistenz weit vor dem Geschmack – Entenfüße, Quallen, Schwalbennester und Haifischflossen sind nur in diesem Kontext überhaupt als Delikatesse begreiflich.

4.3.4 Die Religion des Eigengeschmacks

Das wichtigste Dogma, das Köche und Kochbuchautoren noch vor einigen Jahrzehnten ohne Nachdenken verkünden konnten, lautete: Wahret den Eigengeschmack! Damit war eine imaginäre Grenze für den Einsatz von Gewürzen und Beilagen definiert, die nur dann überschritten werden durfte, wenn dieser Eigengeschmack als unzulänglich galt: Das Seniorenbukett alten Fischs wurde mit allen Mitteln übertönt, der Verfallsduft gereiften Wildfleischs oder der Mief alten Hammels durch Beizen, Marinieren, rigoroses Durchbraten versteckt. Moderne Logistik hat zumindest diese Maßnahmen überflüssig gemacht, sie spielen deshalb auch im Restaurantalltag keine Rolle mehr. Doch dem Triumph des authentischen Eigengeschmacks steht der Qualitätsabfall der Massenproduktion entgegen: Wenn etwas nach nichts mehr schmeckt, dann hat es auch wenig Sinn, diesen Nicht-Geschmack durch betont dezente Würzung herauszuarbeiten, denn das Ergebnis wäre auf jeden Fall Fadheit. Die klassische französische Küche hat dieses Problem schon vor Jahrhunderten erkannt. Rezepte wie Kaninchen in Senf oder Coq au vin entfalten ihre Logik auf der Grundlage eher geschmacksneutraler Fleischsorten.

Doch das puristische, um nicht zu sagen puritanische Konzept des Eigengeschmacks gerät noch aus einer ganz anderen Ecke unter Druck: Immer mehr Europäer haben im Kontakt mit den verschiedenen asiatischen Küchen neue Präferenzen entwickelt: Sie lieben indische Curries, Peking-Ente und Thai-Suppen, und sie können es dabei kaum würzig genug bekommen; die übliche Gourmet-Kost finden sie fad, was sie im Übrigen mit vielen Köchen gemeinsam haben, die privat nie in ihr eigenes Restaurant gehen würden. Sie essen ebenfalls am liebsten thailändisch oder chinesisch und nehmen deshalb die Würzintensität dieser Landesküchen verstärkt in ihre Arbeit auf. Der Eigengeschmack des Grundproduktes weicht insofern einem Mischgeschmack, der erst vom Koch erzeugt wird und anderen

Kriterien gehorcht, die sich nur schwer auf einen Nenner bringen lassen: Es kann ebenso die Annäherung an einen traditionellen Eindruck etwa der chinesischen Szechuan-Küche sein oder der avantgardistische Versuch, etwas völlig Neues zu schaffen. Spargel beispielsweise schien Generationen von Feinschmeckern nur mit holländischer Sauce überhaupt genießbar – inzwischen wissen wir, dass er, im Wok kurz angebraten, selbst in asiatischen Würzgewittern seinen ganz eigenen Charakter bewahren kann. Eine ähnliche Entwicklung wird in unserer Haltung zur Auster deutlich. Puristen, die sie ausschließlich roh mit einem Spritzer Zitrone akzeptieren und jegliche warme Zubereitung ablehnen, dürfen das natürlich tun. Nur können sie nicht länger behaupten, dies zerstöre das Austernaroma. Denn die Experimente guter Köche beweisen vielfach das Gegenteil. Das beliebte Diktum, etwas sei „überwürzt", ist angesichts dieser Entwicklung nur noch im strengen stilistischen Kontext aussagekräftig. Eine hohe Pfefferdosis in der Champagnersauce zum Steinbutt wäre ein Fehler, in der Tomatensauce zum Lamm aus dem Wok dagegen ist sie unbedingt notwendig.

4.3.5 Die Sauce im Funktionswandel

Der Streit, ob Sauce ein gewissermaßen naturgegebener Bestandteil eines kompletten Gerichts ist oder nur eine artifizielle Beigabe, er soll hier nicht geführt werden. Tatsache ist aber, dass kaum ein Element der Küche in den letzten Jahrzehnten so starken Wandlungen unterlag. Der Grund dafür liegt weniger in der Sauce selbst als in den Veränderungen um sie herum. Denn Köche wissen heute unendlich viel mehr über die Möglichkeiten, Fleisch und Fisch beim Durchgaren saftig zu halten – damit entfällt der Sinn der Sauce als überdeckende Beigabe, als Bindemittel, das fehlerhaft gegarte Grundprodukte genießbar machen soll. Der noch schlimmere Fall, dass diese Grundprodukte vergammelt sind und durch eine grelle Sauce notdürftig in den Stand der Essbarkeit erhoben werden sollen, kommt angesichts moderner Food-Logistik bei seriösen Köchen ohnehin nicht mehr vor. Deshalb hat die Sauce im traditionellen Sinn, das intensive Substrat aus stark eingekochten Fonds, längst an Bedeutung verloren, und mit ihr die Sahnesauce, die in der feinen Küche des ausgehenden 20. Jahrhunderts unerlässlich schien und erst von der Mediterran-Welle verdrängt wurde. Die besten Köche streben nach dem Ideal der Leichtigkeit, sie nutzen heute Fleischfonds nur noch punktuell und verzichten auf Fischfonds meist ganz. Stattdessen setzen sie Akzente mit Kräuteremulsionen oder leichten Mayonnaise-Varianten, servieren auch mehrere Saucen separiert auf einem Teller. Dieser Stilwandel hat Folgen für das Verhalten des Essers: Er versucht nicht länger, alle Bestandteil des Gerichts auf einer Gabel zu versammeln, womöglich zu zerquetschen und dann vermischt in den Mund zu schieben, sondern er probiert herum, testet die möglichen Kombinationen. Das ästhetisch-stilistische Vorbild dieser Auffassung ist die japanische Sushi-Küche mit ihrem rituellen Dreiklang von Fisch/Reis, Soja und Wasabi, Elementen also, die der Esser ganz nach eigenem Belieben einsetzt und mischt.

4.3.6 Die Sache mit dem Gemüse

Die meisten deutschen Top-Köche machen einen großen Fehler: Sie kümmern sich nicht ums Gemüse. Der Grund ist zunächst ein finanzieller: Die Preise in ihren Restaurants sind hoch, weil das Personal teuer ist, und angesichts dieser hohen Preise erwarten viele Gäste,

Foto 4.3-2

Krönender Abschluss jedes Gourmet-Menüs: das Dessert

dass sie mit Luxusprodukten vollgestopft werden. Deshalb finden wir überall die Litanei von Gänseleber, Hummer, Steinbutt und Reh mit minimalen Varianten vor allem beim Hauptgang – und Gemüse allenfalls als Ornament. Dabei langweilt das viele Gäste schon lange. Deshalb sollte mindestens ein vegetarischer Gang in größeren Menüs Pflicht sein, schon, weil der Küchenchef damit zeigen kann, wie es um seinen Erfindungsreichtum wirklich bestellt ist. Vorbild ist Thomas Keller, der in seinen beiden Restaurants im Napa Valley und in New York ein geniales „Tasting of Vegetables" anbietet – und dafür keinen Dollar weniger verlangt als für das mit Luxusprodukten gesättigte Normal-Menü. Überhaupt lässt sich in Amerika enorm viel über den unverkrampften Umgang mit Gemüsen lernen. Sie sind dort allerdings meist auch sehr viel besser.

4.3.7 Das Ende der Menüregeln

Überhaupt, die Menüregeln. Es liegt auf der Hand, dass sie nicht mehr viel zu bedeuten haben, wenn die entfesselte Küche immer neue Gerichte, immer neue Stilrichtungen produziert. Wenn also ein begnadeter Koch es schafft, in ein Menü fünf verschiedene Gänge mit Schwarzwurzeln oder Reiswein einzubauen, dann sollte er das unbedingt tun und sich nicht von strukturkonservativen Kritikern vorhalten lassen, dass das verboten sei. Daraus lässt sich allerdings nicht das Recht ableiten, jeden Teller mit Balsamico-Reduktion oder Wasabi-Creme zu bekleckern, denn das ist genauso dumm wie die Streupetersilie und die Salatblatt-Deko der Wirtschaftswunderzeit. Und wer es toll findet, jeden Gang von Fisch bis Fleisch mit einer penetrant verzuckerten Sauce zu servieren, der hat damit vermutlich den Beifall der Cola-Generation auf seiner Seite. Den der Restaurantkritik kriegt er aber nicht. Ein häufiger, modischer Fehler der Menükomposition hat streng genommen nichts mehr mit Sensorik zu tun, sondern gehört eher ins Kapitel Ernährungsphysiologie: Wer es für richtig hält, seine Gäste im Rahmen eines großen Menüs mit zwei oder drei Fleischgängen nacheinander bis zum Platzen zu belasten, der ist vermutlich selbst ein Vielfraß. Oder, schlimmer: Er hat nie versucht, einmal sein eigenes Menü hintereinander zu essen. Bemerkenswert viele gute Köche tun dies praktisch nie, was viele seltsame Fehler erklärt.

4.3.8 Der Aufstieg der Kontraste

Weicher Fisch mit Kartoffelpüree und sanft sahniger Sauce, eine an sich klassische Kombination, wird heute meist als langweilig empfunden. Denn fast jeder Esser mag es, wenn der Koch auf dem Teller mit Kontrasten spielt. Süß-sauer, hart-weich, kalt-heiß, scharf-sanft, dazu die vielen denkbaren Farbkontraste: Modebewusste Köche verfügen über ein enormes Spektrum an Möglichkeiten, servieren beispielsweise aufgeschäumte „Espumas", setzen neuartige Geliertechniken ein und revolutionäre Eismaschinen wie den „Paco-Jet". Nicht wenige Vorreiter reizen dieses Spektrum voll aus, gern auch auf einem Teller. Denken wir uns beispielsweise eine gebratene Jacobsmuschel auf warmem Blumenkohlgelee mit Krokant von Macadamia-Nüssen und Chili-Tomateneis – und schon ist das Kontrastmaximum erreicht. Es liegt auf der Hand, dass der Koch bei solch komplexen Versuchsanordnungen ein Höchstmaß an Sorgfalt in die Abstimmung investieren muss, um nicht aus der Kurve zu fliegen. Ob so etwas als aufregende Neuerung oder alberne Exaltation empfunden wird, liegt am Ende dennoch auf der Zunge des Verkosters; es ließe sich allenfalls die allgemeine Regel aufstellen, dass derlei Kompositionen im Rahmen eines Menüs durch andere, sehr viel einfacher konzipierte Gänge aufgefangen werden müssen.

4.3.9 Attacke!

Die jungen Küchenchefs verstehen sich längst nicht mehr in erster Linie als Dienstleister in der Nahrungsversorgung, sondern als Food-Entertainer. Das heißt, dass sie auch vor sensorischen Provokationen nicht zurückschrecken und den Rahmen der Erwartungen sprengen. Sie lieben es, bekannte Standards zu dekonstruieren, und servieren beispielsweise Kartoffeltortilla als Schichtung verschiedener Gelees im Whisky-Glas, oder sie imitieren in ironisierender Absicht Industrieprodukte, bereiten also etwa Hanutas oder Kindermilchschnitten aus völlig anderen Zutaten zu. Das ist generell erfolgreich und bereichert die Küche, wenn die Zeit reif ist: So konnte sich der Blattkoriander, der von nahezu jedem Mitteleuropäer beim ersten Kontakt als scheußlich empfunden wird, bei uns innerhalb weniger Jahre als selbstverständliches Gewürz etablieren – er taucht sogar schon in Desserts auf. Gegenwärtig schocken Experimentierköche ihre Gäste gern mit Entenzungen, Hahnenkämmen oder Schweineschnauze, das minimiert zumindest den Wareneinsatz. Ob es aber ein echter Trend ist? Als um 1980 herum erstmals rosa Pfeffer auf deutschen Tellern auftauchte, warnte das Bundesgesundheitsamt noch ängstlich, der könne die Zunge verätzen – er verschwand und ist erst seit kurzem inmitten einer Vielzahl bislang unbekannter Pfeffersorten wieder salonfähig geworden. Seit Mitte 2007 ist in den deutschen Avantgardeküchen ein provokanter Nachfolger aktiv, der „Szechuan Button". Die optisch entfernt an Kamille erinnernde Blüte versetzt der Zunge einen geradezu elektrischen Schock, hinterlässt einen drastischen Eindruck von Taubheit, Bitterkeit und Schärfe. An solchen Spielereien prallt das Urteil des Restaurantkritikers wirkungslos ab: It's Entertainment! Allerdings sollten Köche, die mit den Buttons experimentieren, dennoch eine Grundregel beachten: Wenn sie die kleinen Biester am Anfang des Menüs servieren, können sie sich mit den dann folgenden Gängen für die Attacke wenigstens noch angemessen entschuldigen.

4.3.10 Die wissenschaftliche Restaurantkritik

Unser Wissen über das, was beim Kochen und Braten passiert, hat sich in den letzten Jahren dramatisch vermehrt – erst seit etwa 20 Jahren befassen sich Wissenschaftler so eingehend mit den dabei ablaufenden Prozessen, dass sie Köchen nicht nur Grundlagenwissen, sondern auch praktikable Ratschläge zur Verbesserung ihrer Arbeit vermitteln können. Angesichts dieser Entwicklung ist es kein Wunder, dass auch in der Restaurantkritik Tendenzen sichtbar werden, wissenschaftlich zu argumentieren. Es geht beispielsweise um die Frage, wie sich Geschmack auf der Zunge entwickelt, und wie dabei die zeitlich differenzierte Wahrnehmung der verschiedenen Zutaten zu optimieren wäre. Das allerdings sind Erwägungen, die allenfalls in Universitäten oder Küchenlabors von Spezialisten wie Ferran Adria präzisiert werden können und die Möglichkeiten selbst gut ausgebildeter Küchenchefs weit übersteigen. Überdies erfordert ihre Umsetzung ein extrem sorgfältiges Zusammenspiel von Küche, Service und Gast mit dem Ziel, den sensorischen Ablauf genau zu steuern. Doch es gibt nur sehr wenige Gäste, die ein Abendessen als wissenschaftlichen Versuch akzeptieren und sich in langen Litaneien vom Service vorschreiben lassen wollen, welche Zutat sie in welcher Reihenfolge vorn oder hinten oder schräg links auf die Zunge schieben sollen – das klappt meist nicht einmal, wenn der Service nur Ratschläge zur optimalen Reihenfolge beim Käse-Essen gibt. Eine Restaurantkritik, die nicht nur lesbar bleiben, sondern auch die kulinarische Kirche im Dorf lassen will, kann daraus zwar Hintergrundwissen schöpfen, aber kaum nachvollziehbare Kriterien ableiten.

Dennoch zeigt die Erfahrung, dass Restaurantkritiker weltweit zu weitgehend übereinstimmenden Urteilen tendieren, jedenfalls, soweit es jene Köche angeht, die im Kanon der akzeptierten und vertrauten Küchenrichtungen verharren. Es scheint allerdings fraglich, ob diese Kongruenz auf einer einheitlichen Anwendung sensorischer Erfahrungen und Methoden beruht oder eher auf dem journalistischen Prinzip der Meinungsmacht: Was Michelin, Gault-Millau und einige einflussreiche, überregional tätige Kritiker loben, das wird über kurz oder lang auch zum allgemein akzeptierten Standard werden. Dieser Prozess dauert umso länger, je avantgardistischer der jeweilige Küchenstil ausfällt. Generell wird man für den Beginn des 21. Jahrhunderts sagen können, dass bei den wichtigen Kritikern die Wertschätzung der französisch-mediterran orientierten Luxusküche schwindet und einer Vorliebe für eigenständige, vorzugsweise regional inspirierte Stilistik weicht, die in Sizilien ebenso realisierbar ist wie in Dänemark, aber nichts mit dem traditionellen Verständnis von Regionalküche zu tun hat. Am schwersten ist es dabei zweifellos, Genie und Mode zu trennen. Viele Kritiker reagieren automatisch mit rituellen Verdammungen, wenn Dinge, die sie anfangs als mutige Neuerungen loben, plötzlich in jedem besseren Landgasthaus auftauchen. Doch darin schwingt die Angst vor dem Verlust exklusiver, durch weite Reisen gesammelter Erkenntnis vermutlich ebenso sehr mit wie sensorisch objektivierbare Erfahrung. Und dem normalen Gast, der einmal jährlich ein Drei-Sterne-Restaurant besucht, ist es vermutlich völlig egal, ob er etwas perfekt Nachgeahmtes vorgesetzt bekommt oder eine originäre Neuschöpfung. Auch das sollte beim Kritisieren nicht ganz außer Acht gelassen werden.

Register